彩图-01　南院门石牌坊

（图源：自摄于西安）

彩图-02　耀州区功德牌坊

（图源：自摄于铜川）

彩图-03　唐家大院门房

（图源：自摄于旬邑）

彩图-04　关中前店后宅式民居

（图源：自摄于蓝田葛牌镇）

彩图-05 关中南部山地郑家院落

（图源：自摄于蓝田）

彩图-06 关中西北部杨家明锢窑院落

（图源：自摄于彬县）

彩图-07　关中西部王家砖质明锢窑院落

（图源：自摄于铜川）

彩图-08　关中南部山地郑家土坯房

（图源：自摄于蓝田）

彩图-09 关中西北部双层靠崖式窑院落

(图源：自摄于彬县)

彩图-10 关中中部地坑窑院落

(图源：自摄于三原新兴镇)

彩图-11　关中中部土坯房三合院

（图源：自摄于临潼）

彩图-12　关中北部靠崖式接口窑院

（图源：自摄于万荣县）

彩图-13　西京雄镇大门楼

（图源：自摄于关中民俗艺术博物院）

彩图-14　吴家歇山式大门

（图源：自摄于泾阳）

(a) 周家大门   (b) 耿家大门

彩图-15 关中地区大门列举

［图源：（a）自摄于三原；（b）自摄于关中民俗艺术博物院］

彩图-16 稷王庙大门

（图源：自摄于关中民俗艺术博物院）

彩图-17 闫家亭式二道门

（图源：自摄于关中民俗艺术博物院）

彩图-18 雷家二道门

（图源：自摄于关中民俗艺术博物院）

彩图-19　耿家超大八字型影壁墙

（图源：自摄于关中民俗艺术博物院）

彩图-20　孙家大型影壁墙

（图源：自摄于关中民俗艺术博物院）

彩图-21　周家二进院现状图

（图源：自摄于万荣县）

彩图-22　党家天井院及屏门图

（图源：自摄于韩城）

彩图-23　党家双廊院图

（图源：自摄于韩城）

彩图-24　郭家一进院及尚黑图

（图源：自摄于长安区）

彩图-25　梨园戏台图

（图源：自摄于关中民俗艺术博物院）

彩图-26　稷王庙大殿图

（图源：自摄于关中民俗艺术博物院）

（a）吴家上房隔扇门 （b）高家厅房隔扇门

彩图-27 关中地区隔扇门列举

［图源：（a）自摄于泾阳；（b）自摄于西安］

彩图-28 孙家上房门

（图源：自摄于关中民俗艺术博物院）

彩图-29　闫家上房木雕彩绘隔扇门

（图源：自摄于关中民俗艺术博物院）

彩图-30　吴家带檐廊及廊门的厦房

（图源：自摄于泾阳）

彩图-31　闫家上房额枋、雀替、花角撑拱木雕及彩绘图

（图源：自摄于关中民俗艺术博物院）

彩图-32　雷家额枋木雕及彩绘图

（图源：自摄于关中民俗艺术博物院）

彩图-33 唐家上房隔扇门窗图

（图源：自摄于旬邑）

（a）王家上房木雕彩绘隔扇门

（b）马家上房三交球纹菱花本色隔扇门

彩图-34 灵泉村上房隔扇门列举

（图源：自摄于合阳）

（a）唐家厅房隔扇门　　　　　　　　（b）周家厅房隔扇门

彩图-35　关中地区隔扇门列举

（图源：自摄于万荣县）

彩图-36　周家隔扇门上的绦环板、裙板木雕彩绘图案图

（图源：自摄于三原）

彩图-37　周家长窗、隔扇门列举

（图源：自摄于三原）

彩图-38　闫家门房隔扇式槛窗

（图源：自摄于关中民俗艺术博物院）

(a) 孙家雕花隔扇窗 　　　　　　　　　　　　(b) 孙家雕花隔扇窗

彩图-39　关中地区隔扇窗列举

（图源：自摄于关中民俗艺术博物院）

(a) 佛堂雕花隔扇窗 　　　　　　　　　　　　(b) 樊家雕花隔扇窗

彩图-40　关中地区拱形隔扇窗列举

（图源：自摄于关中民俗艺术博物院）

彩图-41　唐家门房墀头与垂脊砖雕图

（图源：自摄于旬邑）

彩图-42　唐家人物风景砖雕看墙图

（图源：自摄于旬邑）

彩图-43 唐家厅房太师壁

（图源：自摄于万荣县）

彩图-44 闫家雕花描金供案

（图源：自摄于关中民俗艺术博物院）

彩图-45　闫家雕花描金罩子床图

（图源：自摄于关中民俗艺术博物院）

彩图-46　崔家人物风景雕刻描金罩子床图

（图源：自摄于关中民俗艺术博物院）

（a）周家狮子门枕石　　　　　　　　　（b）唐家抱鼓门枕石

彩图-47　关中地区门枕石列举

［图源：（a）自摄于三原；（b）自摄于旬邑］

（a）异形缸　　　　　　　　　　　　（b）圆形缸

彩图-48　关中地区太平缸列举

（图源：自摄于关中民俗艺术博物院、泾阳）

国家社科基金
后期资助项目

陕西关中地区传统
民居门窗文化研究

Study on the Doors and Windows of Traditional
Dwellings in Guanzhong Region of Shaanxi Province

李琰君 著

科学出版社
北 京

内 容 简 介

　　本书以陕西关中地区的传统民居为研究对象，并在其基础之上提炼出最具个性特征、形式最多样且文化内涵最丰富的"门"与"窗"为核心撰写而成的。书中较为系统地介绍了门窗的演进、分类、基本结构及封建礼制文化等实用功能与精神功能的价值体现。同时也展示出传统民居的材料应用、制作工艺、图案内涵、色彩运用、风俗习惯和审美价值等诸多信息。因此，对其研究具有重要的历史、社会、人文、艺术和民俗等多层面的价值和意义。

　　本书适合用于爱好传统文化、传统建筑以及居住民俗文化的人士和专业人士之间的学习与交流。同时，希望此书能引起全社会和更多仁人志士的关注，并积极地参与保护先祖们留下的"不可再生"的珍贵文化遗产，造福子孙后代。

图书在版编目(CIP)数据

陕西关中地区传统民居门窗文化研究/李琰君著 . —北京：科学出版社，
2016.4

　　ISBN 978-7-03-045805-6

　　Ⅰ.①陕…　Ⅱ.①李…　Ⅲ.①民居-门-建筑艺术-研究-陕西省②民居-窗-建筑艺术-研究-陕西省　Ⅳ.①TU241-5

中国版本图书馆 CIP 数据核字（2015）第 227226 号

责任编辑：朱萍萍　牛　玲　刘巧巧/ 责任校对：张怡君
责任印制：赵　博 / 封面设计：黄华斌　陈　敬

科 学 出 版 社 出版
北京东黄城根北街 16 号
邮政编码：100717
http://www.sciencep.com
北京凌奇印刷有限责任公司印刷
科学出版社发行　各地新华书店经销

＊

2016 年 4 月第　一　版　　开本：720×1000 1/16
2025 年 3 月第三次印刷　　印张：38　插页：12
字数：780 000
定价：168.00 元
（如有印装质量问题，我社负责调换）

国家社科基金后期资助项目
出版说明

后期资助项目是国家社科基金项目主要类别之一，旨在鼓励广大人文社会科学工作者潜心治学，扎实研究，多出优秀成果，进一步发挥国家社科基金在繁荣发展哲学社会科学中的示范引导作用。后期资助项目主要资助已基本完成且尚未出版的人文社会科学基础研究的优秀学术成果，以资助学术专著为主，也资助少量学术价值较高的资料汇编和学术含量较高的工具书。为扩大后期资助项目的学术影响，促进成果转化，全国哲学社会科学规划办公室按照"统一设计、统一标识、统一版式、形成系列"的总体要求，组织出版国家社科基金后期资助项目成果。

全国哲学社会科学规划办公室
2014 年 7 月

前　言

　　建筑学家罗哲文先生曾说："陕西历史文化艺术宝库中，除了帝王宫殿、坛庙、陵墓、寺院等之外，还有一份十分宝贵的民间文化遗产，民居宅第就是其中重要的一种类型。而民居建筑艺术中的木雕又更独具特色，它的价值在于它是历史文化的写照，与人们的社会生活关系十分密切，反映了陕西这一地区独特的文化艺术、民俗风情、审美观念。它们正是华夏传统文化艺术的重要组成部分，是中华建筑艺术中的一朵奇葩。"以韩城民居为例，英国学者查理教授评价道："世界建筑文化在中国，中国民居建筑文化在韩城……"日本专家青木正夫博士评价韩城党家村说道："……曾到过欧、亚、美、非四大洲十多个国家，从来没有见过布局如此紧凑，做工如此精细，风貌如此古朴典雅，文化气息如此浓厚，历史悠久、保存完好的古代传统居民村寨。党家村是东方人类古代传统居住村寨的活化石。"另外，李瑞环同志为党家村题有"民居瑰宝"墨宝等。由此可见，陕西关中地区传统民居的历史与文化的价值所在。

　　关中地区由于历史原因，在各地形成了许多特色鲜明的、最具代表力的大型宅院，这些大型宅院多为历代官宦及富商的宅第，而且，其府邸的建造也影响着周边普通民宅的建造标准。加之十三朝"都城"建设的需求，先后聚集了全国各地的能工巧匠在此地域展示各自高超的技艺。因此，形成了关中地区民居建筑"厚重的文化积淀，皇都的大气磅礴以及精干的建造技艺"特点和丰富而又独特的民居建筑风格，在我国的民居建筑发展史中占据着重要地位，是我国建筑文化宝库中不可或缺的组成部分。这些文化遗产均有着厚重的历史价值和人文价值，承载着中华民族的文化和文明史，是传统人文价值、民俗价值、艺术价值以及民居建筑技艺的综合载体和具体体现。

　　关中地区民居中的门窗文化是历史文化的写照，是当时人们精神追求的具体显现，反映着独有的民族意志情趣、心理祈望和一定时代的审美观念。也是神秘的民族心理密码和中国人特有的象征语言。同时，又是中国传统文化的有机组成部分，有着强烈的民族艺术个性，是古老的民族文化和民族艺术的遗迹（王山水和张月贤，2008）。因此，研究关中地区民居门窗的意义及其历史与文化价值则不言而喻了。

但是，通过对关中地区近20余个县（区）的45处传统民居院落实地考察和统计，发现传统民居文化遗存以惊人的速度在不断的消亡，损毁现象非常严重，令人担忧。被拆除、被遗弃的民居聚落以及濒临倒塌的精美民居比比皆是，却无人问津，也不知如何保护或保护力度甚微。地方政府的职能部门虽然有想法，由于种种原因却无法落实或实现，其结果便是传统民居建筑及其门窗遗存的最终消亡……

因此，对关中地区的传统民居建筑及其文化遗存的抢救性研究显得尤为迫切、重要。也可以说，对关中地区传统民居、居住文化及其门窗等方面的原始资料搜集以及研究是有着极其重要的史料价值和社会学、建筑学、文化学、民俗学历史意义的。基于以上原因，笔者历时近7年的时间，经数十次的田野调研，进行了大量的资料收集、现场拍照、录像、尺寸丈量、测绘和现场访问，获得了丰富且珍贵的第一手资料，并在此基础之上支撑完成本书的编撰。

李琰君

2015 年 6 月

目　录

导　　论

一、本书的来源与背景

本课题源于陕西省社会科学基金项目"陕西省传统民间技艺与传统建筑环境共生性保护研究"（06H008S）、国家软科学研究计划课题"保持文化传承的新农村建设研究"（2008GXSD128）子题，以及笔者主持并完成的陕西省软科学研究计划出版项目"陕西关中传统民居建筑与民居文化（抢救性）研究"（2010KRC13）经费资助和近期主持的教育部人文社会科学研究规划基金"陕西传统民居建筑艺术及居住民俗文化遗产（抢救性）研究"（12YJAZH064）经费资助项目。基于对以上数个课题项目的研究并在此成果之上完成了本次国家社会科学基金后期资助项目"陕西关中传统民居门窗文化研究"（13FYS005）的书稿撰写工作。

陕西关中地区在历史上堪称是我国古代政治、经济、文化、对外商贸及文化交流的中心。古时就有如宝鸡北首岭遗址、西安半坡遗址、临潼姜寨遗址和西安客省庄遗址等新石器时代的穴居房址、半地面式建筑、地面建筑的形成以及聚落的初始形成，是"仰韶文化""龙山文化"的重要发祥地之一，也是我国古代十三朝的都城所在地，如有西周都城"镐京"、秦都城"咸阳"、西汉都城"长安"和隋唐都城"长安"等闻名遐迩的都城。因此，在关中平原这片热土上形成了为世人所瞩目的气势宏伟的建筑和灿烂辉煌的建筑文化。同时，这里也是我国历史上大事件的见证地，如有"成康之治""文景之治""贞观之治"及"开元盛世"等，这既奠定了中华民族大一统的万世基业，又为关中大地积淀了丰厚的传统文化基础（王山水和张月贤，2008）。所以，关中地区传统民居及其文化在我国建筑史上占据着重要的地位，不可替代。另外，关中地区如此庞大、丰富的民居及其文化资源也需要人来对其进行研究、记载和宣传。

二、本书的研究目的与意义

关于传统民居的门与窗的功能和价值，许多名人志士、专家学者都有各自的观点和评价。例如，杜甫曾在七言绝句中写道："……窗含西岭千秋雪，门泊东吴万里船。"可见门窗在传统建筑中的审美价值。李诫在《营造法式》中用几个小木作章节记载门窗的结构和技艺部分，可见门窗在传统建筑中繁杂的结构形式、制作技术和严谨的工艺标准。梁思成在《建筑文萃》中用"千门万户"来形容西汉建章宫之大，可见门窗在传统建筑中使用的数和量。马未都在《中国古代门窗》的文化含义中写道："……建筑上必不可少的门窗显然带着等级烙印。"可见门窗在传统建筑中传达出封建社会等级制度的文化性。李允鉌在《华夏意匠》中写道："……真正成为我国传统建筑屋身构图实体的，是立面上柱之间的门窗隔扇。"可见门窗在传统建筑中的重要地位。楼庆西在《乡土建筑装饰艺术》中写道："建筑具有物质与精神两个方面的功能……如果要进一步表现某一种理念，那么就得依靠建筑装饰，依靠房屋上的雕刻、绘画、色彩等，所以建筑上的装饰可以说是建筑艺术表现力的重要手段，它直接记录和反映了一个时代的文化艺术。"还有人们常用"门当户对""门户之见""门派""门风""门徒""门外汉""十年寒窗""打开天窗说亮话""心灵的窗户"等词语来表达一些文化内涵，可见门窗在人们日常生活中被延伸的作用。"传统建筑是历史与文化的载体和表现形式，而这种历史文化无论在门的功能、所在位置还是在其形式上都表现得更为显著和更加集中。门有各种不同形式……无论如何分类，门都有着视觉上的感受和引导，用以满足建筑体系的时空连续性……"（朱广宇，2008）不难理解，门窗不但有着自身独到的地域文化特色与内涵，而且还有着极其重要的文化价值、历史价值、民俗价值、审美价值和制作技艺。

以上略述，足以说明传统民居的门窗在民居建筑中以及在建筑历史上所处的重要地位和研究的价值与意义。那么，关中地区的传统民居门窗同样也充分地体现和展示着自己独特地域文化的价值和意义，这也是本书调查与记录、挖掘与整理、研究与论证、弘扬与传承关中地区传统建筑及其门窗文化的核心目的。

传统的民居建筑及其门窗文化是人类历史、社会发展和文明进步的见证物，是人类智慧的结晶，无论是从政治角度、经济角度、人文角度还是从艺术角度均有着极高的文化价值和重要的、不可替代的地位。特别是由于门窗的形式、工艺技术和装饰纹样在民居营造中占据着举足轻重的地位和不可替代的作用，不但要实现其实用价值，还要体现出其审美价值和精神价值。同时，还需展现出其附加的等级观念、身份象征的社会价值。所以，人们不遗余力地采用各种手段和技术来实现门窗的各种价值，这便使得本书的研究显得更有价值和意义。

由于其价值意义之所在，所以本书侧重于传统民居文化遗产传承和保护为视野，围绕关中地区传统民居中门窗文化遗存为核心而展开实地考察、测绘和访谈记录等抢救性研究工作。针对关中传统民居门窗的演进、形式与结构、雕刻与工艺、艺术与审美、形态与内涵等方面进行系统的撰写和论述。通过梳理、分析和总结完成本书的撰写任务。同时，记录并展示出关中地区传统民居的风格特征、民俗习惯和审美情趣等多层面上的文化现象。

从史料价值和研究价值角度看，本书具有抢救性质的研究和撰写将会为关中乃至陕西地区的传统民居的保护和传承、资料的整理和汇编积累下丰富多彩的实证，也会为后续有关陕西传统民居建筑和门窗文化及其居住民居风俗等方面的研究工作提供具有较高价值的参考。同时，关中地区传统民居以其陕西厚重文化积淀的张扬与浓缩为背景，以其大气磅礴、风格独特的个性闻名于世。本书可以为更好地保持传统民居的区域性特色，汲取民居门窗艺术的精髓，为关中地区今后的新农村建设和城市规划建设中进一步得到传承和弘扬提供支持。

三、本书的研究范围与内容

（一）研究范围

在时间上，以明末、清代和民国时期的陕西关中地区民居门窗为调查对象；在区域上，围绕陕西关中行政地区；在民居类型上，针对地面建筑和窑洞民居，以及大型、中型和小型民居院落（表0-1）。同时，通过大量的田野调查，搜集尽可能多的第一手资料，并以客观、唯物、科学的观点和研究态度做出评价和总结。针对资料采用比较分析、归纳总结的方法进行分类、汇总，综合定位。内容撰写图文并茂，在文字论证的基础上，利用图片及手绘稿的自明性，更直观、准确地解读内容。

表 0-1　陕西关中地区民居调研地统计表

地区	所属县（区）	民居调研点
西安市	西安市	西安半坡博物馆、北院门144号院、庙后街182号、大麦市67号院
	长安区	杜曲镇杜北村胡家民宅、大兆乡三益村于氏民宅、王曲镇堡子村郭氏民宅、鸣犊镇张家民宅、关中民俗艺术博物馆（闫家大院、崔家大院、孙家大院、雷家大院、毛家大院）
	临潼区	老城区民居、栎阳曹家李家民居
	鄠邑区	苍游乡民居、秦镇古民居、庞光镇民居
	高陵区	通远镇天主教堂、张乡张家宅院
	蓝田县	葛牌镇黎家民居、阳坡郑家民居、玉川乡段家民居

地区	所属县（区）	民居调研点
咸阳市	三原县	周家大院、李靖故居、新兴镇柏社村地坑窑
	泾阳县	老城区民居、吴氏庄园
	礼泉县	老城区民居、烟霞镇袁家村民居
	乾县	老城区民居、杨裕镇朱家堡地坑窑洞、城关镇张家堡韩家地坑窑、大墙乡周南村民居
	彬县	老城区民居、香庙乡程家川村民居、炭店乡早饭头村靠崖窑
	旬邑县	老城区民居、唐家大院、唐家村民居
渭南市	潼关县	秦东镇水泊港民居、西廒村民居、西北村文明寨民居
	大荔县	老城区民居、朝邑镇大寨村民居
	蒲城县	王振东院宅、杨虎城旧居
	合阳县	坊镇灵泉村、王村镇南蔡村民居
	韩城市	韩城古城区、张家大院、吉家大院、郭家大院、苏家大院、解家大院、薛家大院
铜川市	铜川市	耀州区李家大院、王益区周家民宅、陈炉镇接口窑院、耀州区小丘镇移寨村地坑窑院
	宜君县	五里镇民居、棋盘民居
宝鸡市	扶风县	召陈村周代遗址、温家大院
	岐山县	凤雏村西周建筑遗址、凤鸣镇南吴邵村民居
	凤翔县	老城区民居、周家大院
	长武县	丁家乡丁家村靠崖窑、罗峪乡五家靠崖窑
	陇县	老城区民居、八渡镇杨家村民居、东风镇黎森川村民居

（二）研究内容

以物质与非物质文化遗产保护研究为着眼点，以民居门窗发展历史为主线，以关中地区地理环境、传统民居特征及居住民俗文化为背景，继而对关中地区民居门窗的结构、类型、工艺、材料运用等形制内容及区域性特色体现的形态内容和文化内涵体现、应用价值和审美意义等方面进行系统的探讨和论证。论述并解读关中各个地区传统民居门窗和区域民俗文化的风格特征等方面的文化现象。同时，针对传统民居及门窗和居住民俗文化在现今遇到的窘况、如何传承和保护提出自己的观点和看法，为后续的研究或保护工作提供一些可借鉴的资料和思路。

四、陕西关中地区传统民居基本特征

传统聚落的组成是以东西和南北的主、次道路为主、次轴线，两边为家家户户的门房（倒座、街房）联排所组成的街道景观。院落与院落的组成则常会采用每户会与两侧的左邻右舍"共用墙"的办法，关中人称之为"伙墙"或"火墙"。常规是各户之间会将门房与门房的山墙共用、上房（正房）与上房的山墙共用、厦房（厢房）与厦房的后檐墙共用的特点而构成各自的独立院落空间。这种联排式的院落形态对于人多地少的关中地区来说，是先辈们总结出来的最佳经验。不但节省了住宅用地，降低了建房造价，也为村落和街巷整齐有序的排列奠定了基础，同时也提高了院落的安全防御能力。因此，被关中地区的人们广泛使用。

从平面关系与空间结构上看，关中传统民居院落的基本特征是以中国传统四合院式为基本单元的民居模式。每一个院落由门房、庭院、厅房、庭院、上房和后院所组成。前后以中轴线贯穿，单体建筑以中轴线为准对称排列，整体结构布局严谨、方正封闭、参差适度、对称和谐。在门房与上房之间常规设有厅房，主要是处理日常事务、待客和供奉先祖之用。同时在两侧对称建有单坡屋顶的厦房，为晚辈的起居室、灶房等之用。上房为长辈起居室，偏房（下屋）为佣人之用。整群组中含有大门（院门）、二道门、侧门（偏门）、房门和后门（使用较少）等，是用于划分和规范主人与仆人、男人与女人的行为和活动范围的。主、客、仆以及男、女遵循规矩，各行其道。一般大型的院落无非是由这种基本单元模式构成的，将几个甚至十几个建筑风格一致的多进式或多跨式院落相连组成一个完整的建筑组群而已。

关中地区最常见的地面建筑有四种院落形式：一是四合院式，即在长方形的地基上盖有门房、两排厦房和上房所组成的院落；二是三合院式，即在长方形的地基上盖有门楼、两排厦房和上房所组成的院落，没有门房；三是二合院式，即在长方形的地基上盖有门楼、两排厦房所组成的院落，没有门房和上房，或在长方形的地基上盖有单排厦房和上房所组成的院落；四是单排房院式，即在长方形的地基上盖有门楼、单排正房和院墙所组成的院落，地势多为后高前低，便于排水。

另外，关中地区的窑洞院落最常见的可归纳为三种形式：一是前房后窑式，即在院落最末端的岩壁之上凿洞建窑，在院落前端的平地上房而形成的混搭院落；二是土窑院式，即在平地上仿窑洞形式所建造的明锢窑院落；三是下沉式，即在平地上或沟壑边挖掘出的地坑院落。

关中地区民居的基本形态是在材料上采用土（夯土、土坯）、石、砖、木四大材料相结合，以木结构为主。在结构上以抬梁式硬山、仰瓦清水脊为主。在体量上以间口（开间）和入深（进深）为基本单位进行排列，灵活便利，以三开间者居多，五开间及以上者较少。在色彩上呈现出以青砖黛瓦、黑色门窗、黄土质或白土灰墙面为主。在礼制上以中线为轴左右对称，以中、后和左区域为上，主次分明，等级有序。在装饰上以三雕以及彩绘艺术装点核心建筑，虽图案纹样及形式繁多，但以吉祥内容为主，较为集中地反映出了儒家、道家思想和哲学理念。

第一章　陕西关中地区自然环境、人文概况与传统民居门窗沿革

关中地处陕西省的中心部位，而陕西省又位于我国版图的中心，属于西部地区、黄河流域的中上游，是我国古代政治、经济、文化的中心和交通要地，由关中盆地、陕南秦巴山区和陕北黄土高原三个地质地貌完全不同的自然区域所组成。地处东经105°29′～111°15′、北纬31°42′～39°35′，总面积20.56万平方公里。地形东西长约360公里、南北长1000多公里。

关中地区因地处函谷关、大散关、武关和萧关四关之中而得名"关中"。自古以来就是一个极具政治、军事、经济意义的优良地区，历来为兵家必争之地，被称为"陆海之枢纽"。又因位于陕西省中部的渭河下游的冲积平原之上，故有"八百里秦川"（数字建筑博物馆，2006）、"关中平原"、"渭河平原"或"渭河盆地"之称，是中国最富庶的地区之一，土地肥沃，物产丰富。

第一节　自然环境与人文概况

关中地区的地质地貌属于河流阶地和黄土台塬类型。地势为西高东低，南依秦岭，北靠黄土高原，西携陇山，东拥华山、崤山及晋西南山地。海拔为322～600米，东西长约360公里，南北宽窄不一，总面积为3.91万平方公里，约占陕西省总面积的19%。

关中地区的发展历史就是陕西的发展历史。关中地区的中心"长安"乃帝王之都。自西周起先后有13个王朝在此建都，历时1100多年，是中国历史上"六大古都"中建都最多、时间最长的都城之地，且与开罗、雅典、罗马齐名，史称世界"四大文明古都"。

一、行政区域

近代地理学定义的"关中地区"是指西起宝鸡，东到潼关的渭河中下游地区。行政区包括有：渭南地区（渭南市、韩城市、华阴市、华县、潼关县、大荔县、蒲城县、澄城县、白水县、合阳县和富平县）、西安地区（西安市、长安区、临潼区、阎良区、蓝田县、周至县、高陵县和户县）、铜川地区（铜川市、宜君县、王益区、印台区和耀州区）、咸阳地区（咸阳市、兴平市、泾阳、三原、淳化、旬邑、长武、彬县、永寿、乾县、礼泉和武功）和宝鸡地区（宝鸡市、凤翔县、岐山县、扶风县、眉县、陇县、千阳县、麟游县、凤县和太白县）。各区域的代表性城市，东有"东府"的渭南市，西有"西府"的宝鸡市，北有"同官"的铜川市，中有"西咸都市圈"的省会城市西安市和咸阳市，以及中国唯一的农科城——杨凌农业高新技术产业示范区。

二、历史与民居演进

（一）人文历史

关中地区是中国黄河流域古代文化的发源地之一，早在石器时代就有了人类文明。例如，考古发现的大荔人、蓝田猿人、半坡遗址、姜寨遗址及北首岭遗址等都是黄河流域具有典型性、代表性古文明的具体体现，展示着这片土地 5000 年前的辉煌历史。另外，从神话传说及民俗文化角度看，如出自中国西部的炎帝、黄帝是公认的最早的圣王和"人文初祖"，炎帝和黄帝的族居地和墓陵都在关中地区。经考古发掘证实，关中是华夏古文明最重要、最集中的发源地之一。自西周起，中国封建社会的前半部历史也基本都是围绕关中而展开的。中国历史上的三次大一统局面中有两次（秦汉和隋唐）是以关中为基础完成统一天下，又以关中为基础统治天下的。综上所述，中华文明的摇篮在黄河流域，而黄河文明的核心之一则是在渭河流域的关中地区。

（二）民居的演进

站在建筑历史角度看，关中地区又是"仰韶文化""龙山文化"的发祥地之一，已被发现的古代建筑遗址很多，而且具有代表性。因此，只要是有关建筑历史方面的书籍，引用或列举的内容肯定与关中有关，可见关中地区中的传统民居建筑在建筑史上的地位和影响力。例如，侯幼彬总结："……特别是在黄河流域的黄土地带更为集中。……陕西宝鸡北首岭遗址、西安半坡遗址、临潼姜寨遗址及西安客省庄遗址等，都有新石器时代的穴居房址发现，有的还形成一定规模的聚落。从形态上说，穴居大体上可分为原始横穴、深袋穴和半穴居三种形式……"（侯幼彬，1997）所以，民居建筑及其建筑文化有"南巢北穴，南床北炕"之说。还有"院落在中国出现很早，陕西岐山凤雏村就有'有可能在武王灭商以前'的先周宫室（或宗庙）完整而十分成熟的两进四合院遗址，有影壁、带门房的大门、中轴线上的前堂、过廊和后室，左右围绕厢房，对称规整"（萧默，2003）。

第二节　传统民居与门窗基本形制

一、关中地区传统民居的基本形制

在关中地区遗存下来的明清民居建筑中分析和总结其建筑的用材、结构、体量、布局、礼制、装饰以及地域性个性特征。在用材上以土、坯、砖、石、木材料相结合使用。在结构上多以梁柱式砖木结构、土木结构（含夯土墙、土坯墙）为主，墙基础常会采用石质材料，顶面为单层仰瓦、砖雕脊饰或清水脊饰，多为抬梁式或插梁式硬山构架，山墙及前后檐墙墙体厚重，对称厦房均为单坡屋面顶。在建筑体量上较其他地区高大一些，且以"间"为单位进行组合，每间等于 3.3 米左右，房屋大小十分灵活，房屋之大小，可根据间的尺度，可大可小，可多可少，常规为三开间、五开间，七开间以上或两开间以下的则很少。在院落形式上多为四合院、三合院及二合院等，有的超大型院落还有多进式或多跨式的。在院落布局上以中轴线左右对称布局，有主要建筑和次要建筑之分，主次分明，在地坪上呈现出前低后高，体现了前堂后寝的院落特征，这不但是封建礼制与秩序的要求，而且也是实用的需求。在建筑装饰上更是繁简有度，重点突出，常会将二道门、厅房的门窗、额枋、墀头以及室内的太师壁等部分作为装饰的重点。在色彩的应用上也讲究色调统一，重点突出，多以淡雅的青砖黛瓦镶嵌白墙、黄土墙，施以黑檐、黑门窗，但是，也有一些大户人家会采用色彩鲜明且套色考究的做法，以深红色为基调施予梁柱、板壁墙、门窗、额枋、挂落、雀替之上，图案多以吉祥纹样为主。

二、单体建筑与门窗的关系

关中地区民居主要是由临街的门房、两侧的厦房、厅房和上房几个主要单体建筑配以围墙、墙门等围合而组成的院落空间。

（一）门房

关中地区将四合院中的倒座称为"门房"或"街房"。门房建筑大多为一层，为了充分利用空间，常常会增加棚板层，多做储物的阁楼使用，面阔多为三开间或五开间。院落入口大门多设在立面一角，占用约一个开间，比例均衡，比较典型的是在立面上的左边第一开间（三开间），也有右边第二开间（五开间），其形式与礼制及五行学有关。仅仅从合阳的灵泉村都能找到不同的大门方位，一般民居的朝向为坐北朝南，因此门房的大门开设在左侧。左侧为"东向"，东者为"上"。也有坐西向东并将大门设在右边的，右者向南［图1-1（a）］。当然，将入口大门设在中间的也不在少数（图1-2），据考证，这些多为官宦人家。明清官宦世家仿照北京四合院的入口设在中央开间上，寓意为官清廉，为人耿直、透明，光明正大。关中地区民居的大门为门房的一部分，整体并不突出门房，且大门的安装位于门房的大梁之下，将门房一分为二，前后对称。也有将大门安装于3/4处的，还有将大门安装于门房的外檐之上的，这是与等级制度有关的。

(a) 右侧开设大门　　　　　　　　　　　(b) 左侧开设大门

图1-1　关中地区右侧、左侧开门的门房图列举

（图源：自摄于合阳县灵泉村）

门房的临街立面比较简单、朴素，有"财不外露"之说，仅将装饰集中于大门周围以及相邻两院互联的山墙处。建筑主体墙面多使用土坯墙、土坯外包青砖墙或青砖勒脚土坯墙等形式，墙砌至额枋下沿。同时门房沿街立面多不开窗，这主要是考虑院落的安全问题［图1-1（a）、图1-2］。整体给人庄重朴素、谦和低调的印象。

典型的关中传统民居中的大门其结构均为"撒带式"大门，结实厚重，防御性突出，常规为黑色。

图 1-2　中央间开设大门且无檐墙窗的门房图
（图源：自摄于合阳县灵泉村）

（二）厦房

厦房是关中"八百里秦川"一带的人们对合院或宅院中厢房的称呼，是关中先祖们针对本地的地质土壤和气候条件所发明的智慧结晶。陕西十大怪之一——"房子半边盖"说的就是关中地区的厦房。应该说，厦房是关中地区民居建筑中一道亮丽的风景线。

在关中地区民居院落布局上，厦房位于中轴线的两侧，与门房、厅房、上房垂直布置，是院落围合的重要建筑之一。关中地区厦房的最大特点在于其单坡屋顶的外形，这种形式的大量使用与关中地区的位置和气候环境不无关系。

厦房由于单坡顶的缘故，室内空间进深一般较小，视中轴线上的主要建筑开间而定，多为2～3开间，开间大小基本约为3米。不同院落的开间数都有所不同，奇数、偶数并存，主要依照院落的空间尺寸和住户的人口住房需求而定。另外，厦房两侧山墙的墙身上部结合排水要求出挑一排或两排水平小青瓦作为腰檐，起到保护和装饰墙体的作用，同时在山墙上部一般设有一个"气窗"以增加室内的通风换气效果。而面向院落内部的檐墙立面开设门窗，通透开放，尺度宜人。

厦房一般为一层，但也有两层厦房，如韩城市古城区内的箔子巷吉灿升故居就是这样的两层厦房宅院（图 1-3）。这种厦房的二层不设檐墙，只装有可拆卸的木板扇，整个二层多作为储物之用，类似阁楼，所以其高度远小于一般意义上的两层高度，一般不开窗或开小窗。

图 1-3 吉灿升故居两层厦房图

（图源：自摄于韩城市箔子巷）

（三）厅房

厅房位于院落的中心部位，是宅院的灵魂，也是联系前后院落的交通枢纽，在使用过程中交通通行占有很大部分，因此厅房的门窗体量和装饰是院落中最大、等级最高的，并在空间上既有围合又有通透功能，可变性强。关中地区民居厅房的正面、背面都有当心间凹入一架檩间距的做法，即由檐柱凹入金柱，当中两柱间设置可拆卸的屏门，屏门面向室内部分常用做主人待客的屏障，即称"太师壁"。其面上装饰较大幅的名家字画等，上挂字匾，两个金柱上挂祖训的楹联，几案常会摆放一些瓷瓶、钟表以及其他工艺品等观赏物件，以充分显示主人的德行修养及堂堂正正、治家严明的家族传统。两侧绕过太师壁设有可拆卸的日常行走的木门，经过窄门后可到达后院。同时，每当家族有重大事件或节日庆典时，这两扇门同样能随时拆卸，为宾客众多时提供最大的流动空间。一般情况会在厅房的前后檐墙上，于柱子间开设窗户。

厅房面向前院的部分常设有檐廊，在空间上有意从功能使用和心理感受出发，打破室内与室外严格的划分界限。从而使厅室内的待客空间与前后院落融为一体，增加了厅堂的宽大舒适感。同时，通透开敞的空间便于作为婚、丧、嫁、娶等各种仪式的举办场所，由于厅房外檐墙装修全为满间可拆卸的隔扇门，当举行仪式时可将门全部打开拆下，形成一个敞厅，直接与院落相连接起来。因此，厅房整体构架较高，檐口以下全用梁枋与花格垫板构成，且有些还施以彩绘，外附檐廊。与两边厦房中的门窗相比显得高大、通透、精美（图1-4）。

图1-4　郭家厅房隔扇门图
（图源：自摄于西安市长安区）

（四）上房

在关中地区，上房多称为"上房"或"里屋"，多指传统民居中比较普遍的二进式院落中第二进院落的最后一座建筑。同时，也是整个院落轴线的一座主体建筑。在精神层面上，上房也是通过室内功能布置、地基与建筑以及装饰上的差异来体现一个家族的尊卑秩序和敬祖重礼的等级观念和传统风俗的。

上房一般为三开间，其布局多为我国传统的一明两暗的布局方式。特别是没有厅房的院落常会将明间作为堂屋使用，供家庭成员聚集、会客、起居及庆典之用。两边暗间多为主人及长辈的卧房，或是一侧为主人卧室，另一侧为书房或会客室。两侧厦房山墙距离上房保持2米左右，以便于上房中两边暗间（次间）的通风采光。上房之后是后院，用于饲养家禽、堆放大型农耕机具及设置厕所等杂用。通往后院门的开设位置因地区不同而有差异，有在明间直接开设后门的，有在上房后侧一角开设后门的，还有一种做法是在开间的一侧紧挨着山墙加一个小通道用作通往后院的通道（图1-5），这个小通道净宽仅为1米左右，从造型、结构、装饰上整体上来看只是一个附加部分，整体建筑仍为三开间建筑。

在关中地区，由于上房的等级仅次于厅房，所以也有一些大户人家将上房盖成两层，两层设计必然导致它的高度和体量上在院落建筑中最为突出，上房的设计将物质功能和精神意义合二为一，二层的空间提高了建筑的整体高度，所以上房屋脊为全院最高，这既在功能上有使用价值，又在精神意义上暗合民间百姓广泛流传的吉利话："望子登科，连升三级"或"步步高升"之说，用来形容门房、厅房和上房的屋脊每一个建筑都高于前一个建筑，屋脊渐渐高起，其中"脊"取谐音"级"，形象地表达了人们对家庭美好未来的祝愿。

上房由于整体体量大、等级高，是院落权利的核心区域，所以，中大户型的宅院在正立面全做木构架梁柱和精美的隔扇式门窗，产生形体高大、层次丰富的效果，给人以高大、华贵、端庄、肃穆以及具有震慑力之感（图1-6）。

图1-5　秦家上房通道门图　　　　　图1-6　于家上房隔扇门图
（图源：自摄于宝鸡陇县南街）　　　（图源：自摄于长安区三益村）

三、陕西关中地区民居的价值体现

关中地区位于我国北方的黄土高原地区，由于夏季干热少雨和冬季寒冷多风的气候特点，人们为了达到隔热防寒的目的，便形成了具有浓郁地方特色的民居建筑形式——"窄院民居"，且户户以墙为界的"并山连脊"组成聚落。一般宅基地较狭窄，面阔为10米（三丈三）左右，基本为三开间，无耳房，对称两侧厦房向院内收缩，为了增加夏季阴影时间，尽量减少日晒，天井较狭小，厦房两侧檐端的距离最小的仅为 1.7 米左右，具有"一线天"的特征，但不影响院落和室内的采光效果。到了冬季，这种结构形式又可为室内提供保暖和防风防寒功能。

刘天华曾说："建筑史家认为，远在我国奴隶社会初期，依照南北轴线排列的院落式住宅已经萌生，而到周期初期，已形成了四合院布置的住宅形式。1976 年起，在陕西扶风县和岐山县之间的周原遗址上陆续发现了许多周朝立国之前的建筑遗址，证明了早在公元前 11 世纪，我国已出现了前后两进的四合院住房。院子中轴线上排列着大的厅堂，两厢是一串小房间，主次明显。房屋的建筑水平已经相当高，底下有厚厚的夯土房基，承重木柱埋入土基 0.5～0.7 米，柱下有础石。墙夯土筑成，外部用石灰细砂和黄土混合抹面，屋顶已局部采用盖瓦。院子还考虑到排水措施，已经发现陶制的排水管和卵石砌的下水道。"（刘天华，2005）

依据对"周原遗址"的形制、用材、施工工艺诸多方面考证和总结得出：结构体系以木构架为主，土坯、夯土墙为主要围合方式。墙与顶的结构为硬山式，屋面为单层仰瓦坡屋顶。院落布局严谨、建筑做工正统、构件装修精美、用材考究，平面布局与空间结构属于中国传统四合院式的民居模式。因此，在地处宝鸡岐山县凤雏村周原遗址复原图中不难看出，从周代开始，关中地区的民居就以"四合院"为原型建造院落的实例（图 1-7）。

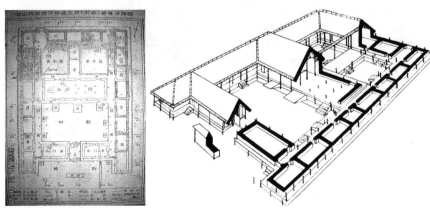

图 1-7　宝鸡地区凤雏村周原遗址四合院图
（图源：自摄于周原遗址馆）

然而，在关中地区北部的土塬和黄土高原交界一带区域，因为没有森林，木材缺乏，只有纵横交错的沟壑和土坎。所以，当地的人们为了解决"住"的问题，便在土地上打主意、想办法。由于这一地区的土层厚实，相对稳定，又易于挖筑，故此，在这片区域内较为集中地采用了不同的挖筑窑洞形式和材料并冠以不同的名称，如靠崖窑及接口窑（靠山窑、坎窑、塬壁窑）、地坑窑（地窨子窑、地窖窑、下院窑、下沉窑）和明锢窑（土窑、石窑、砖窑）形式。

四、民居建筑与非物质文化的演进与共存

张驭寰总结道：中华民族古代建筑开端是以民居住宅作为主要基本起点的，也是各种建筑发展的基础，逐步发展流传，到商周时代建筑已达到成型之地步。合院建筑在西周时代已日臻完善，从扶风凤雏遗址来观察，西周的建筑已相当完整了，已发展为柱网建筑，高台基、乱石柱础、返水坡等，这便奠定了封建社会柱网建筑的发展（张驭寰，2007）。在周原建筑中已有了合院前后两进院落，以中轴线为对称的高台建筑，大照壁、大堂、中廊、东西厦房，以及带有廊子的房屋。同时已开始用瓦（含有版瓦、筒瓦、带瓦环的瓦、带瓦钉的瓦）束竹墙以及拐角墙等。

陈凯峰说："……居住建筑的发展史也基本上就是建筑发展史，其他各类建筑都是居住建筑广义上的外延结果。"（陈凯峰，1996）因此，当建筑不断地发展成熟时，其内容与形式也更加丰富多彩，大体划分有：防御功能的长城、城池等，以及宫廷、祠庙、道教建筑、塔幢、园林、会馆与书院、陵墓、石窟、佛教寺院、民居、建筑小品等，人们习惯称之为"华夏建筑"（张驭寰，2007）。这些建筑类型均与我国的传统文化、人们的物质需求和精神需求以及区域性民间民俗文化有着千丝万缕的联系，由于不同的建筑类型，对建筑物质与非物质文化需求的不同而不同，从而发展并演进出众多的建筑形式来。同时，传统文化、人们的物质需求和精神需求以及区域性民间民俗文化又指导或左右着这些建筑形式的形制结构的制定与实施。因此说，民居建筑物质与非物质文化是一种共生共存、同步发展、共同演进的共同体。

故此，从建筑类型学的角度看以上论述，说明任何地域民居的原型，都是该地域自然条件、民俗文化应对外表因素而产生的一种综合结果。

第三节　传统民居门窗的释义与沿革

追溯民居建筑门与窗的发展历史，仔细查阅和分析文献、出土文物以及遗址考证资料等，从中不难发现其发展演变的足迹，也会发现在门窗的背后所隐藏着的许多内涵。门窗不仅是建筑历史发展的一部分，而且也体

现着技术进步、社会风尚以及审美倾向的发展和进步历程。

《周易》有"……上古穴居而野处，后世圣人易之以宫室"，《墨子·辞过》有"……墨子曰：古之民未知为宫室时，就陵阜而居，穴而处，下润湿伤民，故圣王作为宫室"的记载，说明在没有宫室之前先民们居住的是较为简易的房子，自从有了宫室便有了更为讲究的门和窗，而且，门和窗又是宫室中十分重要的实体要素之一，门窗既能起到采光、通风、防风、防雨的作用，又能起到防虫害、保平安的作用。

一、门窗释义

李允鉌曾说："……真正成为我国传统建筑屋身构图实体的，是立面上柱之间的门窗隔扇。"（李允鉌，1985）这是对我国传统建筑立面特征的描述，是从感官上确立了门窗在我国传统建筑至关重要的地位。同时，门窗的意义还包含了文明中的人性对自然的亲和以及对美的向往与追求。

（一）门的释义

《说文·部首》有："莿甲，象门形，安装在'鸡栖木'上的门的全貌，省而作门。"现今简化为"门"，可见"门"字来源于远古门的形象（顾馥保和汪霞，2000）。《说文·解字》释："门，闻也。从二户相对，象形"，"户，半门曰户。"《墨子·备城门》有"……诸门户皆令凿而幕孔"，均指屋院城出入之口。另《辞源》释有："宫室垣墙所设，可以开合，通出入口处也。一扇谓之户，两扇谓之门。又在堂室曰户，在区域曰门，如家门、里门、城门、国门……"（辞源编纂组，1915）

门的繁体字为"門"，其形为双开式门扇，单开为"户"，故有门户之说（马未都，2002）。但是，"门"与"户"之间又有区别，如《玉篇·门部》有"……在堂房曰户，在区域曰门"，如《一切经音义》有："……一扉曰户，两扉曰门"等文字说明。

《辞海》对于门释为三意：①建筑物的出入口上用作开关的设备，也指其他出入口；②如关塞要口的玉门、雁门等；③如《老子》"……玄之又玄，众妙之门"（王弼注：众妙皆从同而出，故曰众妙之门也），指门径，关键的法门、窍门等（王蕾，2008）。

（二）窗的释义

老子《道德经》第十一章中载有："凿户牖以为室。当其无用，故有之以为利，无之以为用。"可见，建筑自诞生之日起，门窗就始终是建筑不可分割的一部分（朱广宇，2005）。《说文·穴部》有："窻，通孔也……在墙曰牖，在屋曰囱，囱或从穴作窗。……屋者，室之覆也。……孔，通也，通着达也。空训通，故俗作空，穴字多作孔，其实空也。"意思是说，开在屋顶上的称作"窗"，开在墙上的称作"牖"，另《广韵·平东》有"……囱，灶突也"。因此说，窗通囱，最早指"天窗"，实际上就是开在屋顶上的洞孔，称之为"孔"，其作用就是"通"——通风。《论语·雍也》有："伯牛有疾，子问之，自牖执其手。"牖是指墙壁上开的洞。

　　从以上资料中不难看出古时的"窗"和"牖"是不同的概念，"窗"应该是指气窗之类的，"牖"专指开在墙壁上的窗，而"囱"是开在屋顶上的窗（马未都，2002）。《周礼·考工记》有"四旁两夹窗"的记载，这里的窗就是指"旁窗"。后来，随着历史的演进，窗和牖的区别渐渐淡化，据《古诗十九首》之二中考证有："……盈盈楼上女，皎皎当窗牖。"这里的"窗"已与"牖"相通了，都指开在墙上的窗（马欣，2003）。至于其完全通用的时间则无处考证。

　　《辞源》释：在墙曰牖，在户曰窗（辞源编纂组，1915）（图1-8）。"窗"同"囱"，也同"窻、窗、牕"。

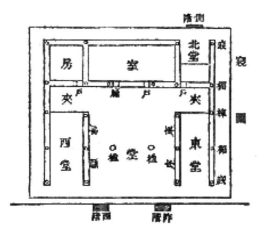

图1-8　门窗的称谓

（图源：引自《辞源》，1915年）

二、门窗的沿革

　　据专家考证，在甲骨文、陶文中对门窗已有象形文字的记载，更直接、形象的就有出土新石器时期的"陶屋"为证（图1-9）。这说明，在商周时期门窗已经普遍应用于民居之中了，且有不同的种类。引用周朝的都城制度有"匠人营国，方九里，旁三门……"刘敦桢认为，在春秋战国时期的门已经较为成熟且门类较多了，如叙述周朝宫室的外部有："……

图 1-9　新石器时期陶屋上的门窗
（图源：笔者临摹）

为防御与揭示政令的阙，其次，有五层门（皋门、库门、雉门、应门、路门）。"另外，他认为春秋时期士大夫的住宅"大体判明住宅前部有门"（刘敦桢，1984）。

楼庆西曾说："夏商时期，开始出现了城市，出现了宫室、住宅、作坊等类型的建筑……"（刘敦桢，1984）可见在这一时期的建筑已经成熟了，但有关考证门窗的资料较为缺乏。"……两千多年以前，春秋战国时期的老子在他写作的《道德经》里说：'凿户牖以为室，当其无，有室之用。'户即门，牖就是窗，可见自古以来建筑都有门与窗。"（楼庆西，2006）由此可见，在春秋战国时，已有明确的门和窗的概念了。

直至西周青铜器中对当时建筑的结构和局部形象以及门窗有了具体的反映。例如，容庚、张维持曾说："……西周方盉的下部，在正面设双扇（板门），门扉划分为上下二格，门的两侧各有卧棍造栏杆一段，反映建筑物入口的形状；其余三面开窗，窗中仅施简单的十字板棍。"（容庚和张维持，1958）（图 1-10）

图 1-10　兽足方盉青铜器上的门窗
（图源：笔者临摹）

综上所述，古代门窗的详细资料也只能在这些旁证中寻找到。例如，早期的板（版）门是在汉代墓葬出土物中发现的，明器之上可清晰地看到"板门"形式，且有单扇和双扇之分。在门的两侧墙之上设置有窗户，且窗户的大小不等（图1-11）。并通过明器可以看到自汉代至唐代的窗户为"直棂窗""破子棂窗"形式［图1-11（b）］。到宋代门窗的形式才有了较大的发展。当进入明清时期，无论在门窗的形式上，还是在工艺与技术上都有了飞速的提升，大大地丰富了门窗的内容。

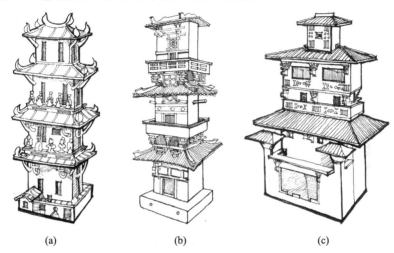

图 1-11　汉代明器中的门窗

（图源：笔者临摹）

（一）门的沿革

根据文献记载，从战国时期漆器上的建筑造型与门窗式样（图1-12），西周青铜兽足方鬲上建筑的栌头、勾栏和门窗以及结构图形看，起初的"衡原为横木之义，古时'横木为门'，是一种原始的简易门"（乐嘉藻，2005）。这说明到周代时板门雏形已经出现了。

图 1-12　漆器上的门窗纹样

（图源：笔者临摹）

　　从秦汉时期的板门可以看出门是双扇板门或单扇板门，装修形式比较简单、朴实。在结构上，上有上槛（门楣、下坎、门限），下设下槛，双扇板门上还设有门环或者挂锁用的铁拉栓。在随后的发展中，板门以其自身的防御性和隐秘性强的优势而多用于大门、宅门、房门和有气味的厨、厕等附属建筑上。板门可根据门扇尺寸的大小及用途而采用不同的结构方式（张万夫，1982）。在汉代画像砖可以清晰地看到院落的全景及阙门的形象（图 1-13），在甘肃武威出土的汉代陶楼上可以看到大门、房门和花格窗等构件（图 1-14）。

图 1-13　汉画像砖中的庭院与阙门

（图源：引自《汉画选》，天津人民美术出版社）

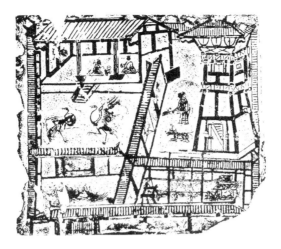

图 1-14 武威出土汉画像砖中的庭院与阙门
（图源：笔者临摹）

进入唐末至五代时期，便出现了带有格子形的门窗式样，可以说，这是在门窗形式发展上具有历史性的突破，也为后续门窗的形式以及纹样装饰奠定了良好的基础。例如，格子门的格心一般为直棂或方格，裙板多采用"素板"形式，简洁而素朴。

据始建于北魏平熙元年（516 年）洛阳的"永宁寺"木塔载曰："浮图有四面，面有三户六窗。户皆朱漆，扉上有五行金钉，其十二门二十四扇，含有五千四百枚，复有金环铺首。"（杨衒之，北魏）由此可见，这个时期的门上已有红漆和金色钉以及铺首的使用了。

据《营造法式》记述，宋代发展了板门、乌头门（又称棂星门）、软门和隔扇门四种形式。乌头门没有实物留存，据记载推测可能是类似于明清孔庙棂星门形式，是装在院墙中间的大门。软门可能是板门演变为隔扇门的一种过渡形式，是一种四边有框，在边框与腰串间拼装木板的门。在《营造法式》卷七的"格子门"项中有："每间分作四扇（如梢间狭促者只分作二扇），如檐额及梁栿下用者或分作六扇造，用双腰串（或单腰串造）。"宋代格子门的格心花纹图案则出现了较为丰富的变化，如有书中列举的"四斜球纹格眼""四直方格眼"等数种形式，以及斜方格眼、龟背纹和十字纹等，且有棂条框形。同时，裙板多采用浮雕形式，且题材广泛，如有花草、人物等为主的图案纹样（朱广宇，2008）。

进入辽、宋、金、元时期的门基本上沿用了宋代的风格形式，人们为了室内的通风和采光，在原有的形式上为了配合隔扇门而发明了"横披窗"。这样一来，不但提高了室内的物理指数，而且大大提高了室内外的审美指数，也为后续人们在门窗上追求社会功能和精神功能奠定了良好的基础。

到了明清时期，隔扇门（明代之前称格子门）的隔心（明代之前称格心）装饰更是达到了极致，形式多样、内容丰富、工艺细腻考究、技艺精湛，正如马炳坚所说的："……自明清以来，又将书法、绘画以及刺绣，镶嵌等工艺与装修结合在一起，使装修呈现出绚烂的艺术色彩。"（马炳坚，2010）

（二）窗的沿革

窗户的出现应该说与"天窗"不无关系，这在西安半坡遗址氏族聚居房复原图中不难看出。在母系社会时，人们为了取暖和加工食物方便起见，常常会在屋内中央处昼夜篝火不断，这样在室内会产生大量的烟雾，后来人们为了改善室内的空气，便于排除室内的烟雾而在房顶之上开设有"排气孔"，可直接将烟气排出室外，以达到室内通风换气的目的，这种排气孔洞也可算是今天的"天窗"形式，也是窗功能实现的一种基本形式，也是窗户的雏形。而真正意义上的窗应为西周时期的固定窗（不可开启的），在宝鸡地区周原遗址的"凤雏宫殿"复原图中不难看到早期"直棂窗"的影子。

到了秦汉时期便有了活动窗。据考古发现："秦咸阳宫第一号遗址挖掘出了窗用的铜合页，这应该可以证明那时的窗已经可以开启了。"（中国建筑史编写组，1993）另外，在汉明器中的"陶楼阁"中可清晰地看到在墙体之上已有固定的斜方格眼式"棂窗"出现，据推测可能是横披窗的前身（图1-14）。也可以说在汉代已经出现了带"棂"的格心，且"棂窗"已经基本成型了，"在形制上、艺术上更加成熟，直至明清"（马欣，2003）。

当然，还有另一种说法是自汉代至唐代盛行将窗与房屋的柱、枋相连接进行固定的（图1-15），特别是魏晋时期的窗其形式主要以"直棂窗"或破子棂窗为主，不能开启（固定窗），且在窗的内侧可以进行裱糊以调整室内温度，棂条常为素面，同时在看面上也无其他装饰。刘枫有"唐代以前以不能开启直棂窗为主，宋代以后可自由开关的窗户逐渐成为主流……"（刘枫，2006）的说法。笔者认为所造成"时间差"的原因，可能是由于前者所考察的对象为"宫廷建筑"，而后者所考察的对象为"民居建筑"，或说的是时代的普遍现象吧。

宋朝之后，民居中的窗扇随着门扇的改进而改进以及带槛墙的"槛窗"的出现，使得窗逐渐演变成了可拆卸、转动的活动窗。随之活动窗的优势很快被人们所认识和运用，并发展成可以上、下活动或可摘取的"支摘窗"和可向外开启的"推窗"。

图 1-15　汉画像砖中的门窗相连接、天窗
（图源：引自《汉画选》，天津人民美术出版社）

　　进入宋、辽、金、元时期后，虽然在棂窗的形式和工艺方面起色不大，但是在这一历史时段的高等级建筑中较多地采用了"槛窗"和"横披窗"，以此来增加室内的采光和通风量。这无疑是对窗的进一步发展起到了很好的促进作用，同时也大大地提升了门和窗组合的审美价值与精神价值。

　　明清以来，虽然窗户的形式丰富多样，但还是以支摘窗和隔扇窗为主流。关中地区民居中的"槛窗"形式及"支扇窗"和"摘扇窗"在不同等级的建筑上被普遍采用，而"支摘窗""推窗"和"风窗"等形式使用甚少。

　　由于地理环境和自然气候原因，北方地区大都采用多层式窗户，特别是关中地区只要是住人的房间大多为"复合式双层窗"。而同样原因南方民居却常常采用"翻天印"等窗户形式。到了清代中叶，门窗上便开始使用玻璃材料，逐渐地改变了在门窗棂花内侧糊纸或裱绢的做法，大大地改善了室内采光条件（中国科学院自然科学史研究所，1985）。

　　以下以"窗棂"的演进过程为例加以说明：

　　商周至汉唐主要以直棂窗形式为主，因此唐代仍保留着粗犷、厚重、简洁、朴素且较为理性的风格形式。发展到了五代时期，便出现了使用较小的棂条料，使窗棂显得轻盈、多变、富丽且结构稳定等特点。进入宋代之后，由于《营造法式》的规范化和系列化而出现了较为复杂的"窗锦"形制，将直棂窗演变成了横竖交织的、形式多样的窗"棂格"式样。元代时，窗棂受到辽金文化和佛教文化的影响，又以简洁、朴素、豪放的风格为主导。明代时，虽然雕刻工艺的使用较少，但是却在窗棂的尺寸上增大了许多，且开始运用浑面、亚面和坡棱起线等新型工艺，同时实用和工艺形式方面发展得更加简洁和完善了。清代时，建筑、建筑之中的门窗以及窗棂锦也随之进入了前所未有的辉煌时期，集唐、宋、元、明各代以及南北方风格特点之大成，尤其是窗棂艺术的制作技艺和内容体现均达到了有史以来的顶峰状态。较为突出的表现为：窗棂尺度合理、结构严谨、选料考究，将宽矮调整成窄高，更符合人们审美标准的比例（图 1-16）。另外，当玻璃传入并使用的情况下，使得窗棂的制作和图案纹样以及纹样中民俗文化的"祥瑞"说教内容的细化也有大幅度的提升，加之可用镶嵌、雕刻等不同技艺和手段，把窗棂制作得精美细腻、丰富多彩、内容广泛，达到了"各师各法""一窗一景一环境"的大气华贵、富丽堂皇、典雅精致的艺术效果（路玉章，2008）。

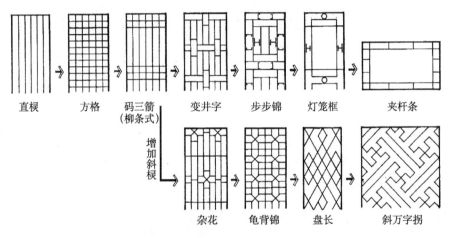

图 1-16　格心形式演进示意图

（图源：引自《古建筑木门窗棂艺术与制作技艺》）

　　总之，窗的发展与演进过程是复杂多变的，就连迄今所使用的《新华词典》中有关窗字，还保留有窓、牕、窻、牎、蔥、仓等写法（新华词典编纂组，1980）。

三、门与窗的关系

　　白寿彝在《中国通史》第二卷中记载半坡村遗址居住区："北边的一部分房屋的门向，绝大多数基本朝南，即背向围沟。……和半坡所见情况一样，姜寨半坡类型村落也分为居住区、窑场和墓地三类遗存……主要特点有三：其一，是环成圆形，北边的房屋门朝南开，东边的房屋门朝西开，西边和南边的房屋的门向，则分别朝东和北。"由此可见，这一时期明确地说明了已经有门的记载。刘枫针对这一时期的门有说："……这个时期的人类穴居建筑物已经有门，这是无可置疑的，至于门的形式、形态则已经无从考据。"（刘枫，2006）从文字上理解，也可以说在这一时期还未曾出现窗的概念。

同时，从西安半坡遗址的现状来看，随着原始人营建经验的不断积累、技术的不断提高及新工具的使用，住在黄河流域的先民们已从穴居、半穴居渐渐地发展到地面建筑，并已有了分隔成几个房间的房屋。半坡住房天窗的防水边缘上已发现塑造的坑点之类的装饰，这说明在当时土木混合结构的原始建筑已日趋成熟，而且，出现了建筑装饰艺术（喻国维，1987）。在图 1-17 的复原图中也不难看出，当时的居房有独立的门洞，还有与生火区域相对应的顶上设置排烟功能的"天窗"洞，除此之外再无其他类似于墙上安装的窗子形式。

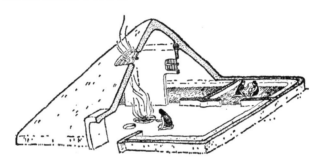

图 1-17　西安半坡遗址氏族聚居房复原图
（图源：引自《建筑史话》）

在有门无窗的时代，先民们为了营造更加舒适的居住空间，依据使用的功能需要，通常会将房子的山墙顶端留下来，以此来达到室内通风、采光、排烟的作用［图 1-18（b）］。再后来，人们将类似于门的构件安置于墙体之上，于是就有了"牖""窗"的初始。经使用后，其采光、通风和窥视的优势为大家所公认，后来人们则纷纷效仿其形式建造。为了便于表达和沟通，便造出象形文字——"仓"。古写的象形"仓"一字，字体中的结构上有坡屋面顶，有梁，两边的山墙和后檐墙，而另一面则因为有了窗户而代替了墙体。推测当时的门和窗在形式、结构、用料和设色上具有亲缘关系，均区别不大，只不过设置与安装的部位和方式不同而已。例如，在《说文·穴部》中记载有"在墙曰牖，在屋曰窗"的说法，因此，门与窗的关系应该说窗是在门的基础之上，经过漫长的岁月逐渐地演变而来的。通过比较、研究各类门与窗之间的关系，最终得出"窗是门的衍生品"结论。

当然，还有其他说法，如刘枫认为："窗户最初由穴居时代的出烟口

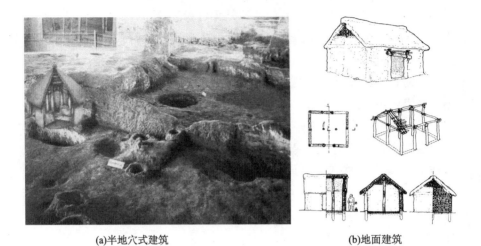

(a)半地穴式建筑　　　　　　　　　　　(b)地面建筑

图1-18　西安半坡遗址及建筑复原图

[图源：（a）引自《中国建筑艺术史》；（b）引自《中国民居建筑》]

演化而来……"（刘枫，2006）笔者认为，此观点缺乏科学依据。"出烟口"的设置是为了通风换气，这类似于窗的功能之一，但其形式与所安置的位置类似于"天窗"或"气窗"（图1-17），这与实际意义上的"窗"差距甚远。

四、门窗的功能体现

建筑的功能具有双重性，作为建筑的最主要组成部分——门窗则更是这种双重性的具体表现和应用载体。楼庆西曾说："……人们建造房屋，用各种建筑材料筑造成一个物质的构筑物，其目的首先是满足人们生活、生产、工作、休息和娱乐等方面的需要。……同时，还具有精神上的功能，人们希望自己的建筑还能够表现出一种精神，还能在建筑上反映出自己的理念、追求，能够达到自己在感观上对美的追求与满足。"（楼庆西，2001）

（一）门窗的物质功能体现

1. 门的功能

自古以来，凡筑屋皆有门窗，门窗乃通气、采光、调温之用。例如，老子说："凿户牖以为室，当其无，有室之用……"可见门窗在古代传统建筑中的功效。《吕氏春秋》记："室大则多阴，台高则多阳……"门窗构件正是基于调适住屋室内外之阴阳而产生的，其后又发展了更多的实用功能。例如，《释名·释宫室》有："……门，扪也，为扪幕障卫也；户，护也，所以谨护闭塞也，窗，聪也，于内窥外为聪明也。"又如，《易·系辞下》有"重门击柝，以待暴客"对板门的记载等均指出了门窗最基本的功能。门窗的意义还包含了文明中的人性对自然的亲和以及对审美的追求和对美好生活的向往。

其实人类早期建房的目的无非是为了避风隔寒，防雨遮日，确保人身安全。门窗的出现，无非是为了出入方便和室内的通风采光。而传统民居的采光和通风往往是联系在一起的，如《淮南子·说山训》有："……受光于隙，照一隅；受光于牖，照北壁；受光于户，照室中无遗物。"另有："十牖毕开，不若一户之明……"等记载足以见得门窗在汉代以前都有采光之用。随着历史的演进和社会的发展，建筑中窗的采光面积逐渐增大，而门只是作为建筑中辅助采光的构件，于是人们为了增加门的采光量，便发明并使用了"隔扇门"。

在物质层面上，王其均、谢燕总结道：门是建筑围护体系的一部分，具有通风、采光、防寒、隔音、调整室内温度、划分区域与私密空间、沟通室内与室外的中间媒介功能，以及建筑群与外界联系的组织交通等功能（王其均和谢燕，2005）。王谢燕曾说："……关闭、阻挡，保卫安全；另一方面是开放，达到空间流通、采光的功能，也是交通要道。"（王谢燕，2008）同时，门又被视为"气口"，气口如人之口，气之口足，便于顺纳堂气……朱广宇说："……具防御的作用，是一种安全设施。掩上门，外人无法窥视室内；插上门，则能控制，可以有效地抵御外界的入侵，以保证居所的安全……"（朱广宇，2008）这些均说明了门所具有的物质功能。

2. 窗的功能

在物质层面上，窗除具有采光、防寒、避暑、降噪、阻虫鸟、保私密等功能外，还有门的划分区域与私密空间、沟通室内与室外的中间媒介功能，另外还有观察空间环境情况和户外借景的功能。例如，《辞源》载："與牕同，亦作窓窻，室中籍。以通气透光者也。"《释名·释宫室》有："……窗，聪也，于内窥外为聪明也。"另外，汉王充《论衡·别通》有："开户内日之光，日光不能照幽，凿窗启牖，以助启明也。"（赵广超，2001）这些均说明了窗所具有的物质功能。

另外，由于我国地处北半球，决定了我国民居建筑的朝向，特别是北方地区更是讲究。以关中地区为例加以说明，一般在民居的选址和布局朝向以"坐北朝南"为最佳，这样便确保了冬季的阳光自南通过南檐墙充分地射入室内，保证和增加了室内的采光和取暖量。而在北檐墙上经常不开门窗，或开小门、小窗，以抵挡冬季的西北风，利于室内保温。当进入夏季时，南向多风流，南向的门窗又利于房屋的通风换气，降低室内温度。

窗与门不同的是，窗的防御功能较门脆弱得多，因此窗的出现是人类文明进步的一种体现。另外的不同便是，窗不能作为人们出入室内的通道。

总之，门窗的主要物质功能正如侯幼彬所总结的："……门窗是处理好人流、物流、气流、光线、视线的'隔'和'透'等为目的的。"（侯幼彬，1997）但是门和窗各有各的物理功能和属性。

（二）门窗的精神功能体现

由于民居建筑的门窗本身是已经物态化了的物体，是无法直接表述人们所给予精神功能的诉求。于是，聪明的先民们便借助于结构的变化、不同的材料运用，以及不同的雕刻内容、形式、工艺和不同的绘画内容、形式等来传达出人们的精神需求和愿望。例如，为了体现帝王的权势，一般会在宫殿建筑的体量上、名贵材料的使用上以及象征帝王的龙图案纹样上进行定位，并对门窗部分采用雕刻、绘画等装饰手段，使人们产生对王权至高无上的敬重、压抑、畏惧等精神感受。又如，人们常常会采用"象征""比拟"及"谐音"等手法来营造和体现门窗的精神功能。

另外，门所具有的不可替代功能。例如：

（1）形象功能。建筑组群中大门的等级、形态、体量、风格和色彩等元素是该建筑向外展示身份地位、财力及文化品位的标志，也是家族的社会影响，可以说门的等级代表着家族的经济实力和社会地位。

（2）审美功能。门窗是审美意识的具体表现，同时也是艺术欣赏的焦点。像人们常常会在门、窗、隔断及构件之上设置有精美而华丽的雕刻图案、几何纹样或人文故事画等内容，较为集中地反映了传统的、地域的、民间的审美标准和审美习惯。

（3）文化功能。门窗的文化功能一方面内容反映在审美功能之中，另一方面传承着传统文化、地区文化和人文精神，较好地起到教育功能和历史文脉的传承作用，其中是封建社会的"等级观念"文化功能尤为突出。

（4）引导功能。如自步入大门之后，将依照建筑环境空间顺序从前、中、后、侧等区域，按次序逐步地经过二道门、屏门、厦房、堂屋、上房、后院，或侧院（跨院、偏房）等空间。

（5）主次功能。在门堂之制的"前堂后室"思想的影响下，在民居中的二道门、厅房和上房等接待宾客及长辈居室的门和窗形制较为复杂、体量较大、雕刻工艺较为考究。而晚辈的居室、东西厦房等的门窗在形制、体量、雕刻工艺等方面要低几成。若是一般雇工的居室、侧院房等的门窗在形制、体量、制作工艺等方面则为最低。

（6）轴线排序功能。在传统"礼制"思想的影响下，中、后为上，反之为下，也就是以门房至后院为轴线，中心的厅房、上房区域为上，相应所用的门窗等级也有就越高。加之在建造时，为了有利于排水，从上房、厅房、厦房到门房在地面上有一定的"落差"，换句话说，上房的地势要比其他区域的地势高，高者为上。另外，轴线对称的像厦房是东为上、西为下等营造理念。

（7）院落层次功能。以中轴线为核心，院落空间的中央区域为上、周边区域为下。另外，无论是庭院门、墙门、洞门、墙窗等，每增设一道门就意味着增加了一个院落，也就意味着增加了一个私密空间和层次，同时也就增加了一层精神砝码。

本　章　小　结

谈到文化离不开历史，关中地区的历史就是陕西的历史，也是中华文明史、民族文化史的重要发祥地之一。关于民居建筑的历史正如张驭寰所说的："中华民族古代建筑开端，是以民居住宅作为主要基本起点，也是各种建筑发展的基础，逐步发展流传，到商周时代建筑已达到成型之地步。合院建筑在西周时代已日臻完善，从扶风凤雏遗址来观察，西周的建筑已相当完整了。从这个时代之后，礼制制度为人们所遵循的法则，久而久之成为习惯，凡是建造住宅、宫廷、书院、会馆、陵墓、衙署……必然要贯穿礼制或体现出礼制制度。"（张驭寰，2007）关中地区的传统民居在我国建筑史上是有着自己特殊的地位和重要性的，无论翻开哪一本中国的建筑史，均少不了关中地区大量的历史遗迹和考证资料为证据。

通过对关中地区传统民居建筑的梳理和研究，也反映出关中地区门窗的发展演变及技术的进步、完善和成熟过程。而门窗的形式、工艺技术和装饰纹样在民居营造中占有举足轻重的地位和不可替代的作用。不但要实现其实用价值，而且还要满足其审美的精神价值，并展现出其附加的等级地位、身份象征的社会价值。因此，人们不遗余力地采用各种手段和技术来实现其各种价值。

　　通过对相关内容进行比较、总结、推导和论证，得出"窗是门的衍生品"结论。同时，针对门窗的物质功能与精神功能进行了论证和总结，并得出"门窗是精神功能与物质功能并存的媒介物，且精神功能大于物质功能"结论。

第二章　陕西关中地区传统民居
门窗的类型与结构

在人类文化的发展史中，建筑文化只是其中的一部分，而建筑文化的有区别的区域间的性质差异，使各区域自成独立的建筑文化体系，空间差别非常明显，则区域性的划分就有了研究、讨论的必要。那么，建筑文化区域的划分，正是对准这一空间差现象的存在时期而言的，故而建筑文化区域的划分是相对的，且不同的建筑文化时期，其建筑文化区域的划分是不同的（陈凯峰，1996）。

因此，本章着重对关中地区传统民居中的"门"与"窗"的空间差以及区域性特征进行分类，并选取了聚落组群空间中的门与窗和院落中建筑序列的门与窗两种形式为基础进行排序和分类。按聚落族群中的门窗来讲，从大空间到小空间为序进行分类，其中包括牌坊、寨门、巷门、大门等。按照院落中门窗来讲，从进入院落及房间为序，包括大门、屏门、二道门、房门等，针对民居中门窗无论采用何种分类方法进行研究，其实成果和实质内容应该是相同的，不同的是后者超出了宅院研究的内容与范围。

第一节　门窗的基本类型

在理论层面上，关于门的分类，在《营造法式》中将门分为外门与内门。外门含乌头门、板门和软门三种，内门则仅有格子门一种。但是，按乐嘉藻的分法为："……所谓门，指具有独立行使者而言，分墙门、屋门两种。墙门如城门、关门及古之库门、雉门、皋门、应门（观阙之制）、衡门；今之车门、篱门等。屋门如古之寝门等。寻常大门，为三、五间平屋之中一间所成者，不属于此，以其无独立形式也。至于一堂、一室所具之门户，仅由门框、门扇而成者，则属于部分名词之内。"（乐嘉藻，

2005）按刘致平的分法，牌坊门、屋宇门、墙门和阙门（刘致平，2000）。

　　按侯幼斌的分法，木构架体系建筑的确有两种不同性质的门：一种是作为组群和庭院出入口的门，如宅门、大门、宫门、山门，其自身成单体建筑，是与殿、堂、楼、房并列的一种建筑类型；另一种是作为殿屋上房出入口的门，如板门、隔扇门等，是单体建筑中的一种构件，属于装修之列。为与装修的"门"相区别，称以单体建筑出现的门为"单体门"，此分法源于《玉篇》的"在堂房曰户，在区域曰门"之说。并将此类单体门又分为垫门、戟门（仪门）和山门三种型。"垫门"的形式一般是由房门（无论是三开间还是五开间）的中间（明间）作为入户大门的，而明间的两侧古称"垫"，故称之为"垫门"（此门发现于关中岐山县凤雏村的西周遗址中）；"戟门"的形式一般是体量较大，常与大型建筑及其组群相配套，在结构上是将门的框槛与中柱进行连接，将建筑空间分割成两大块，此门型在一般民居建筑中使用较少；"山门"有山门和二山门之分，其形式一般多为三开间，明间为穿堂，两侧次间多为对称槛墙和槛窗，封闭且沿着山墙供奉神像，此门专用于寺庙建筑中（侯幼斌，1997）。

　　李允鉌也持有"单体门"观点，并有"'门制'成为中国建筑平面组织的中心环节；'门'和'堂'的分立是中国建筑很主要的特色……"

　　楼庆西认为："在明清建筑上，属于外檐的门窗常见的有板门、格扇、风门、槛窗、支摘窗、横披等式样。在这些门窗中又以格扇最为常见。"（楼庆西，2004）

　　因为本书是以民居建筑的门窗为研究对象的，所以笔者认为采用的分类方法沿用侯幼斌和楼庆西的分类方法较为贴切关中地区的现实情况。以下内容是以他们的分类方法为基础，在调研过程中所拍摄到的一手照片资料，并围绕关中地区民居常见及特有的"门式"和"窗式"展示、解析、总结和论证。

一、门的基本类型（Ⅰ）

　　一部分专家学者认为，门的类型应作为聚落组群或庭院由外向里排序（图 2-1）出入口的门，分别有：牌坊（牌楼）、寨门（含城门、堡门）、巷门、大门（含广亮大门、金柱大门、蛮子大门、如意大门、窄大门、将军门、亭式大门、墙门、独立门楼、墙洞门、屏门）、二道门（含抱厦抱亭、垂花门、独立亭门、独立门楼、一般门洞）、其他门（含廊门、角门、旁门、侧门等）、房门（含板门、隔扇门、镶板门、门联窗）、后门等。

（一）牌坊（牌楼）

作为中华文化的一个象征，牌坊的历史源远流长，在周朝的时候就已经存在了。唐宋时期六品以上的官员宅前均可设置此门的规定一直沿用至宋代。早期，牌坊称为"绰楔"，源于古"衡门"和"乌头门"（而乌门又称"棂星门"，又有"乌头绰楔门"之分），后又称"牌楼""坊门"。从形式上说，所谓"衡门之下，可以栖迟"。唐的坊门大多为木结构，宋代牌坊有立两柱，柱下为基础石，两侧有夹杆石，柱子中间以额枋相连，额枋书有中央坊名，其额枋之上均为斗拱相叠，斗拱之上覆以檩梁橼结构、并与瓦构成屋顶。明之后使用砖、石筑门，并将喜彰的内容刻载于牌坊之上，常常会在立面的正面和背面最核心的部位设有正楼匾、次楼匾，并通过楼匾上的题名、题词内容来起到区域界定、特定区域标识等作用，这便大大地强化了门的精神功能和文化内涵，而且建造形式多样（图 2-2）。一般位于村落、祠庙、住宅正门之前，是一种独立的建筑物。

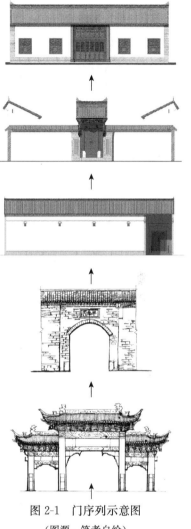

图 2-1　门序列示意图

（图源：笔者自绘）

牌坊是一种象征性和礼仪性的门，是一种标志性和表彰性的单体门，没有实质性的防御和空间分割功能，其平面呈独立的单排柱列，既不与围墙衔接，也不设框槛门扇。然而，站在文化角度上看，却蕴含着深远的文化内涵。牌坊自明清之后便细化出旌表功名、彰表节孝、颂扬功德的"功德坊""贞节坊""纪念坊""标志坊"和"陵墓坊"等不同功能的牌坊。例如，西安西大街湘子庙街的巷域门［图 2-3（a）］、蓝田葛牌镇［图 2-3（b）］和三原城隍庙［图 2-3（c）］的地域门，以及韩城党家村的贞节牌坊等均属于标志牌坊。然而，像党家村的"巾帼芳型"属贞节坊，是针对妇女的忠孝节烈而建的，亦是对其行为的褒奖和纪念［图 2-3（d）］。像铜

　　(a) 西安城隍庙木牌坊（复建）　　　　(b) 北院门石质牌坊

　　(c) 大学习巷仿木牌坊　　　　　　(d) 关中民俗艺术博物院砖质牌坊

图 2-2　关中地区牌坊列举

（图源：自摄于西安、韩城）

　　(a) 湘子庙街仿木牌坊　　　　　　(b) 葛牌镇石质牌坊

　　(c) 城隍庙石质牌坊　　　　　　　(d) 贞节砖质牌坊

图 2-3　关中地区牌坊列举

（图源：自摄于三原、西安、蓝田、三原、韩城）

川耀州区广场中的石牌坊属功德坊，是针对某人或某事的功德予以表彰并告知后人亦是纪念［图2-4（c）］。

(a) 党家村牌坊仿木质

(b) 韩城老城区木质牌坊

(c) 耀州区石质功德牌坊

(d) 吴家陵墓石质牌坊

图2-4　关中地区牌坊列举

（图源：自摄于铜川、韩城）

（二）寨门（城门、堡门）

1. 堡门

堡门是城池的"门脸"，是重要的军事枢纽和区域性建筑标志。例如，富平县唐家堡村（又称西京雄镇）是一条石板老街，街道两侧分布着多座古宅。这座城门楼属明代建筑，高10.8米，原为堡的南门城楼，门洞上方镶有明崇祯十三年（1640年）所刻制的"西京雄镇"石匾。门洞上还刻有集贸市场的砖雕，匠人们采用高浮雕手法体现出人物、车辆、牲畜等交易场面。画面雕工精细、栩栩如生，充分体现了当年唐家堡村经济、文化高度发达的繁荣景象，也展现了建筑工匠们的高超技艺水准。现今西京雄镇城门楼从富平县唐家堡村整体搬迁至关中民俗艺术博物院内［图2-5（a）］。

又如，合阳县坊镇的灵泉村属于一村一寨分离崖塬型聚落。始建于明代，其址三面环以深数十张的沟壑，西面地势较为平坦。清初又在四周加筑高大堡墙，高约9米，宽约5.1米。村堡平面略呈长方形，东西长约900米，南北宽约600米，东与西南两向设门。南堡门经两次修建形成一个方形瓮城，西外门内额书"笏柱西爽"，外额书"金汤巩固"；南外门内额书"财阜南薰"，外额书"人心安堵"，显示出村人强烈的求安意愿以及对美好生活的祈望（王绚，2005）[图2-5（b）]。

（a）西京雄镇城门楼　　　　　　　　　（b）灵泉村堡门

（c）渭南城门楼　　　　　　　　　　（d）丰图义仓城门

图 2-5　关中地区堡门、城门列举

[图源：（a）自摄于关中民俗艺术博物院；（b）自摄于合阳；（c）、（d）自摄于渭南]

2. 寨门

寨门即划分村寨内外区域的门，与堡门的功能基本相同，如浦城县南瑶池的寨门[图2-6（a）]、潼关县文明寨的寨门[图2-6（b）]。另外，像韩城党家村和长安区跃进村的门楼式寨门在关中地区也是常见的（图2-7）。

3. 实榻门扇

实榻门扇常在城门、宫门、寨门和庙宇门等出入处配套使用，在传统建筑板门中是等级最高的一种门式。该形式的门心板与大边厚度一样用实心木板拼装而成，坚固耐用，因体量大而厚重、敦实且防卫性强，故称之为实榻门（图2-8）。在门的内外立面饰有各式各样的门钉、铺首、看叶等装饰构件和丰富的彩色油漆，使这类门式从外观上看起来格外威严、肃穆。例如，西京雄镇的城门，不但有尺寸硕大的门框和厚重的门扇，还在门扇的表面包裹上铁皮并在铁皮之上布满了钉子，再用条形铁板将门扇的

(a) 南瑶池寨门　　　　　　　　(b) 文明寨寨门

图 2-6　关中地区寨、堡门列举

［图源：（a）自摄于浦城；（b）自摄于潼关］

(a) 党家村寨门楼　　　　　　　(b) 跃进村门楼

图 2-7　关中地区寨门列举

［图源：（a）自摄于韩城；（b）自摄于长安区］

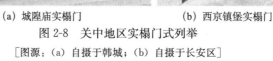
(a) 城隍庙实榻门　　　　　　　(b) 西京镇堡实榻门

图 2-8　关中地区实榻门式列举

［图源：（a）自摄于韩城；（b）自摄于长安区］

周边进行加固，使其抗敌和防御能力进一步加强［图 2-5（a）］。

（三）巷门

《尔雅·释宫第五》记载："……巷门谓之闳。"也就是说，巷门是介于堡门与大门之间的区域门，起到与其他巷子有所区别的作用，因此常常会在巷门之上刻有巷子的名称（图 2-9），同时将巷门的形态构建成不同的样式以示区别，呈现出五花八门的巷门门式。关中地区巷门总体来说，是属于不带门框、门扇的，基本为砖瓦结构。有的带双坡屋面顶的门楼［图 2-9（a）、（b）］，有的带有单坡屋面顶，单坡屋面顶有的将屋顶架设在巷门之外，有的将屋顶架设在巷门之内。也有不带坡屋面的，只是在门的顶端砌筑一些不同的造型而已。体量一般不大，多与周边的墙或房屋进

（a）党家村"平福门"　　　　　　（b）韩城"上長巷"

（c）韩城"崇義巷"　　　　　　（d）党家村巷门

图 2-9　韩城巷门列举

（图源：自摄于韩城地区）

行连接构筑而成，高度略高于墙面。较为集中的韩城古城区老街的巷门和党家村的巷门基本如此。

（四）大门

大门是指宅院出入之门，关中人称"头门""大门"，也有称"街房门""宅门"或"院门"的。常规四合院的大门是设在门房的外檐墙之上的，而且位置有开在中间的、有开在左边的、有开在右边的等。据调查数据显示，关中地区将大门开在左边者居多。也有的是将大门作为单独的"门楼"式，这样的大门着重强调了"门脸"的社会作用和精神价值（图2-10），体现出宅主的身份地位、社会等级及经济实力。无论哪一种形式的大门都是该院落空间序列的起始点。

(a) 正立面　　　　　　　　　　(b) 背立面

图 2-10　关中地区赵家独立式大门楼

（图源：自摄于西安市长安区）

以下门式的分类虽然不完全符合类似北京地区的基本条件，但其形式、结构和体量较为接近，为了便于识别，故借用此分类方法。

1. 广亮大门

广亮大门在等级上仅次于王府大门，是只有较高品级的官宦人家才有权享用的等级门式。大门通常设在门房中心间的单独开间里，此间屋顶一般会高于两边的屋顶，且此开间的地面也须高于邻边的地面，台阶部分两侧会带有"垂直踏跺"（王其钧，2008）。大门安装在屋正脊下方的中柱处形成独立的走廊式空间，并在大门的外侧对应安置有两条石长凳，称之"春凳"或"懒凳"，看门人或者客人可在此小憩。广亮大门的形制较为复杂，由于开间大而门框和门扇小，因而需要许多的结构和填充物来完成，主要由抱框、门框、门簪、门槛、走马板、余塞板、门枕石（或抱鼓石）及匾额等组成。例如，关中民俗艺术博物院的督军府大门和闫宅大门［图2-11（a）、（c）］，以及韩城党家村党宅大门［图2-11（b）］。

(a) 闫宅大门　　　　　　(b) 党宅大门　　　　　　(c) 崔宅大门

图 2-11　关中地区光亮大门列举

[图源：(a)、(c) 自摄于长安区；(b) 自摄于韩城党家村]

2. 金柱大门

金柱大门在等级上仅次于广亮大门，同样也是只有较高品级的官宦人家才有权享用的高等级门式。该门式与广亮大门的区别在于金柱大门是将门安置在外金柱（老檐柱）与中柱之间，此间屋顶一般也会高于两边的屋顶，且此开间的地面也须高于邻间的地面，台阶部分采用"如意踏跺"，此类门式被称为"金柱大门"。例如，三原的周家 [图 2-12 (a)]、泾阳的吴家、旬邑的唐家等门式均类似金柱大门形式。虽然这三家中有两家宅主为商人，但通过捐官的形式取得了官衔，因此也就得到了官宦人家的特权。另外，像合阳灵泉村的李家大门也属于金柱大门，李家宅主却只是普通的商人而已 [图 2-12 (b)]。

3. 蛮子大门

蛮子大门的等级属于仅次于金柱大门，其特点是门的框扇安装在过道靠近外边的门檐下的外檐柱大门之下（图 2-13），因此从门外向里看过道较窄，而门扇里面有较大的空间，可以用来存放物品，是功能比较多样的一种大门形式。另外，其上部的屋顶多与两侧的门房房顶高低基本持平，并往往采用卷棚式，没有广亮大门和金柱大门屋顶上突出的屋脊，而且，蛮子大门的踏跺大多是如搓衣板面式的带有一道道的小棱，这样的形式称之"礓磋"，便于马车通行（王其钧，2008）。此门式的宅主人不一定是官宦人家。

(a) 周家大门　　　　　　　　　　　(b) 李家大门

图 2-12　关中地区金柱大门列举

[图源：(a) 自摄于咸阳三原；(b) 自摄于渭南合阳]

(a) 马宅大门　　　　　　　　　　　(b) 郭宅大门

图 2-13　关中地区蛮子大门列举

[图源：(a) 自摄于合阳；(b) 自摄于西安市长安区]

4. 如意大门

如意大门比蛮子大门等级略低，与前几种相比较，在体量、气势上较为弱小。其最大特点是将门的框和扇安装在外檐墙之上，并在正面檐下有砖栏板，上面雕有精美的装饰图案或设有匾额。大门门扇两侧的木结构墙体被砖墙遮挡，仅留出门洞而已，由于此类门式门上槛经常会设有两个门簪，并会写或刻有"如意"二字，而且在门板下面常常包有如意形的铁皮，故称之为"如意大门"。如意大门门扇也比较靠前，门的高度也稍有降低，但由于此类门的宅主一般没有官品，也不算是富人阶层，所以在建造上较为随意（图 2-14）。

(a)　　　　　　　　　　(b)

(c)　　　　　　　　　　(d)

图 2-14　关中地区如意大门列举

[图源：(a) 自摄于西安；(b)、(c)、(d) 自摄于韩城]

5. 窄大门

窄大门在等级和体量上比前几种要低矮一些，但是要比如意大门高大，一般占半个左边或是右边的开间空间。门的形式多样没有定式，较为重视门的装饰，常常会带有门楣、匾额、走马板、余塞板等。油漆多用黑色加以红色勾边线的装饰手法，不油漆者甚少。此门式注重气势与门第的营造作用，门的安装位置有深有浅，户户不同。有安装于外檐墙之上的［图 2-15（a）］，有安装于进深的 1/2 处的［图 2-15（b）］，也有安装于外檐墙与正脊垂直投影之间的［图 2-15（c）］。

　　（a）党家窄大门　　　　　（b）贾家窄大门　　　　　（c）唐家窄大门

图 2-15　关中地区窄大门列举

［图源：（a）、（b）自摄于韩城；（c）自摄于旬邑］

6. 将军门

将军门的建筑和门扇的宽度、高度均体量较大，气势和豪华程度近乎王府大门，但是又与一般的豪宅相比却显得严肃和庄重许多。将军门的常规是门扇设立在屋顶正脊的垂直地面处，门的上额部分有额枋、门匾、门簪等，门扇上有巨大而精美的铺首、门钉、看叶等，门的下半部分有高大的门槛，以及一对做工精细的门枕石狮或门枕抱鼓石（图 2-16）。由于将军门门扇的尺度过大，重量过重，开启时相对不便，所以就有了在门的两侧设计成带束腰的门型。将军门在关中地区不常见，不具有普遍性，所以在本书中不作重点论述。

7. 亭式大门

亭式大门的建筑形态类似亭子，故称"亭式大门"。在调研中发现，亭式大门虽数量不多，但是很有特点，且有大、中、小型之分。其突出的特点是屋顶的结构与形态和亭子的顶部类似，有庑殿式和歇山式顶，排列

图 2-16　关中地区将军门列举

（图源：自摄于蒲城）

有序的柱子给人以庄重、俊秀、典雅质感。例如，泾阳的吴氏庄园大门为大型门楼，其高度有 7 米多，左右出檐间的距离约有 10 米，整栋建筑给人以宏伟、大气之感（图 2-17）。而合阳灵泉村祠堂（现为村委会办公地）的亭式大门就小得多，体量上高度约 6 米，出檐间的距离也就有 5 米多，应为中型亭式大门楼（图 2-18）。建筑的顶面像飘在空中的云，"八"字形的墙体像两个看门的卫士，并在墙的中央还刻有警语对联，总体给人以俊秀、活泼、飘逸之感。

图 2-17　关中地区吴氏庄园大型亭式大门楼

（图源：自摄于泾阳）

8. 墙门

关于墙门，学者刘枫曾说："……墙门，在这里取宅门大门的意思，也就是随墙门的意思。就是没有专门的开间，直接在墙上开门，门上覆瓦顶，装门扇的那种宅门。在门头上筑砖砌的上枋，门旁加盖门垛。其中屋顶高出两边墙垣而兀立的称之为门楼。"（刘枫，2006）

图 2-18 关中地区中型亭式大门楼
（图源：自摄于渭南合阳灵泉村）

　　在关中地区的墙门形式多样而又极具地域特点，墙门一般有石窟大门，外筑封护墙，是依附于院墙上的门。一般可分区为高墙门、低墙门（独立门楼）和随墙门（或墙洞门）三种形式。高墙门的基本特征是墙体高度超过门头的高度，且以门头装饰为重点（图 2-19），此门型在陕西关中地区较为常见。

图 2-19 关中地区高墙门列举
（图源：自摄于西安、大荔、韩城、临潼）

低墙门以墙体高度低于门楼为特征［图2-20（a）］，在陕西关中地区民居中主要用作小型住宅的院落大门或大型宅第的侧门、旁门等。

（a）小型门楼　　　　　　（b）中型门楼　　　　　　（c）大型门楼

图 2-20　关中地区高于墙体的门楼列举

［图源：（a）自摄于蓝田；（b）自摄于彬县；（c）自摄于博物院］

9. 独立门楼

独立门楼一般是指在院墙中央建设有单体建筑，是一种墙垣式的大门。门楼有山墙式的垛、坡屋面的屋顶额枋、门楣及匾额等，其结构属撤带门，是由腿子、门框、门扇及门槛构成完整的、小巧且精致的门式（图2-20）。此类门式在关中地区的中小型院落中比较多见。

10. 墙洞门

这里的墙洞门是指在院墙之上开凿的门，是等级最低的一种门式。有安装门扇和不装门扇两种形式（图2-21）。一般为中小型民居院落围合中使用的大门。

（a）唐家墙洞门　　　（b）张家带门楼的墙洞门　　　（c）唐家简易门扇及墙洞门

图 2-21　关中地区墙洞门列举

［图源：（a）、（c）自摄于旬邑；（b）自摄于合阳］

关中地区墙洞门的形式是多种多样的，等级是千差万别的。像图 2-21 中所反映的最简单朴素的夯土墙上门洞都是各有各的特色和结构形式。例如，有在墙上直接挖洞，连门扇都不设的［图 2-21（a）］，有在墙外加盖门楼并设有门扇的［图 2-21（b）］，还有的在墙内设有单坡面屋顶并设有格栅门扇的［图 2-21（c）、图 2-22（b）］等。

（a）李家格栅门　　　　　　　　　（b）丁家带走马板的大门

图 2-22　关中地区墙洞门列举

（图源：自摄于长武丁家乡）

11. 屏门

在关中地区常会见到将屏门安装在门房的大门里面，多安装在后檐柱子之间，或在半壁游廊之间及院墙的随墙门上。门扇通常是两扇或四扇为一组，通常是闭合状态，只在家庭有重大活动或迎接贵宾时方才使用。关中地区的屏门也多设立于门房大门的后面，与大门组合呼应而使用（图 2-23）。因此，按照进入的次序排列在大门之后。

屏门一般门扇为实心的板门形式，又称"仪门"或"中门"，是一种常见的隔断形式的门，也就是能起到屏障作用的门，故称"屏门"。民间有"负斧扆而立""其内谓之家"之说。

（五）二道门

二道门是四合院中的内院门，一般设置于前院与中院之间（门房和厅房之间），此门与传统封建伦理制度和人们的生活方式有着直接联系。前

(a) 党家村屏门

(b) 唐家大院屏门　　　　　　　　　(c) 周家大院屏门

图 2-23　关中地区屏门列举

[图源：(a) 自摄于韩城；(b) 自摄于旬邑；(c) 自摄于三原]

院主要是接待客人和处理日常事务的场所，而中院则为家庭的私密空间，外人不得进入。关中地区的二道门就是将两侧厦房的山墙延伸并相连接而形成两个围合式的空间，以区分院落的内部与外部、公共空间与私密空间，也是关中地区传统民居院落中空间分割的一个非常重要的特征和标志。通过对关中地区二道门的调研，从形态上进行分类，可分为抱厦抱亭、垂花门、独立亭门、独立门楼和一般门洞五种。

1. 抱厦抱亭

二道门中的墙门抱厦抱亭是结构完整的单体建筑。关中地区传统的习惯做法是将抱厦抱亭设置位于厦房两边山墙延伸出来的墙体中间，且与厦房两边山墙保持在同一水平线之上，外门与墙体平齐安装，内门则开设于抱厦的单坡屋顶结构的两檐柱之间（王军，2006），形成于前院与中院的过渡区域，也是院落的一个重要核心区。例如，宝鸡扶风县温家大院的抱厦（图2-24），在门的正立面周围采用砖体结构，以砖雕、石雕、木质构件和各种装饰图案、装饰线脚等结构秀丽、内容丰富、雕刻精美、书法文字考究，以及字体潇洒工整的对联和匾额。审美水平很高、装饰意味极其浓厚［图2-24（a）］。另有渭南潼关秦东镇水坡巷张家八字形且带有精美雕花和"出入以庆"文字的垂花门也是具有代表性的抱厦（图2-25），以及宝鸡陇县秦家大院带有斗拱结构的抱厦等。

（a）正立面　　　　　　　　　　（b）背立面

图2-24　温家抱厦图

（图源：自摄于宝鸡扶风）

最具代表性的莫过于三原县周家大院的"十二柱抱亭"，此门的形式是完整的单体建筑，三排四柱式支撑着硕大的歇山顶。构建在两边厦房的二道墙之间，体量高大，结构复杂，木质构件及其雕刻精美、细腻，色彩运用饱满大气。门的框扇设置于坡顶中心的垂直地面处，共有三樘高大的门，门的安置凹于墙体，其中中间的门平常处于关闭状态，而两边对称的门则略小，供人们日常出入使用。而且在中间的外门楣上镌刻着"更之爽垲"和内侧对应着"秋官第"书法匾额，并在额枋望板上镌刻着"平安富

(a) 正立面　　　　　　　　　　　　　(b) 背立面

图 2-25　张家抱厦

（图源：自摄于渭南潼关）

贵""连升三级""期盼佳音""事事如意"等文字和浮雕图案，寓意吉祥
（图 2-26）。

(a) 正立面　　　　　　　　　　　　　(b) 背立面局部

图 2-26　周家抱亭图

（图源：自摄于咸阳三原）

2. 垂花门

垂花门是前院与后院的分界线和唯一通道。因其前檐上的檐柱不落地，垂吊在屋檐下，形成了一对悬空的垂柱并在柱的垂花头上雕刻有华丽的圆雕图案，通常以"莲花"或"花簇"雕刻成垂花头而得名。垂花门结构上最大的特点即在空间中占天不占地，它独特的双层门结构体现出两种功能：其一是防御功能，在外一侧的两根柱间安装一道比较结实、厚重的撒带式板门；其二是屏障功能，也是垂花门的主要功能。在内一侧的两柱间安装一道屏门，平门的两侧留有可供人们出入的空门洞。其目的是充分起到了既沟通内外宅院，又严格地划分空间的特殊功能。可以说垂花门是华丽雅致、醒目多变的单体建筑，是中国传统民居建筑精华的具体体现。除了拥有实用功能和审美功能的特点以外，还能体现出宅主的社会地位、经济实力及文化素养的高低。例如，潼关秦东镇水坡巷的八字形卷棚式歇檐双垂花门［图 2-25（a）、图 2-27（c）］，以及关中民俗艺术博物院崔家和雷家的既简洁又大气的垂花门［图 2-27（a）、（b）］。

(b) 雷家垂花门

(a) 崔家垂花门　　　　　　　　　　(c) 张家"八"字形垂花门

图 2-27　关中地区二道垂花门列举

［图源：（a）、（b）自摄于西安市长安区；（c）自摄于潼关］

当然，在关中地区也有许多宅院在门房的大门之上直接设置垂花门的，在韩城党家村、合阳灵泉村等均有发现。这些垂花门与二道门的垂花门有着本质的区别，其一是所处的位置不同。一个是设立于门房大门外的额枋之上的（图2-28），一个是设在二道门外的额枋之上的。其二是结构和装饰程度不同。在关中地区，一般二道门的垂花门做得很讲究，结构也较为复杂，雕工细腻工整，纹样寓意深刻。而大门上的垂花门基本是在额枋部分或罩的结构之上增加了一对具有观赏价值的垂花头而已。无论是在结构、用料上，还是在雕刻工艺上，都远不及二道门的垂花门。这可能与关中人"财不外露"的心理因素有关（图2-29）。

(a) 孙家垂花门　　　　　　　　　　(b) 贾家垂花门

图 2-28　关中地区大门垂花门列举

[图源：(a) 自摄于西安市长安区；(b) 自摄于党家村]

3. 独立亭门

独立亭门有别于"抱亭"，抱亭是在空间和结构上被厦房或其他构筑物所包围，而独立亭门则是在较为宽敞的区域空间中所构筑的单体建筑。由于其形态与结构类似于亭子而称为"亭门"。在关中地区，亭门并不多见，所见到的基本属于大宅、豪门府邸。也就是说，独立亭门需要有雄厚的财力、有宽敞的院落空间和技术娴熟且工价不菲的能工巧匠等几大要素支持才能得以实现（图2-30）。具有代表性的关中民俗艺术博物院中的闫家亭式二道门就是设立在宽敞的前院和中院之间的高墙中央位置，是完整的单体建筑，建筑结构属三排四柱排列的十二柱，亭顶为歇山大顶，出檐距离大且造型清秀，檐下的斗拱排列错落有致，斗拱下的额枋将木雕花卉

(a) 党家垂花门　　　　　　　　　(b) 耿家垂花门

图 2-29　关中地区门房垂花门列举

[图源：(a) 自摄于韩城；(b) 自摄于长安区]

图案和彩绘工艺融为一体，一直沿用到柱枋的飞罩。此门造型大气、结构严谨、做工细腻、雕刻精美、色彩丰富而又统一。大门在中央设有一樘，吃满开间，因尺寸大而分成四扇，中间两扇为对开，两边各一扇为单开门，门板的厚度也超出一般常规的尺寸。另外，在门的两侧还有浮雕、透雕图案的砖雕填充墙包围，是一栋不可多得的艺术品。

(a) 樊家亭门　　　　　　　　　(b) 闫家亭门

图 2-30　关中地区独立亭门列举

(图源：自摄于关中民俗艺术博物院)

4. 独立门楼

独立门楼在结构和形式上与前文的亭式大门所述的基本类似，只是所处的位置不同而已，这里指的独立门楼属于内门范畴。从空间上看主要还是起到分割前院与中院的作用。但是，其结构形式多种多样、千变万化。通过调研资料整理后发现分类较难界定。例如，建筑单体的体量大小差异、带有屋顶的和不带屋顶的、墙垛为砖筑和土坯墙砌筑，以及有框有门的和无框无门的……只能从两个方面去界定：其一从建筑体量上可分为超大型［图 2-30 (b)、图 2-26］、大型［图 2-24］、中型［图 2-31 (a)］和小型［图 2-31 (b)］；其二从建筑形态上可分为带有屋顶的和不带屋顶的。图 2-31 中的两张图片在建筑体量上有明显差距，有带门扇的和不带门扇的，共同点都是带屋顶的，也都是用砖砌筑而成的。像较为典型的有整体迁建于关中民俗艺术博物院的闫家二道门楼主门楼有两层高，顶面飞檐翘角，外立面的额枋处和看墙部分均采用了成套的砖雕工艺构筑而成，很是豪华气派。同在一处的樊家独立大门虽赶不上闫家那样的豪华气派，但是，以精美考究的砖雕建筑结构和寓意深远的图案纹饰，彰显出其深厚的文化意蕴和工匠们的高超技艺，因此，相比闫家的独立大门也毫不逊色。扶风县的温家大院砖石雕刻的二道门为中型，且雕刻十分精美，图案十分考究（图 2-24）。而潼关县秦东镇水坡巷张家大院的八字形二道门虽

(a) 樊家不带门扇型的　　　　　　　(b) 西安庙后街带门扇型的

图 2-31　关中地区二道门独立门楼列举

（图源：自摄于西安地区）

然只能算得上是小型的，但是，却体现出了木雕的艺术特色和精湛的技艺
[图 2-25、图 2-27（c）]。

5. 一般洞门

这里的一般洞门是指将二道门两边的厦房山墙与墙体连接，并在墙体
的中心部位设有一个或多个造型多样且没有固定模式的洞门，此式在关中
地区也为数不少。例如，长安区大兆乡三益村于氏民居的二道门就是三拱
门门洞并列的形式，其中间的门洞较大，而两侧对称的门洞较小，且与厦
房的廊道相连接，可称之为"廊门"。此外，在每个门楼上檐设有非常精
美的砖雕，以及每个门洞的上檐处也雕刻有像"树德务滋""传家"及
"耕读"的字样，从而显示出关中人家对家族的教化用心和传统美德等的
文化传承体现（图 2-32）。

（六）其他门

1. 廊门

在传统的民居院落中厦房的檐廊两端以及庭院中的檐廊之上所设置的
门空式的门，称之为"廊门"。张壁田、刘振亚曾说："在关中地区民居
中，有在窄院四周设檐廊的传统做法，当地人称之为'歇阳'。檐廊有交
通联系、遮阳、避雨等功能，也是人们文化活动和休息的场所。檐廊处于
室内和庭院之间，具有室内外空间相互过渡和延伸的效果。同时也扩大和
丰富了窄院的空间感受，增加了庭院空间的层次变化，打破了狭窄、呆板
的气氛。"（张壁田和刘振亚，1993）例如，迁建于关中民俗艺术博物院的
闫家侧门 [图 2-33（a）]、咸阳泾阳县安吴村的吴家大院中的厦房廊门
[图 2-33（b）]、韩城老城区的常家大院中的厦房廊门 [图 2-33（c）] 等。
这些廊门有着共同的特色，如所使用的材料均为砖质砌筑，结构上多采用
拱券式洞门，不使用门框和门扇等。

2. 角门、旁门和侧门

这些门式由于所处的位置不同而有不同的称呼，但是最大的区别在于
处于院墙之上的门有门框门扇，具有闭合和防御功能。处于院内墙上的
门，有的设门框门扇，有的则无门框门扇。在关中地区传统民居中也常见
"一户两门"的现象，即有一个主出入口，还附有一个次出入口。而次出
入口通常会设立在大门的两边或侧门的院墙之上。例如，西安市北大门高
家大院的旁门（图 2-34）、咸阳旬邑县的唐氏大院带门扇的内侧门 [图 2-
34（b）]。除了在院内设有廊门之外，还有的在大门之外设有廊门，如合
阳县坊镇灵泉村的某宅 [图 2-34（e）] 等。这种类型的门主要功能是方便
人们搬运货物和家眷进出等日常活动使用，因此在门的体量大小、材料的
选用和装饰程度上与大门相比较稍有逊色。

(a) 于家三洞门

(b) 张家洞门

(c) 吴家洞门

图 2-32　二道洞门列举

[图源：(a) 自摄于西安市长安区；(b) 自摄于大荔；(c) 自摄于泾阳]

（a）上房廊洞门 　　　　　　　　（b）厦房廊洞门

（c）厦房廊洞门 　　　　　　　　（d）上房廊洞门

图 2-33　关中地区券式廊洞门列举

［图源：（a）、（d）自摄于长安区；（b）自摄于泾阳；（c）自摄于韩城］

图 2-34　关中地区角门、旁门、侧门列举

(图源：自摄于关中地区)

3. 门空

　　传统民居中的门空属于内门范畴，一般在苑囿、园林及府第等，常用于墙垣分割院落中比例狭长或过宽的空间，以及为了区分院内的主次、上下、正偏院落而进行的划分。虽然有划分和界定，但是每个院落都能通过墙桓上的门空通达任意院落。这些门空形状大小不同，为了美观起见常会采用月亮式、梅瓶式、八角形、海棠式、直长式、如意式、葫芦等门式建造。门空大多情况下安有门框却不安门扇，门框中间留有门空。门空的特征在于通过门洞自身优美的造型再来借景和框景，以此来达到与周边的建筑、山石、水体及花木相互呼应、相互衬托，延伸视觉空间的目的，同时为庭院增添了无穷的情趣和审美愉悦。例如，凤翔县文昌巷的周家大院中的月亮门和太阳门、西安市北大门高家大院中的月洞门以及关中民俗艺术博物院孙家的月洞门（图 2-35）。

图 2-35　关中地区院内门空（月洞门）

（图源：自摄于长安区）

　　门空的洞门从构成形态上可归纳为宽型和窄型两种形态。宽型的一般设于较宽敞的院落中，造型可任意发挥。窄型的多用于院落空间不宽敞的小院的院墙上，起到先抑后扬的心理暗示。总之，门空具有引导、沟通空间的作用，并通过洞门透视景物，可以形成焦点突出的框景作用。

　　（七）房门

　　房门是指四合院内所有房间上的门，无论是安装在何种房屋之上的门统称为"房门"或"屋门"。若是按照关中地区传统民居建筑的类型进行分类，又可分为合院中的"房门"和窑洞院中的"窑洞门"。传统民居的合院式房门按照门扇的形态通常可分为板门（图 2-36）、隔扇门和镶板门

（a）郭家厦房板门　　　　（b）李家上房板门　　　　（c）党家厦房板门

图 2-36　关中地区板式房门列举

［图源：（a）自摄于西安市长安区；（b）自摄于蓝田；（c）自摄于韩城］

三种。窑洞民居所使用的有"门联窗"和门窗分离的普通形式，而窑洞的普通形式的门窗又与合院式门窗相类似。故此，按照大类可分为以下四种。

　　1. 板门

　　板门属于"撒带门"门式。门扇简洁且不透光，开合类型为单扇或者双扇平开式两种，其中使用双扇类型居多。板门多用于门房、厦房、上房等房间之上，也可用于后门和内房之上。使用与房门上的版本体量较小，结构简单，装饰很少，防御功能低，而且有许多门连油漆也不做［图2-36（c）］。

　　2. 隔扇门

　　清代以前称隔扇门为"格门"，是由于其门扇上部镶嵌有不同纹样的格心而称为"隔扇门"，是中国建筑中最重要、最具特色的构件之一。此门式不仅具有门的功能，还具有隔墙和窗户的功能，可以说隔扇门既是窗又是门，是门与窗的结合（朱广宇，2008）。隔扇门是由门框、窗棂（格心）、绦环板及裙板四部分组成的，并有两扇、四扇、六扇、八扇之分。隔扇门外表庄严华丽，体现内容丰富，因具有很高的观赏价值而受到众人的青睐，因此，在传统建筑中被大量使用（图2-37）。当然，在关中传统民居中使用也较为广泛，通常多应用在厅房之上，但也有些大户人家将其用于厅房、上房甚至用于厦房之上。例如，咸阳旬邑县唐家大院的厦房［图2-37（d）］，在房屋的正立面不用砖土砌墙，而是在楹柱之间安装隔扇，以增加室内的采光和通风功能，同时也增加了整体的审美情趣。

　　隔扇门是我国传统建筑中最具装饰性的构建之一，也是体现主人等级地位的重要标志。隔心主要的装饰形式有灯笼框、龟背锦、步步锦、盘长纹、回纹、万字纹和冰裂纹等，以及在内容上体现出的民间故事、山水风景、花卉和龙凤吉祥等图案，在棂条的连接点上设计并雕刻有工字、蝙蝠、卷草和卧蚕等图形。

　　3. 镶板门

　　镶板门的结构类似隔扇门，由抱框、绦环板和抹头组成门扇的框架，再镶嵌10毫米左右的木板组合而成的门式，也叫"嵌版门"。常有单扇、双扇或四扇之分，但多用双扇门式，此门式适用的房型较为广泛，在上房、厅房、厦房和窑洞之上均可使用。门的结构及门扇的工艺相比隔扇门要简单、轻便些，开启时较为方便，有油漆和不油漆的，装饰和雕刻工艺使用较少。因此，整体给人以古朴、庄重、谦和和低调的印象（图2-38）。

　　4. 门联窗

　　在关中地区的北塬之上民居的形式集中反映为一种特殊的建筑形

　　　　(a) 周家隔扇门　　　　　　　　　(b) 苏家隔扇门

　　　　(c) 党家隔扇门　　　　　　　　　(d) 唐家隔扇门

图 2-37　关中地区隔扇门列举

[图源：(a) 自摄于三原；(b)、(c) 自摄于韩城；(d) 自摄于旬邑]

式——窑洞（靠崖式、明锢式和下沉式三种）。之所以能形成窑洞是由于这片区域的黄土层非常厚，有的厚达几十公里，且质地密实，比较容易在黄土的沟坎或崖壁之上平行挖凿、排列成的一种居住形式。窑洞建筑是一个系列组合，由于要懂得特殊构造而导致每一口窑洞只有一个面具有采光、通风和保温的功能。为了达到更好的室内恒温效果和增加室内的受光

(a) 张家厦房镶板门　　　　　(b) 李家上房镶板门　　　　　(c) 秦家厦房镶板门

图 2-38　关中地区镶板门列举

[图源：(a) 自摄于彬县；(b) 自摄于西安市长安区；(c) 自摄于旬邑]

面积，人们便在唯一的门和窗上进行技术处理。例如，将门窗面积尽量扩大，除了窗下的槛墙内侧需连接炕体外，窗户的其余部分一直通到券顶。

　　故此，窑洞门窗的形态有两种。第一种，是门和窗为一体的"门联窗"结构形式（图 2-39），是以"拱券"的形式呈现出来的，同时又可依据门的所处位置分为"对称式"和"不对称式"两种。所谓对称是指将门扇设置于洞口的中央，两边用对称的窗户来填充［图 2-39（a）］；所谓不对称是指将门扇设置于一侧而体现出形式上的不对称［图 2-39（b）］。窑

(a) 杨家对称门式　　　　　　　　　(b) 张家不对称门式

图 2-39　关中地区门联窗式的窑洞门列举

[图源：(a) 自摄于长武；(b) 自摄于韩城]

洞的门、窗和刹网圈式的"半圆窗"及余塞板，加之窑洞门三者同步制作、同步安装，称之为"门联窗"。门扇的格心和窗棂的形式各不相同，有的结构丰富、做工考究、耐人寻味，也有的较为简单大方、朴实无华。此门式是将建筑空间、传统工艺技术与朴素美学相结合的产物，体现出一种自然朴素的生态气息。

第二种，是对相对第一种来说的，门和窗的结构不是一体的，而是独立分开的，是将窑洞的洞口砌筑成墙，然后将单个的门、窗、天窗和气窗逐个嵌入而成的。此类门的门式与合院式的相同，其中也分有板门、隔扇门和镶板门，以及单扇、双扇。这种形式在关中地区的北塬之上是使用最多的，广泛应用于靠崖窑、地坑窑和明锢窑中（图2-40）。

 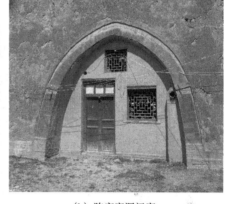

(a) 张家窑洞门窗　　　　　　　(b) 陈家窑洞门窗

图 2-40　关中地区窑洞门窗列举

[图源：(a) 自摄于彬县；(b) 自摄于长武]

当然，在关中地区也有窑洞之外也使用门联窗形式的。

（八）后门

这里的后门有两种概念。一种是通过中院，经过上房进入后院之门，另一种是设于后院墙之上的门。第一种后门是设在上房明间的后檐墙之上的，或设在上房的左侧或右侧通道的后檐墙之上的，类似房门的门式，称为后门（图2-41）。第二种后门是将门开设于后院墙的中间或一侧，也可称之为"后院门"或"后墙门"，有带门楼的，也有不带门楼的（图2-42）。

无论是哪一种后门，由于所处的位置是在后院中，是出入后院的唯一通道，所以关中人称这两种门式为"后门"。实际上，在关中地区的中小型院落中也常有设置后门的做法。从后门的形态上看，一般远远低于小于大门，与房门的板式门相同，以撒带门为主，且不做装饰，也很少油漆，但必须具有防御功能。其主要使用功能不仅便于妇女出行，也便于存取大型农耕具、牵引牲畜及清理茅厕等。

<table>
<tr><td>(a) 张家侧后门</td><td>(b) 杨家后门</td></tr>
</table>

图 2-41　关中地区后门列举

（图源：自摄于大荔、蓝田）

<table>
<tr><td>(a) 耿家院后院门</td><td>(b) 张家院后院门</td></tr>
</table>

图 2-42　关中地区后院门列举

［图源：（a）自摄于西安市长安区；（b）自摄于蓝田］

二、门的基本类型（Ⅱ）

另一部分专家学者则认为，门的类型应作为院落、上房的出入口，由外向里进行排序的门依次为：大门（含广亮大门、金柱大门、蛮子大门、如意大门、独立门楼、窄大门、墙门、洞门、屏门）、二道门（含抱厦抱亭、独立门楼、垂花门、一般洞门）、房门（含板门、隔扇门、镶板门、风门等）、其他门（含门空、角门、旁门、侧门）、后门、罩、碧纱橱、太师壁、博古架（图 2-43）等。本小节的内容是以此类型的门式为核心进行解析的。但是，这些不同的门式也有不同的叫法，却又能归纳成同一结构的门。例如，有实榻门、棋盘门、撒带门、镜面门和软门等形式基本为同一结构的，是以门板条密排，再用穿带加铁钉连接而成的，可归纳为"板门"。首先用于大门之上，其次用于院内的二道门、墙门、房门和后门之上。还有隔扇门、镶板门等形式基

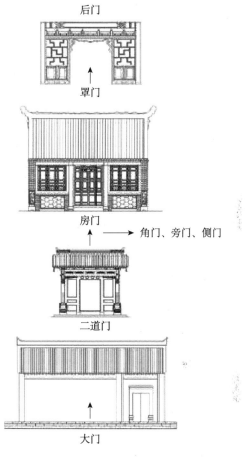

图 2-43　门序列示意图

（图源：王文佳编制）

本为同一结构的，是以边框加抹头，再嵌入格心或装板连接而成的，可归纳为"镶嵌门"，主要用于厅房、上房、厢房和窑洞等院内门之上的。下文通过概括、提炼、合并，以及在关中地区使用的广泛度而有针对性地、有选择性地进行论述。

（一）大门

大门在关中地区传统民居建筑中被用于出入院落的，也称为"头门""院门"或"宅门"，一般常采用"撒带门"板门形式。其特点是使用的板材都是同一尺寸、同一厚度的，施工合缝严密，内立面具有穿带结构连接

的形式，外立面为"镜面"形式并多以黑色油漆，在门框边缘的花边处加以红色或其他颜色点缀，且装饰雕刻少，呈现出庄严肃穆之感（图 2-44）。其结构形成了结实厚重、密闭性好、有较强的防御性等特征（图 2-45）。

（a）正立面　　　　　　　　　　　（b）背立面

图 2-44　李家撒带门

（图源：自摄于铜川耀州区）

图 2-45　关中地区撒带门式列举

（图源：自摄于合阳灵泉村）

（二）房门

房门是指院落之内的各房间所用之门，由于形式和功能不同又可分为板门式、隔扇门式、镶板门式及风门。无论哪一种门式，又根据不同的房间分为大型、中型和小型。关中地区的厅房门档次和级别最高，所以一般为高档次的大型门式，用料和做工也十分考究，并常常有精美的纹样格心和裙板图案以及不同的色彩进行装饰（图 2-46）。其次，上房的门型档次和级别为中等，因此门的体量和装饰程度均属于中型门。而厦房的门型一般为小型门，在档次和级别上也属最低（图 2-47）。此种门常常只是满足功能的需要，用料和做工一般，很少进行装饰和美化，许多门甚至连油漆都不做。

图 2-46　大荔闫家祠堂隔扇门
（图源：自摄于关中民俗艺术博物院）

（a）张家厦房板门　　　　（b）孙家上房隔扇门　　　　（c）郭家厦房镶板门

图 2-47　关中地区厦房门列举
［图源：（a）自摄于合阳；（b）自摄于韩城；（c）自摄于长安］

1. 板门

板门系列的 4 种门式因制作方法和工艺不同可分为实榻门、棋盘门、撒带门、镜面门和软门等。但是，据调查资料分析，除实榻门之外，像棋盘门、镜面门在使用上均要与其他门相配合，若单独使用时，基本是在阁楼之上或在院落之内。只有撒带门能独立使用于各种房间之上。例如，使用在院墙之上的，则门的体量、尺寸、门板厚度相对大一些（图 2-48），并有不同程度的装饰，也有只装饰不油漆的。

　　　　　（a）张家油漆板门　　　　　　　（b）周家不油漆板门

图 2-48　关中地区板门列举

（图源：自摄于长武丁家乡）

　　（1）实榻门：实榻门是等级最高的一种门式，常用于城门、寨门、宫门等处（图 2-8）。实榻门一般在民居院落中不使用，因此不做论述。

　　（2）棋盘门：棋盘门又称"攒边门"，是板门的一种。其结构首先在门扇内侧的四边制作有较厚的框架，然后再嵌入木板条。其次，在门扇的中心部位设置有一体的穿带进行加固，其形类似于棋盘而得名。通常门心板与门框平齐，但也有凹陷于门框内的做法。此门式因防御性能差，故常用于院内门之上（图 2-49）。

图 2-49　关中地区棋盘门门式列举

（图源：自摄于韩城老城区）

（3）撒带门：撒带门也是板门的一种，材质一般会采用较厚的且同一厚度的实木板，对边缝裁口，紧密排列并利用穿带进行锁合连接，此门的三个边都不做攒边处理，故称"撒带门"。由于此门的制作工艺较其他种类的门简单，且有较强的防御能力，所以经常被使用在院落外墙之上，应用广泛（图2-44、图2-45、图2-48）。

（4）镜面门：镜面门也是板门的一种，与棋盘门较为类似，形式与屏门基本相同。其尺寸是以门扇尺寸制作出框架，并在门扇的中心部位有穿带进行加固，然后双面固定较薄的木板条而成型。此门式的重量较轻、防御能力较差，因此常用作院内门。此门在关中地区民居中使用得甚少，故在文中不做论述。

2. 隔扇门

隔扇门常规是在上部有不同图案形式的格子，如有方格、球文格等而得名。自五代至清末的演变过程中，一直沿用着这种门窗形式来协调室内的采光、室内保温、隔热及通风等问题。此门式在宋代称"格门"，清朝之后称为"隔扇门"，是最具中国特色的建筑构件之一，具有墙、门和窗的功能，可以说既是窗又是门，是门与窗的结合（朱广宇，2008）。此门式通常由边框、格心、绦环板和裙板几个部分组成，给人带来通透、多变、丰富、美观的视觉感受（图2-50）。

(a) 党家隔扇门　　　　　　　　　　(b) 周家隔扇门

图2-50　关中地区隔扇门列举

［图源：（a）自摄于韩城党家村；（b）自摄于三原孟店村］

隔扇门是传统民居建筑中使用率最高的一种门式，如厅房、上房，厦房用之甚少，若有用，则必为大户人家。一般有四扇、六扇、八扇等，以四扇和六扇居多（图 2-50）。其位置大多设置在厅房或上房的进驻之间，或在进深方向的室内隔断上，其中中间的两扇可随意开关。边框、抹头、格心等的比例和制作手法等基本和外檐装修相同。但要比外檐装修得更为精致、玲珑剔透、形式多变，材料也更为高级。隔扇门的格心多为灯笼框的样式，在框内糊纸或绢纱，纸或纱上常绘有花鸟山水或题有诗词文赋，古雅而富有书卷气息。

据调查，隔扇门在关中地区的民居中使用得较为广泛，一般是设置于厅房之上，也有像韩城的苏家、长安区的樊家和张家等将隔扇门设置于厦房（图 2-51）和上房之上。常看到在一个开间的檐柱中间的地方全部做成隔扇门，也有的是紧挨檐柱先填充部分墙体之后再平均等分安置。通常会在一间中做四扇、六扇、八扇门，其中中间的两扇可开启、闭合，旁边两扇则为固定的装折，并在正中央可开启的隔扇门外装置有"门帘架"。隔扇门的优势在于家庭遇到大事件出入人多的时候可以将其拆下，使室内与室外的空间整合成一体，极大地体现了隔扇门灵活、实用的性能。

　（a）苏家隔扇门　　　　（b）樊家隔扇门　　　　（c）张家隔扇门

图 2-51　关中地区厦房隔扇门列举

[图源：（a）、（c）自摄于韩城；（b）自摄于长安区]

另外，还有一种"落地明造"形式，结构为隔扇门。但是，上下均安装格心而不装裙板，使得室内通透面积大，呈现出华丽大气的形象。

3. 镶板门

镶板门的门式在关中地区使用得较为广泛，但是，由于用料和工艺结构的原因，在防御功能和结构稳定性上较差，而仅限于院落之内的房间使用。一般情况下，用在上房之上的镶板门体量较大（图 2-52），所采用的装饰纹样较为简单，或者不装饰。用在厦房之上的镶板门体量较小，在开启时，轻快方便，多有油漆饰面，但是采用纹样装饰者很少（图 2-53）。
当然，在关中的北部地区还有许多窑洞门也常常会使用镶板门。

图 2-52　关中地区上房镶板门列举

（图源：自摄于潼关、韩城）

（a）周家厦房镶板门　（b）郭家上房镶板门　（c）郭家厦房镶板门　（d）于家厦房镶板门

图 2-53　关中地区厦房镶板门列举

［图源：（a）自摄于凤翔；（b）自摄于旬邑县；（c）、（d）自摄于长安区］

4. 风门

　　风门是安装屋门之外的门，是朝向向外的一种简易式的隔扇门。由于
隔扇门的封闭性能较差，加之西北地区冬天的风大而演绎出的这种"门外
门"——风门。此门式主要是起着挡风并保持室内恒温的功效，适用于北
方冬季较寒冷的地区。其结构分为中槛（中枋、跨空枋）、上槛、下槛、
立柱、装板和格心，并在格心内侧或裱糊纸绢或镶嵌玻璃等［图 2-54
(b)］。

　　据查访得知，在关中地区一般中大户人家的房门外侧均设有门帘架，
也正好验证了张壁田所说的：……中间开间设木隔扇，门外面多装有十分
精致的木雕门罩，夏季时用以挂竹帘，有利于通风降温。冬季时用于悬挂

棉布帘，以保证室内的温度不会流失。因此，在关中地区定位为"门罩"而并非"风门"。这大概是与关中地区的地理位置、气候条件和地貌环境不无关系。在关中地区所走访和调查的区域内，仅在党家村和灵泉村的个别宅院中发现有人家使用较为简易的风门［图 2-54（a）］，其他地区却很少发现风门的影子，换句话讲在"关中地区普遍不使用风门和风窗"，因此，在后文中不做论述。

(a) 党家村(简易)风门　　　　　　　(b) 山西风门

图 2-54　单扇风门图

［图源：（a）自摄于韩城；（b）引自《古建筑木门窗棂艺术与制作技艺》］

(三) 罩（罩门、花罩）

　　罩又称为"罩门"或"花罩"等。在传统建筑装修中属于内檐装修，也是我国传统建筑内檐装修中极具装饰性的一种装修形式，是上部或两侧做示意性间隔，中间敞开的木装修隔断［图 2-55（b）、（c）］。罩始于明代，盛行于清代，是集雕刻、绘画、书法等装饰艺术为一体的特殊装修形式。罩常被用于厅堂和卧室中，起到划分空间和挡风阻尘作用的同时，还有一定的象征意义，可体现出人与人之间的亲疏、尊卑、宾主关系，以及主人的社会地位。

　　罩是一种很独特的隔断构件，且样式极为丰富，除炕罩外，还有几腿罩、栏杆罩、落地罩、床罩［图 2-55（a）、（d）］、落地罩等几种样式，主要用于室内的间架分缝部位，有时也可用于进深隔断，功能近似于门。因此，罩既有划分空间和分割空间的作用，又有联系空间和延续空间的作用，是一种具备"亦隔亦透"双重功能的模糊隔断特征，这是非常典型的隔透度递变系列，构成上取得了空间隔透调节与罩身形式美化的有机统

(a) 党家村床罩　　　　　　　　　　(b) 周家落地罩

(c) 高家落地罩　　　　　　　　　　(d) 张家床罩

图 2-55　关中地区落地罩、床罩

[图源：(a)、(d) 自摄于党家村；(b) 自摄于三原；(c) 自摄于西安]

一，内容上大大丰富了室内空间层次和装饰韵味，罩的自身也形成了关中地区传统民居中独具浓郁地方特色、富有生命力的构成因子（侯幼斌，1997）。例如，西安高家大院的主人房和闺房中都有使用床罩及落地罩将室内分为两个空间 [图 2-55 (c)]。

（四）碧纱橱

碧纱橱又称"纱隔"（王其均，2007），也属内檐装修，安装于进深方向柱间的室内隔扇，与隔扇门类似，起到划分室内空间的作用。碧纱橱最为突出的特点是绦环板上雕刻有精美的花鸟草虫、人物故事等图案，极具观赏性（图 2-56）。例如，扶风温家的碧纱橱上的图案是采用木雕镶嵌加浮雕的办法完成的，在中绦环板上雕刻有"暗八仙"的法器图，在下绦环板上雕刻有几腿几何图案，在裙板之上雕刻有不同的建筑与山水组合的风景图案 [图 2-56 (a)]，而且是沿着明间左右各为一组，但组长约 10 米。

旬邑唐家的碧纱橱上的图案是采用黄杨木雕嵌入法完成的，在中绦环板上雕刻有"八仙"人物图，在下绦环板上雕刻有"骏马"图，在裙板之上雕刻有不同的人物故事图［图 2-56 （b）］。

(a) 温家碧纱橱　　　　　　　(b) 唐家碧纱橱

图 2-56　关中地区碧纱橱列举

［图源：（a）自摄于扶风；（b）自摄于旬邑］

（五）太师壁

太师壁也属于内檐装修部分，是一种设在厅堂的大堂后部两个金柱之间的中央部位，两侧有通往内院的侧门，并能起到隔断作用的木隔墙。太师壁既是室内空间功能的需要，又是室内装饰的一个核心点。常常采用木质材料进行制作，其形式与内容、工艺与色彩的运用无具体规矩和定式。通常会在版面上绘画、书法、雕刻等，色彩多以深色为主。并在壁上悬挂有匾额以及在金柱上悬挂楹联（对联），其中下部摆有条形几案，案头上陈设有梅瓶等饰物，案头的前中央处摆放有八仙桌，两侧分别放置一对太师椅。太师壁与空间中的其他陈设组成了丰富多变的室内空间环境，更加凸显了传统建筑室内独特的艺术风格、更高的实用性和观赏性，创造出了浓厚的人文环境和艺术氛围。此环境是院落中等级最高的区域，是家族议事的重要场所，可以说，太师壁的等级和营造水平是整个家族综合素质的直接反映。例如，唐家的太师壁和周家的太师壁虽然结构不同、风格迥异，但是所需组成的基本元素都有，形成了完整的太师壁空间（图 2-57）。

（六）博古架

博古架又称"多宝格""百宝格"等，也是一种室内隔断的形式，是传统建筑内檐装修的一种常见形式，具有分割室内空间和划分室内环境的

（a）唐家太师壁　　　　　　　　　　　　　　（b）周家太师壁

图 2-57　关中地区太师壁列举
[图源：（a）自摄于旬邑；（b）自摄于三原]

功能。从室内陈设来看，其主要是摆放各种古玩器物的家具，对于室内环境装饰起到了不可忽视的作用。例如，王谢燕说的："博古架在室内摆放的位置通常有两种形态，或开间处或整面墙上，既能以玲珑剔透和隔而不断的形式美感，为室内空间环境增添艺术氛围和人文气息，又能做背景装饰，使单调的墙体丰富优美起来，各类陈设又成为室内的点睛元素，装饰功能与实用功能并行不悖，却又能相得益彰，集审美品位与高雅文化气质于一身。"（王谢燕，2008）像党家村的柜体式博古架，采用了名贵的红木料，加以精巧的对称设计，再加以细致的镂空雕刻，以及细腻的手感，使人感受颇深 [图 2-58（a）]。而高家的隔断式博古架将室内的空间一分为二，博古架中央留有门洞，两边的格子架基本对称，且在格子架下部设有一排暗柜。格子架子上陈列着不同的瓷器和其他物件，在展示的同时，也供人观赏 [图 2-58（b）]。

三、窗的基本类型

在传统民居建筑中，"……窗比门的数量多，位置可高可低、可左可右，比较自由，所以在形态上各地乡土建筑房屋的窗远比房屋的门要丰富得多。在窗的基本形式上大体也与门一样，可以分为格扇和单座窗两类。"（楼庆西，2006）纵观《营造法式》，书中将窗分为直棂窗和阑槛钩窗等。

专家学者总结，窗的基本类型根据功能和形状可以分为直棂窗、槛窗（短窗）、支摘窗、横披窗、落地窗（长窗）、棂窗、花窗（什锦窗）、风窗、漏窗（透风窗）、空窗和天窗等。

(a) 党家柜式博古架　　　　　　　　(b) 高家隔断式博古架 (局部)

图 2-58　关中地区博古架列举

[图源：(a) 自摄于韩城；(b) 自摄于西安]

而陕西关中地区民居常见及特有的窗有直棂窗、槛窗、支摘窗中的支扇窗和摘扇窗、复合式双层窗、固定窗、横披窗、隔扇窗、风窗、什锦窗（花窗）、漏窗、空窗、高窗、气窗、墙窗及天窗等，其中以直棂窗、槛窗、支扇窗、摘扇窗和复合式双层窗的使用最为普遍。以下内容以关中地区民居常见及特有的窗式，包含有大户、中户、小户民宅及窑洞形式的窗展开解析和总结。

（一）直棂窗

直棂窗是一种最早出现并被广泛使用的窗式，是中国古代木建筑外窗的一种。直棂窗是方棂截为矩形的棂木后，再竖向等距离排列而形成的棂窗叫"直棂窗"（图 2-59）。其结构由木方格条直立排列，外加边框组合而成（侯幼斌，1997），是用截面为方形的直棂条竖向排列而成，窗扇样式多变，且多为固定窗扇，不能开启，结构也较为简单［图 2-59（a）］，直到宋代才开始有了可以活动的窗户。同时，在窗体表面设有彩色油漆，并在窗的内侧裱糊有麻纸或绢。

直棂窗以其工艺相对简单，而又经济实用的特点，在关中地区得以广泛的应用，通常用于次要房间之上。直棂窗的形式因制作方法和结构不同所呈现出的形式也就不同，常有以下几种形式。

1. 破子棂窗

破子棂窗是直棂窗的一种，是指用截面为方形的直棂条，采用对角线将棂条一开为二，形成三角形的棂木条，然后在竖向排列。安装时尖端向

(a) 户县直棂窗　　　　　(b) 大荔直棂窗　　　　　(c) 长安区码二箭窗

(d) 陇县码三箭窗　　　　(e) 长安区直棂窗扇　　　　(f) 蓝田直棂窗

图 2-59　关中地区直棂窗列举

(图源：自摄于关中地区)

外，裁截面向里，可充分利用夹角使光线射入室内，同时在室内截面上方糊纸 [图 2-59 (d)]，使得室内的光影更加美妙、灵活。

2. 直棂窗

直棂窗是截面为矩形的棂木竖向排列而形成的，也叫版棂窗 [图 2-59 (a)]。

3. 一码三箭窗

一码三箭窗又称"码三箭"，也称"码二箭"。类似破子棂窗和直棂窗，只是在窗框的横向（水平方向）用三条棂条所组织而成。该样式的窗格心象征无穷无尽的长箭悬在门窗上，据说有三种寓意：一是避除邪恶；二是显示有力量的武器在此，无人能侵犯；三是箭是谋取财富的象征。一码两箭窗 [图 2-59 (b)] 与一码三箭窗 [图 2-59 (d)] 相类似，区别在于窗框的横向是用两根棂条组织而成的，并在接口处剔出方形的卯口进行连接 [图 2-59 (c)]。

4. 平开窗

平开窗是因为开启的方式是水平向外或者向里推的，故称之为"平开窗"或"平推窗"。此窗式在形式上有方形和拱形两种，方形的平开窗在关中地区使用得甚多［图 2-60（b）、（c）、（d）］，而拱形的平开窗在陕北、山西等地区比较多见。依据其特殊的形制与结构，窗户的顶端为半圆式拱形隔扇亮窗，中下槛之间为双扇对开式的隔扇窗［图 2-60（a）］。

（a）樊宅拱券式平开窗　　　　　　　　　　　（b）党宅平开窗

（c）周宅平开窗　　　　　　　　　　　（d）周宅平开窗

图 2-60　关中地区平开窗列举

（图源：自摄于西安、韩城、宝鸡）

（二）槛窗

槛窗一般与隔扇门形式相类似且同时搭配使用，甚至花纹和色彩也一样，槛窗也叫"坎窗""短窗"。与隔扇门不同之处在于将隔扇门的裙板改作成了墙体，槛窗底下的墙叫做槛墙，高约三尺，总体外形呈"横长"形状（图 2-61）。

槛窗常用于宫殿、庙宇等建筑物上，或宅第的厅房、厦房上。其结构基本是由格心、绦环板、抹头和边梃组成的。格心的图案大多采用套方、步步锦、龟背锦或透雕等纹样。

(a) 唐家槛窗　　　　　　　　　　(b) 东里花园槛窗

图 2-61　关中地区槛窗列举

（图源：自摄于旬邑、三原）

在关中地区，由于冬天较为寒冷，所以常用青砖或土坯砌筑墙体，且在隔扇窗的内侧裱糊有窗户纸或镶嵌玻璃，确保室内的温度不会太低。

（三）支摘窗

支摘窗是传统民居中最常用的一种窗式。一般较高级的宅院中有使用带踏板、风槛（宋叫腰串）的，且此类窗的尺寸较大，窗的两边抱框直接连接于框板上，将窗从中间分为上下两部分。上部能向外支起，且在内侧可附纱扇、卷纸扇或糊窗户纸，以达到既能封闭又能通风换气，调节室内温度的目的。下部则能摘取下来，内侧也有棂隔扇或裱糊窗户纸，总体外形呈横长形。摘取窗扇使得能在炎热的夏天快速地调整室内温度。此类窗户因能支起能摘取，故称"支摘窗"。这种窗式是北方地区的先民们因地制宜的智慧显现，因此最适合在北方地区使用。

而在关中地区不但有支摘窗，还有另外两种功能单一的"支扇窗"和"摘扇窗"。但是，一般支扇窗使用得较为普遍，而支摘窗和摘扇窗则用得很少。

1. 支扇窗

在关中地区，支扇窗的应用比较广泛，常使用于院内窗户。与支摘窗不同的是，这种窗"上部格扇的上横两端有两个木质转动轴卧兔，可以向外支起。下部格扇却为固定的不能摘下"，所以称为"支扇窗"。支扇窗的隔心部分多以灯笼锦、盘长（盘肠）、方胜锦和步步锦为花纹图案，每年春节之前各家各户都会换上新纸、画上新画或贴上新窗花来体现出新年新气象。后来，玻璃的出现使得人们普遍会在下部安上玻璃，并装上能卷动的纸轴，方便采光、瞭望室外景色或封闭，如合阳的灵泉村和韩城的党家村民居的支扇窗（图 2-62）。

图 2-62　关中地区支扇窗列举

（图源：自摄于长安区杜曲杜北村）

　　另外，在关中地区还有一种上下均可向外开启的支扇窗，如有陇县的秦家、蓝田葛牌镇的郑家以及合阳灵泉村的张家等均有使用。这种窗户形式笔者将其称作"双支扇窗"［图 2-63（a）］。

　　2. 摘扇窗

　　摘扇窗在关中地区的应用不是很广泛，与支摘窗不同的是其中心隔扇是一个单独的，上下左右均为边框，上下或左右设置有木插销，可直接插入上下或左右框的连接处，称作暗铆钉。可根据不同的需要任意起铆或锁铆，随时拆卸或安装。隔心部分的图案多使用灯笼框和步步锦、盘长或方胜锦为主。例如，咸阳旬邑县唐家大院上房的月洞窗就是一个典型的例子（图 2-64），其他部分与上述相同。

| (a) 灵泉村双支扇窗 | (b) 陇县南街村方格支扇窗 | (c) 阳坡村支扇窗 |

图 2-63　关中地区支扇窗列举

（图源：自摄于合阳、陇县、蓝田）

图 2-64　方胜灯景式摘扇窗

（图源：自摄于旬邑唐家）

（四）复合式双层窗

在关中地区有一种形式较为特殊的窗户，这一类型的窗户经常会有内外两层，即在窗户的内侧也会安有木板式的"窗门"，白天则将其打开，晚间则将其关闭，这样不仅起到保温的作用，而且也具有防盗的实用功能。依据其特殊的形式与结构，笔者将其命名为"复合式双层窗"。此窗其形态为外层为直棂窗、方格、步步锦等不同的棂花形式，而内层则为可开启的木板窗门扇而组成的一种复合窗。同时，依据窗门扇结构形式的不同，又可将其分为"撒带式双扇对开窗扇""镶版式双扇对开窗扇""折叠式双扇对开窗扇"及"子母折叠式双扇对开窗扇"四种形式（图 2-65）。

（五）固定窗

在关中地区传统民居中，也有许多形式的固定窗，最常见的是直棂窗形式，也有的结构看似隔扇窗，其形式五花八门，而且棂格图案虽然说窗

(a) 撒带式对开

(b) 镶版式对开

(c) 折叠式对开

(d) 子母折叠式

图 2-65　关中地区复合式双层窗列举

[图源：(a) 自摄于彬县；(b) 自摄于潼关；(c) 自摄于长安区；(d) 自摄于合阳]

户尺寸的大小，材料的选择与运用相比活动窗区别不大。有窗框槛，也有窗扇却无法开启 [图 2-66 (a)、(b)]。有的没有窗扇框，打眼一看就是不能开启的窗式 [图 2-66 (c)、(d)]。故此，将这类不能开启和闭合的窗式称为"固定窗"。固定窗在通风性和室内温度调控等方面性能较差。在调查中发现，凡是设置有固定窗的房间大都是在建筑体量较大的，或是不住人的厅房、堂屋等建筑之上的。

（六）横披窗

横披窗又称"横风窗"，在关中地区的中、大型民居宅院中经常会见到，且使用得较为普遍 [图 2-67 (a)]，常用于等级较高的、较为宽敞的厅房。这些房子往往建筑体量较大，因此房间高度和宽度也会相应地加大。为了建筑外观的整体比例协调和美观，以及便于室内的采光通风，则需要将窗户的尺寸和结构进行调整，常规的做法是在槛窗的上部、隔扇门

(a)　　　　　　　　　　　　　　　(b)

(c)　　　　　　　　　　　　　　　(d)

图 2-66　关中地区固定窗列举

(图源：自摄于扶风、长安区、大荔)

的上部同时增加长条形的亮窗，这个亮窗就叫做"横披"。为了保证比例协调，常会在窗的左右两边再增加一些"余塞板"等。

（七）隔扇窗

无论是宫殿、寺院建筑，还是民居建筑，隔扇窗使用得最为广泛，其结构与形式和隔扇门基本相同，属于院内窗，防御功能较差。隔扇窗在关中地区只是大户人家使用得较多，普通民宅使用得较少。关中地区的隔扇窗和隔扇门在远处看较为类似。因为，人们为了取得建筑外立面整体风格的统一和色彩的协调，常会采用同一种花纹或者类似花纹以及同一种颜色进行装饰。二者区别在于隔扇窗下设有槛墙，而对应隔扇门下设有裙板而已。当隔扇开启时，则可使室内通风采光；当关闭时，则可保持室内温度。

关中地区的长窗，同样与隔扇门、隔扇窗从形式结构上、装饰纹样上以及色彩运用上要求协调一致、风格统一。因此，长窗的远处效果和隔扇门不易分清。常用于厅房、厦房或上房的次间［图 2-67（a）、（c）］，或用于带檐廊的暗间外凸的金柱与廊柱之间的长窗，类似廊墙［图 2-67（b）、（d）］。

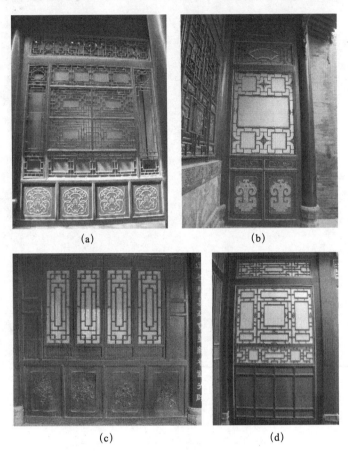

(a)　　　　　　　　　　　　　(b)

(c)　　　　　　　　　　　　　(d)

图 2-67　关中地区长窗、横披窗列举

［图源：(a)、(b)、(c) 自摄于三原；(d) 自摄于旬邑］

（八）风窗

风窗多用于北方地区的住宅居室的隔扇窗之上，与风门的性质、形态和用途几乎一样。关中地区不太常用风窗，在调研中仅在合阳和韩城等地有见，而且形式比较简单，一般用棂条拼作成格子状并采用较小的边梃料和棂条制作组合而成。风窗一般是安装于窗扇之外的一个单独附属架子（图 2-68）。其是为冬季时的室内保暖和夏季时的阻隔蚊虫侵扰而设置的。

（九）什锦窗

什锦窗在形式和结构上与漏窗相类似。什锦窗一般常规是在窗洞内嵌有雕塑或翻模的图案作为窗心。若是透景功能的什锦窗需在中心区域留出

（a）陈宅风窗　　　　　　　　　　（b）周宅风窗

图 2-68　关中地区风窗列举
（图源：自摄于潼关、三原）

一定的空间，使得所见景物清晰可辨。因此，纹样一般不甚复杂。若以观赏为主的什锦窗，则在纹样的内容和形式上更需讲究，如关中民俗艺术博物院中的花窗花纹精美、干练，主题突出，常用的有花草、树木、鸟兽或其他几何图案（图 2-69）。

图 2-69　什锦窗、漏窗、空窗
（图源：自摄于长安区、三原）

　　什锦窗在关中地区只能在大宅深院中看到，是一种常用于院内墙面上的漏窗形式，并以"组"为单元的排列形式出现，具有极强的装饰作用。其结构分为筒子口、边框和仔屉三部分。窗户的形状与尺寸大小是以院子的大小和墙体的高矮来定的。常用的做法是先将大样放出来之后，再在墙上按照尺寸预留窗洞并将制作好的窗框或筒子口框嵌入到仔屉，待构件制成之后将其进行组合。若筒子口为砖质套时，一般会在其外装饰边上也相应地采用砖质贴脸。若窗型是用木板套时，一般会在其外装饰边上也相应地采用木质贴脸 [图2-70（c）]。无论在材质还是造型上，什锦窗都以其独特的表现形式而达到一种独特的装饰效果。

什锦窗一般可分为镶嵌什锦窗、单层什锦漏窗及夹樘什锦漏窗（灯窗）三种形式。

1. 镶嵌什锦窗

常见的镶嵌什锦窗是镶在墙壁一面的假窗（即盲窗），只对环境起到装饰点缀的作用，没有实用功能 [图2-70（b）、（c）]。

　　（a）儒林巷墙窗　　　　　　　（b）李靖故居墙窗　　　　　　　（c）大寨村墙窗

图2-70　关中地区什锦窗列举

（图源：自摄于三原、陇县、大荔）

2. 单层什锦漏窗

单层什锦漏窗又称"什锦漏窗"。常规的窗框之内没有棂格，或带有较为简易的不同花样的棂条图案。

3. 夹樘什锦漏窗

夹樘什锦漏窗除了有漏窗的形态和功能外，每到大事庆典或重要节日时，可在窗框的两侧镶嵌玻璃或悬挂纱帘，并在帘上题字作画。同时在窗的中间点上蜡烛或设置灯光来营造环境氛围。因此，也称之为"灯窗"。此类窗在关中地区不常见。

（十）漏窗

漏窗在关中地区较为常见，其形式也是多样化的。关于漏窗有些专业书籍中称之为"花窗"或"空窗"，也有称"花墙头""花墙洞"和"漏花窗"的，是一种以装饰性为主的镂空窗形式，一般窗洞内会装饰各种类型的图案（图2-69）。

人们为了便于观看窗外的景色，漏窗的下框常常要与地面保持约1.3米的距离。按照这个高度来达到漏窗的中心点高度与人视线相平齐，能达到一种较好的视觉效果。对于较小的空间来说，漏窗不仅可以使墙面上产生虚实的变化，也可以增加空间和层次感。漏窗说是窗，却没有框槛、抱框和窗扇等窗的特征，是一种满格的装饰性透空窗，既不能开启，又没有保温隔热功能。一般将此窗设置在院墙之上，不受尺寸、空间和材料限制，较为自由（图 2-71），可分为墙内窗和墙外窗。漏窗可使景观显得既有分隔又有联系，同时还有隔离、通风和框景的功能，也便于视觉观察，每一个窗都是一个观赏点。其窗型有几何形、多边形、器物形和瓜果形等；内容以图案方式，利用窗棂条组织反映的内容包罗万象，有人物、风景、花鸟鱼虫、走兽和植物等。因此，在形式和内容上极为丰富多样、灵活机动、富有变化（图 2-71）。

图 2-71　党家村墙漏窗

（图源：自摄于韩城）

（十一）空窗

空窗是指没有用窗棂条所组成的窗，是一个局部或者全部镂空的窗洞。其最大的优点在于能利用完美的洞形，可以无障碍地观景和借景。在观赏景物的同时，空窗借用其他景与物来突出借景、框景的作用，使观者能够得到不同寻常的审美感受；其窗形也是多种多样的，根据形状可归纳为几何形、多边形、器物形和瓜果形等。

空窗与漏窗的形式、功能及作用基本相同，最大的不同点在于其利用完美的洞形，可以无障碍地进行借景，使观者能够得到特别的视觉感受。当然也有专门为了某个特定空间的采光和通风而设置的漏窗，这样的漏窗一般会距离地面较高。也有在讲究的漏窗空洞形式内不添加任何装饰的。例如，咸阳地区三原县李靖故居的空洞设置是为了院落空间能够得到充足的阳光和新鲜的空气（图 2-72）。

　　　　(a) 李靖墓空窗　　　　　　　　(b) 高家月洞窗

图 2-72　关中地区空窗列举

(图源：自摄于三原、西安)

（十二）高窗

高窗由于设置的位置较高且窗的尺寸较小，故将此类窗称"高窗"（图 2-73）。关中地区的高窗一般设置于院墙、上房和门房的山墙或檐墙之上的小型窗户。王军说："在城镇和农村多数民居门房临街布置，为了安全性和私密性的要求，多数面街外墙不开窗，只在韩城地区有些住宅外墙开圆形高窗……"（王军，2009）的确，在关中地区民居门房面向街道的檐墙上或山墙上，出于安全方面的考虑一般不开设窗户。假若需要开窗的话，也是开设的位置较高且窗户的体量较小。高窗在韩城、三原及蒲城等地区有出现。其形多为圆形，另有方形、六方形和拱形等（图 2-73）。

（十三）气窗（通气孔）

在关中地区有一种常用的具有天窗功能的气窗，一般设置在房子山墙上端的最高处（山花处），其主要功能是为了室内的通风换气和调节温度。此类窗大多数为砖质结构，结构简洁且尺寸较小，有较为精美的雕刻图案。地区与地区之间的差别也有一定的规律性，由于海拔、地势和纬度的不同，越往北冬季越是寒冷，从中东部向北部地区气窗的大小呈逐渐缩小的态势，因此，利用气窗能使室内的温度不易流失（图 2-74）。

（十四）墙窗

在调查中发现，有些地方在墙的顶端设有类似花窗的墙窗，每一个窗洞中，都有不同的精美细致的纹样［图 2-75（a）］。在关中东南部山区的山地民居院落中，常常会看到将窗户对称开设在厦房的山墙（即院墙）之上的做法［图 2-75（b）］，这种形式在关中其他地区几乎很少见。

（a）周家大院高窗　　　（b）唐家大院高窗　　　（c）唐家大院高窗

（d）唐家大院高窗　　　（e）唐家大院高窗

图 2-73　关中地区高窗列举

［图源：（a）自摄于三原；（b）自摄于韩城；（c）自摄于旬邑；（d）、（e）自摄于长安区］

（a）唐家大院气窗　　　（b）唐家大院气窗

（c）唐家大院气窗　　　（d）唐家大院气窗

图 2-74　关中地区气窗列举

（图源：自摄于关中各地）

(a) 党家村墙窗　　　　　　　　(b) 葛牌镇墙窗

图 2-75　关中地区墙窗列举

(图源：自摄于韩城、蓝田)

(十五) 天窗

天窗是指将窗户开设在房子的顶部区域，为了室内的采光、照明、换气、通风、调节温度和排放油烟等。此窗的使用仅限于作为厨房使用的区域的顶上。在关中地区一般将其设置于厦房或上房的顶部，仅用于带有厨房的区域。还有一种常用的具有天窗功能的透风窗，一般建设在上房或厦房山墙的上端，其尺寸与形状均不固定，略有几根格条搭配，大多是小型窗户尺寸。因其位置较高，依据所处的部位可称天窗，也可称高窗 (图 2-76)。

(a) 天桥乡天窗　　　　　　　　(b) 耿家天窗

图 2-76　关中地区天窗列举

[图源：(a) 自摄于户县；(b) 自摄于长安区]

(十六) 窑洞窗

在窑洞建筑中，无论是靠崖式、明锢式或下沉式的，其窗户除了对称或不对称的"门联窗"形式之外，还常常会沿用地面民居建筑的各种窗户形式，而且将窗户、天窗和气窗同时应用在窑脸之上 [图 2-40 (a)]，以达到窑内采光和通风换气目的。

第二节　门窗的基本结构

一、门的基本结构

依据关中地区实地调研情况，本节中作为组群及院庭出入口由外向里进行排序的门有：牌坊、寨门、巷门、大门（广亮大门、金柱大门、蛮子大门、如意大门、独立门楼、窄大门、墙门）、二道门（独立门楼、屏门、单体门楼、抱厦抱亭、垂花门）、房门（板门、隔扇门、镶板门、风门）、门联门、门窗一体式窑洞门、罩、碧纱橱、太师壁、博古架等，并以其结构形式、制作工艺和使用的普遍性等方面进行提炼、概括。选出有代表性院落之外的门作为案例加以剖析和说明。本节着重于对院落中无论是大门，还是二道门乃至房门的门扇在形式和结构上进行总结和分类。有板门、屏门、隔扇门、镶板门等类型，以及对室内空间中具有分割、遮挡和美化作用的罩、碧纱橱、太师壁和博古架进行结构剖析和论述。

（一）牌坊

牌坊从形式上可分为乌头门、牌坊（含功德坊、贞节坊、纪念坊、标志坊和陵墓坊等）。从材质上又可分为木质、石质（图2-77）、琉璃和砖质的。

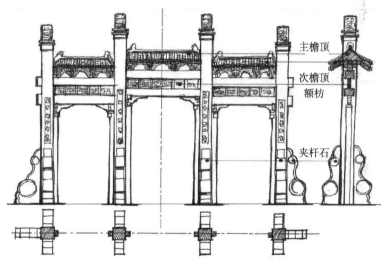

图 2-77　西安北院门石质牌坊结构图

（图源：笔者自绘）

1. 乌头门

乌头门的结构形式是左右分别立有两根柱子，而且深埋于地面之下，中间设有一对门扇，顶端套有瓦筒，其功能用来防水和装饰，并施以黑色，故称"乌头"。门扇的上部用透空的棂格，从外到里均可看见。两柱之间的门上部用额枋连接，下部采用活动式的下槛（地栿板），通马车时可随时拆装。地栿板由立扶与卧扶来加持、固定，这种乌头门也称为"乌头绰楔门"。乌头绰楔门在《营造法式》卷二十五诸作功限二彩绘作中有说："乌头绰楔门，牙头护缝、难子压染青绿，棂子抹绿，一百尺；若高，广一丈以上，即减数四分之一；若土朱刷间黄丹者，加数二分之一……。"那么何谓绰楔。绰，宽也；楔，门两旁木。《尔雅·释宫》"根谓之楔"。据此，则绰楔门是官府大门下槛可活动，且两旁立扶有一定的斜角度，便于拆装；另外，台阶不断开，利益车马通行（潘古西和何建中，2005）。

2. 牌坊

牌坊的结构主要由檐顶、额枋、立柱、字牌和基础五部分组成（图2-78），看似简单却又不失变化，牌坊有多种形式，有一开间、三开间、五开间及七开间等；而根据开间的多少或是牌坊的大小来说，牌坊的其他组件也伴随有一定的变化。例如，一开间的牌坊一般只有一个檐顶、两柱，而三开间或三开间以上的牌坊，其顶部和柱子则会随之增加。一般来说，柱子成偶数增减，间隔成奇数增减。其结构如下：

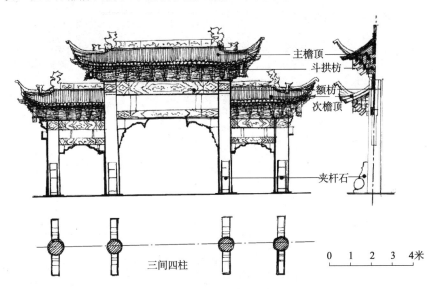

图 2-78　三原东街仿木质牌坊结构图

（图源：笔者自绘）

（1）基础：包括地上和地下部分，地上部分为基座，木牌坊一般使用"夹杆石"做基座，石牌坊一般使用须弥座、抱鼓石和石狮；地下部分为基脚，主要是由柱础石、砖石砌成的磉墩和夯土层等构成的。础深一般为几米至十余米，其深度与牌坊的体量有直接关系，即体量越大者基础越深。

立柱部分作为支撑牌坊檐枋作用的构件，柱的截面主要分为圆柱、六方柱和方柱三种。此外，牌坊还以柱子是否出头分为冲天式和非冲天式。

（2）额枋：额枋又称檐枋，是横架在檐柱头上连贯两檐柱的横木，是反映牌坊价值意义最重要的结构部分。额枋主要由小额枋、大额枋、平板枋、垫枋等构件组成（图2-79），上面刻有功能性、指向性、纪念性和装饰性内容。额枋中的字牌用于牌坊上题刻文字的字板，这部分增加了牌匾的结构连接，丰富了牌坊的层次感和审美作用。

（a）木立柱结构　　　　（b）额枋与斗拱结构　　　　（c）夹杆石结构

图2-79　韩城木牌坊结构实物照片

（图源：自摄于韩城老城区）

（3）斗拱：牌坊中最为复杂的构件便是斗拱，斗拱是中国最具传统风格和极富装饰意义的建筑构件之一，斗拱使用的多少是主人的权势和身份地位的象征。

（4）檐顶：檐顶是针对牌楼的顶部而言的，檐顶是仿木构建筑的斗拱和出檐。牌楼顶主要分三种形式：一种是属于高级形式的庑殿顶（四面坡顶），一种是歇山顶（两面坡顶，两侧露山）（图2-80），另外一种是悬山顶。从用材上可分为石牌楼、木牌楼、琉璃牌楼；从额枋上是否带屋顶，可分为"起楼式"和"不起楼式"。在不起楼的牌楼中，以间数和柱数来标定，分为一间二柱式、三间四柱式等；在起楼的牌楼中，则以间数、柱数加上屋顶的"楼"数来标定，分为一间二柱一楼、一间二柱三楼、一间二柱三楼带垂柱、三间四柱九楼带垂柱、五间六柱十一楼等式（侯幼斌，1997）。

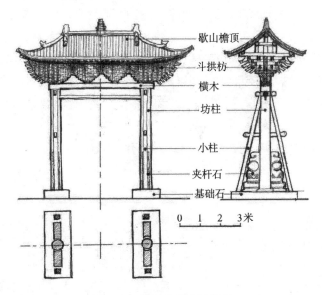

歇山檐顶
斗拱枋
横木
坊柱
小柱
夹杆石
基础石

0　1　2　3米

图 2-80　韩城木牌坊结构图

（图源：笔者自绘）

墓地牌坊是一种特殊功能的牌坊，一般是家族为了纪念自己先祖的丰功伟绩而特别制作的，常设于家族墓园之内。在关中地区的大户人家墓地均有发现，是关中地区牌坊中最具代表性的一种。例如，唐家村的唐家墓地牌坊其结构为三开间四柱三重檐五楼式的石质牌坊（图 2-81），用料考究，做工精细，图案和人物栩栩如生，结构较为复杂，凡木牌坊应有的构件几乎都有，像檐顶、额枋、立柱、字牌和斗拱等。同时，基础部分仿夹杆石之上雕刻有栩栩如生的十八罗汉像，并在小额枋、大额枋、平板枋、垫枋等构件之上同样雕刻有人物浮雕。从形式结构上应为"三开间四柱三重檐五楼式"牌坊。另外，"……唐家牌楼与北方常见的牌楼不同处是，在顶部檐楼正脊中央设置了一个重檐四角攒尖顶的小亭。这一设置使牌楼轮廓呈现出三角形造型，牌楼更加挺拔秀丽。这种造型在南方乡间常见，可见当时修建时有南方工匠的参与，使南北文化在此交融"（王军，2009）。

又如，泾阳的吴氏家族的墓地牌坊，该牌坊为石质仿木质结构，其结构和体量与旬邑唐氏家族的陵墓坊相类似，除了装饰的内容不同之外，在结构上唐氏家族的陵墓坊为"三开间四柱三重檐五楼式"牌坊，而吴氏家族的陵墓坊为"三开间四柱两重檐三楼式"牌坊（图 2-82）。

图 2-81　唐氏家族陵墓牌坊实物照片

（图源：自摄于旬邑唐家村）

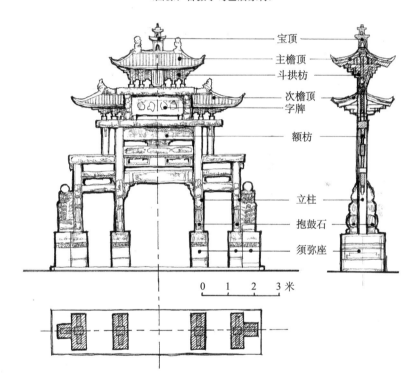

宝顶

主檐顶

斗拱枋

次檐顶

字牌

额枋

立柱

抱鼓石

须弥座

0　1　2　3 米

图 2-82　吴氏家族陵墓牌坊结构图

（图源：笔者自绘）

（二）寨门

寨门是一个寨子的"门脸"，也是重要的军事枢纽和建筑标志，属于一个区域或一村一寨的疆界。呈现出的结构与形式复杂多变。寨门通常是与城门楼的门洞和城墙配合使用的，为了抵御战乱，防御土匪，一般建造得既高大又结实，为了增加其耐久性和强度，常常用城墙专用砖进行砌筑而成。与之配套的门扇为实榻门，该门型体量大、板子厚，并设有多个机关，结构复杂，这也使得门的重量特别重，开启大门时需要两到三人才能够推动。例如，渭南高大的城门楼、大荔县"丰图义仓"的寨门（图2-83），蒲城县南瑶池的小型寨门等（图2-84）。

图 2-83　大荔县"丰图义仓"寨门结构实物照片

（图源：自摄于渭南）

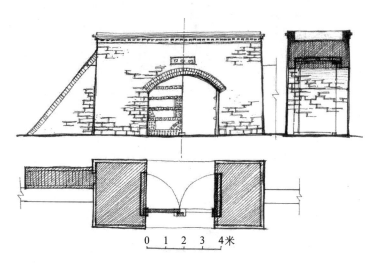

0　1　2　3　4米

图 2-84　南瑶池寨小型寨门结构图

（图源：笔者自绘）

（三）巷门

巷门是介于寨门与大门之间的区域门，其作用只是与其他巷子有所区分，实质上却没有多少意义。巷门的形态与结构也是多种多样的，如有类似房子形状的，为砖木结构，并有坡屋面的顶，墙与墙之间有一定的厚度，墙上设有门洞，但又不设门扇（图2-85）。还有用二四或三七墙砌筑，顶上有带雨棚或不带雨棚的，墙上留有门洞，供人们日常出入。关中地区的巷子门都有巷子名字，如有"平安门""德厚巷""崇义门""仁义巷"等。

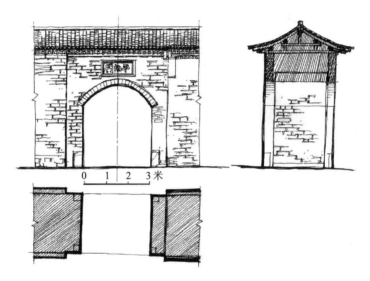

图 2-85 韩城党家村巷门结构图

（图源：笔者自绘）

（四）大门

大门在形制上可分为广亮大门、金柱大门、蛮子大门、如意大门、将军门、亭式大门、独立门楼、窄大门、墙门和屏门等，其基本结构如下。

1. 广亮大门

关于大门的基本结构，依据《工程做法则例》，有上槛、中槛和下槛之分，上槛连接着脊枋和走马板，中槛在走马板之下门扇的顶部，下槛在门扇的底部。两侧设有抱框和门框，在抱框和门框之间镶嵌有余塞板（图2-86）。作为广亮大门的框扇一般设置在中柱之间（即屋脊的垂直下方），其结构也由抱框、上下门槛、门簪、走马板、余塞板及门墩（门砧）等组成。广亮大门多是由相当品级的官宦居住，其他形式的大门门扇则随官宦等级降低而渐次降低。广亮大门在形式感上更为讲究，常常绘以砖制的"戗檐""拔檐"，石制的"抱鼓石"或"狮子门墩"，不同形状的"门簪"

以及在门额或走马板上镶嵌有"警语""祈福语"等，工艺精细，内容丰富，以此来提升大门的审美功能。

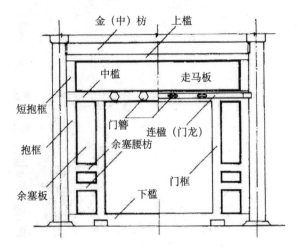

图 2-86　大门槛框基本结构与名称图

（图源：引自《中国古代建筑历史图说》）

2. 金柱大门

金柱大门的进深相较广亮大门要浅一些［图 2-87］，其门外比门内浅，门外占 1/4，门内占 3/4。介于中柱与前檐墙之间的位置，大门的门洞空间相对广亮大门较小，且大门的四周均用砖料砌筑，大大地增强了防御能力。金柱大门在结构上与光亮大门并无二样，即由抱框、上下门槛、门簪、走马板、余塞板及门墩等组成（图 2-86）。并且在檐柱和檐枋等处施有彩绘、雕刻或装饰构件等，以此突出大门的艺术效果和文化内涵。

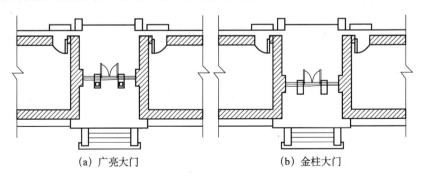

　　　（a）广亮大门　　　　　　　　　（b）金柱大门

图 2-87　广亮大门和金柱大门平面结构图

（图源：笔者自绘）

3. 蛮子大门

蛮子大门在门外看起来过道比较窄，而门扇里面有较大的空间结构。

蛮子大门的框扇安装在过道靠近外边的门槛下的外檐柱上，其功能可以用来存放物品，是比较多样的一种大门形式［图 2-88（a）］。另外，其上部屋顶的高低基本上多与两侧的门房房顶等高，并且通常采用卷棚式的结构，没有广亮大门和金柱大门屋顶上突出的屋脊。踏踩大多是带有一道道的棱，如搓衣板面一样，这样的形式称为"礓磋"，便于马车等的通行。

4. 如意大门

如意大门的结构特点是在正面檐下有砖栏板构造进行装饰，并在上面雕有精美的花鸟等装饰图案。如意大门不受宅主官宦等级限制，可以随意装饰。大门门扇两侧的木结构墙体也被砖墙遮挡，仅留出门洞的空间，门的高度也降低一些，门扇位置与前檐墙基本平齐［图 2-88（b）］。门框上有两颗门簪，且常会写着或刻有"如意"字样，并在门板下面包有如意形的铁皮，故称为"如意大门"。

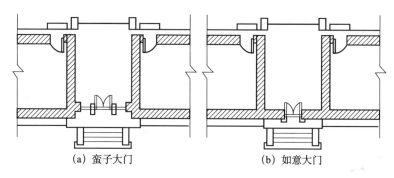

(a) 蛮子大门　　　　　　　　　　(b) 如意大门

图 2-88　蛮子大门和如意大门平面结构图

（图源：笔者自绘）

5. 独立门楼

关中地区的独立门楼是一个单体建筑，由门楼的基础、楼身、顶面和门的框和扇部分组成。其高度和宽度不定，常规的高度为 3.4～4.3 米，宽度为 2.1～2.7 米。材料的应用一般在基础部分使用砖或石，楼身部分常使用砖或土坯，楼的顶面采用双坡面的硬山式或悬山式的结构（图 2-89），多采用青砖黛瓦形式。

6. 墙门

关中地区的墙门是一种最常见的门式，而且形式很多，甚至到了不可归类的地步。其特征主要是依附于院墙，一般可分为高墙门（独立门楼）、低墙门和洞门（随墙门）三种形式。高墙门的墙体高度超过门头的高度（图 2-89），高墙门以门头为装饰重点；而低墙门的墙体高度低于门楼（图 2-90）。墙门在关中地区的民居中主要用于中、小型住宅的院落大门或大型宅第的侧门。门楼的用材常规与墙体的材料和工艺相同，如土坯墙、夯土墙，较为高级的就是青砖砌筑的水磨对缝墙了。

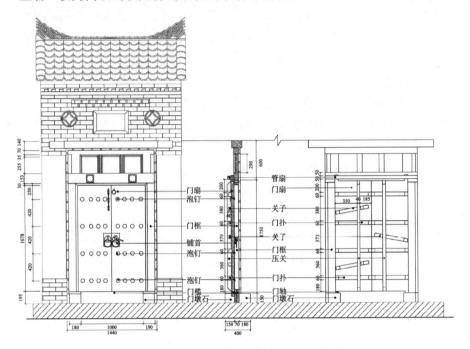

图 2-89　彬县王家院独立墙门楼大门结构图

（图源：笔者自绘）

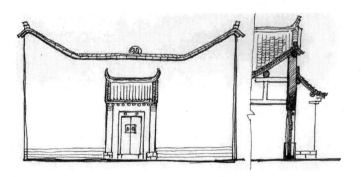

图 2-90　低于墙体的门楼结构图

（图源：笔者自绘）

（五）二道门

二道门属于院内的门式，其主要功能属性是将大院划分为外院（前院）和内院（后院），形成二进院或多进式院落。关中地区的二道门根据不同的形态和结构形式，可分为单体门楼、抱厦抱亭、垂花门、一般门洞，其基本结构如下。

1. 独立门楼

关中地区二道门的独立门楼一般位于门房与厅房或上房之间中轴线的核心位置，常常依附于两边厦房的山墙并将其连接起来的一个单体建筑，形成封闭的外院的围合空间，也是进入下一进院落的入口。关中地区的二道门楼是进入院落的第一个看点，因此，人们都将其作为院落的核心和装饰的重点。同时，也是展示家族的文化品位和家族身份地位的象征。所以，无论在建筑体量上、施工工艺的等级上，还是在装饰程度上均为院落中的最高等级。独立门楼常常采用青砖砌筑，顶部为双坡屋面仰瓦或筒子瓦，有精致的砖雕正脊及垂脊吻兽等。立面多以石雕、砖雕进行装饰，并镶嵌有门额、对联等。例如，宝鸡地区扶风县的温家大院中的砖石结构且精美雕刻的二道门——独立门楼。门楼全部采用青砖结构和石雕镶嵌工艺，高5.4米、宽2.6米、厚1.26米。整个门楼高大气派、结构考究、纹样繁多、雕工细腻、古朴大方。其中，包括有名人写的书法对联和门匾等，营造出了浓厚的文化气息。因此，堪称关中地区的经典之门，也是一个抱厦式的二道门（图2-24、图2-91）。

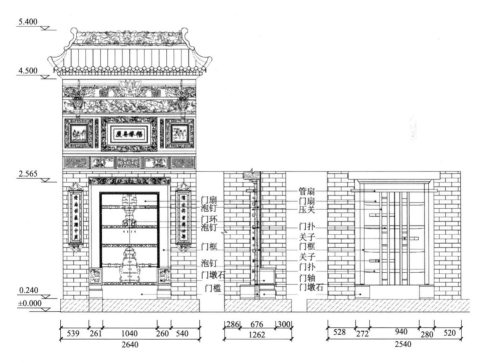

图 2-91　温家大院二道门楼结构图

（图源：笔者自绘）

２. 垂花门

垂花门的位置和结构形式与独立门楼有一定的区别，但也很类似，也是一个单体建筑，也常设在合院的中轴线上，位于外院与内院之间界墙的正中间，是外院和中院或内院的分水岭。此道门第一个功能是白天开启时，供家人通行，能起到精神屏障的作用，是分离家人和客人的界门。当夜间关闭时，能起到安全防御的作用。第二个功能是屏障作用，这也是传统民居中二道门的主要功能。为了保证内宅的隐蔽性，常在垂花门内侧的两根柱间再安装一道软门，称为"屏门"（图 2-23）。除了家族中有婚、丧、嫁、娶等重大仪式活动或贵宾临门时需要开启屏门，其余时间均是关闭的。人们日常出入垂花门时，是走屏门两侧的侧门。第三个功能，既充分起到了通达内外院的作用，又严格地划分空间的特殊作用。

从建筑形态上看，关中地区的垂花门墙体的厚度与厦房的山墙厚度基本相同，有的前后均有独立柱，有的只有正面有独立柱，有的在里面有独立柱，而且设有屏门。顶面有双坡屋面或单坡屋面仰瓦，并设有正脊翘角。顶面下常设有不同复杂程度的梁架结构，较为复杂的有梁枋、斗拱、雀替、垂花柱、抱鼓石及字牌等。也有较为简单的梁架，且从梁枋处设有一对下垂柱。此类门式之所以叫"垂花门"，是指门上檐柱不落地而是悬于空中的，并在垂柱上刻有华丽的木质圆雕图案，常常以下垂式莲花瓣和花簇头居多。其建筑特色是"占天不占地"。例如，宝鸡陇县古槐街秦家大院的垂花门属于较高等级的垂花门，不但有复杂的结构和精美的雕刻，而且还使用了斗拱，门额之上设有门匾，但刻字现在已经无法辨认了。又如，渭南潼关县秦东镇沈家大院的垂花门体量较大且雕工细腻，门额之上刻有"出入以庆"字样。两边的墙体对应形成"八字形"形态，墙体之上的雕刻图案极具生命力和创造力，整体结构复杂、雕刻精美、工艺考究，并附设有屏门和侧门（图 2-25）。再如，渭南地区大荔闫家的垂花门为双坡屋顶，顶面下有较为简单的梁架，且从梁枋处设有一对下垂柱及匾额，门框下设有一对抱鼓石（图 2-92）。

（六）房门

房门是出入房间的门，也称为"屋门"。房门在等级上、体量上和装饰程度上远不及大门和二道门，也不及厅房门和上房门。按照关中地区传统民居院落类型可以分为合院式和窑洞式院落。合院式院落中的房门按门扇的结构形式可以将其分为板门、隔扇门、镶板门和风门。而窑洞式院落中的房门除了前几种门式外，还有一种门联窗形式。风门在关中地区用之甚少。

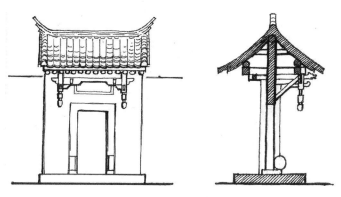

图 2-92　关中地区陇县简易垂花门结构图

（图源：笔者自绘）

1. 板门

房门之上的板门与大门所用的板门在门扇的结构形式上非常类似，但是，在体量上和制作工艺上差异较大，多用于院内的厦房、上房及室内等处。门扇的结构一般为撒带式，但在制作工艺上和用料上更为简单，容易制作。油漆多为单色或不油漆，多不施雕刻，可分为单扇或是双扇，常规情况下双扇者居多［参阅（十三）板门框扇的基本结构的撒带门部分］。

2. 隔扇门

隔扇门也称为"格扇""槅门""格门"，是用木做成的柱与柱之间最具装饰性的隔断门，既具有墙的功能，又具有门和窗的功能，也可以说是门又是窗。隔扇门通常由抱框、上下槛、格扇、连楹及转轴等几个部分组成（图 2-93）。隔扇门也是在关中地区使用率最高的一种门式，常规有四

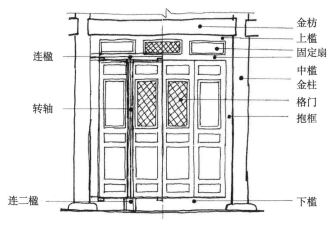

图 2-93　四扇隔扇门基本结构图

（图源：笔者自绘）

扇、六扇、八扇和十扇等，其中以四扇和六扇者居多。

在《营造法式》中有：格门域周边的捏及身内横向的腰串（抹头）构成框架。每扇除去上下桿、腰串及腰华板后所剩的长度分为三份，腰下一份嵌障水板（裙板），腰上两份装格子眼（隔心或棂心）。格眼周边另有桿为框，整体安装于门桿的框上即可。边框"桿"的线脚（指挺框条正面上的刨花花纹类型）共分六种，可根据不同等级的建筑物从繁到简来选择使用。格子眼的"条"（指棂格条正面上的刨花花纹类型）也有十二种繁简不同的式样。格子眼的结构分"四斜球（毯）文格""四直球文格"和"四直方格"三种，且桿、子桿、条的宽面均需朝外，这与明清的窄面朝外正好相反，"两明格子"有里外两层格子眼、腰花板（绦环板）和障水板（裙板），并用双层纸绢裱糊。需注意的是，桿框和腰串的厚度须按照能镶嵌双层格子眼的尺寸来衡量。

另外，对隔扇门的开启是这样说明的，若是四扇门，中间两扇可随时开启，而两侧的两扇则为固定门扇，但是是可以随时拆卸的。同时，门关闭后的锁定方式分为"丽卯插栓"和"直卯拨栝"两种，基本是由"小尺度的木板、木枋和棂条构成的，包括抹头、边梃、仔边、格心、裙板、绦环板等分件及看叶、拐角叶等配件"（侯幼斌，1997）。其格心的构成方式应总结归纳为三种：平棂构成式、曲棂构成式（或直棂与曲棂混合式）和菱花构成（侯幼斌1997）。通常在一个开间中可做四扇、六扇、八扇，每一扇主要是由格心和裙板组成的，每扇宽约三尺，上下均有槛。同时，高度和比例要根据房子的净高和开间的大小来定，一扇隔扇门的宽比高约为1∶4或1∶3（刘致平，2000）。偶尔也会有较大尺度的八扇隔扇门，如西安市蓝田县郑宅上房的"四对八扇"隔扇门。

关中地区的隔扇门除抱框、上下槛、格扇、连楹及转轴等（图2-94）几大部分与其他地区差异不大外，差异最大的便是格扇的制作工艺和格扇棂花了。每一个格扇由边梃和数个抹头组成框架，其余是嵌入的格心、裙板和数个绦环板，其中格心占到整个隔扇的1/2甚至3/5的面积。对棂花的选择与使用在很大程度上取决于工匠们的手艺高低和主人的审美习惯，以及区域性的风俗习惯。

格扇是由边梃、抹头、棂格、裙板、绦环板等门格扇的边梃和抹头凭"双榫双卯"连接而成的，为了使边梃和抹头的线条交圈，采用大割角及合角肩的办法使得榫卯相交。裙板和绦环板的安装是在边梃及抹头的侧立面先剔槽，之后将板子的头缝榫装入槽内，并在组合边框的同时，将裙板和绦环板同步进行安装即可成型。

在制作等级较高的或者体量较大的隔扇门时，组装方式相同但大都会在边梃看面的四角用铜质或铁质的"铪鈒面叶"来固定，而且在面叶上雕

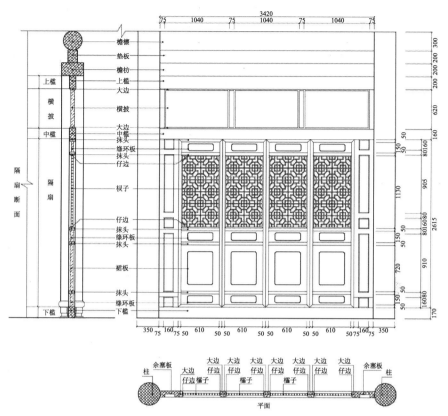

图 2-94　长安区郭宅厅房隔扇门结构图

（图源：笔者自绘）

刻有图案纹样，并在不同的位置安装不同的面叶（含有双拐角叶、上下单拐角叶、双人字叶和看叶）及纽头圈子等。面叶是在门隔扇和槛窗扇的边梃与抹头的节点上用小泡头钉固定的，不仅连接并加固整扇的稳定性，而且也加强了整体的装饰效果（图 2-95）。

格心部分凭头缝榫和销子榫安装在边梃和抹头内。一般的棂条格心则是通过在仔屉边梃上栽木销的办法安装完成的。转轴一般是用一根木料固定在隔扇的边梃上充当转轴的，且轴的直径约为边梃厚度的一半。栓杆断面尺寸与转轴相同，长度则比转轴加出连槛厚一份即可。

旬邑唐家大院上房的前檐不用实体性砌墙来进行空间分割，而是在槛柱间各装六扇隔扇门，以通透的虚体形式分隔空间，以十八扇隔扇门的立面则为一字形排开，六扇一间，每间都是中间两扇门用来开启闭合，旁边两扇则为固定的装折。正中启闭部分中间还装有"帘架"。隔扇门还有一个最大好处，便是假若家庭遇到大事件出入人多的时候，可以随时将门扇拆摘下来，使室内与室外的空间整合成一体（图 2-96）。

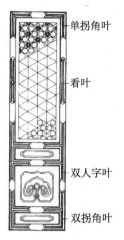

单拐角叶

看叶

双人字叶

双拐角叶

（a）三交六碗花结构　　　　（b）灵泉村三交六碗花实例

图 2-95　三交六碗花隔扇门

［图源：（a）引自《中国古建筑木作营造技术》、（b）自摄于合阳］

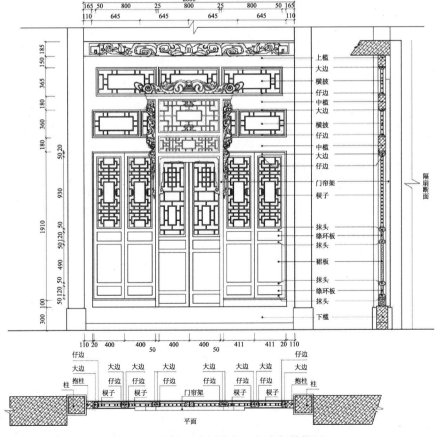

图 2-96　唐家上房隔扇门及门帘架结构图

（图源：笔者自绘）

3. 镶板门

镶板门在关中地区民居中使用得较为广泛，一般设置于上房和厦房之中。常会在一个开间的檐柱或金柱间满作，也有的是紧挨柱先填充部分墙体之后再平均等分安置。常见的为四扇居多，六扇的较少，无论四扇还是六扇，其中中央的两扇是可开启闭合的，两侧两扇或四扇则为固定不可开启的，当然也有可开启的，均可根据需要随时可以拆卸，并常会在中央两扇的可启闭部分的门扇外装置有"门帘架"（图 2-97）。

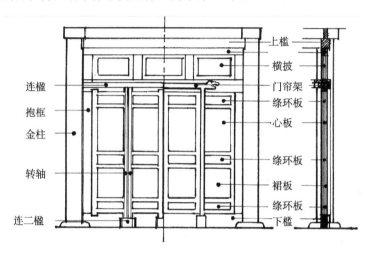

图 2-97　潼关上房镶板门结构图
（图源：笔者自绘）

镶板门与隔扇门在结构上相类似，基本结构有抱框、边梃、抹头、心板、裙板、绦环板等。假若等级较高、体量较大的门扇，为了其稳定性好，大都会在边梃看面的四角和边梃连接处增加铜质或铁质的"铪镊面叶"。并根据不同的结构需要和功能选用双拐角叶、上下单拐角叶、双人字及纽头圈子等。同时，在面叶的节点固定上常常会采用小泡头钉进行连接，这样既起到了加固作用，又起到了装饰作用。

关中地区的镶板门边梃和抹头同样是以"双榫双卯"相连而成的，为了使边梃和抹头的结构稳定，常会采用大割角及合角肩的办法相交。裙板和绦环板的安装是先在边梃和抹头的侧面上剔槽后，再将板子的头缝榫嵌入槽内即可，并在组合边框的同时，将裙板和绦环板同步安装便可成型。

关中地区的镶板门形式简洁明快，有油漆的和不油漆的，而且很少使用雕刻工艺。使用双扇者居多，用于厦房、上房。四扇及以上的用于上房，厅房不使用。而单扇多用于厦房，也用于室内房门。

（七）风门

通常风门其外形与隔扇门相类似，是连接在房门（单扇或双扇）之外的，门的朝向为向外开启，一般是依据门的净口尺寸"二尺三"和"二尺八"的两种尺度制作的。其结构分为中槛、上槛、下槛、立柱、装板和花格心，以及花格心内侧或裱糊纸绢或镶嵌玻璃等所组成。一般为四抹头，结构简单，体量较轻，隔心是由细小的棂条连接且拼有图案组合而成的，整体比例较宽、低一些，宽可三尺许，高可六七尺。在关中地区一般为单扇结构，在内侧裱糊有麻纸或绢布等（图2-98）。

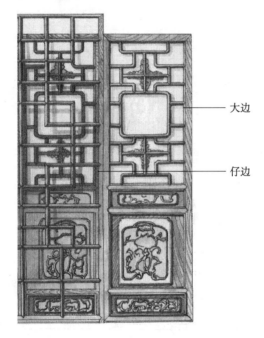

大边

仔边

图 2-98　双隔扇风门 1/2 示意图

（图源：引自《中国建筑图解词典》）

虽然在关中地区使用风门现象较少，但是使用门帘架现象是较为普遍的，这也是关中地区传统民居中的一大亮点，且具有鲜明的地域性特征。其基本结构为上部有两根抹头，中间嵌有仔边板子或棂格花，成为"帘架心"或"格心"，两侧为边梃，高度较隔扇略高些，安装于隔扇门之外，并依附于隔扇边梃。在边梃上下两端设有"荷叶栓斗"及"荷叶墩子"，以便安装或拆卸。在关中地区，由于夏天和冬天的温差较大，夏天为了便于通风换气、降低室内温度而常会采用"竹门帘"，到了冬季为了保持室内的温度而常会换用"棉门帘"。例如，旬邑唐家的门帘架，制作有精美的帘架心和额头，以及"飞龙栓斗"和"狮子墩子"（图2-99）。

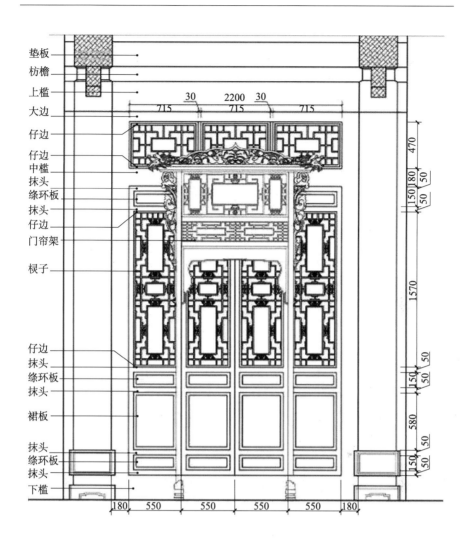

图 2-99　旬邑唐家厦房隔扇门与门帘架立面结构图

（图源：笔者自绘）

（八）门联窗

在关中地区的窑洞院落中的房门除了前几种门式同时在使用外，还有一种无论是靠崖窑、地坑窑，还是明锢窑普遍在使用的门联窗形式。由于窑洞的门洞为拱券形特征，又加上各地的制作方法不同，在制作形式上存在着较大的地区差异和洞口的结构差异，所以不好一概而论。大致可以分两大类：其一，为了能使门窗达到较好的采光和通风效果，通常会依据洞口的尺寸，采用等份较大的门窗面积，除了窗下的槛墙内侧需连接炕体外，窗户的其余部分就一直通到了券顶。另外，窑洞窗和刹网圈式的"半圆窗"，其窗棂的形式不定，有丰富且繁杂、做工精细的，也有较为简单实用、朴素大方的；其二，因为保证洞内的采光和通风，所以采用在洞口的墙体之上同时嵌入窗、天窗和气窗的做法。

　　由于窑洞门窗的特殊性而"造成在一个窑面上的窗户形状很不规则，有长宽不等的方形，在券顶下又有一边呈圆弧形的四边形或三角形，而且在这些不同形状的窗户上还用的不是一样的窗格，有正方格的、长方格的，有灯笼罩形的，有步步锦形式的。凡窗上糊纸的格纹都比较密集，凡安玻璃的格纹则较稀疏。这种形状不一样、窗格又不统一的大小窗户排列在同一面窑洞面上，表面上显得有些乱，但却有一种自由自在的乡土气息"（楼庆西，2006）。

　　窑洞的洞门为拱券形，门洞内的框料、门扇、窗及亮窗（或高窗）全部是木质材料，是同步制作、同步安装的。门扇结构形式有单扇、双扇的，也有板式、镶板式和隔扇式的。表面多刷桐油，不刷色，体现木质本色的，也有刷黑色勾红色、天蓝色、米黄色、棕黄色边的，且较少进行雕刻装饰。门的位置有设置在中间两边的，也有设置在左侧或右侧的（图 2-100）。

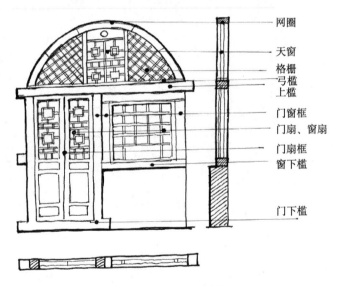

网圈
天窗
格栅
弓槛
上槛
门窗框
门扇、窗扇
门扇框
窗下槛
门下槛

图 2-100　窑洞门联窗结构图

（图源：笔者自绘）

（九）太师壁

　　太师壁一般设于堂屋后檐金柱间，是一种隔板式装修面。壁面常规有两种形式，一种是由若干个用棂条拼成的格心式组合而成的格扇壁；另一种是类似于屏门的结构和做法所制成的板壁墙。其结构类似屏门，由边梃、梁枋、上槛、横披、中槛、装板（心板）、抹头及下槛组成（图 2-

101)。由于太师壁体量较大，所以一般常用的木材厚度与尺寸也相应要较厚、较大一些。同时，边梃的左右依附于两个后金柱，顶上与过梁、底部与地面进行连接，以此增加其稳定性和牢固度。其形式与内容、工艺与色彩的运用无具体规矩和定式。在基本结构上，板壁的表面常会镶嵌或挂饰有绘画、手法、雕刻等艺术品。色彩多以深色为主。常会在板壁的顶部悬挂有较大的牌匾，在两个柱面上悬挂有楹联（对联）。其中，下部摆有条案，案头上陈列梅瓶、座钟等装饰物，中央部分摆设八仙桌，桌子的两侧分别放置一对太师椅。太师壁与空间中的其他陈设组成了丰富多变的室内空间环境，而这个空间又是院落中的核心区域，每当遇到接待尊贵客人以及举办家庭的重大事件时，均是在该区域完成的。

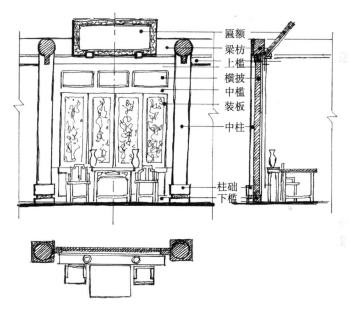

图 2-101 旬邑唐家太师壁结构图

（图源：笔者自绘）

（十）罩

罩常用于两种不同但又性质相近的区域之间。例如，三开间的大厅可以在中央开间两侧的柱旁顺着梁枋下沿安置罩，以区分出左中右三间，中间为主要会客厅，两侧则成为暗间可以作为较随意的漫谈之处。也有另一种形式是在明间里设置隔扇门而在次间施飞罩的形式。罩的具体形式比其他室内隔断都多，罩的上面不但多施有浮雕、透雕镂空的图案，还有各种花格所组成的图案，整体效果空透精美，纹样丰富。罩主要是由边梃和罩心两部分所组成的，边框榫卯的做法与隔扇门窗的制作方法略微相同，罩心一般常规是由 0.05～0.07 米（1.5～2 寸）厚的上等木材雕刻或制作而成的，并在边沿上留出仔边位置并在仔边上做有"头缝榫"或"栽销"结构件后再与边框相连接即可。较为高端的常用红木、花梨、楠木、楸木等雕刻而成。例如，西安高家大院的主人房和闺房中都有使用床罩及落地罩将室内分为两个空间（图 2-102）。

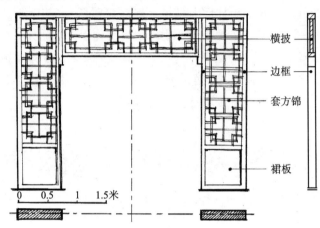

图 2-102　西安高家落地罩结构图

（图源：笔者自绘）

另外，罩虽然有一定的定式，但是各地的做法和工艺都有较大的差别，因此，呈现出的结构和式样特别多，其中还包括"圆光罩"（图 2-103）和"八角罩"等。其功用、构造与上述罩略有区别，常规是将中间留圆形或八角形门使相邻两间分隔开，在进深柱间做满装。

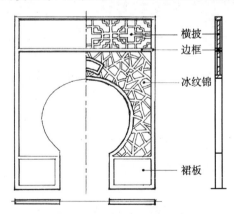

图 2-103　三原周家冰凌纹圆光罩结构图

（图源：笔者自绘）

还有，在关中地区的炕罩也是最为常见的一种罩式，几乎中大户人家皆有，且式样繁多而无定式。但是有一个规律：越是大户人家炕罩的复杂程度就越高、越豪华（图 2-104）。而中小户人家炕罩的复杂程度就低一些，有的只是满足功能需要而已。其基本结构由床体、罩架、横披、围屏隔扇、帷幔等组成。

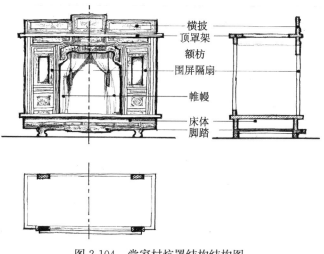

图 2-104　党家村炕罩结构结构图

（图源：作者自绘）

（十一）碧纱橱

碧纱橱又称"纱隔"，属内檐装修，安装于进深方向柱间的间壁隔扇，用于划分室内空间。据清代《装修作则例》，可写作"隔扇碧纱橱"，因此与隔扇门相类似，由抱框、上槛、中槛、下槛、隔扇、横披等部分组成，而每一樘又由六至十二扇不等的隔扇所组成（图 2-105）。隔扇的格心部分与隔扇门窗、罩的制作方法基本相同，一般是由 0.05～0.07 米（1.5～2 寸）厚的上等木材雕刻或制作而成的（图 2-106）。仔屉部分采用"双面

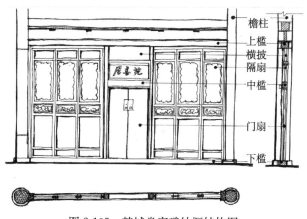

图 2-105　韩城党家碧纱橱结构图

（图源：笔者自绘）

夹纱"的做法。裙板、绦环板部分常常会雕刻有精美的花鸟草虫、人物故事等图案进行装饰，极具观赏性。其颜色都是依据图案进行设色的。一般常用的材料花梨或楸木进行制作，并采用浮雕镶嵌、线刻或绘制的办法来体现图案内容。例如，咸阳地区旬邑县唐家大院中的碧纱橱是采用了较为高端的黄杨木雕刻镶嵌的处理手法来反映出成组的人物故事情景的，使得艺术效果显得庄重、大气、柔和、层次分明，具有鲜明的艺术个性、感染力和较高的审美价值（图 2-107）。

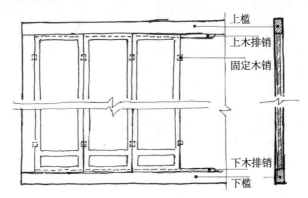

图 2-106　碧纱橱结构连接图

（图源：笔者自绘）

图 2-107　唐家碧纱橱实物照

（图源：自摄于旬邑）

（十二）博古架

博古架又称"多宝格""百宝格"等，也是一种室内隔断式的符号墙，隔而不断、露而不透，常常分为依墙而置或两面临空设置两种形式。其内部可分为大小不同的格子，形式多样、层次丰富，一般将其陈设在厅堂和书房中，是类似书架式的木器，其结构形式一般分为上下两段，上段为博古架，下段为柜橱。其具体尺度应该依据现场尺寸和使用要求来确定。一般高度为 3 米左右，厚度为 0.3～0.6 米，板壁厚为 0.018～0.03 米。上槛与中槛之间可雕刻或添加壁板等自由布置，并在其上绘画、书法，以及在架上陈设一些古玩摆件等起到装饰作用（图 2-108）。

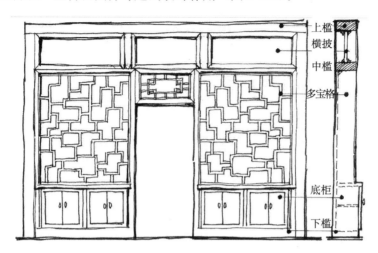

图 2-108　西安高家博古架结构图

（图源：笔者自绘）

（十三）板门框扇的基本结构

虽然关中地区的大门形式在结构上有许多种，但是门扇的基本结构均属于撒带式板门系列。然而，板门因制作方法和工艺的不同又可分为实榻门、棋盘门、撒带门和镜面门形式。其基本结构有以下几种。

1. 实榻门

这里所说的板门其实就是小型的实榻门。其主要结构是由门框、门礅、门扇、腰串和门闩所组成的（图 2-109）。基本结构可分为门槛、抱框、门框、腰坊、余塞板、绦环板、裙板、门枕、连楹、门扇等部件，而每一门扇又配有门钹、铺首、门环、门钉、看叶、腰串和上下门轴等。

（1）门框槛：关于框槛的基本结构，依据清工部《工程做法则例》，其有上槛、中槛和下槛之分，上槛连接着脊枋和走马板，中槛在走马板之下门扇的顶部，下槛在门扇的底部。两侧设有抱框和门框，在抱框和门框之间镶嵌有余塞板。门框是由两侧靠檐柱或靠墙的两根抱框与上额的上槛相连接的，并在上槛的内侧附设有一根连楹（龙门），中间使用两个或多个"木栓头"（外漏结构且有雕花的称为"门簪"）将连楹与上槛固定牢靠，再在连楹的两端处各开出一个 0.04～0.06 米的圆形孔，与门扇的上轴连接，既起到固定门扇的作用，又能使门扇任意转动。门框是门的骨

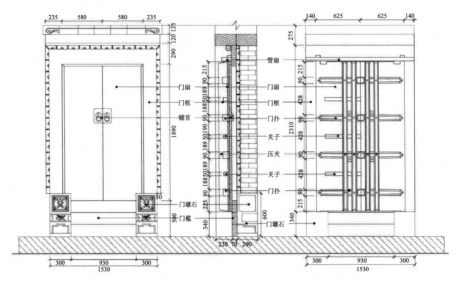

图 2-109　长安于家大院大门结构图

（图源：笔者自绘）

架，只有门扇安装在门框之上后，才能够开启和闭合，才能起到开启时供人出入、闭合时起到安全防卫的作用。

（2）门墩：门墩一般是由须弥座形状的主体石身及饰物、图纹组成，又称"门枕石""门枕"或"砷石"。关中地区常见的较大型门墩可分为三种类型：一种是由方形须弥座与鼓状所组成的"抱鼓石"［图 2-110（a）］；一种是由须弥座与狮子所组成的"狮子门墩"［图 2-110（b）］；还有一种是在须弥座的基础之上延伸出一个立方体蟆头，并在正立面和侧立面刻有精美的图案等［图 2-110（c）］。门墩在传统民居建筑中使用得很广泛，并

（a）　　　　　　　　（b）　　　　　　　　（c）

图 2-110　唐家村大型石门墩列举

（图源：自摄于旬邑）

遍及我国的东西南北各地。门墩上的须弥座的作用是抬高建筑装饰构件，使其尽可能地接近人眼高度，更好地美化环境，既满足人们的精神需求，又保持了建筑装饰构件能够耐磨损，可长久使用。同时，起到将木材与地面分离，具有防潮功能，且不易被雨水侵蚀损坏。

　　通过对调研资料的分析和整理，总结出关中地区的门墩有大、中、小型，以及石质和木质材料之分。大中型的门墩主要由上枋、上枭、束腰、下枭、下枋和圭脚六部分组成，且用料考究、雕刻精美、造型生动，多用于院大门之上。小型的是一种贫民化的门墩，是由体积不大的一块长方形石料，上面刻有安装门框和门槛的槽子以及安装门扇的海窝，并在正立面和侧立面上雕刻有花纹进行装饰。在雕刻手法上，除了狮子局部采用透雕外，基本采用浮雕或高浮雕。另外，还有一种为木质的门墩，此类门墩多用于房门之上 ［图 2-111 （a）］，一般不做装饰处理。

(a)　　　　　　　　　　(b)

图 2-111　中小型及石质、木质门墩列举

（图源：自摄于关中各地）

　　门墩的结构是承担门扇的重量和下轴转动功能，并在结构上与上连槛的洞口垂直对应，便于安置门扇。由于门墩承受着门扇的重量，且需要转动，若采用木质门墩的话难免易磨损。因此，人们更多地喜欢选用石质料来制作门墩。其连接形式是在须眉座的后半部分（大型的尺寸变化较大）或一块长方体（约长 0.55 米、宽 0.28 米、高 0.24 米）石础平置于抱框的下端，小部分或一半在门框里，在长方体上面开凿有凹槽和一个圆形小凹孔，凹槽用于固定抱框，凹孔用于固定门扇的下轴，深度约 0.03 米（3厘米）不等（图 2-111）。同时，在门墩的侧立面上也凿有垂直于地面的四槽，是用于安装和固定门下槛的。一般情况下，门墩在抱框之外的可视

部分是加工装饰的重点，且依据门墩的体量大小的不同而采用的雕刻方式也不同。但是，在抱框之内的可视部分由于要开启门扇及门扇的阻挡而不易看到，故此，不做装饰美化处理。

（3）门扇：在关中地区传统民居中的门扇形式，以及门扇的高、宽、厚度一般是根据不同用途来进行定位的，如大门是整个院落中等级最高、体量和厚度最大最重的门扇，着重于院落的安全防御功能，板门的门框和门扇均采用了较厚的木板料进行制作，门扇面板排列紧密且不透缝，板门是由于结构上的门框、门扇的厚度较厚且相等，每扇宽3尺余，上下均设槛，一般分有单扇和双扇，单扇板门多用于屋内，而双扇门则多用于大门处（图2-112）。

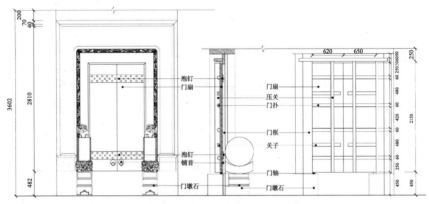

图 2-112　旬邑唐家大门结构图
（图源：笔者自绘）

当然，对于房间上所使用的板门门扇的拼合，最简单的办法就是在门板的后面加上几条横向的穿带，再用铁钉由外向里将木板和横木固定在一起。为了美观起见，将这种铁钉的钉子头做得比较大，呈圆形，中心鼓起且表面光滑，在门板上留下了成排的、整齐的"门钉"［图2-8、图2-48（a）］。同时，在门扇的上、下两头包上带花纹图案的铁皮——"看叶"，以此来增加门的稳定度和强度。

门扇的结构除了具有坚固稳定的框槛之外，最重要的便是位于门扇部分，门扇分为单扇或双扇，甚至多扇，可以开启和关闭，加上可拆卸的扇板来共同构成完整体系。在关中地区传统民居中的门扇高度、宽度和厚度一般是根据不同用途来进行定位的。另外，《营造法式》中所谓的"用楅"及"合板软门"仍属板门类型，类似于明清时期的"屏门"，常以二寸枋或三寸木枋拼接而成。相反，厦房及佣人房间的门扇应是整个院落中等级最低、体量和厚度最小最轻的门。常规尺寸为每扇高为1.6～2米，宽为0.35～0.6米，厚为0.04～0.06米。两开两合的大门的其中一扇门叫做一块门扇。每一块门扇需要用几条木板拼合而成，因此，将此类门称为"板门"，按照常规板门除了实榻门之外，还有棋盘门（攒边门）和撒带门形式（图2-113）。

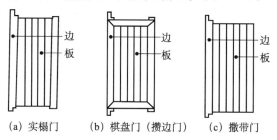

(a) 实榻门　　　(b) 棋盘门（攒边门）　　　(c) 撒带门

图 2-113　板门的不同结构形式

（图源：引自《中国建筑美学》）

另外，大门的门扇在关闭时，由于结构上的区别，在门扇的合口分缝形式上可分为裁口（企口）式和平合式两种。如果大门的双扇合口形式是裁口式的则不会发生安全问题；如果大门的双扇合口形式为平口式的，则容易引发盗窃等问题。因此，人们为了安全防盗起见，大多会采用裁口门扇（图2-114），同时常常会在门的里面的门关上设置有"暗机关"，以防

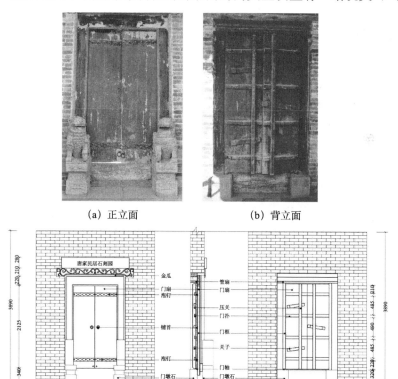

(a) 正立面　　　　　　　(b) 背立面

(c) 结构分解图

图 2-114　唐家板门实物与结构分解图

（图源：笔者自摄、自绘）

止歹人从门外用器具拨门插，或从里边轻易地逃脱。这种"暗机关"当地人称为"贼关子"。

2. 撒带门

撒带门结构与棋盘门相类似，也是由门心板和门边带门轴两部分组成，板厚 0.045～0.055 米，且板与板裁口密排。留出上下掩缝及侧面掩缝，按尺寸统一画线后，将门心板拼攒起来。与门边相交的一端穿带做出榫头，门边对应位置凿做透卯，分别做好后将边框和门心的榫卯拼接组合即可（图 2-115）。另外，在制作撒带门的过程中不但常常会用明的"穿带"和"裁口"，而且还常常会用暗的"龙凤榫""抄手带"及"银锭扣"等结构连接手段，以此提高门扇的平整度和稳定性（图 2-116）。

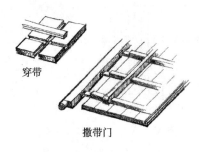

图 2-115　撒带门榫卯结构图

（图源：笔者自绘）

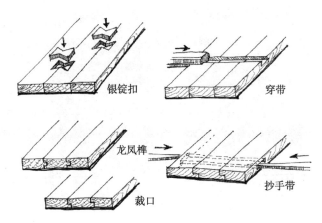

图 2-116　门扇榫卯结构列举图

（图源：笔者自绘）

撒带门一般对缝边裁口密排并用穿带锁合，因为此门的三个边都不做攒边处理。由于此门的制作工艺较其他种类的门而言简单方便些，所以在关中地区广泛使用。例如，咸阳旬邑县唐家大院中入户大门（图 2-112、图 2-114），西安市长安区大兆乡于家大院的大门（图 2-109）均属于撒带门式。

3. 棋盘门

棋盘门又称"攒边门"，棋盘门首先必须严格按照等级制度来定位门的尺寸，而且常有"财巧""义顺门""官禄门"和"福德门"之分，每一类都有系列尺寸口诀，以及专用的"门星尺"或称"门光尺"（赵广超，2001）。然后，再选择较厚且平整的实木板条打好门扇架子，用木板条密排固定，在门扇的中心部位设有几根穿带进行加固，并且相互交织，呈现出类似棋盘形式的格子。棋盘门由两部分组成，即边框和门心。它的尺寸的设定，应以门扇的大小及边框尺寸为准，画好线

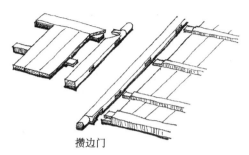

攒边门

图 2-117　攒边门结构图

（图源：笔者自绘）

之后，将门心板排列好后剔出数根木带槽，并用数根穿带将排列好的门心板连接起来，并在穿带的两头做透榫，同时在门边对应的点上做榫卯。板厚 0.045～0.05 米，且板与板之间的裁口处紧密排列。大割角做透榫，然后将边框和门心的榫卯拼接组合即可（图 2-117）。棋盘门在关中地区用于大门之上者甚少。

4. 屏门

屏门在西周时期已经初步成型了，是一种有悠久历史的门式，在制作时，一般会采较为轻薄的木板纵向排列，横向连接而成，其表面较少进行雕刻工艺和图案装饰，而较多采用绿色油漆饰面。另外，《营造法式》中所谓的"用福"以及"合板软门"仍属板门类型，类似于明清时期的"屏门"，常以二寸枋或三寸木枋拼接而成。

屏门与棋盘门比较类似，一般在大门的内金柱或后檐柱处，与大门保持一定的距离，按照门扇的尺寸制作出框架，同时，扇面由木板密排并在门扇的中心部位设有穿带进行加固。屏门的门扇有两扇和四扇之分，两扇则旁边挨着柱子处常常装有余塞板来调节尺寸，门可开启；若是四扇的，两边则是固定扇，只有中间的设有能开启的上下转动轴（图 2-118）。屏门的一般高度在 2 米以上，基本固定在类似四方形的门洞之上，框架材料为硬质木所制，屏门的门扇通常使用材料为 1.5 寸（5 厘米）厚的实木板排列拼接而成，板缝拼接除应裁做企口缝外，还应辅加有穿带，一般是穿明带，穿好后将高出门板部分刨平。门扇为固定门板不致散落，上下两端要插装横带，称为"拍抹头"，做法是在门的上下两端做出透榫，按门扇宽备出抹头，按 45°拉割角，在抹头对应位置凿眼，构件做好后拼攒安装（马炳坚，2010）。板面上一般没有门钉、看叶等装饰物。但是经常会在面

上雕刻一些装饰花纹等，通常会以黑色和绿色饰面（图 2-119）。

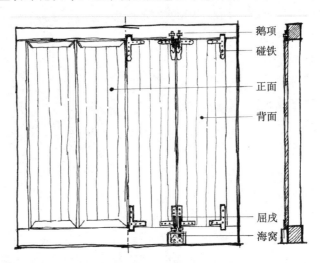

鹅项
碰铁
正面
背面
屈戌
海窝

图 2-118　屏门的基本结构图

（图源：笔者自绘）

图 2-119　唐家大院屏门结构实物列举

（图源：自摄于旬邑）

　　此外，软门也是一种板门，因防御要求较低，用料与板门相比较少，从其构造方法来推测，好似分隔内院的门，之所以称"软"可能是与外门的"硬"相对而言的，门内也只用手栓、伏兔及固定门扇的连接件。软门的形式分两种：一种就称为"软门"，其结构方法和格子门类似；另一种称"合板软门"，其结构方法和板门类似，即板门周边不用框架，肘板与楅联结木板，不同之处在于门高限于约4.3米（13尺）之内及身口板厚为板门的1/4尺寸制作出框架。同时，扇面由木板枋密排，并在门扇的中心部位设有穿带进行加固。

二、窗的基本结构

关中地区民居常见的窗有直棂窗、槛窗、横披窗、支摘窗、支扇窗、摘扇窗、复合式双层窗、花窗、高窗、气窗和天窗等形式。窗的榥锦基本结构主要是采用搭接、插角、榫卯、雕刻、镶嵌穿插等制作工艺形式，并在制作过程中讲究按步骤、程序进行组装。其中以直棂窗、槛窗、支扇窗、长窗、横披窗和外榥内窗板的复合窗使用最为普遍。表面工艺多油黑色勾红边或桐油漆，或保持本木色。故此，下文就以此进行论述。

（一）槛窗

槛窗在结构上是由于窗户下有槛墙，槛墙均为土坯或砖砌的实墙。在关中地区的大户人家多用槛窗，且窗户的形式多为隔扇窗（图2-120）。其窗扇结构由格心、绦环板、抹头和抱柱、边梃、横披、上中下槛等组成。窗扇的底部墙体叫"槛墙"，其高约3尺。因为北方冬天寒冷，所以槛墙常用砖或土坯砌筑成尺寸较厚的墙体。墙的上沿平铺"榻板"厚三四寸，榻板上装有风槛，在安窗边梃框架，后安装余塞板和窗扇。槛窗一般用三抹头，划分为格心与绦环板两部分。其长度与隔扇门结构基本相同。

关中地区的隔扇窗形式与结构和以上的理论值相差无几，只是大户人家的隔扇窗用料更为讲究，做工更为精细，图案更为复杂，设色更为大胆。例如，宝鸡扶风县温家的槛窗属于较大尺寸的，沿着山墙到前檐柱之间满做，其宽度达到了3.19米，高度为3.2米，其结构涵盖有边梃、上中下槛、余塞板、榻板、风槛、四抹头、上下绦环板，以及四扇拐子套方锦。同时，采用了双色油漆饰面，并在绦环板上刻有精美的花纹图案（图2-121）。

（二）支摘窗

支摘窗一般是由边梃和格心两部分组成的。窗扇又由上为支窗下为摘窗结构组成。由于上部可以支起，下部可以摘下，故称"支摘窗"。通常上半部分是可向外支起，隔扇的内侧可糊纸或安玻璃或做纱屉，下半部分

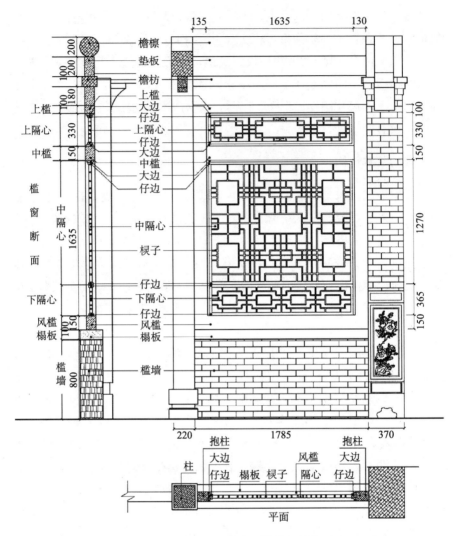

图 2-120　唐家厦房槛窗及横披窗结构图

（图源：笔者自绘）

是可拆摘下来的隔扇，在气温较高的情况下，可将上部的支扇支起，同时可将下部摘扇取下，方便室内外的空气流通，调节室内温度。另外，常会在窗户的内框上安装一层纱网，以防夏季的蚊虫进入室内。格心部分的棂条拼花结构较为复杂，多以步步锦、方胜、冰凌纹、灯笼锦和龟背锦等图案组成，具有较高的观赏性。

　　在关中地区支摘窗也有使用，但是，还有两种功能单一的"支扇窗""双支扇窗"和"摘扇窗"的使用更为广泛，上到大宅深院，下到普通民宅。一般分为上下两段，其中间设有一根横窗框将窗位分为两半，每半再

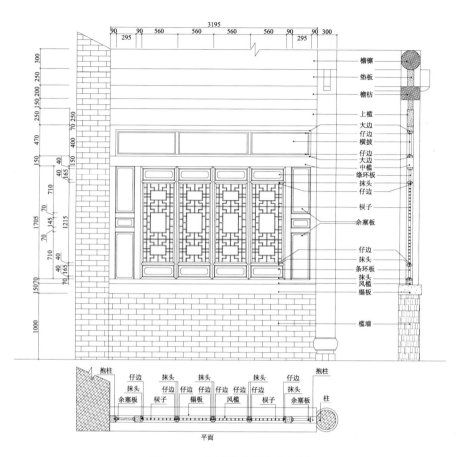

图 2-121　扶风温家槛窗结构图

（图源：笔者自绘）

分为上下两段装窗扇，上下尺寸大小基本一样，其中上段可向外转动支起。支摘窗具有功能性与审美性的高度统一特征。

支摘窗的边框部分"用料尺寸，看面一般为 1.5～2 寸（4.8～6.4 厘米），厚（进深）为看面的 4/5 或按槛框厚的 1/2。仔屉边框看面积厚度均为外框的 2/3，棂条断面一般为 6 分（约 1.9 厘米）或 8 分（约 2.5 厘米），看面 6 分，进约 8 分"（马炳坚，2010）。

1. 支扇窗

关中地区的支扇窗与支摘窗不同的是，支扇窗只能支扇而不能摘扇。其结构分为上下两个格扇并排，在上格扇的上横两端有两个木质转动轴，并通过这两个木质卧兔可轻易地将窗扇向外支起并支杆支撑。下格扇却为固定的，不能支起也不能摘下（图 2-122），所以称为"支扇窗"。支扇窗的格心部分的图案多使用灯笼框、盘长和步步锦为花纹图案。自有玻璃以来，大多数会在下段安上玻璃，再装上能卷动的纸轴，以便人们采光、瞭看或封闭、阻断。

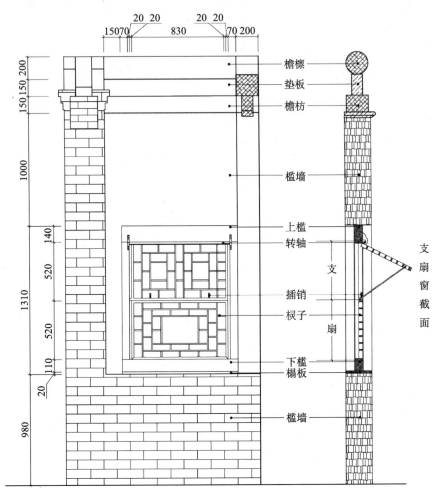

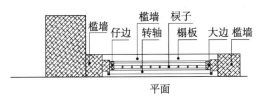

图 2-122　长安区于宅支扇窗结构图

(图源：笔者自绘)

2. 摘扇窗

关中地区的摘扇窗与支摘窗一样，也是单一功能的，只能摘扇而不能支扇。其结构同样有上下两个格扇并排，分为上格扇和下格扇，与支扇窗的形式相同。还有一种是格心为单扇的独立单元。无论是双扇，还是单扇，其结构连接均由格扇与上框和下框上所设的木销钉进行固定的，一般框的上部设有两个固定的榫头销钉，可直接插入扇的上框的卯孔连接，称为暗钉。而框下沿设有两个可以向上拉动的活动销钉并留有能直接看到销钉的把头，称为明钉。因此，可根据需要随时起或锁进行拆装。摘扇窗的格心部分的图案多使用灯笼框和步步锦。其他与上相同（图 2-123）。

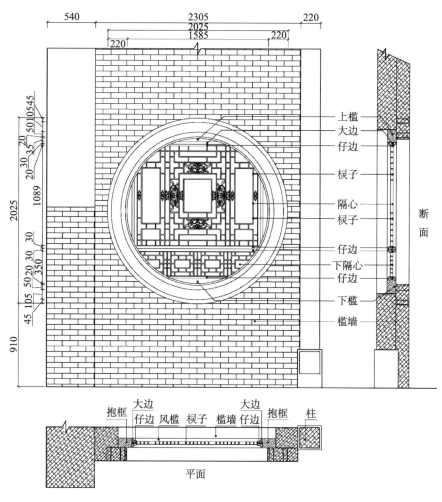

图 2-123　旬邑唐家方胜灯景式摘扇窗结构图

（图源：笔者自绘）

3. 双支扇窗

在关中地区由地质地貌和气候关系而发展演变出来的双支扇窗，更便于厦房室内的通风和降温。其结构分为上下两个格扇并排，上格扇和下格扇的上横两端设有两个木质卧兔，并根据天气情况通过这两个木质卧兔可将上部窗扇或下部隔扇，或上下隔扇同时用支杆向外支起，所以称为"双支扇窗"。其他与上相同（图 2-124）。

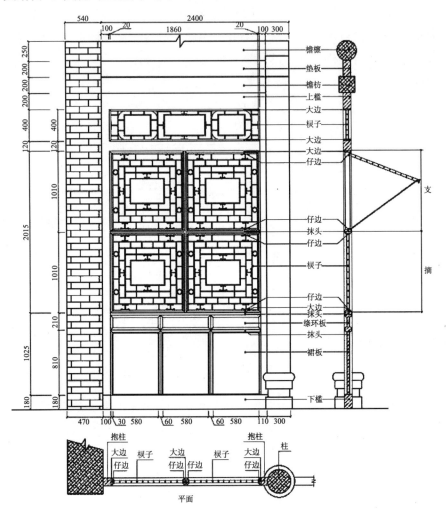

图 2-124　三原周家双支扇式长窗结构图
（图源：笔者自绘）

（三）长窗、横披窗

长窗和横披窗在关中地区民居的中大型宅院中经常会见到，而且是配套使用的，应用范围较为广泛。在调研中发现，关中地区的长窗是不能像隔扇门那样可以开启的，是固定扇。只有采光、观景和欣赏功能。长窗也是院落中装饰的重点，并以不同的造型和花纹来提升院落的审美价值。由于中大型院落的房子一般建造得高而大，当建筑的尺寸过高或过宽时，会出现连接稳定性差、开启不便、容易变形等问题。因此，一般不宜做得太高大，住宅内窗高不过五六尺，加上槛墙也不过八九尺……（刘致平，2000）。

为了建筑外观的整体美观，则需要调整窗户的尺寸，增加窗户的部分结构。其窗棂的结构与花型一般要求与隔扇门及隔扇窗相互匹配从而达到统一协调的整体效果。例如，咸阳地区旬邑县唐家大院厦房前檐次间上的长窗和横披窗（图 2-125），以及檐廊的外凸暗间的金柱与廊柱之间的长窗和横披窗（图 2-126），类似廊墙不但有制作精巧的花格纹饰，而且还采用黑和红的套色油漆，外加棂格上裱糊的雪白窗纸，在色彩的相互映衬和对比下，更使得长窗和横披窗层次分明、稳重大气、更具特色。

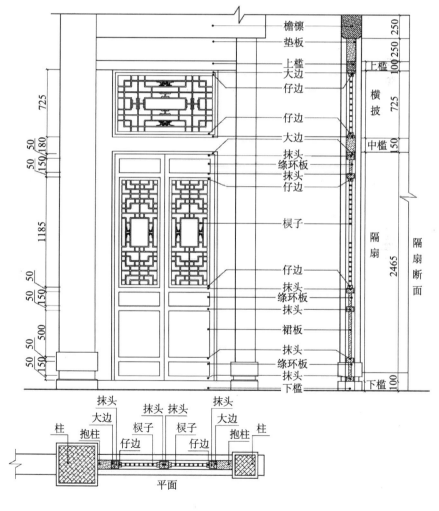

图 2-125 旬邑唐家厦房檐廊长窗、横披窗结构图

（图源：笔者自绘）

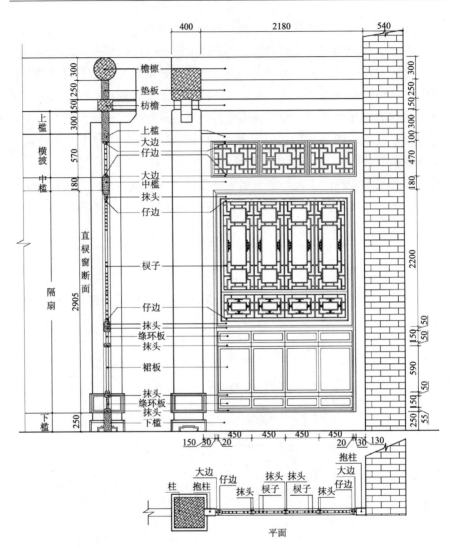

图 2-126　旬邑唐家厦房檐墙长窗、横披窗结构图

（图源：笔者自绘）

（四）复合式双层窗

关中地区的这种较为特殊形式的窗，依据其特殊的形态而被命名为"复合式双层窗"。又因其外层为直棂、方格、步步锦、方胜等不同形式，而内层则为可开启的木板窗子门扇而组成的一种复合窗。此类窗一般尺寸较小，最大不超过 1.2 米。然而，复合式双层窗的"窗扇"部分依据窗门扇结构形式的不同，又可分为"撒带式双扇对开窗扇""镶版式双扇对开窗扇""折叠式双扇对开窗扇"以及"子母折叠式双扇对开窗扇"四种形式。其类型依据内窗门扇的不同而进行分类。

1. 撒带式双扇对开窗扇

撒带式双扇对开窗扇是由于窗门扇结构形式是撒带式结构，类似于常规的板门形式，采用较小且较薄的约有2公分厚的木板做面，背面设有2~3排穿带进行连接形成的一对窗子门扇，并在背面设有一个插关，可以开启或闭合（图2-127）。

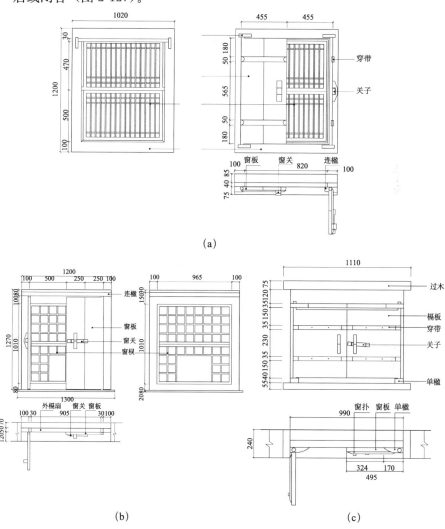

(a)

(b)　　　　　　　　　　　　　　(c)

图 2-127　撒带式双扇对开窗结构图

（图源：笔者自绘）

2. 镶版式双扇对开窗扇

镶版式双扇对开窗扇是由于窗子门扇结构形式是镶板门结构的，采用约3厘米厚、5厘米宽的木料做边梃和抹头，再嵌入1.6厘米厚的木板制作而成的一对窗子门扇，同样在背面设有一个插关，可以开启或闭合（图2-128）。

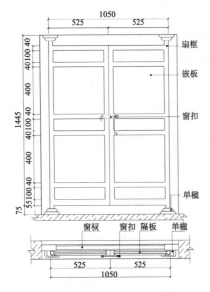

图 2-128　镶版式双扇对开窗

（图源：笔者自绘）

3. 折叠式双扇对开窗扇

折叠式双扇对开窗扇是由于窗子门扇结构形式是撒带式结构的，类似于常规的板门形式，采用较小且较薄的约有 2 厘米厚的木板做面，背面设有 2 排穿带进行连接形成的一对窗子门扇。与第一种形式不同的是人们为了节省室内空间和不容易阻挡视线，而在每个单扇的 1/2 处上下装有合页并进行折叠的窗门扇。同样也在背面设有一个插关，可以开启或闭合［图 2-129（a）］。

4. 子母折叠式双扇对开窗扇

子母折叠式双扇对开窗扇是由于窗子门扇结构形式与第三种基本相同，唯一不同的是在窗扇的分割上不是对半折叠，而是依据墙的厚度来定的，因此，单扇上板子会呈现出挨着连楹轴的板子尺寸小，仅有刚刚出墙的宽度，而尺寸较大的板子打开后也正好挨着内墙面，使得室内空间一点也不被多占用，相比较是一种最为科学的形式。同样也在背面设有一个插关，可以开启或闭合［图 2-129（b）］。

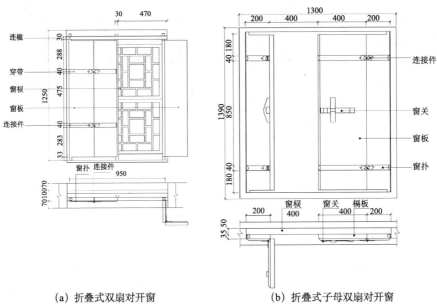

（a）折叠式双扇对开窗　　　　（b）折叠式子母双扇对开窗

图 2-129　折叠式双扇对开窗结构图

（图源：笔者自绘）

第三节　门窗的材质应用

一、门窗构件的材质体现

在民居建筑环境中有各种各样的形态，因此就有各种各样的门式和窗式，而这些门式和窗式又是建筑的重要组成部分。在结构连接和固定上同样需要各种不同式样和不同材质的构件来构成。而且，不同的构件所起到的作用也不尽相同，有的只是单纯以实用功能为目的的，甚至都看不到它的存在，如腰串、寿山福海、暗榫头等。有的则是将实用功能和装饰功能合二为一的，如看叶、门钉、门簪、门拔及门枕石等。有的只是为了装饰和美化，如楹联、牌匾及挂落等。如此可见，建筑及其门和窗的附属构件在建筑环境当中无论是结构件，还是装饰件，二者共同存在于传统民居建筑文化当中，缺一不可。

门窗的附属构件除了木质材料之外，还有石质的、砖质的构件，以及铁质的和铜质的构件。其中，石质构件多用于民居的门枕石、过门石、柱础石、榻板、墙角柱、踏跺及石雕艺术装饰等。砖质构件多用于民居的槛墙以及门洞和窗洞的构筑，还有砖雕艺术装饰等。金属构件用处较多，使用较为讲究，如在使用上有等级区分，铜质属较高等级，普通百姓则只能使用铁质的。这些金属构件对加固门窗的结构、稳定门窗的形状以及门窗转动开启的灵便性上均起到了极其重要的作用。更深层次的意义便是其精神层面上的内涵表达。

（一）金属构件

1. 铺首

铺首，关中地区俗称"门叩"或"门钹"。铺首是传统建筑门户上的金属构件，也是建筑大门上的装饰制品。常常会用鎏金、铜、铁等金属材料制成，其造型多以虎头、狴犴等动物图案为主，还有植物纹、几何纹、文字或其他组合纹样等。同时，铺首的门环可作为开关大门的拉手，同时可作为叩门的响器和锁门的门鼻来使用。可以说，铺首既有实用功能，又有装饰功能，还有强调权力、象征地位及财富的功能（图2-130）。

2. 门钉

门钉又称"浮沤"，具有较好的装饰性，同时还有划分等级的功能，更重要的是通过门钉能将门板与穿带和压关紧密地结合成一体，起加固门扇的作

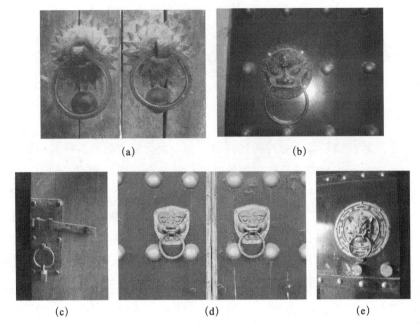

(a)　　　　　　　　　　(b)

(c)　　　　　(d)　　　　　(e)

图 2-130　关中民居大门铺首列举

（图源：自摄于关中各地）

用，提高防御能力。其材料是使用熟铁在打铁炉之中现场加工出来的，钉身为四棱形，钉头细小，根部粗大且钉帽连接，钉帽有较为扁平的圆形，也有泡状的圆形，且有大、中、小型套用，形成鲜明的韵律感（图 2-8）。其表面有涂刷油漆的，也有不涂刷油漆的，较高级别的皇家建筑中的门钉都是采用九路门钉，其材质有铁制鎏金的，也有铜制的门钉［图 2-131（b）］。

3. 看叶

看叶又称"包叶""门叶"。在关中地区常常将大门的门扇用铁皮进行包裹，其形式多以门扇的上、中、下部包裹铁皮，再用铁钉连接门板，以此来增加门扇的使用寿命和抗击能力。一般民居的大门，其家家结构形式不同、花色品种众多，甚至在细小的铁皮条上工匠们都要刻画上精细的图案对其进行装饰（图 2-131）。

4. 寿山福海

寿山福海是对于用在安装板门类，以及隔扇门所用的上、下门轴旋转枢纽构件的总称，通常为铁质材料制作而成。用于顶部的通常称为"寿山"，用于底部的通常称为"福海"。另外，还有用于安装屏门的鹅项、碰铁、屈戎海窝等连接件均属铁制构件（图 2-132）。

5. 门闩、锁扣

用于门和窗户的扇板开启或锁闭的功能构件，称为"锁扣"。另外，

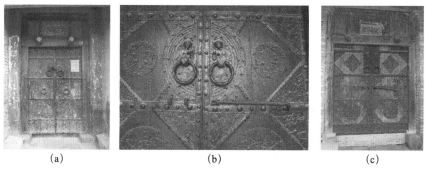

(a)　　　　　　　　(b)　　　　　　　　(c)

图 2-131　王村镇南蔡村大门看叶图

（图源：自摄于合阳）

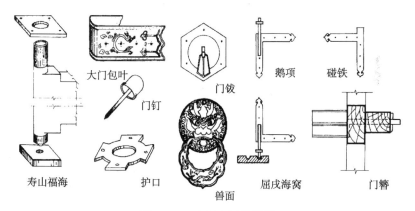

图 2-132　大门金属构件图

（图源：引自《中国古建筑木作营造技术》）

用于锁门窗的闩子和门链子等一般均为铁制构件。例如，在潼关的文明寨和蓝田的郑家村所看到的门锁扣，虽然两地的距离较远，但是，所使用的锁扣的形式基本上是一样的。在使用时，先将最底层的扣子挂入对称扇的扣环之上，之后再将挂钩插入对称扇的扣环之中即可（图 2-133）。

（二）石质构件

在关中地区门窗之上能常见到的石质构件有门石凳、门枕石、石门框、门洞及石门槛，还有窗洞之上的过木石、窗榻板等（图 2-134）。

（三）木质构件

1. 轴头、单连楹、双连楹、卧兔、插销

轴头和卧兔主要用于隔扇门窗、轻型板门、支摘窗的窗扇，以及"复合式双层窗"窗户的内窗扇之上等，是对门窗扇的开合起到转轴和固定作用的构件。常规在门框上使用连楹，在窗框上使用连楹或卧兔（图 2-135）。而插关和插销也是一种为了固定窗扇或开启窗扇的锁扣件，来源于传统建筑中榫卯结构方式。以上构件均为木质，如于氏厦房支扇窗——卧兔、插销图例（图 2-136）。

（a）文明寨村所使用的锁扣　　（b）郑家村所使用的锁扣　　（c）党家村所使用的锁扣

图 2-133　关中地区窗扇锁扣列举

［图源：（a）自摄于潼关；（b）自摄于蓝田；（c）自摄于韩城］

图 2-134　门石凳、门枕石、石门框、过木石列举

（图源：自摄于关中地区）

图 2-135　唐家门帘架荷叶栓、荷叶墩列举

（图源：自摄于长安区）

图 2-136　于氏支扇窗上的卧兔和插销、锁扣列举

（图源：自摄于长安区三益村）

2. 荷叶栓与荷叶墩

这里的荷叶栓与荷叶墩主要是针对关中地区特有的"门帘架"所使用的连接件。由于在关中地区普遍使用门帘架，所以架子的形式结构类型也相对较多，但基本上是通过木雕制作完成的，在结构上并不复杂［图 2-137（a）、（c）］。

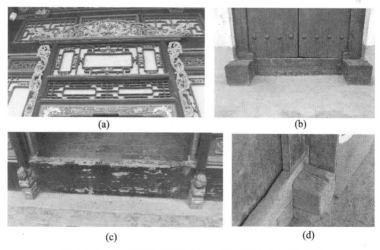

（a）　　　　　　　　　　　（b）

（c）　　　　　　　　　　　（d）

图 2-137　唐家门帘架荷叶栓、荷叶墩和木门墩列举

（图源：自摄于关中地区）

3. 门墩

关中地区的门墩大多数为石质材料，且使用范围广泛，也较为普遍。在关中地区的南部和东南部的山区，则多使用木质门墩［图 2-137（b）、(d)］。也有部分大户人家，使用的门墩和门槛均为同一种石料，并连接在一起，门槛不能拆卸。

二、门窗本体的材质应用

林徽因说："在分析结构之前，先要明了的是主要建筑材料，因为材料要根本影响其结构法的。中国主要建筑材料为木，次加砖石瓦之混用……"（林徽因，2005）的确，门窗的本质是以木质原料为基础的，与门窗相关的还有砖、石、土坯，以及附属的金属料和玻璃材料等。

无论是民居建筑本体，还是民居建筑中的门与窗，不管其形式或种类如何都是要依附于材料而存在的，从上文的内容也不难看出这一点。

（一）门窗与建筑本体的材质构成

关中地区传统民居中的门窗也不例外，无论是门窗本身，还是与之周边结构所使用材料的组合有：

（1）门窗与墙体洞口结构所使用的砖、石、木、土坯材料；

（2）门结构构件中的门枕石（石质、木质）、过梁（石质、木质）、木质辅助结构及金属构件的铺首、门钉、看叶、门扣，以及寿山福海等铁器或铜器结构连接件，甚至是装饰构件；

（3）隔扇门及其格心的辅助材料的组成，包括绢、麻纸、防风纸、定纱帘或玻璃；

（4）窗结构构件中的过梁（石质、木质）、窗榻板（石质、木质），以及裱糊窗棂的麻纸、防风纸、定纱帘或玻璃等。

各种材料的使用都是人们为了达到自己所希望的实用目的。

（二）门窗本体的材质体现

传统的门窗材质基本构成和棂格锦乃至部分雕刻一般为木质材料，既须细密、结实，又须软硬度适宜，可以说对所选用的材质及其质地比较讲究。关中地区门窗的材料通常选用软硬适中、无裂缝、结构均匀、纹理优美、色彩柔和的木料。例如，南山松（油松、华山松、马尾松）、杉木、桦木、椴木、榆木、梨木、槐木、杨木、桐木及核桃木等多用于制作门窗的边梃框架。松木由于纹理较为清晰优美、色泽天然且有变化又不易腐烂变形，还容易加工，所以用量较大。遇到较为复杂的木雕部分时，也会采用一些像椴木、梨木、杉木、榉木等坚固且耐用、质地轻而又不易变形、开裂的木料。核桃木、榉木等由于质地坚硬、色泽明快、纹理柔美而在门窗的雕刻部分多有使用。总之，在材料的应用方面，要依据不同的材料特征来搭配不同的实物，以因材施用为原则，发挥其长处，回避其短处，以求得"才美工巧"的效果。

另外，人们为了体现出材质的自然之美，常常会在材质的表面经过打磨抛光后采用直接刷清漆、桐油或核桃油来保护板面，从而保持材质的色泽、纹理等原生态的质感，当然也有许多人家的门表面只抛光和打蜡处理，不刷漆（图 2-138），体现出原汁原味的视觉感受和艺术效果，以及亲近自然的审美理念 ［图 2-138 (b)］。

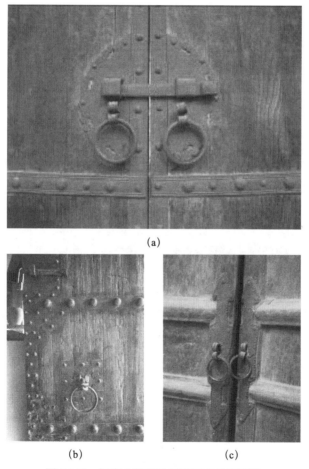

(a)

(b)　　　　　　　(c)

图 2-138　门窗木料清油罩面工艺处理列举

（图源：自摄于关中各地）

但是，关中地区的大户人家用作门窗和木雕工艺的原料更是讲究，他们不惜赀费地购置贵重材料，常常会从南方或国外进口大量的红木、楠木、黄杨木及紫檀木等上等材料进行工艺制作，以此来凸显宅主的身份地位、社会等级和雄厚的财力。

第四节　门窗构件与装饰营造

关于中国传统民居建筑的木装修，楼庆西认为："主要分为内檐装修和外檐装修两大类。内檐装修是根据需要将建筑的内部分为若干个大小空间的间隔物，以及内部的陈设、装修等，具体包括室内隔扇、屏风、罩、橱和天花、藻井等。外檐装修则是建筑内部与外部之间的间隔物，如门、窗等不但具有挡寒暑、遮风雨的功能，还可以解决室内的通风、采风……"楼庆西还写道："装饰内容可以指装饰手法和题材两方面，但一般所指主要是题材。我国古代建筑的装饰手法主要有两种，即雕刻和敷色。敷色手法主要运用在建筑内外檐的梁、枋等处。而雕刻所运用的范围比敷色要广得多。"（楼庆西，2006）

郑军认为："装饰作为一种艺术方式，它以平面化、秩序化、单纯化、规律化、理想化为基本要求，在不随她改变和美化着事物，以形成合乎人类需要的、和谐理想的形态。其实，装饰性就是艺术性，装饰规律就是形式美的规律，它以实用功能为前提，兼具审美功能，以形式美的规律为出发点，以特定的工艺和特定的材料去完成。"（郑军，2001）因为传统民居门窗是艺术装饰的核心部件。所以，这些基本要求和功能体现是必不可少的。

民居建筑中门窗是最具装饰性的构建之一，也是体现主人等级地位的重要标志。特别是格心部分的装饰形式有灯笼框、龟背锦、步步锦、盘长纹、回纹、万字纹和冰裂纹等，以及在内容上体现出的民间故事、山水风景、花卉和龙凤吉祥等图案，还有在棂条的连接点上设计并雕刻有工字、蝙蝠、卷草和卧蚕等小结构件，不但体现出了传统图案的形式之美，还体现出了传统制作工艺的技术之美。

建筑的装饰营造实际上就是对门窗的实用性构件进行优化、美化性的装饰处理，而传统建筑在这一类装饰中又加进了很多文化意味，形成了中国传统建筑门装饰的独特风格。根据记载，我国传统建筑自汉代以来就展现华丽多彩的风格，追求富丽堂皇，竭尽雕琢之能事，这和中国文化的特质有关，中国人喜欢追求现世的世俗幸福，追求圆满、长寿，对亮丽绚烂的事物非常心仪，加之在中国占统治地位的儒家学说也不反对装饰，而是把装饰发展为一种生活方式，这种气质体现到建筑上来就呈现出雕梁画栋、精雕细琢的装饰风格。这种风格从明代开始，特别是到了清朝乾隆时代更是走向极端繁荣的程度。

一、门窗的结构营造

在结构营造方面，特别是在建筑的正立面上，更是十分讲究。"……古代文人、商人、能工巧匠都喜欢在门窗上大做文章，尤其在建筑的正面（指门窗部位）……"（朱广宇，2008）可以说传统建筑的装修特别是门窗的营造占着非常重要的地位。其作用："首先表现在它的功能方面。装修作为建筑整体中的重要组成部分，具有分隔室内外、采光、通风、保温、防护、分隔空间等功用。还表现在它的艺术效果和美学效果。……随着建筑技术、艺术的发展及人们对美的追求，装修形式及有棂条花格的纹样越来越丰富，精细的雕刻也越来越多地运用于装修当中。至明清以来，又将书法、绘画以及刺绣、镶嵌等工艺与装修结合在一起，使装修呈现出绚烂的艺术色彩"（马炳坚，2008）。

大门外的门楣、门柱上部精致华丽的挂落、镂空的花雕额枋及斗拱等构成了精美别致的门周边装饰特色和人文环境的营造手段，同时，也体现出工匠们高超娴熟的制作技艺，其构件与沿街门房房屋的青水砖墙形成了鲜明的对比，更加突出了建筑的入口效果。

（一）门头部分

1. 门楣

关中地区的民居常会在大门外的檐柱上或沿着檐墙内侧的门斗顶部或两侧的柱子进行连接，并设置有木雕图案或由棂格组成的图案而形成的悬挂式结构的装饰构件。一般会采用较为简单的、通透的棂格，或较为复杂的多层连接组合而成。常会设以深红、墨绿等单色，或者不设色两种形式（图 2-139）。大门外的门柱上部精致华丽的木雕挂落、镂空的花雕额枋、斗拱构成了精美别致的门楣装饰，与沿街门房房屋的青水砖墙形成了鲜明的对比，更加突出了建筑入口。

（a）唐家设色式　　　　　　　　　（b）马家无设色式

图 2-139　关中地区大门门楣列举

［图源：（a）自摄于旬邑；（b）自摄于合阳］

2. 挂落

木雕挂落是门楼的第一道风景线，主要采用浮雕和透雕雕刻手法，色彩分为着色和不着色两种。主要题材有瑞兽珍禽、琴棋书画、剑器、花卉、祥云，还有取意为"连绵不断"的藤蔓植物和具有连绵性的几何图形。特别是韩城地区的走马门楼雕刻极为精美。楣子也是挂落，有的可能将其称作"飞罩"。其结构和主要形式以及色彩应用相同，也有用木格条所组成的类似于棂格锦的，局部有采用浮雕和透雕的手法（图 2-140）。其结构、用材也较为小巧。一般设置在檐枋的下沿并与檐柱紧贴向下垂吊着，长度与宽度视空间而定，可长可短，也可两边低中间高等形式，常被被人们誉为是宅院入口的第一道风景线。

(a) 张家挂落　　　　　　　　　　　(b) 于家挂落

图 2-140　关中地区大门挂落列举

[图源：（a）自摄于合阳；（b）自摄于长安区]

3. 额枋

一般在大门门斗处或房屋檐柱的上端区域的结构或附加装饰均可称额枋。常规是以镂空雕刻附加彩绘的形式出现的，其实关中地区的额枋工艺十分考究，无论是在纹饰上还是在工艺制作上均以美观、精细而著称，其装饰纹饰多以植物、风景、琴棋书画，以及"卍"字符的连续纹样为内容。通常会饰彩，其原因有二：其一是为了醒目、美观；其二是为了保护木质不易腐朽。例如，党家村某宅的额枋采用多层雕花且带有垂花所组合而成（图 2-141）。

额枋上的装饰，多是以镂空雕刻或彩绘的形式出现的，关中地区传统民居建筑中的镂空雕刻的装饰相当精细，其纹饰有雕刻成"万"字符的连续纹样、有雕刻成琴棋书画的、有雕刻成植物风景的；涂饰彩绘是为了保护木料，由于老房子年久失修，彩绘的图案很多已剥离殆尽，从残留的图像中大致还可辨析出装饰的图案内容偏向于古代人物的传说故事、自然风景等。

图 2-141　党家村垂花额枋

（图源：自摄于韩城）

4. 雀替

雀替是用于柱与枋的连接处并对檐枋起到托举作用。关中地区民居雀替的雕刻内容多为蔓草回纹、卷草纹、回纹、三福云等，通常采用圆雕或用棂格条进行榫卯连接，具有很高的艺术价值，如大荔县阎敬铭祠堂的双狮嬉戏图雀替（图 2-142）。

图 2-142　阎敬铭祠堂斗拱、额枋、雀替

（图源：自摄于关中民俗艺术博物院）

5. 斗拱

斗拱是我国古代建筑中最具特色的木结构构件之一，是柱与屋顶间的过渡部分，其主要作用：其一，用来承托屋檐重量；其二，具有装饰作用；其三，承载重要的精神内涵。在韩城古城区、陇县及大荔县的大型宅院中发现有斗拱存在，在大荔县阎敬铭祠堂中还运用了三跳斗拱（图 2-143）等。斗拱的使用是与宅院主人的身份有关的，一般的百姓宅院使用斗拱则有"僭屠逾制"之嫌。

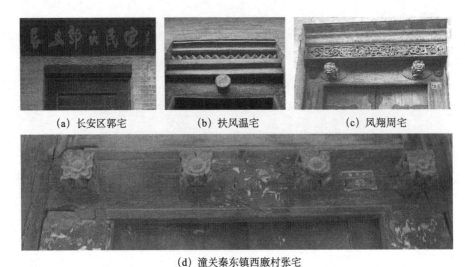

(a) 长安区郭宅　　　　(b) 扶风温宅　　　　(c) 凤翔周宅

(d) 潼关秦东镇西廒村张宅

图 2-143　关中地区门簪列举

(图源：自摄于关中地区)

　　笔者在韩城老城区考察时，发现斗拱的重叠层数与宅院主人的身份有关系，并且当地人还给它取了一个有很好象征意义的名称——"一斗二升交麻叶"或"一斗四升交麻叶"，寓意柴米油盐富足，可见斗拱也是一种身份地位、经济实力的象征。

　　(二) 门框扇部分

　　1. 门簪

　　门簪既有结构功能，又有装饰功能，是连接门扇与上连楹的结构件，正面或雕刻，或描绘，饰以花纹图案。在关中地区民居中的门簪形态通常有方形、长方形、菱形、六角形及八角形等样式，且门簪的数量变化不一，有单独 (一枚)、两枚和无门簪，以及个例的四门簪四种。单独门簪在关中地区虽不多见，但却会呈现出在一个区域或一个自然村寨集中使用的现象，如大荔县朝邑镇的大寨村内多有一枚门簪。较为常见的便是两枚门簪的。另外，在关中地区的大户人家反而不设门簪，如长安区的郭家、扶风的温家、凤翔的周家、旬邑的唐家以及三原的周家等 [图 2-143 (a)、(b)、(c)]。在关中地区的民居中的"四门簪"使用甚少，但也有发现，如渭南地区潼关县秦东镇西廒村 43 号的张宅 [图 2-143 (d)]。

　　2. 门钉

　　门钉最早只起加固门板的作用。由于一扇大门往往要由若干块板子拼起来，时间一久容易散开。为了避免散落，就在门板的内侧穿上带，又怕带不结实，于是再用门钉进行加固。后来门钉做得越来越整齐，横竖成行，钉子的数目也就演变成了家族的等级和社会地位的标志了，且在工艺上做得比较大而且光滑，达到了一种既实用又美观的观赏效果（图 2-144）。

图 2-144　关中地区门钉列举
（图源：自摄于关中民俗艺术博物院）

3. 铺首

铺首又称"兽面""铜铺""金兽""金铺""门钹""响器"等。在结构上分为两部分：一部分是衔门环的底座，一部分是门环。在底座部分的形状以圆形、椭圆形、四角形、六角形、八角形、花瓣形、如意形和不规则形等种类为基础（图 2-145）。另外，还有平面和外鼓成泡状并加以锻造或雕镂花纹图案。门环有圆形、四棱形、麻花形等，且表面光滑。采用不同的手段以达到对门的装饰美化的目的。铺首依据体量大小、使用的材料及图形的精美程度，可分为高等级和普通等级，一般高等级的称为"铺首"，而普通等级的称为"门钹"。门钹上的门环可作为开关大门的拉手，同时可作为叩门的响器和锁门的门鼻来使用。而铺首中的门环只是形若衔环，只具有装饰功能，强调铺首所具有的象征权力、地位及财富的意义。像较为特别的旬邑唐家大院的大门门环除了门中央的一对以外，在门的下部上面还有一对与门槛可锁在一起的门环。

铺首是民俗吉祥物组成的门饰、门环，是智慧的祖先运用独特的想象力和高度概括的手法创造出来的，也是关中地区文化的体现。由于门环处于与人眼同高的位置，也就是说是门户中最显眼的地方，因此宅院的门、门饰与门环，在旧时是权力、地位及财富的象征。门环一般含在鼓起的半圆形铁包里或兽头的嘴里，以增加威严感和震慑力。

图 2-145　关中地区门钹列举

（图源：自摄于关中地区）

4. 看叶

看叶一般是用在较宽大的门扇上、中、下处包以雕刻有图案的铁皮，以增强门板结构的稳定性，更重要的是也提升了门扇的装饰性和观赏性，同时也减少了平时门扇开合时相互之间的摩擦或碰撞的损伤。例如，合阳县南蔡村西槐园巷的套色看叶和大荔县朝邑村张宅的无漆面看叶（图 2-146）。

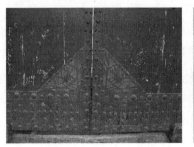

（a）南蔡村看叶　　　　　　　　（b）朝邑村看叶

图 2-146　关中地区看叶列举

［图源：（a）自摄于合阳；（b）自摄于大荔］

5. 门墩

门墩是设置在大门门框下两端的门枕石，当地人称"门墩子"。其形状有方形（即"门枕石"）和圆形（即"抱鼓石"）［图 2-147（a）、（b）］。从结构上还可分为滚墩、鼓墩、方墩、长方墩和柱形墩。其主要作用是使大门既能自由转动，又能经久耐用。

关中地区的中大型宅院中，使用体量较大的石狮门墩者较多。而大多数平民百姓家门口的门墩一般做得很小，但说起来也算是"门口有狮子"的人

(a) 张家抱鼓石门墩　　　　(b) 周家抱鼓石门墩　　　　(c) 郑家石狮门墩

图 2-147　关中地区石门墩列举

[图源：(a) 自摄于大荔；(b) 自摄于三原；(c) 自摄于合阳]

家了，也就很有面子了。如此可见，关中人不但重视门墩的艺术形式的表现和精美的制作工艺，而且更重要的是展示出家族的社会地位和经济实力。

6. 门槛

门槛也是门的组成部分，安装于门扇之下、地面之上，且处于两个门墩之间的木质挡板，两边的固定点在门墩立面的凹槽内，有阻断院落和房屋内外空间、封闭门扇空间、隔离家禽和通风保温等作用。门槛的选材多为松木或硬杂木类。门槛根据需要或根据门的体量大小来指定尺寸，其形式有死槛和活槛之分，活槛可随意拆装（图 2-110），而死槛则不能拆卸 [图 2-137 (b)、(d)]。

7. 裙板

裙板设于隔扇门下部，有内裙板和外裙板之分。内裙板同绦环板一样，板面多为浮雕，有二正面做和单面做。裙板的造型式样是随着格心的变化而变化的，一般常见的是在裙板的面上雕刻如意纹样、云纹、龙凤、几何纹样、吉祥字、花鸟或者人物典故等极为丰富的内容进行装饰。正如王山水、张月贤所说的："陕西的古民居木雕特别是隔扇门裙板上的雕刻，主要以历史人物、神话典故为主，题材广泛、包罗万象、形态各异、造型灵活多样，人们可以自己的爱好、追求、崇拜的不同来进行雕刻……"例如，西安市长安区郭家厅房隔扇门之上的裙板所反映的则是二十四孝内容 [图 2-148 (a)]；咸阳三原县周家厅房隔扇门之上的裙板所反映的则是四季花卉和吉祥器物组成的内容，且有设色 [图 2-148 (b)]。

8. 绦环板

绦环板是隔扇门上的抹头与格心（棂心）之间的横板结构，如在六抹头的隔扇门上往往有上、中、下三块绦环板，考虑到上下两块绦环板距离

　　　　(a) 郭家祭堂裙板二十四孝图　　　　(b) 周家裙板四季花卉图

图 2-148　隔扇门的裙板列举

[图源：(a) 自摄于长安区；(b) 自摄于三原]

人的视线比较远，即使有装饰，也比中间那块绦环板简单。格心以下的绦环板，高度正好与人的视线持平，为了使格扇好看，工匠多在这绦环板上用木雕进行装饰。绦环板虽小，但处于人的视角中心，也是隔扇门的装饰重点，其装饰风格与题材内容应与裙板一致或相互呼应（图 2-148）。

　　9. 门帘架

　　门帘架是一种辅助的门框，安在格扇之外有门处 [图 2-149 (a)、(b)]。两边的边框与格扇同高，下部是门洞，上部有抹头两根，中有仔边板子，称"帘架心"，亦称"花心"。帘架上可挂帘子，有时可以安两扇门。帘架边框的上下两端，多用"荷叶栓斗"及"荷叶墩"安装，可以随时卸下（梁思成，2006）。像旬邑唐家的门帘架则是运用了"大象栓斗"和"狮子墩"形式 [图 2-149 (c)]。

　　　　　　　　　　　　　　(b) 唐家上房门帘架

　　　　(a) 郭家厦房门帘架　　　　　　(c) 唐家上房狮子

图 2-149　关中地区民居门帘架

[图源：(a) 自摄于长安区；(b)、(c) 自摄于旬邑]

关中地区的门帘架一般是用于厅门、房门之外的。其作用是便于夏季悬挂竹帘，冬季悬挂棉帘，以此来调控室内的温度。

关中地区大户人家的门帘架依等级高低也有所不同，甚至在一座院落里帘架也有以动物的形象来预示各房间的等级高低和性别之分。较为典型的例子如旬邑唐家大院主、偏院的门帘架不同。

（三）门周边环境部分

1. 门斗

门斗是在承安门板的门框的上面增加一段框架，中间安上木板。在宫殿式大门的上方也有这一部分，称为"走马板"。门斗尺寸较大，工艺较繁杂，体现出一种至尊的皇家威严之势，在民居中，如党家村四合院院门分墙门和走马门楼两类。墙门窄小朴素；走马门楼高大气派。门大多开在门房偏左或偏右的一间上，两柱外侧以及同列山墙都砌着宽约一尺的"螭头子"（图 2-150）。"螭头子"呈弧形，支撑房檐，也起装饰作用。门为黑色，配以红绿色门框。门上端悬挂有木质门匾，门匾中刻有诸如"耕读世家""安乐居""忠厚""文魁""登科""太史弟"之类的题字，常规以

图 2-150　党家村门斗
（图源：自摄于韩城）

白底黑字、黑底金字或蓝底金字呈现。据说，家里出了有"功名"的人，才能开中门，所以中门外面往往竖有旗杆。但是，有"功名"的人家多数并不开中门。这里有"堪舆家"所谓的"风水"问题，即中门直，易"泄气"，侧门曲，可"聚气"。就实用讲，中门面对巷道，路人可一目了然院内的情景，所以中门之内又设一道屏门，平时关闭，人走侧门，有重要宾客时，才开屏门迎送，而北京四合院的门，总开在门房右侧。

党家村的门楼装饰比较集中在走马门楼上。走马门楼安在门房背墙内缩七八尺处，门外房下的空间称"外门道"。外门道上有阁楼，阁楼向外一面堆叠起来的枋木称为门楣，门楣有略施藻绘，也有全部透花饰以枫拱和垂花的。两侧下起墙裙，上与门框等高，用做有纹线的花砖圈出两方很大的"框壁"，框中用砖做成各种图案。"框壁"外侧左右各有一根一半墙内

一半墙外的通柱，柱下有石础，是逢年过节、红白喜事粘贴对联的地方
（图 2-151）。

两柱外侧以及同列山墙都砌着宽约一尺的"蝲头子"［图 2-151（b）、
（c）］。"蝲头子"呈弧形，支撑房檐，也起装饰作用。门为黑色，配以红
绿色门框。门两边有"门墩石"，有方形、鼓形、兽形几类。方形、鼓形
上也都雕有人物、禽兽、花卉等，形态生动逼真，临街有"上马石"，就
近墙上安有"拴马环"，有的竖着"拴马桩"，为主人出入、宾客来往时骑
乘骡马提供方便，由于有了这样的结构和装饰，所以人们把此类大门叫做
"走马门楼"（图 2-151）。

　　(a) 韩城吉灿升故居　　　　(b) 党家村窄门斗　　　　(c) 韩城张宅大门

　　　图 2-151　关中地区大门墀头、门斗、门楣、额枋、挂落、匾额及门狮图

（图源：自摄于韩城）

2. 门凳

在关中地区的大户人家自家大门前两侧常常会对称设置一对石凳子，
用于来访者约见主人时在此等候会面临时歇脚使用的。门凳的形式没什么
规定，因此在造型上、体量大小上形态各异（图 2-152）。

　　　　(a) 灵泉村门凳　　　　　　　　(b) 唐家村门凳

　　　　　　　图 2-152　关中地区石门凳列举

［图源：(a) 自摄于合阳、(b) 自摄于旬邑］

3. 照壁

照壁又称"影壁""萧墙""塞门"，也称"玄关"等，是中国传统院落大门内（或大门前）直对的一种独立的单体屏障墙，其构筑的材料有砖、木、石、土等，其类型和结构形式较多。另外，根据所处的位置不同，可分为院内照壁和院外照壁（图 2-153）。在古代，照壁也有鲜明的等级之分，是什么样的身份地位，就建造什么等级的照壁。同时，照壁的大小、材料的选用也与家族的社会地位和经济实力有着直接关系。

(a) 院内简易照壁　　　　　(b) 院内大型照壁　　　　　　(c) 院外照壁

图 2-153　关中地区照壁列举

［图源：(a) 自摄于长安王曲；(b) 自摄于关中民俗艺术博物院；(c) 自摄于韩城老城区］

4. 看墙

看墙是关中地区民居一道亮丽的风景线，一般设置与门房与厦房或厦房与上房之间的厦房山墙之上，大部分为砖石雕刻而成，尺寸与边框形式不定。内容大部分反映的是一些以教化人们心灵，颂扬功德，祈求幸福祥和等内容（图 2-154）。

图 2-154　灵泉村某宅看墙对联图

(图源：自摄于渭南合阳)

据调查，在关中地区设单体照壁的院落除了超大户人家，便是小户型人家了。在大中户人家院落中一般均设有二道门或大门，在此门的结构上设门扇或屏门，起到了"照壁"的作用，因此，无需再建设单体照壁了（图 2-155）。

(a) 唐宅看墙　　　(b) 闫宅看墙

(c) 王宅看墙　　　(d) 唐宅看墙

(e) 周宅看墙　　(f) 张宅看墙　　(g) 苏宅看墙

图 2-155　关中地区看墙及砖雕列举

［图源：(a)、(d) 自摄于旬邑；(b) 自摄于长安区；

(c) 自摄于蒲城；(e) 自摄于三原；(f) 自摄于合阳；(g) 自摄于韩城］

5. 神龛

在关中地区对于神龛位的设置一般分为室内和室外两种形式。室外的神龛位多见设置于大门内侧，或与大门直对的厦房的山墙之上，并常常会与看墙一起制作完成。也就是在看墙的显要位置嵌入神龛的龛洞和周边装饰，此神龛位为"土地神位"（图 2-156）。

6. 拴马桩

关中地区称拴马桩为"看桩"或"样桩"。其用材多为青石、黑青石，分为桩顶、桩颈、桩身、桩根四个部分，桩根为粗坯，埋入地下。拴马桩

图 2-156　关中地区神龛列举

（图源：自摄于关中地区）

通常采取对称形式，置立于大门外两旁。

　　拴马桩的桩颈部分多为圆雕，且题材较为广泛。而上马石的四立面一般多采用浮雕或线刻形式，其题材多为"吉祥"寓意的图案。拴马桩和上马石是关中地区最常见的一种特殊实用工具，是建筑外部空间构成的重要元素之一，一般设置于建筑的两侧，能对建筑文化起到深化主题、暗示和启迪等作用，成为集实用性、装饰性、趣味性和创造性于一体的建筑装饰品［图 2-157（c）、（d）、（e）、（f）］。

　　拴马柱在关中地区民居中的形式多为四棱、四棱倒角、六棱、八棱及圆形状石柱形。而体量大小上为两种形式：边宽为 0.2～0.24 米，高度为 1.8～2 米的小型的；边宽（或直径）为 0.25～0.26 米，高度为 2～2.45 米的大型的。其多埋于地下大概其 1/3 深，顶上以圆雕（含透雕）的形式表现出丰富的内容，其题材大多为人物、狮子、猴子或人与动物组合等，实现了拴马桩的实用功能及审美功能。

　　7. 上马石

　　上马石其用材为青石、黑青石或高档的汉白玉石材。上马石是等级制度的一个表现，只有具有一定级别的官员家门口方可设置。上马石在驿站里是为了提高功效，而在官衙府第却是身份的体现。……高低两级，第一级高约一尺三寸；第二级高约二尺一寸，宽一尺八寸，长三尺左右。在关中地区中上马石可分为两种形式的体量大小，一种是较大型，尺寸为 0.7

米（长）×0.36 米（宽）×0.47 米（高），或 0.76 米（长）×0.34 米（宽）×0.54 米（高）；一种为较小型，尺寸为 0.63 米（长）×0.38 米（宽）×0.4 米（高），或 0.615 米（长）×0.34 米（宽）×0.45 米（高）等。形似如今的踏步，多为两踏，便于人们尤其妇女们上马出行 [图 2-157（a）、（b）]。

(a) 不同类型的上马石

(b) 人与狮　　　　(c) 大象　　　　(d) 和事老　　　　(e) 猴子

图 2-157　上马石及拴马桩列举

（图源：自摄关中各地）

拴马桩和上马石是配套制作、设置和使用的，同时也孕育着深厚的文化和丰富的意蕴。

8. 门狮

狮子在佛教中占有重要的地位，并将其封为"护法神兽"，作为建筑中的"护宅神兽"，其形态威武壮观。常规分雌、雄分列于大门两侧，以示代代相传和人丁兴旺之意。但是，在一般民居建筑中，由于等级地位和建筑空间所限，大量的狮子只能被安置于大门的两旁，更小空间的民宅则只好将狮子蹲窝在门枕石上来为主人镇妖辟邪。通常设门狮为一对。另外，"狮"与"事"谐音，又是一对，因此，寓意着"好事成双""事事如意""事事平平安安"等吉祥愿望（图 2-158）。所以，在关中地区有社会地位和有经济实力的宅主，便会将其做得高大、华丽、威猛，以炫耀家族之势。

另外，门狮与狮子门枕石的区别在于门狮是独立的单体而存在的，与

图 2-158　关中地区独立式门狮列举

（图源：自摄于旬邑唐家石刻艺术园）

其他构件无关，可在一定的空间环境中任意摆放或调整位置。而狮子门枕石作为门的重要构件，与门框和门槛均有直接的关联性。

9.墀头

墀头专指房屋两山墙或大门两侧、悬挑在外、经过涂饰的墙头。一般用于传统硬山建筑之中，如果房屋的前后需要出檐时，那么，墙头将会伸到檐柱之外，为了支撑出檐承重而在山墙的前后砌与台基平齐的檐柱，这部分位于檐柱以外墙头的上半段被称作"墀头"，该部位是建筑正外立面雕刻装饰的重点部位之一。墀头的结构大多呈三段式，由下碱、上身和盘头三个部分组成，墀头砖雕装饰通常也是分上、中、下三部分进行的（图 2-159）。

二、门窗的造型手法

门窗一般采用雕刻和彩画形式进行装饰，并结合门窗的结构及构件体现出独特的造型手法，以达到实用功能和审美功能的高度完美统一来实现物质与精神层面的提升。

（一）结构形式

1.构成形式

从棂格的构成形式上讲，由于关中地区在进入夏季时，干燥、高温，

图 2-159　唐家门房墀头（盘头部分）

（图源：自摄于咸阳旬邑）

为了便于室内的通风换气，调整室内气温而量身定做出来的隔扇门、支扇窗和摘扇窗结构。而且，门窗上的棂格是最具灵活性的构件部分，因此，棂格的结构形式和纹饰图案就自由地发展出了各种结构和工艺。关中地区的窗棂结构和图案可为"无中心式""中心式""多中心式""交错斜棂式"及"文字与吉祥图案式"五种形式（图 2-160）。其中包含着人们对客观世界的认识和经验总结，而且，还包含着工匠们的高超技艺水平。

2. 纹饰结构

从棂格的纹饰结构上讲，刘致平在中国建筑类型及结构中将其归纳为：①横竖棂子，就是用直棂条拼成各种花样，如豆腐块斜方格、一码三箭、井口字、回字、步步锦、八块柴等。②拐子纹，这正是中国建筑为什么叫人感到华丽精巧的原因之一，在窗上用细木条拼成宛转如意的花样，是很玲珑可爱的。拐子纹种类很多，如卍字、灯笼框、盘长、方胜、亚字及汉文等。在横披或槛窗格扇上用灯笼框的很多……③菱花，在早有叫"琐窗"的，有叫"网户"的，全是菱花同类。《营造法式》规定许多白毬文格扇……也是属于菱花的。毬文是比较难做的……以上所举只是看看各代的大致变化、构造技术方法、装饰性能，以及各种用途、地方彩色等（刘致平，2000）。

3. 结构工艺

棂格在结构工艺上可分为做榫、搭接、镶嵌、雕花和镂空以及剎辋的形式。

其一，做榫的形式是棂格形式中既有"齐肩直榫式""卡皮式"，又有"俊角式"的结构存在。其二，搭接的形式是指棂格只做榫形式的变化，

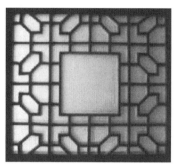

(a) 无中心式　　　　　(b) 中心式

(c) 多中心式　　　(d) 交错斜棂式　(e) 文字与吉祥图案式

图 2-160　关中地区传统棂格形式列举

(图源：自摄于关中各地)

而引起搭接交叉工艺同时产生变化。此形式有棂格齐肩直榫式搭接、卡皮式搭接及俊角式搭接。其三，镶嵌的形式是隔扇本身就是镶嵌在门或窗框上的一种形式，这里是指棂格条或是色垫在格心仔中的镶嵌形式。例如，灯景窗的十字状态，一般是黏胶镶嵌；色垫的镶嵌有做榫镶嵌的、有钉接镶嵌的，雕花板一般也有做榫或是粘胶镶嵌的。其四，雕花和楼空窗的形式实际上是一种漏窗的工艺手法，先做好边梃，窗心仔用整块木板做图案镂空透光，雕刻出后镶嵌在边梃之中，整个窗户不出现棂条。其五，刹辋的形式是源于古马车的车轮工艺。这种工艺是先按照建筑土建工程筑墙以后留下圆的、半圆的、六角的等异型尺度的窗户，制作出棂格，周边的边梃已变为网圈（路玉章，2008）。

门窗的棂格"雕花"工艺不仅有着绚丽多彩的装饰作用，更重要的是有着结构连接的功能作用。雕花是把棂格中本是棂条做结构的地方改为雕花，这样一来既增强了棂格整体的稳定性和牢固度，又增添了更多的文化内涵、祈福寓意和观赏点。

关中地区传统棂格的"雕花"也是较为丰富和具有特色的（图 2-161），有"色垫雕花""插角雕花""花结雕花""镶嵌雕花"和"软硬鼓雕花"等形式。其中色垫雕花通常采用上下、左右对称图案的形式出现，并按照建筑彩绘的方式进行描绘。关中地区传统色垫雕花常用吉祥草和香草等造型纹样，如旬邑唐家大院的吉祥草纹方胜灯景式月洞窗，插角雕花按照四角对称的原理，用四块长度适度的条形木板，掏剔雕刻窗格花边后，四端以 45°角卯合，这种形式多用于镶玻璃窗，如三原孟店周家大院的插角雕花，花结雕花是以一块适度尺寸的方板或是圆板进行全面浮雕或是透雕，镶嵌在棂格中，这种形式的雕花在关中地区较少使用。

　　　　(a) 雕花门　　　　　　　　　　(b) 雕花窗

图 2-161　周家棂格雕花图

(图源：自摄于三原)

4. 棂格的插接工艺

关中地区传统民居中棂格最普遍的结合形式——榫卯，即是阴阳对立统一的体现。一榫一卯阴阳的自然结合不仅解决了木结构伸张性大、容易变形的特点，还使框架有了伸缩缝的作用，保证了外界自然灾害不会对大框架产生破坏。

榫卯技艺多应用于隔扇门窗的棂格构件连接处。大致包含攒斗、攒插、插接等组合方式（图 2-162）。

（1）攒斗：攒斗是看似简单，实际最费工时，要求最为严格的工艺。木工如能熟练地做出攒斗的格心，其他任何工艺都会毫不费力。攒斗是指以小木件攒合大面积整齐划一的图案，每个单元一致并相互咬合成型的一种复杂工艺。它有两个难点：第一个难点是榫卯均在木件尽头部位，大部分图案均须在咬合处三头合并，互相制约，如蜂窝状格心；第二个难点是

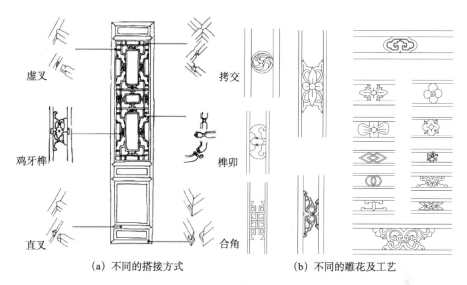

（a）不同的搭接方式　　　　　　　　（b）不同的雕花及工艺

图 2-162　关中地区门窗棂格搭接及雕花方式图

（图源：王文佳绘制）

以小拼大，越是精美者，单件个体就越小，小到不足一寸，拼成一米以上
的格心。整齐划一是攒斗工艺的追求目标。在攒斗过程中，若单件个体略
有误差，装攒到最后，误差就会极大，甚至前功尽弃。因为框架是事先计
算好的。图案差半格，甚至差几毫米，都无法按格心最终成型。攒斗工艺
的好处也有两点：其一是彻底消除木材本身的应力，不论潮湿与干燥，攒
斗的门窗少有变形或开裂，单体越小，效果越好；其二是图案细腻严谨、
整齐划一、富有韵律［图 2-163（a）］。

（2）攒插：攒插与攒斗工艺相同之处也是以小攒大，不同点是它的榫
卯结构不完全是在木件尽头，它在有的部件中部凿出榫眼，与其他部件榫
眼相接，而攒斗是没有榫眼的。攒插工艺的单体一般比攒斗要长一些，尺
寸不一，因而形式繁复多变，图案构成也更加多样。攒插工艺看似复杂，
但施工时相对容易克服攒斗工艺的两大难点，在整体拼合时易于不断修正
才能取得完成［图 2-163（b）］。攒插的咬合部位比攒斗灵活，而且相互
有所制约，所以攒插格心的牢固性大大优于攒斗方式。攒插工艺的灵活性
也使其图案设计随心所欲，冰裂纹这样不规则的图案就是攒插工艺的典型
代表。由于攒插工艺优点颇多，被窗棂采用的也就最多。

（3）插接：插接是以长条木件为基本元素以 90°或 60°角槽口对接，
以大攒“小”，它图案单元的大小是以槽口之间距离所决定的，双交四椀、
三交六椀是这种工艺的典范。插接工艺的局限主要表现在图案的选择上，
它必须是单体同轴，无论如何变化，任何一点均可直线延伸至两头，这会

使图案细观时寡味。由于插接主体形式单调，故在棂子部位变换装饰，以弥补不足。这种工艺在消除木材应力上不如前两种，遇干湿易变形〔图2-163（c）〕。

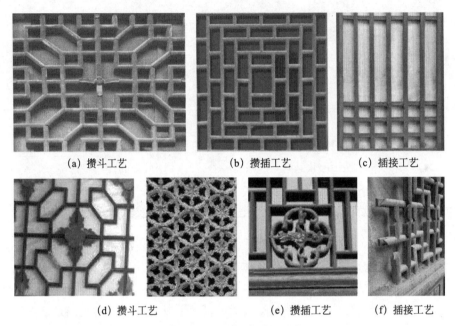

| (a) 攒斗工艺 | (b) 攒插工艺 | (c) 插接工艺 |
| (d) 攒斗工艺 | (e) 攒插工艺 | (f) 插接工艺 |

图 2-163　棂格插接工艺列举

（图源：自摄于关中各地区）

（二）"棂"与"锦"

1. 棂

"棂"以其经济实用的优点而在关中地区得以广泛应用，又以独具创造性和最具灵活性而产生丰富多彩的形式和装饰效果，得到了人们的喜爱。也正因如此，造就了花样众多带有纹饰图案的棂格。在关中地区民居窗子系列中最常见的棂格形式有套方、拐子格和正搭正交等。棂的制作工艺有较为复杂的，也有较为简单的，花色品种和结构形式甚多，但是必须遵守一定的规范和要求。讲究"方有方的适度尺寸；圆有圆的大小轨迹；斜有斜的穿插变化；曲有曲的长短和高低伸缩；雕花和镶嵌还要进行组合运用"（路玉章，2008）。这种木结构的内容和形式使得古建筑的装饰水平和工艺技术表现得尽善尽美，就是在体现出了内容之美、形式之美的同时，又淋漓尽致地展示出了技术之美。其"棂"和"锦"的区别在于："棂"是截面为矩形的实木条所组成的垂直或水平的格子。棂木纵向排列而形成的称"立棂"，若棂木横向排列而形成的称"卧棂"。此类格也可统称"直棂""板棂"或"平棂"。其主要特点是用直木棂条材料和数量所构成的棂格。

2. 锦

"锦"是指整个棂格造型的形式和内容所形成的一定的程式、有规则的图案纹样。像竖条、万字、扇形及冰纹等以"锦"的形式来称呼,可称之为"竖条锦""万字锦""扇形锦"及"冰纹锦"等。另外,有的锦中间留出一定的矩形、正方形、扇形或圆形空间,并在此空间中镶嵌或填入木雕图案,称之为"锦上添花"〔图 2-160 (e)、图 2-161〕。富于变化的锦纹大概可归纳为竖条锦、雀眼锦、升底子锦、书条长方锦、万字宫式锦、万字葵式锦、六角龟纹锦、软角万字锦、十字长方锦、金线如意锦、川江如意锦、葵式凌花锦、海棠菱角锦、冰纹嵌玻锦、花结嵌玻锦、方窗雕花锦、扇形饰花锦、竖条灯笼锦、十字灯笼锦等。

在关中地区一般窗棂用料大都选用较软的、无节子的、木纹顺的木料,如松木、杉木、椴木、杨木、柳木、榆木等,受力状况良好、耐腐蚀性强。

最常用的棂格截面尺寸:方形的木条大均为 0.015 米×0.03 米的;较大的升底子井字格窗棂的边条,其大小选 0.027 米×0.03 米的木条。这也是传统工艺的规制,旧称四分棂、五分棂、六分棂及八分棂。棂格的厚度和边框棂的宽度统一为 9 分厚。

(三) 材料组合

板门是由门墩、门板、腰串、门闩和看叶等构件组成的,而其材料的质地是不同的,为什么要采用不同的材质是有原因的,这也是人们在现实生活中总结出的经验。门墩为石料的原因是石料硬度好、较为耐磨、不易损、不易变形、不怕水,并有较好的结构支撑作用等特性。因此,无论是在宫殿建筑、宗教建筑中,还是在民居建筑中均采用石料。门板为木材板料,而腰串为木材方楞料进行组合来增加门扇的抗变形和抗冲击能力。门闩和看叶一般为铁、铜金属材料等组合而成的,在增加了门扇的抗变形和抗冲击能力的同时,还大大地提升了门窗的审美意蕴。可以说,材料的组合是工匠们技艺和经验的展现,材料的合理搭配将会在材质的性能上"取长补短",以取得实用功能和审美功能的完美统一。

(四) 表现手段

除了在上述的结构工艺所呈现出的艺术造型之外(隔心部分),还利用木雕工艺的手段来进行装饰造型(绦环板、裙板部分)。例如,常常会采用圆雕、透雕、深雕、剔雕、浅浮雕、线刻、嵌雕及贴雕等,为了能够深刻地表现其内容和逼真的事物的形象而常会采用混合的表现技法，不是单一的一种雕刻形式。这样有利于对事物的主次、画面环境及背景层次的把握和深化，以达到视觉审美的目的。

（五）题材内容体现

民居建筑的门窗雕刻艺术是建筑营造中十分重要的环节，蕴涵着丰富的文化内容。在传统民居中，建筑装饰承载着民俗的、民间的及社会各个层面的文化现象，向人们传递着历史的信息。

楼庆西说："……建筑装饰所表现的内容离不开封建社会礼制下的等级制，离不开儒教的忠、孝、仁、义和福、禄、寿、喜，所以乡土建筑门窗上装饰的内容也离不开这些传统的内容，离不开象征这些内容的动物、植物和器物的形象。"（楼庆西，2004）

在一些较讲究的民居建筑上，也常会发现如群板及绦环板中有用人物、景物或花鸟所组成的有情节的木雕装饰内容，并带有一定象征意义，且一套隔扇为一套内容，其表现风格和手法一致。

关中地区传统民居中的建筑雕刻题材比较广泛，多以具有吉祥寓意的图案为主，丰富多彩。大体可分为以下几种。

（1）各种人物故事图。例如，有"和合二仙""八仙过海"等神话人物，"桃园三结义""拾玉镯"等戏曲人物，"五子夺魁""五子进宝"等儿童游戏图，以及"燕山教子""陶渊明爱菊"等。

（2）各种吉祥动物图。例如，有"二龙戏珠""龙凤呈祥""狮子滚绣球""松鹤延年""五福捧寿""麒麟送子""三阳开泰""马上封侯""封侯将相""喜鹊登梅"等，另外还有龙、凤、麒麟等"脊兽"，反映人们希望延年益寿、家庭兴旺的美好愿望。

（3）各种吉祥植物图。例如，有四季花卉中的春牡丹、夏莲花、秋菊花、冬梅花等；花中君子中的梅、兰、竹、菊；象征多子多孙的"葡萄百籽图""连生贵子图"；四果中的石榴、佛手、仙桃、香元；象征长寿的灵芝、松、柏等图案，充分表达了宅院主人崇尚道德修养，追求吉祥幸福人生的传统思想理念。

（4）各种民间的传统纹样。例如，有福纹、流云纹、花草纹、波浪纹、龟背纹等；其他如暗八仙、戟磬如意、琴棋书画、文房四宝、香炉宝鼎、平安如意等。

（5）各种隶书、篆书等文字雕刻。例如，有"福""禄""寿""喜"字，还有采用"组图"形式将许多情节连贯、生动形象的图案巧妙地组合在一起，有"四逸图""二十四孝图"等。

三、门窗的色彩运用

建筑视觉形态的形、光、色三要素是体现建筑及其门窗形态的根本，三者缺一不可。色彩的合理运用使得建筑形态变得丰富多彩、婀娜多姿，更具审美价值，也使得建筑的文化内涵更加深厚博大、富有情感。

林徽因在《清式营造则例》绪论中说："色彩在中国建筑上所占的位置，比在别式建筑中重要得多，所以也成为中国建筑主要特征之一。油漆涂在木料上本来为的是避免风日雨雪的侵蚀；因其色彩分配的得当，所以又兼收实用与美观上的长处，不能单以色彩作奇特繁杂之表现。中国建筑上色彩之分配，是非常慎重的。"（梁思成，2006）

中国传统建筑物上的色彩"大体运用红（图 2-164）、黄、蓝、白、灰五种正色。建筑物应当用什么样的色调，这是由自然地理环境决定的。如果要用大红、大绿、大紫、大黑，都显得不合适，而且这些色彩浓重，过于突出。选用色彩要自然，不能离环境过远，应当选用建材的本身色调，以朴素、古雅为风范，这才是比较合适的。建筑材料本身就带有一种色泽，再加上人工有意识地绘制与涂刷，因此建筑的色彩更加丰富了"（张驭寰，2009）。

图 2-164　最高等级的大门色彩

（图源：自摄于沈阳故宫博物院）

门窗的色彩应用，起于西戎的秦人立朝之始就宣称："始皇推终始五德之传，以为周得火德，秦代周德，从所不胜。方今水德之始，改年始，朝贺皆自十月朔。衣服旄旌节旗，皆上黑。"（童敏，2006）传统五行说认

为北方属水，色为玄（黑）。秦始皇大概也遵从了秦地、秦人尚黑的风俗，
加上了阴阳五行理论的外衣，使之神化罢了。这尚黑的风俗至今仍在秦地
流传，民居中门窗的油漆都多采用黑色。但尚黑并不是说所有的颜色都不
用，只用黑色，只是黑色作为经常使用的大面积颜色。现今关中地区保留
的传统民居也多用黑色油漆门窗构件［图 2-165（a）］。随着历史的推进，
基于礼制的规定普通传统民居或是文人学士宅第的窗棂大都是不上漆、不
上色，显露材质的自然美；而商贾府邸则漆红，其间的雕花也是依建筑彩
绘的方式着色。

(a)　　　　　　　　　　(b)

图 2-165　关中地区大门常用色列举
（图源：自摄于长安区、陇县）

《白虎通义·三正》曰："……赤者，盛阳之气也。故周为正，色尚
赤。"（东汉班固，1926）《明史》记曰："……公主府第正门五间七架，大
门绿油铜环，石础，墙砖镂凿玲珑花样。公侯府门三间五架，用金漆及兽
面锡环。一二品门三间五架，绿油兽面锡环。三至五品三间三架，黑油锡
环。六品至九品门一间三架，黑门铁环。"

《大清会典》记曰："亲王府的正大门广五间，启门三间，均红青油
饰，金钉九行七列六十三个，屋顶覆盖绿色琉璃瓦。郡王、世子府正门金
钉比亲王府少七分之二，九行五列四十五个，贝勒府正门三间，启门一
间，门柱青红油饰。公侯以下官民瓦屋，门用墨饰。"

李贺《恼公》诗曰："……井槛淋清漆，门铺缀白铜。"

　　刘致平对色彩的作用评价为："建筑形体好、坏、美、丑主要由形、色两方面来衡量。……在南方大木架上常使用黑色退光漆的梁、柱、枋等，而在柱头或挑头撑拱等处加金线花样，这种颜色非常庄严、雅肃，是很动人的。在一般住宅内如上等宅第则是常用青灰色的砖墙及瓦件。木柱、梁枋门窗等。常用红色、褐色、深黄色、黑色或本色木面等［图2-165（b）］。室内板壁也使用深红褐色。窗棂有时用绿色（内裱糊白纸或间带红色或粉色纸）。也有用深红色板壁及黑色柱材的，这全都令人感觉到大方不俗。乡间民居的颜色更加可爱了，它们常是就地取材。例如，土房即用当地的土做坯砌筑，或用版筑，然后在墙头上屋檐下的部分时常抹墁点灰线脚（也许带点如意头之类的装饰）。也有的在墙外墁一层灰沙墙皮，就是用当地的沙土与白灰混合墁墙，这种墙皮的颜色常是非常令人喜欢的，色调是一种中和的颜色，有的作淡褐色或淡灰色等。"（刘致平，2000）

　　"……中国人的房屋和都城也许像今天一样鲜艳多彩，而且，那时的每一种颜色都是有含义的。蓝绿色是素食者的颜色，也代表了五行中'木'这个元素，它还是东方守护神苍龙的肤色，预示着太阳升起的地方和万物复苏的春天。红色代表着升至中天的太阳，相应地，朱雀是南方的象征。西方的白虎与五行中的'金'和四季中的秋天相对应，同时也代表了武器、战争、处决和丰收。进一步延伸，白色代表着内心的宁静和自省；而漫漫黑夜和阴沉的冬天也可以孕育新的开始——白天或春天。与之相应的是寒冷的北方、黑色和五行中的'水'。在寒冷的冬天，冰川之下潜伏着象征着生命的流水，因为是潜伏着的，所以对应着黑色。而其对应的动物叫'玄武'，是一条盘在乌龟身上的蛇；因为冬天一到，这两种爬行动物都会躲到地下冬眠。白色也代表了死亡，葬礼时中国人都穿白色；而黑色代表生命；这两种颜色的含义恰恰与西方相反。"（斯蒂芬·加得纳，2006）

　　"……特别是高品位殿屋的内檐装修，一般不上油漆，好用木本色打蜡出亮，用料更为讲究，常选用名贵材质……"。（侯幼彬，1997）

　　另外，传统的"五行"意识所形成的颜色观念也是广大中国人的一种习俗，并融入了人们日常生活的方方面面。在民居建筑的颜色运用时，也需将"五行"与人们对颜色的传统认识观念相协调，以及人们对颜色观念的心理需求。

　　王大有曾说："……中国古代的建筑对颜色的选择十分谨慎，如果是为希望与富贵而设计的建筑就用赤色，为祝和平和永久而设计的建筑就用青色。黄色为古代皇帝专用颜色，民间的建筑不能滥用，只能用于建筑的某个小部分。白色不常用。黑色，除了用勾描某些建筑的轮廓外，也不多用。故而，中国古代的建筑大体以赤色为多，在给屋内的栋梁着色时，青、绿、蓝三色用得较多，其他颜色很少用。这三色代表木德春气，代表受纳天阳气。"（王大有，2005）

若按照"五行"学说解释为：天地万物是水、火、土、金、木五种元素构成的。而天地万物均以五行分配，颜色在配五行时便成为青、赤、黄、白、黑"五色"，即木为青色，火为赤色，土为黄色，金为白色，水为黑色。其寓意为：

青色——永远、平和、天道；

赤色——幸福、喜、红火、发达、人道；

黄色——力、富、皇权、至高无上、中和、至善、地道；

白色——悲哀、平和、纯洁神圣、回归、本真；

黑色——破坏、神秘、幽玄、死亡、灾难（王大有，2005）。

而中国的传统意义上的色彩功能，无非分为两块，即实用功能和精神功能。实用功能无外乎是指广泛应用于民间美术、交通工具、建筑、服装、陶瓷、漆器和壁画等方面。精神功能较多地体现在统治阶级的特权和等级观念上。

清代李渔在窗棂、格心的色彩运用上有"……花之内外，宜作两种，一作桃，一作梅，所云'桃花浪''浪里梅'是也。浪色亦忌雷同，或蓝或绿，否则同是一色，而以深浅别之，使人一转足之间，景色判然。是以一物幻为二物……"之说。同时，"……全在油漆时善于着色。如栏杆之本体用朱，则所托之板另用他色。他色亦不得泛用，当以屋内墙壁之色为色。如墙系白粉，此板亦作粉色；壁系青砖，此板亦肖砖色。自外观之，止见朱色之纹，而与墙壁相同者，混然一色，无所辨矣。至栏杆之内向者，又必另为一色，勿与外间，或青或蓝，无所不可，而薄板向内之色，则当与之相合。自内观之，又别成一种纹理，较外尤可观也。"（李渔，清代）

李渔在《一家言·居室器玩部》漆饰工艺中曰："门户窗棂之必须油漆，蔽风雨也；厅柱楹之必须油漆，防点污也。"简单的论述足可见漆饰工艺对于古代木结构构件的重要作用。为减少长期暴露于自然环境中的木结构及门窗外檐装修部分腐朽、虫蛀现象的发生，延长其使用寿命，漆饰的作用是功不可没的（赵霞，2004）。

刘致平对传统建筑色彩的运用有这样的定论："……我国建筑上对于红、绿、白、黑、黄、金、紫、青等颜色全能使用（图 2-166）。一般居住建筑则多用材料本身的颜色。无疑在过去我国使用颜色是非常大胆而成功的。"（刘致平，2000）雕刻和彩画这两种装饰手法，在历史上很多朝代都有广泛使用，但具体的使用又有各时代的特色，像调研的过程中也常会看到在隔扇门的雕刻图案之上再叠加彩画的办法，使图案既有显明的主体感，同时色彩又使图案活灵活现、引人入胜［图 2-166（a）］。另外，"……装修的棂格、线条、纹样、雕饰、色彩、材质、饰件大大丰富了建筑立面和内里空间的形、色、质构成。装修的轻盈、玲珑、通透，与大片的屋面、厚重的墙体、规则的柱列、坚实的台基形成了虚实、刚柔、轻重、线面、粗细等一系列形式美构图的生动对比。装修的通透、开启、移动、转换也促成了殿屋空间的流通、渗透、交融、活变，增添了中国建筑空间的虚涵韵味。"（侯幼彬，1997）

（a）坊镇灵泉村门色彩运用列举　　　　　　（b）吉家门色彩运用

图 2-166　关中地区门色彩运用列举

（图源：自摄于合阳、韩城）

　　漆作技艺在关中地区传统民居门窗中主要运用于门楼的挂落，隔扇门窗的绦环板、裙板、棂格和雕花等部位。关中地区传统民居木门窗多采用植物漆，植物漆又分生、熟两种。在上漆时，又有多道工序。清代以后普遍用地仗的做法，即用胶合材料（如猪血料）加砖灰刮抹在木材外面，重要部位还要再加麻、布，打磨平滑后再刷漆或桐油（宁小卓，2005）。漆作不仅起着装饰和美化木构件的作用，还有助于防止木材自身的腐朽，减缓虫蚁蛀蚀的侵害，起到延长建筑寿命的作用；再者还以其象征或隐喻的含义，在精神上起到一定的心理慰藉的作用；甚至，在某种程度上还突出了空间的主从关系，强调了大厅空间在整座建筑物中的重要性和关键性地位（图 2-166）。历代的"朱门"为皇家太子所专用（图 2-166），而至于黄色之门，在唐代是宰相府所用的颜色，以至于"黄阁"成了宰相代称，而亲贵和高官则多用绿色。除了比较常见的黑大门，寻常百姓人家常用的就是白板门，或不刷油漆，或只是涂刷一层透明清漆，保持木板本来的纹理和色泽。所谓"雀乳青苔井，鸡鸣白板扉""杨柳风前白板扉，荷花雨里绿蓑衣"就是指这种没有颜色的白板门（刘枫，2006）。

另外，关中地区的人们自古就有"尚黑""尚红"的习俗和信仰，当然，这种习俗和信仰又与人们的生存环境有着直接的关系。例如，《说文解字》有云："黑，火所薰之色也。"可以说，黑——薰、红——火均是人们最早认知的色彩了。《释名》有云："黑，晦也。如晦冥时色也。"反映出人们对黑夜的一种视觉感受。另外，《释名·释采帛》有曰："……赤，赫也，太阳之色也。"说明古人对万物生命之神——太阳的崇拜。这便成了既神秘又凝重、既畏惧又崇拜的精神符号和情感表达方式。

总之，关中地区民居的门窗色彩在青砖黛瓦及瓦件和白墙的包裹下，以黑色或红色为主调，再以其他颜色加以装饰或体现，以表达色彩美的趣味（图2-167）。

（a）韩城大门　　　　　　　（b）灵泉村大门　　　　　　（c）水坡巷隔门

图 2-167　门用色列举

（图源：自摄于韩城、大荔、潼关）

第五节　门窗与建筑的关系

梁思成说："……在中国建筑里，支重的是柱子，墙壁如同门窗格扇一样，都是柱间的间隔物。其不同处只在门窗格扇之较轻较透明，可以移动。所以墙壁与门窗是同一功用的。因这缘故，在运用和设计上都给建筑师以极大的自由，有极大的变化可能性。其位置可以按柱的布置随意指定，形式大小可以随意配制，而与构造上不发生根本的影响。这些门窗格扇，在中国建筑中一概叫做装修；台基以上，檐枋以下，左右到柱间，都可以发展。按地位大概可分为外檐和内檐装修两大类。外檐装修为建筑内部与外部之间隔物，其功用与檐墙山墙相称。内檐装修则完全是建筑物内部分为若干部分之间隔物，不是用以避风雨寒暑的，二者之功用位置虽略有不同，不过在构造法则上则完全一样。装修的本身也可分两部分——框槛和格扇。框槛是不动的部分，格栅是可动的部分。横的部分都是槛，更因地位的高下，分上槛、中槛、下槛。上槛也叫替桩，紧贴在檐枋之下。中槛也叫挂空槛。下槛放在地上。左右竖立的部分叫抱框，紧靠着柱子立住。这框槛的全部就是安装格扇的架子……"（梁思成，2006）

　　也许由于门窗是基于嵌在墙体里的框口，一般不影响木构架承重功能的发挥，所以匠人们对民居的门、窗构件格外青睐，通常以最自由、最富创造性的形式去丰富和表现它，一直以来，门窗的棂条、线脚、纹样、雕刻、色彩、材质、饰件大大丰富了建筑立面的形、色、质的构成，体现出重要的装饰性。另外，门窗的棂花图案也提供了丰富的民俗展示，表达了人们祈望吉祥、康寿、富贵、家族兴旺的乐生思想。

　　综上所述，均说明了在中国传统建筑中墙体、门和窗是没有什么荷载和承重的，只有自身结构上的承重及连接关系而已。

一、隶属关系

　　众所周知，传统建筑为三段式，即由台基、屋身和屋顶所组成。一般民居也不例外地是由房基、墙体、屋顶，以及木结构的柱子、梁、檩、椽和连接构件所组成的。无论在室内还是室外，均能清晰地体现出建筑的承重关系和组织关系。因此，门窗和建筑主体的隶属关系应该是附属于建筑主体之内的，门窗正如侯幼彬所说的："门窗、花罩总是以大木构架的柱间填充物的姿态……也都明确地展示出非承重的小木作特点。"

二、结构关系

　　民居建筑在大结构上不但有如上所述的关系特征，而且，在小结构上还有着各种各样的联系。例如，墙体与门、墙体与窗、柱子与门、柱子与窗、槛墙与窗，以及门框与门扇、窗框与窗扇之间结构联系等。侯幼彬曾说："……装修自身再由固定的框槛和开启的与不开启的板、扇、格等组合，构成脉络也十分清晰。装修的棂格部分都有意地做得轻盈剔透，以玲珑的形象与承重构件形成鲜明对比，可以说从建筑形象上把'大木作'和'小木作'梳理得明明白白。"因此说，门窗与建筑主体的结构的关系应为：门窗的板、扇、格依附于门窗的框槛架之上，而门窗的框槛架则依附于墙间、柱间进行生根连接和固定。王军说："……檐廊为建筑主体建筑的边界在进深方向退后一架椽距，在金柱位置设置门窗墙体。"

另外，门窗与建筑的墙体所采用材料和工艺也有着直接的关系，在调研中发现的有砖墙、夯土墙、土坯墙、石头墙，以及石砖混合、砖土混合、夯土与土坯混合的材料搭配等，对门窗的形式和结构都会产生影响。

三、功能体现

古罗马建筑师维特鲁威提出建筑艺术"实用、坚固、美观"的基本原则。关于其内涵，林徽因是这样解释的："实用者：切合于当时当地人民生活习惯，适合于当地地理环境。坚固者：不违背其主要材料之合理的结构原则，在寻常环境之下，含有相当永久性的。美观者：具有合理的权衡（不是上重下轻巍然欲倾，上大下小势不能支；或孤耸高峙或细长突出等违背自然规律的状态），要呈现稳重、舒适、自然的外表，更要诚实地呈露全部及部分的功用，不是掩饰，不矫揉造作，勉强堆砌。美观，也可以说，即是综合实用、坚稳，两点之自然结果。"

李允鉌在总结传统建筑门的功能与作用时评价道："……'门'和'堂'的分立是中国建筑很主要的特色……'门制'成为中国建筑平面组织的中心环节……中国建筑的'门'担负着引导和带领整个主题的任务……中国建筑的'门'，同时也代表着一个平面组织的段落或者层次……中国古典建筑就是一种'门'的艺术。"门是实用之美与艺术之美的高度表现形式。

四、装饰特征

林徽因曾说："斗拱以下的最重要部分，自然是柱，以及柱与柱之间的细巧的木作。魁伟的圆柱和细致的木刻门窗对照，又是一种艺术上满意之点……"

斯蒂芬说："……因为在木材上人们可以进行进一步的加工——这是中国人最喜欢做的……只有在木材上才能雕刻出复杂的纹饰。而中国人是如此醉心于建筑的装饰性，以至于后来的砖建筑也带有明显的木结构建筑的特征……"

"中国传统建筑木装修主要分为内檐装修和外檐装修两大类。内檐装修是根据需要将建筑物的内部分为若干个大小空间的间隔物，以及内部的陈设、装饰等，具体包括内隔扇、屏风、罩、橱和天花、藻井等。外檐装修则是建筑内部与外部的间隔物，如门、窗等，它不但具有挡寒暑、遮风雨的功能，还可以解决室内的通风、采光等。"（楼庆西，2006）

孙殿君在民居建筑的装饰中也谈到："……屋身较为重视门、窗的装饰。"

"雕刻和彩画这两种装饰手法，在历史上很多朝代都有广泛使用，但具体的使用又有各个时代的特色……"关中地区民居的装饰也不例外，不但有各时代的特征，而且还有地域特征。

在内容与题材上，无论反映的是动物、植物、人物故事还是其他，均以象征或比拟的寓意手法进行表达，写实者较少，这是因为受到门窗的形态和所使用的材质限制。在装饰手段上，依据不同的等级采用不同雕刻、镶嵌外加彩绘或油漆工艺进行表现。

油漆色彩也有等级之分，大红色的门窗适用于皇宫、官邸等（图2-166），平民百姓的门窗只能使用黑色，充其量用红色勾一个装饰而已。油漆的形式有全油漆（即门窗的上下、里外全部进行油漆处理，或同一色漆或清水漆）和半油漆（即涂刷门窗的外立面，内立面不做处理）。

张驭寰说："我国传统建筑用色常以淡泊明净、文雅大方为主导，处处体现材质之美。只是在特殊的建筑中，才放于大胆选用浓浓的色彩。中国人虚怀若谷，有自知之明，在色彩方面从不乱用，不搞特殊化，不做哗众取宠之举，以实事求是为本色。"

张驭寰又说："中国古代建筑，从它们的个体形象到群体布局，从它们的雕刻装饰到色彩处理，都在不同程度上表现了古代的文化内涵，封建的礼制、伦理道德、理想追求都在建筑上有所反映。门既然成了建筑上很重要的部分，那么这种文化在门上必然会表现得更为显著和更加集中。"（图2-168）

另外，侯幼彬曾说："……在小木作的生产工艺条件下，传统建筑装修所形成的品类和系列，应该说是十分出色的。从前面所述的装修形态构成中不难看出，无论是装修的整体构成、组合方式、比例尺度，还是装修的材质肌理、密棂格式、细部饰件，都是与装修的围护功能、材料色质、制作工艺紧密结合的。……内外檐装修与木构架建筑的屋身立面和内里空间都达到十分融洽的协调，装修自身也取得实用功能、木作工艺和装饰美化的高度统一。这里所表现的审美意匠是高品位的，既蕴涵着高度的理性创作精神，也交织着适度的浪漫意识。"

门窗作为传统民居的内部与外部空间的衔接与过渡，它的美学意蕴和文化内涵极为丰富，在很大程度上发挥着各不相同的作用，经调查总结，关中地区民居门窗装饰主要体现在以下四个方面。

图 2-168　吉灿升故居门楼
（图源：自摄于韩城古城区）

（1）关节点：关中地区民居中的各种关节点，如构造的连接点、构件的转折点和材质的变换点，常常被衍化为建筑装饰的分布点。例如，在大门中，门扇上装点的门钉、中槛上点缀的门簪、门枕上隆起的滚墩石，而这些关节点恰恰也都是构造做法或构件交接的装饰化处理。

（2）自由端：构件的自由端存在着美化装饰的效果，因它有着令人瞩目的边端，又具有随意处理的自由度，自然成为装饰美化的极有利部位。无论是在木构件和石构件中都充分体现了这种自由端的装饰化。木构件的自由端美化形成众多有趣的"头"，如垂花门的垂花；石构件的自由端美化可见于牌坊的柱头。民居建筑的这些构件自由端的美化，不仅极大地丰富了建筑整体的装饰性，而且也使建筑具有了深远的历史影响和艺术魅力，让人回味无穷。

（3）棂格网：门窗、罩等构件均属木装修之列，它们的格心部分可较自由地组合成各种网格，具有方便地构成各种图案的潜力，加以不用自身传力的特点，自然而然地就成了构件装饰化的重点。同时，这些图案化的装修棂格在前后檐立面和内空间都起到十分重要的装饰作用。这种装饰用的装修所必需的棂条就是构件自身的装饰化，并不是附加的纯装饰。它可以像"三交六椀菱花"那样玲珑、富丽，也可以像"拐子锦"那样质朴、优雅，可针对不同的建筑功能性质和不同的等级采用不同的棂格图案。棂格网的装饰也是点染建筑风格的重要手段。

（4）饰面层：饰面层较之以上的装饰手法更为普遍，是关中地区民居装饰惯用的有效方式，木构架建筑在这方面选择合宜的饰面做法，十分注重因物施巧。在木质构件面层，主要采用油漆彩绘或雕木，在小面积的石质、砖质面层，主要采用雕石、雕砖。雕木，清代形成浮雕、透雕、贴雕、嵌雕等不同的雕法。同样的，在木装修的构件中，框、槛、边、抹等枋料都是不加雕镂的，而将雕饰集中于裙板、绦环板等板料，木雕部分完全符合构造逻辑，饰面分布则是选择得更为谨慎、更加细腻。通过雕刻建筑装饰表现出建筑的文化内涵与美学韵味，如党家村厅房门窗的雕饰风格即是很好的体现。

同时，关中地区传统门窗的装饰基调和特征体现为："木制门窗上的装饰图案更是显示房子主人情趣和富有程度的标志。其图案样式可分为吉祥图案和戏文故事……"（西安百科全书编辑部，1993）

本 章 小 结

在传统建筑中的门与窗隶属"小木作"范畴，民居也不例外。民居的门窗内容与形式丰富多彩，虽不甚讲究规制、应用灵活多样，但却体现着功能性与审美性的高度完美和统一。在发挥着各自属性功能的同时，门还担负着引导和带领整个主题的任务，以及代表着一个平面组织的段落或者层次推进作用。因此，可以说中国民居建筑就是一个以门窗为核心的建筑类型，也可以说是关于门与窗艺术的集合体，且无论在功能、形式和所处位置上均各自显现出各自的特色和性格（顾馥保和汪霞，2000）。

有关门窗的类型与等级关系归纳为："各种大门形式有别，等级不同，蛮子门以上者多是只有大户豪门宅院使用，窄大门，特别是小门楼则为一般百姓住宅所常用。虽然同为四合院，但等级高低仅从门楼上即可见一斑了。因此，旧时人们只要看到四合院的大门，也就大概能知道宅院主人的身份与地位了。"（王其均，2008）本章的内容采用理论与实证（实物照片、测量数据、访谈）资料进行比较、分类、总结和论证的方法得出，门窗的类型、形制与装饰均集中地体现了关中地区门窗的区域性形态特征、装饰色彩、雕刻艺术等特殊语言，以及封建礼制内涵等精神文化现象。同时，也反映出了门窗物质与非物质文化之间的相互依存、相互支持、共同演进的内在关系。

第三章 陕西关中地区传统民居
门窗制作工艺与技术

传统的建筑及其门窗营造工艺、技术的设计标准、概念并不是当今现代设计理论上的标准和概念，而是在隋唐时期就已经使用于建筑之上了。当时的统治者虽然没有那么明确地提出，但实际上已运用了标准设计，进行严格控制，防止溢用或超标准。同时，也以节省建筑用材、提高施工速度、节省设计人力为目的（张驭寰，2009）。

第一节 门窗制作技术、标准与常规工具

在传统建筑中分为大木作和小木作，建筑门窗均属于小木作范畴。门窗的制作和家具的制作均为榫卯结构，而门窗和家具最大的区别在于一个是"二维结构"一个是"三维结构"。另外，处于建筑外立面的门窗用料标准也远远大于处于室内门窗的用料标准。

一、制作技术与标准

门的基本类型根据形式分为板门、隔扇门、罩、屏门和风门等。窗的基本类型根据形式分为槛窗、支摘窗、直棂窗及横披窗等。而这些类型的门窗都有着严格的制作标准和技术，完全是依据《营造法式》、《鲁班营造正式》、清工部《工程做法则例》和《工程营造录》等标准图集、规范、工艺和流程制定的。另外，在建造流程上也需要待房屋地基落成后，先定位好门窗的高低、宽窄和大小尺度，后立门框，然后再开展下一步的工作（图3-1）。

（一）制作技术

1. 大门的制作

大门是一个家族财富和阶层的体现，是一个家族的"脸面"，其大门

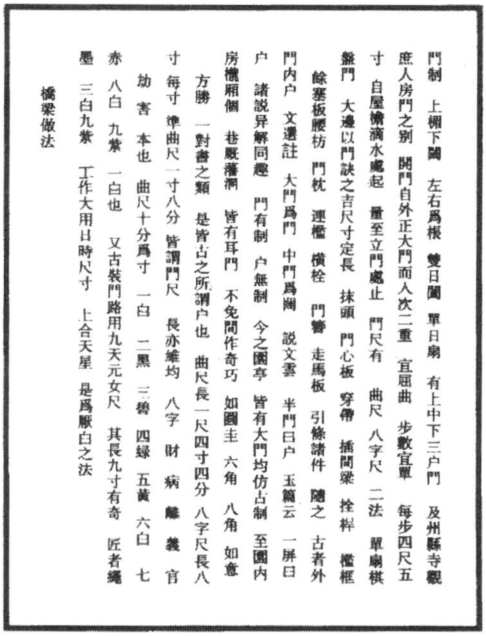

橋梁做法

門制　上棚下閫　左右為橕　雙日閩　單日扇　有上中下三戶門　及州縣寺觀

庶人房門之別　開門自外正大門而入次二重　宜屈曲　步敷宜單　每步四尺五

寸　自屋檐滴水處起　量至立門處止　門尺有　曲尺　八字尺　二法　單扇棋

槀門　大邊以門訣之吉尺寸定長　抹頭　門心板　穿帶　插閤梁　栓桿　檻框

餘塞板腰枋　門枕　連檐　橫栓　門簪　走馬板　引條諸件　隨之　古者外

門內戶　文遺註　大門為門　中門為闈　說文曰　半門曰戶　玉篇云　一屏曰

戶　諸說異解同趣　門有制　戶無制　今之園亭　皆有大門均仿古制　至園內

房檐廂偏　巷廐潘洞　是背古之所謂戶也　不免間作奇巧　如圓圭　六角　八角　如意

方勝　一對書之類　皆謂門尺　曲尺長一尺四寸四分　八字尺長八

寸　每寸　準曲尺一寸八分　長亦維均　八字　財病離義官

劫　害　本也　曲尺十分為寸　一白　二黑　三碧　四綠　五黃　六白　七

赤　八白　九紫　一白也　又古裝門路用九天元女尺　其長九寸有奇　匠者繩

墨　三白九紫　工作大用以時尺寸　上合天星　是為厭白之法

图 3-1　大门曲尺与八字尺用法

（图源：引自清《工段营造录》）

的豪华、气派、美观、精细等方面必须满足一个家族内在和外在的需求。

《营造法式》记载，板门是一种用于木板实拼而成的门，是用作宫殿、庙宇的外门，有防御的功能。所以，门板厚达 0.047~0.16 米（1.4~4.8寸，视门的高商定），看似笨重，实质上极为坚固。门框全部采用厚板拼合接缝，有"牙缝造"和"直缝造"两种。合板之间需用硬镶木"透镶栓"若干条贯穿起来，以镶保证门扇联成一个整体，这是板门拼合构造中的一种重要措施。直至明清，城门仍用此法。《营造法式》还指出：在透镶栓之外，须用"剖"作为门板合缝的固持件，其作用较透镶栓稍有逊色。此外，板背处需用 5~13 条楅进行联结，则将楅固定在两侧的肘木上，肘木比身口板稍厚，上下各伸出一个圆柱形转轴——上套子鸡栖木的孔中，下入于门墩的孔中。门低矮时，门墩用木质；门高大时，门墩用石质，且须用铁件来加强上下转轴及轴承（图 3-2）。依据清工部《工程做法则例》"上槛的高为下槛高的 4/5，中槛的位置于上、下槛之间约 3/4处，中槛的长、厚均同下槛，宽度（即高）为下槛高的 2/3 或 4/5，抱框的厚同槛、长为槛间净距离外加上下榫，宽（看面尺寸）为下槛宽的 4/5或按檐柱径的 1/15。大门门框的长、宽、厚均同抱框，在门框与抱框之间，安装两根短腰枋，门框与抱框的空隙部分安装余塞板。在中槛与上槛之间的大片空隙处安装走马板。中槛与上槛之间安装横披窗，通常分作三当，中间由横披间框分开。连楹长同中槛，外加两端捧柱碗口各按自身宽一份。连楹的宽可按中槛宽的2/3，厚按宽的1/2。门簪分头、尾两部分，头部长为门口净宽的1/9～1/7，断面呈正六角形，角上做梅花线（图3-3）。门簪面对面直径为中槛宽的4/5，尾部是一个长榫，穿透中槛和连楹再外加出头长，通常用四支，较小的门上用二支，还有一支的门簪，其上凿作轴碗，作为大门旋转的枢纽。大门下槛下卡门枕石，门枕石与门轴转动部分安装铸铁的海窝"（马炳坚，2010）。大门相对隔扇门要简洁得多，常规下，除了门钹、看叶等之外，再无雕刻之类的装饰，且为双扇。若是柱间满的话，应按照实测尺寸成比例缩放。

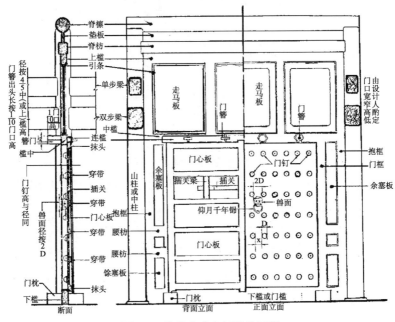

图 3-2　清代官式大门装修图样

（图源：引自《中国建筑史》）

候幼彬认为："……大门的'实用功能尺度'由于门口的尺度不很大，相应的门扇大小厚薄也较为适度，专利于日常出入的开关操作。……但是如果只停留在这个实用的门口尺度，大门的观感尺度则远远不够。因此，大门的定式做法中，普遍都运用了'形象放大'机制，把大门扩大到充满整个开间。这样，抱框和上下槛就成了门的外轮廓，均成大门的'精神功能尺度'，大大扩展了门的形象。装于抱框与门框之间的余塞板和装于上槛与中槛之间的走马板，都有很大的伸缩性，为门的放大提供了灵活的调节余地。"（候幼彬，1997）正是这一点，验证了"门宽二尺八，死活一起

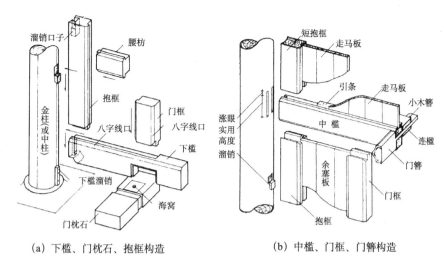

(a) 下槛、门枕石、抱框构造　　　　(b) 中槛、门框、门簪构造

图 3-3　板门结构分解图

（图源：引自《中国古建筑木作营造技术》）

搭"这句俗语的真正内涵。

　　梃框制作：在房屋建造时，门框和窗框的大小和尺度定位首先需要用鲁班尺测量后方可决定门窗的大小。自清代之后各地区民居建筑的门尺寸基本采用程式化的尺寸，如若两扇门，则参考《鲁班经》"二尺八"的尺寸，门净宽 0.88～0.9 米，另加两边边梃宽 1.08～1.1 米；若是单扇门，则参考《鲁班经》用"二尺三"的尺寸，门净宽 0.72～0.75 米，另加两边边挺宽 0.92～0.95 米。值得一提的是，常规梃框的木料硬度要比隔扇、槛窗的木料硬度大（表 3-1）。

表 3-1　《鲁班经》门户尺度表

门户名称	营造尺	紫白	门光尺（寸值）	尺尾数（寸值）	八字吉凶
小单扇门	2.10	一白	11.67	3.67	义
单扇门	2.80	八白	15.56	7.56	吉
小双扇门	4.31	三绿一白	23.94	7.94	吉
小双扇门	4.38	三绿八白	24.33	0.33	财
大单扇门	5.66	六白	31.44	7.44	吉

　　资料来源：程建军，孙尚扑 . 2005. 风水与建筑 . 南昌：江西科学技术出版社：151

　　在民间制作门框时有"树根朝下，树梢向上"的讲究，据说这样可以祥瑞吉福，资深的工匠需会对 1 米以上的框料有分清根和梢的本领，所以"木不倒立"在制作门框的工艺环节非常重要，因为所有木料均有根重梢轻的自然现象，一般技术好的工匠都能根据木料纹理的大小、疏密及微弱的色差来判别木料的根与梢，不能区分就必须用秤来称。所以，有"根梢分不清，匠人拿秤称"的说法，这样就既可以保证了木材的强度，同时又满足了人们美好的期望。还有，因为木料的体段不同而在质量上略有差异，故在门窗结构的制作工艺上也有"边材易弯，心材易裂。梢材易弯，根材易裂"之说。由此看来，树木木料中的中间段，以及介于树心和表皮之间的料才算上是上乘之材料，这样的话工匠能分清材料的"根与梢"以及"表与里"非常重要，是保证门窗不开裂及不变形的制作经验和技术窍门（路玉章，2008）。

2. 隔扇门和格扇窗的制作

隔扇门和格扇窗都需要根据房屋的实际尺寸及主人的想法去定位，不论高度还是跨度都不能单一地去定位。例如，当开间的尺度太长时，可以通过加余塞板或加厚墙体的技术处理，在允许的尺寸内，以偶数来等分格扇数。当开间的高度太高时，可以通过增加格扇的抹数或者在门或窗的上段增加绦环板、抱框和顶板等技术处理。当开间的宽窄有差距，可以通过不同的扇数来调整，只要整体比例协调且符合大众的审美，就可在一定的条件下灵活控制。例如，侯幼彬所说的："……充分表现出隔扇构图上的比例权衡与整体组装上的尺度调节的完美统一。"（侯幼彬，1997）（表 3-2）

表 3-2　板门高度与部件比例表

门高度（尺）	肘板、副肘板断面（宽×厚）（寸）	身口板厚（寸）	楅（条）	上下门轴	上下轴承
≤7	≤7×2.1	≤1.4	5	肘板上留出水	只用上下伏兔，不用鸡栖木门墩
8～11	8×2.4	1.6～2.6	7	同上	上用鸡栖木，下用木门墩
12～13	13×3.9				
14～19	14×4.2～15×5.7	2.8～3.8	9	同上	上用鸡栖木，下用铁桶子、鹅台、石门墩
20～22	15×6～15×6.6	4～4.4	11	上轴镶安铁铜，下轴镶安铁桶子、铁靴白（套在肘板下）	上用鸡栖木，孔内加铁钏（即铁钏）；下用铁鹅台、石地栿、石门墩

资料来源：潘谷西，何建中.2005.《营造法式》解读.南京：东南大学出版社：112

楼庆西认为："……格扇的基本形状是用木料制成木框，木框之内分作三部分，上部为格心，下部为裙板，格心与裙板之间为绦环板。三部分中以格心为主，这是用来采光和通风的部分，所以用木板条组成格网。"（楼庆西，2004）

朱广宇认为："……隔扇门是由边梃和抹头组成的。早期的抹头较少，宋代常见的是四抹头，后来逐渐增多，明清以五、六抹头为常见。一般地说，隔扇门的构造，是在木框架中镶嵌棂花及心板，以横抹头划分格心、裙板（素板）及绦环板。绦环板可多可少，少则一块，多则三块。格心之上的叫"上绦环板"，也有叫扇额、顶板、额板、上夹堂；裙板之下的叫"下绦环板"，也叫扇脚、脚板、下夹堂，中间的叫扇腰、腰板、中夹堂。隔扇各个部位的称谓是扇额、格心、腰板、裙板等……"（朱广宇，2008）（图3-4）。

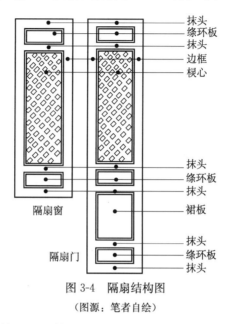

抹头
绦环板
抹头
边框
棂心

抹头
绦环板
抹头
裙板
抹头
绦环板
抹头

隔扇窗

隔扇门

图3-4　隔扇结构图

（图源：笔者自绘）

"槛窗分有三抹头、四抹头。……边框及槛窗花心棂条的断面尺寸均同于隔扇，槛窗的三抹头做法是将绦环使用在下边与隔扇中绦环同一尺寸高的水平的位置，四抹头绦环用在槛窗上，下与隔扇的上中综环平。"（朱广宇，2008）

"……'槛窗'即'半窗'则由扇额、格心和扇脚三部分组成。为了加强扇面整体的承受力，扇额、格心和扇脚三个部分通常用厚板子。扇脚板有踢脚的作用，所以通常是素面，而扇额、扇腰多由实木雕成浅浮雕或高浮雕形态的连续或独立的画面构成。一般来说，扇腰板的雕刻比扇额板更加细腻、精美一些，题材一般是山水花草、文房四宝、人物……"（朱广宇，2008）

王其均总结道："……做法是先做一个边框，然后在边框内分出上下两段，上段为隔心，下端为群板。如果隔扇用四抹头，则在隔心与裙板之间加一道绦环板，无抹头的则再在裙板下面加一道绦环板，六抹头的则在格心上再加一道绦环板。隔心是隔扇门中最重要的部分，也是所占比例最大的一段。一般隔心要多占到整个隔扇的三分之一，甚至是五分之三，不过具体比例如何，大多因时因地因需要而变美，灵活自由。"（王其均，

2007）

马炳坚认为："明清隔扇自身的宽、高比例为1∶3～1∶4，用于室内的壁纱橱，宽、高比有的可达1∶5～1∶6。……有六抹（即六根横抹头，下同）、五抹、四抹，以及三抹、两抹等数种，依功能及体量大小而异。……关于隔扇边梃的断面尺寸，隔扇边梃看面宽为隔扇宽的1/10～1/11，边梃厚（进深）为宽的1.4倍，槛窗、帘架、横陂的边梃尺寸与隔扇相同。明清隔扇上段（棂条格心部分）与下段（裙板绦环部分）的比例，有六、四分之说，即假定隔扇全高为10份，以中绦环的上抹头上皮为界，将隔扇全高分成两部分，其上占六份，其下占四份。这个规定，对统一各类隔扇的风格有重要作用。"（马炳坚，2020）

马炳坚认为槛窗"榻板长按面宽减柱径一份。外加包金尺寸，宽按槛墙厚（通常为1.50D①），厚按3/8D或为风槛高7/10（风槛为附在榻板上皮的横槛，高0.5D，厚同抱框，长同上槛，安装槛窗时用。支摘窗下面一般不装风槛）"（马炳坚，2010）（图3-5）。

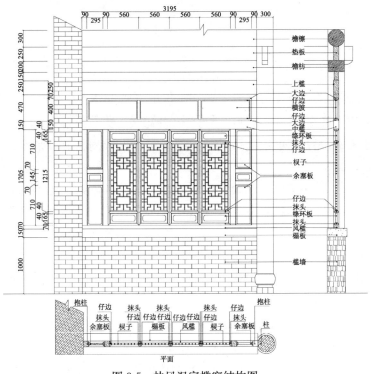

图3-5　扶风温家槛窗结构图

（图源：笔者自绘）

---

① D为柱径。

3. 格心制作

不同形状、不同大小和不同角度的棂条共同组成了格心的部分,其艺术装饰性尤为突出。但菱花单位的计算、等分,以及结构连接工艺和制作组合的工艺难度比较大(表3-2)。

图案疏密结构的"均匀度"以及镂空部位的"透光度"在应用及其制作格心时,需要准确把握。例如,《园冶》:"……古之槅棜,棂版分位定于四、六者,观之不亮。依时制,或棂之七、八,版之二、三之间。谅槅之大小,约桌几之平高,再高四、五寸为最也。"又有:"……古之屏槅,多于方眼而菱花者,后人减为柳条槅,俗呼'不了窗'也。兹式从雅,予将斯增减数式,内有花纹各异,亦遵雅致,故不脱柳条式。"(计成,明代末期)

侯幼彬释:"……清官式建筑的定型做法是,一般格扇的格心棂条定为'六八分',即看面六分,进深八分,断面约为2厘米×2.6厘米。而棂条与空当的比例,大多用'一板三空'即空当为棂条看面的三倍,约6厘米。这样,网格构成自然是一种细木组合的密棂图式。它的构成形式……有间隔构成、网格构成、框格构成、连续构成、沿边构成、菱花构成等式。值得注意的是,这些构成形式之间存在着一定的内在联系。"(侯幼彬,1997)

例如,"步步锦"的构成是由横向棂和竖向棂相互直角相交,且围绕一个或多个中心,向四周发散的[图3-6(a)]。"灯笼锦"在长空当结构中增添了"卧蚕""蝙蝠"和"工字形"等连接件"垫木",这样一来既增加了长棂格心的稳定性,又增添了装饰性和趣味性,同时也深化了格心的文化内涵[图3-6(b)]。步步锦纹样呈现出的是既富有规律性,又富有变化性,且动感十足、极具观赏性的风格特征,可以说是在构图和构造上达到了高度的融洽、和谐的艺术作品。而灯笼框一般是在格心的上下和左右对称处出现连接点,而较大面积留空,打破了以往的"均衡支点"办法,同时,也突破了悬空的拐角结点工艺。这样一来,为裱糊纸、绢及装饰字画,乃至安装玻璃奠定了良好的基础,彰显出疏密有致、对比鲜明的艺术效果,大大地增加采光率等优势。与此同时,"亚字拐""卍字拐""回字拐"也陆续出现,且均保持均匀支点的工艺技术。并在此基础之上又发展出了"龟背锦""方胜""盘长"和"斜卍字拐"等工艺难度更大的图案纹样,这些图案纹样不但采用了大量的悬空拐角结点,而且大量的悬空拐角结点的连接有45°角,或大于45°,或小于45°,不是原来的90°角了。在"圆光罩""八角罩"的图案纹样中,可以看到拐子纹、冰裂纹在不规则画面中所显现的适应性，这是非连续构成的图式难以达到的。"冰裂纹"的出现完全颠覆了以往的制作工艺和对称、连续和稳定的审美习惯，而以构图活泼、纹样洒脱、简洁雅致、结构坚实和便于制作、节省材料等突出优势被广泛认可。计成对冰裂纹有过"……其文致减雅，信画如意，可以上疏下密之妙"的评价（侯幼彬，1997）。

　　　　（a）步步锦结构　　　　　　　　　　（b）灯笼锦结构
图 3-6　不同格心结构比较图
（图源：自摄于关中地区）

　　针对纵横格，李渔曾说："……根数不多，眼亦未尝不密，头头有笋、眼眼着撒。"格心构成形式中，无论哪一种均需做到"头头有笋、眼眼着撒"。又说："窗棂以明透为先，栏杆以玲珑为主，然此皆属第二义；具首重者，止在一字之坚，坚而后论工拙。……总其大纲，则有二语：宜简不宜繁，宜自然不宜雕斫。凡事物之理，简斯可继，繁则难久，顺其性者必坚，戕其体者易坏。木之为器，凡合笋使就者，皆顺其性以为之者也；雕刻使成者，皆戕其体而为之者也；一涉雕镂，则腐朽可立待矣。"这种对居舍装修制作技术用材及结构工艺所持的"制体宜坚"观点。针对斜格，李渔说："……赖有躲闪怯，能令外似悬空，内偏着实，止须善藏其拙耳。当于尖木之后，另设坚固薄板一条，托于其后，上下投笋，而以尖木钉于其上，前看则无，后观则有。其能幻有为无者，全在油漆时善于着色。"针对曲线格，李渔又说："此格最坚，而又省费……曲木另造，花另造，俟曲木入柱投笋后，始以花塞空处，上下着钉，借此联络，虽有大力者挠之，不能动矣……"（李渔，清代）

　　在用材和制作方面，李渔还说："……取老干之近直者，顺其本来，不加斧凿，为窗之上下两旁，是窗之外廓具矣。再取枝柯之一面盘曲、一面稍站者，分作梅树两株，一丛上生而倒垂，一丛下生而仰接，其稍平之一面则略施斧斤，去其皮节而向外，以便糊纸。"（李渔，清代）其用意不在于窗子的制作工艺如何精细奢靡，而在于其工艺应顺应自然，以张扬事物的"自然美"，摒弃人工雕作之痕迹。

计成论制作工艺，力求"相间得宜"，认为"凡造作难于装修"的观点（计成，明代末期）。

在材料的妙用方面有如林徽因所述："……因为木料不能经久的原始缘故，中国建筑又发生了色彩的特征。涂漆在木料的结构上为的是：（一）保存木质抵制风日雨水，（二）可牢结各处接合关节，（三）加增色彩的特征。这又是兼收美观实际上的好处，不能单以色彩作奇特繁华之表现。"（林徽因，2005）

侯幼彬说："……通常装修木作都采用优质的材木和精细的工艺，特别是高品位殿屋的内檐装修，一般不上油漆，好用木本色打蜡出亮，用料更为讲究，常选用花梨、紫檀、红木、金丝楠木、桂木、黄杨等名贵材质。这些装修工艺极精，自身也融于建筑中，成为精美的工艺品。"（侯幼彬，1997）

总之，门窗格心部分的基本结构主要采用的是插脚、榫卯、搭接、雕刻、镶嵌穿插等各种制作工艺形式。并且，在制作的过程当中讲究"一看卯鞘二敲板，好门能甩四十年。好窗耐看搭口严，起线镶装需平展"。

4. 风门制作

在一般的情况下，风门是按照门的净口尺寸"二尺三"和"二尺八"的两种尺度制作的。其结构分为上槛、中槛、下槛、装板、立柱和花格心，以及花格心内侧或镶嵌玻璃或裱糊纸绢等共同组成。风门的窗棂一般是单独制作的，在制作完成以后镶嵌于风门的上框内即可，其主要的结构形式有俊角判接方法（45°斜角搭接法）、十字交接的判接、半榫卡皮插角等。

风门在材料上有讲究，一般是选择木质较为轻和软的，如红松木和椴木为佳，常用的还有柳木、杨木、獐子松、楸木等树种，其中还需干燥的、纹理顺畅的和无疤节的料为首选。

风门的配料，一般常规的框料厚度为 0.04 米，装板的厚度为 0.012～0.015 米。框料宽度，下槛相对要宽些，一般为 0.1 米×0.04 米。其他的如上槛、中槛、立柱、边梃的统一为 0.08 米×0.04 米，并以一种尺度下料为好。

风门在木工技术上很是讲究，正如俗语："好门能甩四十年，好柜能放三百年。"所以，风门的配料、做榫、装板镶嵌、起线俊角制作工艺方面都非常考究。

5. 牌坊

自元末起，牌坊的制作技术从木作改良为石作，正如刘敦桢所说："牌楼之发达，自木造之衡门、乌头门演绎进化，故石与琉璃二类牌楼之结构，俱以木牌楼为标准，分件名目，亦唯木作是遵，甚至施工下墨，每有木工参与其间，可为前说之旁证。"（刘敦桢，1982）由此可见，牌坊以及棂星门是在原有的木质结构基础上进行改良发展而来的。同时，牌坊的基本结构有檐顶、斗拱、额枋、立柱、字牌及基础部分，基本以一、三、五、七的奇数开间出现，每一个牌坊体量大小、差异较大。

6. 门关子

在关中地区，关于门的制作技术方面有许多能反映技艺与构造的典型案例。例如，笔者发现了数种不同的"贼关子"，都带有防盗功能。常规现象是，使用贼关子的大门一般会将门扇之间的合缝结构设为无裁口形式。当然，也有许多既使用贼关子机关，又使用有裁口的形式。

（二）技术标准

门窗结构与尺寸规律（梁思成，2006）："……是由尺寸转化为简单的计量单位，以'分'① 为分值。"（楼庆西，2006）

1. 槛框部分

无论门还是窗，其槛框的尺寸均为二三寸至四五寸宽的木材，并沿着柱侧及上下先做好一个高低大小适度的外框，然后在外框里安门窗（表3-3）。下槛是贴近地面的木枋子，也有把尺寸做得较高的个别现象，枋的高度可达三尺左右。按面阔除柱径一份定长。按柱径八扣定高（即十分之八）。厚按高十分之四（又法，厚按柱径十分之一至十分之三）。中槛与下槛的距离要以门的高度来确定；长厚同下槛，高按下槛高八扣。上槛（宋叫额或腰串）尺寸较中槛小。长厚同下槛，高度按中槛八扣；靠柱的枋框叫抱柱枋（宋叫槫柱颊），其厚度比中槛、下槛要薄些，但也有厚度相同的现象（刘致平，2000）。而窗用的槛框与窗扇框基本相同。只是讲究的家庭在槛墙上安有窗榻板，厚度为厚二三寸。榻板上再落风槛。但是，槛框的具体尺寸及安装办法要根据实际情况进行酌情处理。

---

① 古代尺度单位，1尺=10寸，1寸=10分。

表3-3　槛框结构权衡尺寸表

槛 框	宽	厚	长	槛 框	宽	厚	长
下 槛	4/5D	3/10D		门头枋	1/2D	3/10D	
中槛挂空槛	2/3D	3/10D		门头板		1/10D	
上 槛	1/2D	3/10D		榻 板	1 1/2D	3/8D	
风 槛	1/2D	3/10D		连 槛	2/5D	1/5D	
抱 柱	2/3D	3/10D		门 簪	长＝1/7门口宽	径＝1/9门口宽	
门 框	4/5D	3/10D		门 枕	高＝2/5D	4/5D	2D
荷叶墩							

注：D＝柱径
资料来源：梁思成（2006）第89页表十三

（1）风槛：按次梢间面阔除柱径一份定长，高按下槛高十分之七，厚同下槛。

（2）格抱柱：按檐柱高除檐枋上下槛宽各一份定高，按下槛八扣定宽，厚同下槛。

（3）短抱柱：按金柱高除檐枋上中下槛格抱柱各一份定高，宽厚同格抱柱。

（4）窗间抱柱：如安支摘窗，按檐柱高除檐枋、上槛、槛墙、踏板各一份定高。如安槛窗再除风槛高一份，宽厚同格抱柱。

（5）门框：按檐柱高除檐枋上下槛宽各一份定高，或按下槛高的十分之七定，宽厚同下槛。

（6）门头枋：长按门口宽定长。高厚同上槛。

（7）门头窗：按门框除去门口高一份，门头枋高一份定高，宽同门口宽。

（8）门头板：高宽俱同门头窗，厚按门框厚三分之一。引条长同板长，见方五分。

（9）榻板：长按面阔除柱径半分，宽按柱径一份半，高按宽四分之一。

（10）连槛：按面阔除柱径一份定长，按上槛高八扣定高，厚按高折半。

（11）栓杆：高按格扇高，外加上下槛各一份，宽按大边，厚按宽收五分。

（12）门枕：长按下槛高二份半，高同下槛，厚按高折半。

（13）门口高宽：按门光尺定高宽，以财、病、离、义、官、劫、害、福每个字为一寸八分（表3-3）。

2. 格扇部分

隔扇门"……的做法就是先用木料做成边框，然后在边框之内分成上下两段，上段叫格心，格心有两层的夹纱，两种格门里外看去全一样，是最高级的做法。格心可以用窗棂拼成，可糊纸、糊纱或安玻璃。格门下段用木板镶起裙板（宋叫障水板），裙板与格心之比，《营造法式》规定是一比二，清式规定是四比六……"（刘致平，2000）（表3-4）。

表3-4　格扇结构权衡尺寸表

格　扇	看　面	进　深	格　扇	看　面	进　深
边　梃	1/10格扇宽或1/5D	3/20格扇宽或3/10D	绦环板	高＝1/5格扇宽	1/20格扇宽
抹　头	1/10格扇宽或1/5D	3/20格扇宽或3/10D	裙　板	高＝4/5格扇宽	1/20格扇宽
仔　边	2/3边梃看面	7/10边梃进深	格　心	高＝3/5格扇宽	
棂　条	4/5仔边看面	9/10仔边进深	帘架心	高＝4/5格扇宽	

注：D＝柱径

资料来源：梁思成（2006）第89页表十四

（1）五抹格扇：按抱柱高除五分定高。按面阔除柱径一份抱柱二份。分缝一寸四归定宽。按高除抹头五份，绦环二份，群板一份定格心。按绦环四份定群板。按看面二份定绦环。

（2）格心：以格扇高四六分之，以六份除二抹头定高。仔边看面按大边看面六扣，深按大边深七扣，棂条看面按仔边看面八扣，深按仔边深九扣。

（3）大边：以格扇宽十分之一定看面，十分之一分半定进深（又法，看面按格扇每高一丈得二寸五分。进深按柱径三十分之八）。

隔扇四六分法是按隔扇全高、隔扇的上抹头的上皮起至上中抹头上皮占全高拍十分之六，由上中抹头上皮至下抹头下皮占全高的十分之四。按几抹头减去裙板高度尺寸。还可以由隔扇通高减去所用抹头根数和绦环板的块数后所剩余的尺寸按四六分，隔扇心占六、裙板占四分定之（刘枫，2006）。

隔扇门的制作工艺流程是，先将边框料及分段设计并定位好，制作榫卯连接件，在进行组合的同时，将上下的格心板和裙板嵌入。若格扇采用四抹头，则需要在格心板与裙板之间增加一档绦环板，若采用五抹头，则需要在裙板之下增加一档绦环板，如若采用六抹头，则需要在格心之上增加一档绦环板。每扇的格心比例一般均大于裙板，甚至可以达到五分之三的比例（表3-4）。

（4）支摘窗：按面阔除柱径一份，包柱三份，分缝五分，二归定宽。按窗间抱柱高除五分，分缝折半定高。窗间分做上下左右共四扇，又为双层。上扇可支，下扇可摘，而关中地区则多为上下两扇结构（表3-5）。

表 3-5　瓦作结构权衡尺寸表

瓦　作	大　式		小　式	
	高	宽	高	宽
槛窗槛墙	3 2/3D	1 1/2D		1 1/2D
支摘窗槛墙	2 3/4D	1 1/2D		1 1/2D

注：D=檐柱径

资料来源：梁思成（2006）第 89 页表十二

（5）槛窗：一般按面阔除柱径一份，抱柱二份，分缝一寸，四归定宽，按抱柱高除五分定高。另外，槛窗分有三抹头、四抹头。边框及槛窗花心棂条的断面尺寸均同工隔扇。如若用"栏槛钩窗"之上的，则多以套方、裂纹、龟背锦等雕刻纹样为格心（表 3-5）。

（6）横披：按面阔除柱径一份，短抱柱宽二分定长。按短抱柱高定高。

3. 廊门桶（一座内）部分

（1）八字抱柱：二根，按檐柱高除穿插及穿插当各一份定高，定宽四寸，厚二寸。

（2）榻板倒肩木：一块，按廊深除檐金柱径各半分定长，宽厚同前。

（3）门头枋：一根，按廊深，除檐金柱各半份，八字抱柱宽一份定长，宽厚同前。

（4）踮板：两块，按门口高加顶板厚一份定高。宽按除檐柱径半份，除金边宽一份，八字抱柱厚一份定宽。厚三寸。

（5）顶板：长按廊深，除檐金柱径各半份定长，宽厚同踮板。

（6）哑叭过木：长同顶板长，宽同顶板宽除砖一进定宽。厚同前。

（7）栱枋板：按八字抱柱高，除顶板厚一份，门头枋倒肩木宽，门口高，各一份定高。按廊深除檐金柱径各半份，八字抱柱宽二份定宽。厚二寸。四面引条见方五分。

（8）门簪：长按上槛厚一份连槛宽一份半，并外头长按本身径八分之十。径按门口宽九分之一。

（9）楅：高按下槛高十分之十二。宽同高。厚按格扇边厚二份。

4. 门槛石部分

（1）门枕：槛垫上安，长按槛垫宽。宽按长七分之三。厚按宽折半。再加落槽，按厚四万之一。

（2）门枕鼓里带门枕：长按下槛厚二分之一，外按下槛高三分之五，共即是。厚按下槛厚二份。高按下槛高二分之八（表 3-6）。

表 3-6　结构权衡尺寸表

石　作	大　式			小　式		
	高	宽	厚	高	宽	厚
槛垫石	2/3D	2D				
门　枕	6/7D	2D	3/7D			
门　鼓	4/5D	3/5D	2/5D			
门鼓（幞头）	1 1/8D	4/5D	1/2D			
御　路	长不定	3/7 长	3/10 宽			

注：D=檐柱径

资料来源：梁思成（2006）第 88 页表十一

（3）门鼓：高径按下槛高，若幞头鼓做，高按下槛高十分之十四。宽按高十分之七。厚按高十分之五。

（4）踏跺石：长按格扇宽二份定长。如无格扇按门口宽一份定长。宽按阶条宽八扣。厚按栓明高除阶条厚一份定厚（表 3-6）。

（5）石栅栏门：高按角柱明高，外加本身厚半份，共凑即是连签头转高。内下转身长，按本身厚折半，上转身长，按本身厚八扣。签头上皮，与转身齐。宽按门口宽折半，外加角柱厚五分之二，共凑为宽。厚按宽六分之一分。

5.门扇部分

板门的门扇结构是由同样厚度的木板条进行排列的，同时再用方楞料进行结构串联而形成的（图 3-7）。门扇上的门钉按照登记规定分为九路、七路、五路，有加固门板与穿带的结构和表现建筑等级及装饰作用。例如，清工部《工程做法则例》有关门钉之规定："凡门钉以门窗除里大边一根之宽定圆径高大。如用钉九路者，每钉径若干，空当照每钉之径空一份，如用七路者，每钉径若干，空当照每钉之径空一份二厘。如用五路

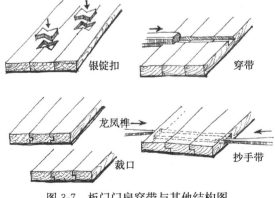

图 3-7　板门门扇穿带与其他结构图

（图源：笔者自绘）

者，每钉径若干，空当照每钉之径空二份。门钉之高与径同。"

（1）铺首：分为铜质和铁质，应按照等级使用。安装于门的正面。兽面直径为门钉直径的二倍，每个兽面带仰月千年锦一份。

（2）棋盘门：按门口高加上下槛高各半份定高。按门口加门框宽一份二归定宽。撒带门的高、宽、厚尺寸同棋盘门。

（3）屏门：高同格扇算法。宽同格扇。每屏门高一丈，板厚二寸。

（4）风门：一般为单扇结构，其外形与隔扇门相类似。但是比例较宽低一些，宽可三尺许，高可六、七尺，常规为向外开启，有的则可安装在帘架框之上。

6. 其他木作部分

（1）帘架：按抱柱高加上下槛高各一份定高，按格扇二份大边一份定宽。格心按帘架高十分之一定高，按帘架宽除大边宽二份定宽。

（2）花板：高同摺柱，各间要单块数。厚按摺柱进深，系连雕活在内。

（3）小额枋：高按柱子见方七分之六分，厚同柱子见方，长按面阔除去一个见方若干外，两头各加榫长，按柱子四分之一即是。榫高按小额枋高。厚按高折半。次间小额枋算法同。

（4）雀替：高按小额枋折半。厚同本身高。长按净面阔四分之一分。

（5）榫子：长按小额枋榫长折半，高同雀替高，厚按雀替厚三分之一分。系在小额枋上带做；绦环（即按小额枋上大额枋下之花板）。长宽同小额枋，厚按柱子见方七分之五分半，两头榫子长宽厚，俱同小额枋。

（6）大额枋：长宽厚及榫子，俱同小额枋。

7. 窗棂部分

窗棂在制作上有简、阔、繁等不同样式的制作标准。所谓的"简"是指有直棂判接的形式；所谓的"阔"是指由起线、铺背、俊角的大气形式；所谓的"繁"是指有插角、雕花、色垫制作的各种镶嵌形式。

窗棂的用料有一定要求，要求质地和硬度统一，这样在加工时不易变形和开裂。其常规宽度一般为 0.013～0.015 米（即旧市制的 4～5 分），少量的也有 0.008 米、0.013 米、0.02 米、0.027 米（即旧市制的 2 分、4 分、6 分、8 分）尺度。常规厚度一般为 0.027～0.029 米（即旧市制的 8～9 分）尺度。

窗棂不好一概而论，因为在制作形式上，存在着比较大的地区差异和房屋结构差异。例如，在关中北部一带以窑洞窗和刹网圈式的"半圆窗"，外加窑洞门同步进行安装的，故窗棂的形式不定，有做工考究的、有丰富繁杂的，也有简单实用、朴实大方的。

8. 窑洞门窗

窑洞门的尺寸也基本上采用程式化的尺寸，如若是双扇门的话，则用"二尺八"的尺寸，门净宽 0.88～0.9 米，另外两边边梃宽 1.08～1.1 米；如若是单扇门的话，则用"二尺三"的尺寸，门净宽 0.72～0.75 米，另外两边边梃宽 0.92～0.95 米。

门窗框的榫结合处，一般门窗框的中槛、下槛一般为半榫，上槛多为透榫。传统的榫眼有五分凿、六分凿凿眼（即 0.017～0.02 米）。另外，在起线时，线形一般以木工线刨刨出五分线或七分线（公制尺度约 0.017 米或 0.023 米）。下槛不起线，齐肩不插角。中槛和上槛榫结合处要做插角结构。

在木材的选用上，一般常规梃框的木料硬度选择中硬质，其硬质大于格扇、槛窗的木料，槐木、榆木、黄花松木和椿木为好。

（三）防腐技术

由于门窗材料均属天然木材，受到一年四季的风吹日晒、雨雪侵袭，难免导致门窗开裂、变形、腐朽等，也难逃白蚁、木蜂等虫害的袭扰。因此，古人总结出了"结构防腐"和"木料处理"技术，大大地降低了木材腐朽和虫害的威胁，这些经验至今仍在使用。结构防腐的方法如门的框槛与地面相接处为了防潮常会采用石灰浆或木炭做铺垫层，或采用门枕石搭配石条、地砖进行铺装，将地面与木料截然分开。另外，对木料的防腐处理技术有烟熏法、浸渍法、药剂法和油漆涂刷法。例如，浸渍法采用醋酸铜（铜青）、石灰、盐水等方法进行灭菌处理；油漆涂料法则采用油漆或矿物质材料涂刷于木材表面，以达到阻水隔潮、消灭细菌的目的。

（四）礼制标准

"……关于宅第制度，在封建社会里是非常重视的。自从在周礼、仪礼等书中明文规定礼仪制度以来，统治者们就愈益重视封建社会的整体秩序。园宅逾制的就有罪。但是以往如秦汉等如何详细规定，未获明文，不能妄测。到了唐代已是封建社会发展的昌盛时期，一切设施全有很严整的等级差别礼仪制度。"（刘致平，2000）

二、制作工艺流程

（一）门的制作工艺与技巧

门的制作工序有：选料—放样—配料—截料—刨料—过线—打孔—制

榫；拉肩—起线—拼装—光面等。

（1）选料：在关中地区传统民居中，门的材料多数为本地所产的树木，如有松木、杉木、榆木、桦木和核桃木等。用料衡量的标准有两点需要注意：第一，硬度大的硬杂木不能选用；第二，尽量选择软硬度相匹配的树种，其目的是在于防止榫卯结构处受热胀冷缩的影响，易开裂及不方便加工。

（2）放样：放样就是根据门的详图将门窗各个部件的详细尺寸用足尺画在"样棒"上。"样棒"也称为"数棒"，采用变形较小的松木制成，双面抛光，厚度约为 0.025 米，常规为宽等于门的边梃断面的宽度，长却比门要高出约 0.2 米。

（3）配料和截料：在配料环节中应根据所需的毛料数量及尺寸进行测量计算，并需留有规定的余量；截料的规定为"先长后短""先窄后宽"，这样会使材料得到充分利用，并需注意观察和避让材料上疤节、裂缝等缺陷之处。

（4）刨料：刨料的标准为横平竖直、平整光滑、直角见线，同时，还需注意木纹的走向，需选择顺纹方向进行刨削，这样既省力又使得刨削的料面光滑平整。

（5）过线：画线即根据门的构造要求，在各根刨好的木料上划出榫头线、打孔线等。

（6）打孔：打孔工序一定要与榫头相配合。如果门扇的榫孔尺寸不符合要求，或者榫孔接合不紧密，则门扇在使用过程中，会出现下垂或者开关不灵等现象。打孔时，先打全孔，后打半孔。全孔先打背面，凿到一半时，翻转再打正面，直到贯通。孔的正面要留半条墨线，反面不留线，但比正面略宽，这样装榫头时，减少冲击，以免挤裂孔口四周。打成的孔要方正，孔内要清干净，不留木渣。孔的两端面中部应略微隆起，这样榫头装进去，就比较紧密。

（7）开榫和拉肩：开榫也称为倒卯，意思就是按照榫头线纵向锯开。拉肩就是锯掉榫头两旁的肩头，通过开榫和拉肩，就制成了榫头。

为了避免榫与孔不合，在锯榫时，可用打孔凿与榫头比对一下，凿刃宽度应与榫头厚度相等；或者将已经做好的榫头打入孔中，看是否合适。半榫的长度应比半孔的深度少 0.002～0.003 米。

（8）起线：起线就是在木材棱角处刨出线脚，要用线刨来操作，要求刨得线条形状符合要求：表面光洁、线条挺直、棱角整齐，阴角处要清理整齐。

（9）拼装和光面：拼装时，一般是先里后外，榫头对准榫孔，用斧头或者锤轻轻敲入拼合。敲打处要垫上硬木块，以免打坏榫头或者打出痕迹。所有榫头待整个门拼装好后再进行敲实。

拼装门扇时，先将一根边梃放平，把抹头逐个插装上去，再将门裙板、绦环板嵌装于抹头及边梃之间的凹槽内。嵌装时，要注意裙板和绦环板不要在抹头间挤得太紧，板边到凹槽底有 0.002～0.003 米的间隙为宜。最后，将另一根边梃对准榫孔装上去。拼装好的门，如果发现边梃和抹头结合处表面不平整，用细刨刨平，再用光刨刨光。对应的门应配好对，把对缝处的截口刨好。经修整完毕的门及相关构件，要分别标注房号、编号等，以便识别。同时，针对每一个隔扇，在下好料时还须按照安装顺序摆放，这样也可以保证不易出错（图 3-8）。

图 3-8　按照组装顺序摆放、标注编号

（图源：自摄于旬邑）

（二）窗的制作工艺

（1）尺度要求：在关中地区，一般窗棂用料宽厚见方的木条大都为 0.015 米×0.03 米的；较大的升底子井字格窗棂的边条，其大小选 0.027 米×0.03 米。这也是传统工艺的规制，旧称四分棂、五分棂、六分棂、八分棂。窗棂的厚度和边框棂的宽度统一为九分厚。

（2）画样：先画出窗的样式，或叫式样。

（3）选材：木窗大部分都应用较软的、木纹顺和无节子的木料，如杉木、松木、柳木、杨木、榆木等。同时还要求板料必须是顺纹、干燥且最好是中间段的材料。

（4）配料：配料时，传统的技艺讲究窗棂薄厚要均匀，长料多配一两根。这样做的目的是为了避免加工时的折断损坏，并能够及时的更换。

（5）刨料：木工的技术讲究分清大面和小面，大面小面规矩面。根据锯截的窗棂数进行平整刨光，先刨大面和小面，即规矩面。大面和小面不但要求平整，并且要方正，刨光时每根窗棂一定要用角尺考证，不得出现歪斜不直的状况。

（6）画线：画边棍榫眼的前皮线时，特别需要注意边棍的起线，如若起线，边棍要比窗棂加厚0.005米下料画线。首先把刨光的木料按立卧棍的长短分别调整排列，然后以边梃作为规定的尺度，把竖边梃作为立棍的画线样板，横边梃是卧棍的画线样板。

（7）锯口做榫：要根据刨出窗棂条统一尺度的薄厚进行确定是吃线锯截还是留线锯截。窗棂做榫要按照画线用木凿凿出，有的是透榫、半榫，有的要剔出俊角榫。

（8）起线：起线是窗棂的边框需要刨出的一种花棱，文字语言叫文武线，大多数是每根窗棂看面全做成花棱或花边。花棱的名称和样式很多，如分坡线、圆线、亚面线、浑面线、花线。

（9）雕花：雕花分为色垫雕花、插脚雕花、花结雕花、镶嵌雕花等。色垫雕花多对称应用在灯心棍上下或四周，起到垫接和镶装的作用。插脚雕花多用于镶有玻璃的棍格之上。花结雕花在设计和构成上面比较讲究，它是以一块大小适中的方板或者圆板进行全面浮雕或者透雕，并镶嵌在窗棂中的。镶嵌雕花是以雕花为主，在四周配上窗花作为花边窗户。常跟以上几种雕花混合在一起使用。

（三）油漆工艺

1. 材料

（1）打底材料：打底材料是将一种青石经过一千多度的高温加热而得到的。木材如果有裂缝的话，瓦灰就可以填补裂缝，使木材表面平整。传统的做法是用瓦灰打底，瓦灰就是将屋瓦或者青砖磨成细小的颗粒，因为瓦和砖在制作的过程中经过高温加热，所以形成瓦灰的颗粒在使用中不会变形，小颗粒经过多次碾压和筛选，得到的粗灰大小与黄沙相似，可以细如面粉。

（2）桐油：桐油一般分为生桐油和熟桐油，生桐油用于砖表面，熟桐油则用于木材表面。桐油是传统油漆做法中使用最多的油料。

（3）土漆：土漆是从漆树皮部采割出的天然涂料，因易于氧化，所以看到的氧化表皮呈黑色。又被称为"生漆""国漆"等。

（4）猪血：有些时候桐油中会加入猪血，用于上色的猪血又分为生猪血和熟猪血。生猪血常用于底色，而熟猪血常用于面漆。在猪血的制作中，要控制好猪血的含水量，为漆料的1/3左右。若加入的水太多，则黏性不好，不经久容易剥落；若加入的水太少，则容易过快凝固。

2. 漆处理工具

（1）涂刷类：漆刷是最常见的涂刷工具，主要由刷板和刷毛组成，老工匠们都是自己制作漆刷。丝头指乱蚕丝，是丝织业的副产品，用于"揩漆"。在《营造法式》中记载有："如施彩画上者，以乱线揩揢之。""揢"为轻轻地抹擦，那么"乱线"大概就是丝头早期的雏形了。高级的门窗漆作要求漆成后表面看上去"柔"和"糯"。如果表面光亮反而不好，类似于今天的"亚光"效果，此时不能用刷漆，而是要用丝绸类的柔软物蘸着漆慢慢地在木材表面磨，要把桐油磨进木材里，即是丝头的用法。

（2）刮批类：常见的刮刀种类有木刮刀、金属刮刀、竹刮刀、树脂刮刀、橡皮刮刀、配面用刮刀等，其多用于开缝或者调和漆灰以及清理器皿，也可用于调配面漆。常见的灰刀多为铁质的，用木柄固定。刀头根据用途的不同，形式也不一样。

（3）打磨类：磨子就是《髹饰录》中提到的"揩光石"，是一种在山上找的表面光洁的卵石，大小适合手握即可，使用前用磨刀石将这石头的表面磨出一块平面，磨子一般用于打磨漆灰。砂叶是一种砂树的叶子，反面毛糙，用水浸湿后用来打磨木材的表面，一般用此打磨最外层。不仅用于建筑漆作还用于漆器和印章等。木贼草是一种草本植物，因为有节又被称为"节节草"，选与筷子一般粗细的木贼草，将其编织成 3 厘米左右宽的条状，蘸水用拇指与食指夹住打磨。现在用于打磨的工具多为各种型号的砂纸，而传统的打磨工具有磨子、砂叶、木贼草等，均取自天然，价格低廉。

3. 工艺

通常门窗漆作的等级较高，因为建筑的隔扇门窗与大木架构不同，其用料细巧，是建筑中人们观赏以及日常触摸得最多的构件。故此，在油漆工艺上更为讲究。

通常油漆工艺有五种做法可供选择：混水光油、清水光油、退光漆、明光漆和揩漆做法。需要根据建筑等级、构件部位、工期和造价要求、家庭经济实力、主人的偏好等分别选择不同的漆作工艺，其中建筑自身是最主要的决定因素。例如，从建筑等级上来说，等级较高的厅堂必须采用等级高的明光漆，等级更高的则采用退光漆，露明构件一般不采用光油做法。但是在建筑的其他构件上，退光漆一般很少用，而揩漆仅仅用于少裂缝的高级硬木装折髹漆等。

4. 工序

（1）打底：因木材生长特有的结构，使其具有大小不等的空隙，打底的目的主要是防止漆被木质缝隙吸收而影响光泽，同时，补平木质表面的凹陷等现象。在做清水活时一般打底子必须打得薄，若底子厚了会遮盖住木纹，影响髹饰效果。同时，打底调灰一般水分少比水分多好，调好灰放几个小时再用比现调现用好。

（2）揩头道漆：这一道漆的含水量稍大，干燥后生漆可渗入木质中，一方面对木材起到保护作用，另一方面将木材表面硬化，便于后续的打磨工序。

（3）打磨填缝：用磨子或者砂叶将木料表面打磨光滑，并用面漆填缝。

（4）揩漆：揩漆也称"揩青"。通常是棉花沾精制的生漆，均匀地平涂于木料之上。常规有生漆揩和熟漆揩之分，生漆含水分较多、干燥快，但光亮较弱。熟漆干燥慢，光度却比生漆强。揩漆的漆层不能太厚，有利于漆面平整和干燥，等干燥后再进行打磨，之后再一次揩漆。每一次揩的漆要比前一次薄，但干燥时间要长一些，完全干的漆层，才能研磨出。打磨需用旧木贼草和砂叶，主要目的是磨去漆面的气泡、尘埃和漆中浮光，这样反复进行数次即光亮如鉴。

另外，与"揩漆"相近的还有一种称为"擦漆"。揩漆需揩多次，而每次都揩得极薄，干后再磨，然后再揩，反复数次。擦漆只擦一道，用丝头沾漆擦得较厚，擦后马上用刷糙，糙后用刷收，候干即成。另外，揩漆的漆不含油，而擦漆的漆含有油。

（四）制作考察

制作现场位于旬邑唐家村的复建工地，其中有看到的部分工具（图3-9）。有的工匠师傅们正在雕刻垂花头，有的正在开料等。周边堆放着许多的格心组合后正在压实的小单元以及下好的隔扇门窗框料等（图3-10）。

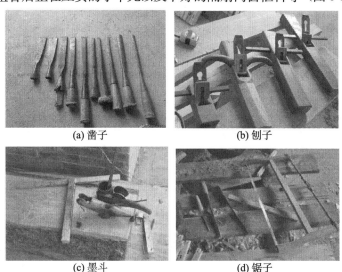

(a) 凿子　　　　　　　　　(b) 刨子

(c) 墨斗　　　　　　　　　(d) 锯子

图 3-9　木作工具（部分）

（图源：自摄于旬邑唐家村）

图 3-10　隔扇门制作现场

（图源：自摄于旬邑唐家村）

三、常规工具及其功能

尺度是人类发展到一定阶段产生的产物，它的有效利用大大促进了社会文明的快速发展。古代尺的长度也不尽相同，但以十寸尺最为常见。建筑离不开尺度，因为建筑是以建筑模数为基础构建的，而门窗亦是如此。一些尺法的应用对传统建筑设计有很大的影响，如九天玄女尺法、门光尺法等。

（一）制作工具

门窗的制作工具主要有量划工具（直尺、折叠尺、三角尺、墨斗、铅笔等）、斫解工具（锯子、锛子、斧子等）、平木工具（各种平刨、线脚刨等）、凿剔工具（凿子、铲子、钻子等），如图 3-11 所示。

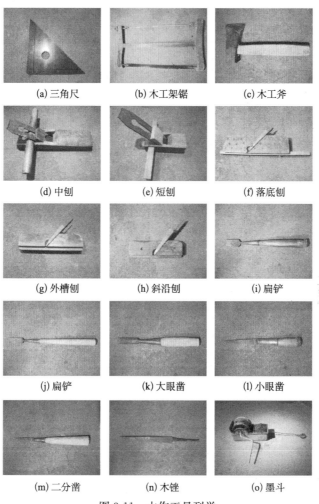

(a) 三角尺   (b) 木工架锯   (c) 木工斧

(d) 中刨   (e) 短刨   (f) 落底刨

(g) 外槽刨   (h) 斜沿刨   (i) 扁铲

(j) 扁铲   (k) 大眼凿   (l) 小眼凿

(m) 二分凿   (n) 木锉   (o) 墨斗

图 3-11　木作工具列举

（图源：王文佳汇编）

（二）鲁班尺

鲁班尺是以鲁班的名字命名的，鲁班为春秋时期鲁国人，又被称为"公输般""鲁班"及"公输子"。《续通考·乐考·度量衡》有曰："商尺"为"拐三角"形的木质尺，工匠们称"曲尺""拐尺""弯尺""角尺"。……木质构件和家具上的木工工具（张驭寰，

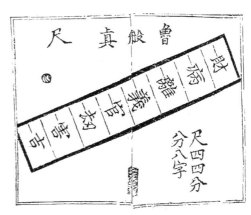

图 3-12　鲁班真尺

（图源：《鲁班营造正式》）

2009)。"营造尺""文公尺""门公尺""大尺"都融入了丁兰尺的寸、厘米的概念。尺面上有尺寸和标有避凶趋吉的文字（图 3-12），尺子通常为一尺四寸四分（约 0.004 068 米）。鲁班曾先后发明了很多具有实用性的木工工具，如刨子、铲子、旋转钻、墨斗、锯、钻等（图 3-9、图 3-11）。

孙大章有考：……大门的高宽尺寸亦有吉凶之说，一般用'门光尺'来校核。'门光尺'又名'鲁班尺'、'八字尺'，是由营造住宅的木工来掌握吉凶的一种尺度。门光尺长度为 1.44 营造尺（1 营造尺＝320 毫米），折合公制为 0.4608 米，每尺分为八寸（每寸折合营造尺为 1.8 寸，公制 5.76 厘米）。每寸分别标识为'财'、'病'、'离'、'义'、'官'、'劫'、'害'、'吉'八个字，或者标为'贵人'、'疾病'、'离别'、'义顺'、'官禄'、'劫盗'、'伤害'、'福本'八个名称。每一寸又分为五小格，每格标志吉凶内容。门光尺的背面亦分为八寸。表面上看门光尺的应用给门口设计带来约束，但实际上吉门的尺寸多为日常惯用的尺寸（图 3-13）。孙大章说："……从历史发展看，至少在南宋末年已经出现了用一尺分为八寸的鲁班尺（即门光尺）以定吉凶，但依记载，当时鲁班尺长仅为 0.3086 米，比清代官方营造尺还小。所以说以门光尺定吉凶，历来即没有固定的准确的尺寸，只不过是满足业主的心理需要而已。"（孙大章，2004）

图 3-13　门星尺

（图源：引自《中国古建筑木作营造技术》）

同时，使用方法被总结出来，如："门高的尺寸应包括下槛的高度，门框里皮所围合的净尺寸是门光尺所标示的吉门口尺寸。一般为 0.1～0.2 米。实际门扇的尺寸也大于吉门口尺寸，因为传统木门大多为掩口造。"而且考证了用营造尺压白技巧："……用之法，不论丈尺，但以寸为准，一寸、六寸、八寸乃吉。细合鲁班尺，更须巧算，参之以白，乃为大吉。"此外，棋盘门需严格按照等级制度来定位门的尺寸，常有"义顺门""官禄门""福德门""财门"之分，且都有与之相对应的尺寸口诀（表 3-

7)。例如,《鲁班经》口诀"开门二尺八,死活一齐搭"之说。其意为二尺八的门,死(棺材)活(花轿)均可通过。

表3-7　门星尺所示外门、内门的吉兆尺寸表

民 宅 门			官 府 门		
高	三尺七寸~四尺一寸	179~190厘米(内门)	高	四尺三寸~四尺五寸	202~213厘米(内门)
	四尺七寸~五尺一寸	225~236厘米(外门)		五尺三寸~五尺五寸	248~259厘米(外门)
宽	一尺七寸~二尺一寸	87~97厘米(内门)	宽	二尺三寸~二尺五寸	110~129厘米(内门)
	二尺七寸~三尺一寸	133~144厘米(内门)(外门)		三尺三寸~三尺五寸	156~167厘米(内门)(外门)
	三尺七寸~四尺一寸	179~190厘米(外门)		四尺三寸~四尺五寸	202~213厘米(外门)

注　以北京地区使用的鲁班尺为例
资料来源:引自《中国民居研究》

（三）丈量（篙）尺

丈量尺是一种比例、尺寸、单位的专用木杆,其丈量尺上刻画着房屋的各种比例,如梁架、斗拱等。

第二节　门窗雕刻的工艺与流程

在关中地区目前民居建筑遗存也不少,也有许多文化价值、艺术价值及民间技艺极高的门窗,其繁多的式样、美妙的装饰手法、娴熟的制作工艺和雕刻细腻的装饰图案,以及寓意深刻的文化内涵等无不让人叹为观止。

关于传统民居中的门窗雕刻工艺及其流程是非常讲究的,特别是有一些儒商巨贾和文人雅士对门窗的要求更高,他们追求门窗的文化性和艺术性的高度统一,既要美观、精致、和谐和个性,又要高雅且脱俗。有些大户人家常常会将手艺较好的工匠请到他们家里,且年复一年地为他们服务,有的工匠的十几代人为他们服务。由此可见,人们为了达到建造高品质的房屋和门窗是不计成本,不预计时间的。同时,在这种环境中,作为工匠们为了养家糊口,会尽可能地做出精品以博得主人欢心,另外也会不断地提升和完善自己的手艺。这样一来,对传统民居的门窗来说也将会有质的飞跃。

传统民居中的雕刻艺术含有木雕、砖雕、石雕,也常会被称为"三

雕"艺术。无论是哪一种雕刻艺术都涵盖其自身的制作工艺与流程及审美标准，这些内容不但承载和展示着我国传统的古典之美，而且还体现出了中华民族的人文精神和审美意识。

一、雕刻类型

木雕、石雕和砖雕分别为关中地区传统民居比较典型的三种雕刻类型，其中木雕在数量和质量及表现力上都尤为突出。而在木雕中，门窗的木雕非常具有代表性。砖雕和石雕做成的门枕石、砖砌门洞、窗洞等都是门窗组织结构中不可或缺的组成部分。因此，这三种雕刻形式都存在相互的联系，它们之间是不可分割的。

（一）木雕

根据考古资料显示，位于浙江余姚河姆渡遗址出土的"木雕鱼"是迄今为止发现最早的木雕实物之一，其身长0.11米，造型雅致、线条生动，并且雕刻有大小不同的纹饰在其全身。木雕制作的工艺和雕刻的技术在进入春秋战国时期更加趋于成熟。

在建筑中的"大木雕刻"是指在梁、枋等建筑上的装饰雕刻；而"小木雕刻"是在包括家具在内的细木工装饰雕刻，这两种雕刻共同组成了关中地区民居的装饰木雕。关中地区的木雕大部分都集中在檐下、门窗或者室内，因受到各种客观条件的制约和影响，对不同的题材内容和不同的精细程度，这两者的要求是不同的，所选择的雕刻形式及其技艺也是因材而定、因材而施的。

线刻、浮雕、圆雕和透雕是关中地区民居中所常见的几种木雕类型。

（1）线刻。线刻又称为"线雕""阴刻"。在木雕中常见的一种形式是在平面上施以刀工，只做线的处理。在关中地区"阴刻线"和"阳刻线"共同组成了线刻所要表达的内容。在民居门窗的建造中，阳刻线的雕刻工艺使用较多，阴刻线雕刻工艺使用较少，因为门窗的木质结构雕刻完成后需要进行上漆或者彩绘，从装饰效果上来说，阴线雕刻在装饰效果上不太突出，而且较阳刻工艺简单。

（2）浮雕。在民居的木雕装饰中最常用到的无疑是浮雕这种表现形式，浮雕在工艺上可分为"浅浮雕"和"高浮雕"，余塞板、裙板、门的抹头等处是使用此类技艺最多的地方（图3-14）。

（3）圆雕。在关中地区，圆雕这种木雕形式大多出现在大门上，它是一种立体雕刻，是多种雕刻融合在一起的综合体。门楼上的装饰多使用牡丹、莲花和菊花等题材，门罩花板中心位置的地方多使用牡丹，垂花柱上

图 3-14　周家隔扇门木雕列举

(图源：自摄于三原)

多使用莲花，门簪上则多使用菊花或者莲花等。

（4）透雕。透雕分为单面透雕和双面透雕，都是采用贯穿木材的方式达到通透的效果，也就是剔除图案花纹以外的底板。由此可知，透雕也被称为镂空雕。在工艺要求上，透雕的要求比较严格，要求工匠技艺高超。常常在大型的木材上进行雕刻，常和线雕、浮雕等工艺技术一起出现，雕刻出多层次的镂空及效果［图 3-14（b）］。

（二）砖雕

砖雕的历史可以追溯到周秦时期，在当时的关中地区，砖瓦制作的工艺已经很成熟，并且砖瓦已经成了构建建筑物最主要的材料之一。在建筑的屋顶等明显的地方都有砖雕的表现，它有着浓厚的地域文化特色，并且体现了陕西及关中地区典型的美学思想。秦砖主要出土于陕西临潼地区的秦始皇陵园附近，该砖有着不同形式的花纹和内容，均采用模型制作，再用印模加印纹饰。

在其类型和表现形式上，关中地区民居常见的雕刻形式分别为线雕、圆雕、浮雕和透雕。而与门窗有直接关系的砖雕，其主要表现在砖砌门洞和窗洞上。也有像吴家花园那样用砖砌筑而成的侧门或檐廊门，且同时含有线雕、圆雕、浮雕和透雕（图 3-15）。

(a)　　　　　　　　　　　　　　　(b)

图 3-15　吴家大院砖雕列举

(图源：自摄于泾阳)

（三）石雕

石雕应该起源于原始社会早期。据考古发现："湖北出土的一件新石器时代的石铲，在蓝灰色的石料上布满了树枝状的浅灰色天然纹理，其弧形的铲口与圆形的钻孔十分协调，而这种曲线又与石铲两侧的直线形成对比，具有形式美因素。"又如："同一时期在甘肃永昌鸳鸯池出土的一件浮雕石人头像，在眼、鼻、口部位均有用白色骨珠镶嵌的痕迹，这种镶嵌技术大大地丰富了石雕的表现力。"（郑军，2001）在关中地区民居中，常见的石雕类型有线雕刻、浮雕、圆雕和透雕，其表现形式同砖雕。

关中地区民居中石雕的表现形式十分多样，题材内容也非常丰富。由此表达了关中人民对美好生活的追求和向往。这些雕刻以工匠的智慧的巧手，创造出无数精彩的立体图案和多样的表现形式，以精湛的技艺和巧思的设计为现代装饰设计带来了无穷的思路与参照。例如，祥禽瑞兽类的题材多采用吉祥的动物图案，寓意"多子多孙""天长地久""官上加官"等；几何图案或者符号类的题材一般采用连续的、重复的方式出现在建筑门窗之上，是吉祥象征的意义并且突出其装饰的美感；人物故事类的题材多见于"福、禄、寿"等，寓意人们祈求风调雨顺、生活幸福等美好愿望；花卉果木类的题材则多采用"梅、兰、竹、菊、松、牡丹、莲花、荷花"等，寓意对幸福生活、富贵长久的愿景。较为突出的例子像吴家的陵墓牌坊门以青石构筑而成，且线雕、浅浮雕、浮雕、圆雕和透雕于一体，淋漓尽致地体现出了石雕的内容和图案的造型，堪称精美绝伦（图3-16）。

(a) 正立面   (b)侧立面

图 3-16 吴家陵墓牌坊石雕列举

（图源：自摄于泾阳）

另外，门枕石象征辟邪，具有护佑宅院的作用［图3-17（a）］。同时也是显示主人身份等级的一种建筑装饰物，它和门窗有着直接关系。按照民居等级门枕石可分为门狮、抱鼓石、门墩和石质门套［图3-17（b）］。

（1）门狮：在大户人家的门口一般都有石雕的门狮，狮子在中国建筑装饰中是重要的题材，它象征着吉祥的同时还有辟邪的作用，在关中地区所雕刻的门狮，在雕刻的技艺上风格不一、形式多变，或严肃或粗犷，或秀丽或顽皮［图3-17（c）］。

(a) 党家石狴犴   (b) 闫家石门套   (c) 吴家门狮

图 3-17 关中地区石雕列举

［图源：（a）自摄于韩城；（b）自摄于长安区；（c）自摄于泾阳］

（2）抱鼓石：在关中地区，大部分的大户人家门前都安置有两个石鼓，鼓上雕刻两只狮子，常见的形式是上部有透雕狮子，中间为鼓形，鼓

形上是花纹的浮雕；下面则是须弥座，如唐家大院和温家大院都是其表现
形式。

（3）门墩：在门墩的表面有很多精美的浮雕，有各种祈福寓意的浮雕
也有花草人物题材的浮雕，如寓意"岁岁平安""长寿万年""连年有余"
等。关中地区普通人家门口的通常是方形门墩。

（4）石质门套：在关中地区还有许多大户人家，会将院内的侧门等用
青石制作成门套，并在套的里外两个面上雕刻各式各样的精美图案，以此
来提升和增加院落的等级和观赏点。

总而言之，在关中地区，民居门窗的雕刻工艺主要是体现在木雕、砖
雕和石雕上，它们的共同点：一是刚柔结合、质朴清秀；二是与建筑的统
一感。雕刻所用的材质其硬度决定了其制作工具的特殊性，工具的好坏直
接决定其艺术价值，灵活和严谨的工艺创造出了雕刻的艺术价值。传统雕
刻艺术及其装饰性，蕴含着许多劳动人民积累下的宝贵技艺，这种民族技
艺具有深厚的历史和文化底蕴，是我国传统文化中非常重要的物质文化遗
产（李琰君等，2010）。雕刻艺术极大地丰富了传统的民居文化，体现出
了工匠高超的技艺和传统的审美观，具有极高的价值，是物质与精神具体
的体现方式。

石雕艺术的雕刻是在一种特定的人文环境中被营造出来的，同时也极
大地丰富了传统民居建筑文化、门窗的艺术表现形式及其文化内涵，呈现
出了传统手工技艺和传统审美观以及装饰风格的高度统一，是物质文化与
精神文化融为一体的具体体现，具有极高的技术价值、历史价值和文化
价值。

二、雕刻工艺与流程

关于雕刻中的木雕及其工艺的历史，可追溯到新石器时代晚期，在商
代已出现了包括木雕在内的"六工"。据《周礼·考工记》"梓人"篇载：
"凡攻木之工有七：轮、舆、弓、庐、匠、车、梓。"梓为梓人，专做小木
作工艺，包括雕刻。战国时期，"丹楹刻桷"已成为宫廷建筑的常规做法。

南北朝时期有关木雕的记载更为具体详尽。隋唐以后，雕刻已成为制
度记载于《营造法式》中，并将"雕饰"制度按形式分为四种，即混作、
雕插写生华、起突卷叶华、剔地洼叶华。……明清时期又出现了贴雕、嵌
雕等雕刻工艺，使木雕技术得到进一步发展。

传统木雕门窗的雕刻工艺在长期的历史发展过程中逐渐形成了自己特
定的技艺和模式。李渔的《闲情偶记》中说："窗棂以明透为先，栏杆以玲

珑为主，然此皆属第二义；具重者，止在一字之坚，坚而后论工拙。尝有穷工极巧以求尽善，乃不遇时而失头堕趾，反类画虎未成者，计其数而不计其旧也。总其大纲，则有二语：宜简不宜繁，宜自然不宜雕斫。凡事物之理，简斯可继，繁则难久，顺其性者必坚，戕其体者易坏。木之为器，凡合笋使就者，皆顺其性以为之者也；雕刻使成者，皆戕其体而为之者也，一涉雕镂，则腐朽可立待矣。故窗棂栏杆之制，务使头头有笋，眼眼着撒。然头眼过密，笋撒太多，又与雕镂无异，仍是戕其体也，故又宜简不宜繁。根数愈少愈佳，少则可怪；眼数愈密最贵，密则纸不易碎。然既少矣，又安能密？曰：此在制度之善，非可以笔舌争也。"（朱广宇，2008）

　　门窗装饰尽管都用木雕，但手法却很多样。首先从雕法看，以木雕最多的格扇绦环板或窗扇上木雕板而言，就有浅浮雕、深雕、透雕和圆雕等多种方法，而且常常在一块木雕板上多种雕法混用，使装饰画面更真实。

　　其次，在应用某一种雕法上，也不守定制而极富多样性。有时一些内容不同、雕法不同的多种门窗装饰可以在同一栋比较大的民居建筑上同时出现，但是在应用上都有一定的规矩。凡是装饰内容比较丰富的，如有人物故事情节的、主体较多场面较大的、雕法比较复杂的、装饰效果显著的多放在房屋的主要部分，也就是主要院落的正殿或上房的中央开间的门窗上，其次是正殿、上房的次要开间，两侧的厦房中央开间、厦房次要开间等，这种以居中为上的古代礼制传统在民居建筑门窗的装饰上也同样得到体现。

　　浅雕是在平面上通过线刻或阴刻的方法表现图案实体的雕刻手法，适合装饰大面积的板面，如门窗的裙板、屏风、隔堂板等使用雕刻技法（朱广宇，2008）。

　　（一）木雕

　　王山水、张月贤针对陕西地区的雕刻材料说："……绝大部分是用材考究，大量使用楠木、紫檀木、红木、黄杨木等上好的南方及国外木材，不惜贵贵费、争夺壮丽。充分体现秦人之豪爽、淳厚的个性。"（王山水和张月贤，2008）由此可见，关中地区的人们对居住环境的美化和装饰都非常重视。

　　1. 工序流程

　　木雕可根据不同的装饰部位和题材，进行不同工艺上的处理。其制作过程，首先是要对进行雕刻的部位进行构思，然后经过一系列选材、出胚、勾线、粗雕、细雕、整修等工序，最后雕刻成型。

　　2. 雕花工艺

　　雕花大致分为色垫雕花、插脚雕花、花结雕花、镶嵌雕花、软硬鼓雕花等。

（1）色垫雕花：这种形式多对称应用在灯心榥上下或四周，起到垫接和镶装的作用。

（2）插脚雕花：这种形式按照四角对称的原理，用四块长度适度的条形木板，掏剔雕刻窗格花边后，四端以 45°角黏合。这种形式多用于玻璃窗（路玉章，2008）。

（3）花结雕花：这种雕刻在设计和构成上面比较讲究，它是以一块大小适中的方板或者圆板进行全面浮雕或者透雕的，并镶嵌在窗榥中。

（4）镶嵌雕花：这种雕刻形式是以雕花为主，在四周配上窗花作为花边窗户。常跟以上几种雕花混合在一起使用。

窗榥中的雕花，不仅仅是有装饰的效果，还有一定的功能性，增强了整个窗榥的坚固程度，同时又给窗榥增添了几分寓意和几分意境。关中地区传统窗榥中的雕花，造型丰富多变，常用的有文字（工字、万字等）、花草（梅花、莲花、吉祥草、香草等）、虫鱼（卧蚕、蝙蝠、鱼等）、几何纹（套、环、云纹、方胜纹等）、器物纹（如意、盘长、铜钱等）（图 3-18）。

图 3-18　吴家隔扇门和唐家灯景式月洞窗雕花列举

（图源：自摄于泾阳）

（二）砖雕

砖雕在技术上要求非常高，首先是材料，砖雕所用的材料其硬度介于木料和石料之间，比木料脆但比石料好操作。根据材料的不同，砖雕在制作工具上也有其特殊性，砖雕工具的刃口是用乌刚制成的，工具的好坏直接影响到最后所呈现的艺术效果，并且不同的题材与图案，需选用不同的砖坯和雕刻技艺。砖雕的工艺并不复杂，但在技术上要求极高，是这灵活和严谨的工艺创造出了砖雕的艺术价值。其主要流程：首先，用笔在砖上依照画稿勾勒出所要雕刻的纹样，然后再进行雕刻；其次，确定大造型，把画面的基本轮廓和深度打造准确，要用錾子将纹饰中的细微处雕刻清楚；再次，用磨头将纹饰内外的粗糙之处磨平磨细，还有一个贴砖雕和嵌砖雕这一雕刻手法的过程；最后，上药和打点，即作品刻好后，进行修补至完整，再对砖雕成品进行清洗（尚洁，2008）。传统砖雕技艺是我国重要的非物质文化遗产，它涵盖了一大批劳动人民所累积下来的智慧与技艺。

　　关中地区民居的砖雕技艺有着很强烈的特点：一是刚柔结合；二是与建筑的统一性。雕刻所用的砖的材质其硬度界于木料与石料之间，比木料脆，易碎易裂，但又比石料易于雕刻。这就决定了其制作工具的特殊性，砖雕工具类别有凿、刨、锯等。因为砖料较硬，故刃口一定要坚硬，又随工艺要求分轻重、大小、长短、刃口宽窄薄厚等（图 3-19）。

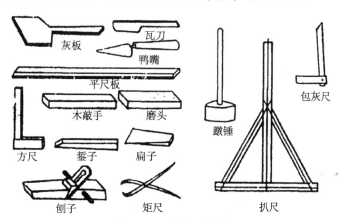

图 3-19　砖雕工具图

（图源：引自《中国古建筑瓦石营法》）

1. 砖雕工艺类型

中国传统砖雕通过时代的发展和不断的创新，形成了平雕、透雕、浮雕、贴雕和嵌雕、圆雕、印模烧塑等独到的工艺种类。

　　（1）平雕：常使用在表现花草等线条形式为主的纹样上。在同一个平面上进行雕刻，通过线条的变化来丰富整个雕刻作品（图 3-20）。

　　（2）透雕：透雕较其他的雕刻方法更具有通透性和层次感，它介于圆雕和浮雕之间，但比圆雕更细致，比浮雕更立体。透雕可以把纹样雕刻为多层并且使用镂空的手法，使之更具有观赏性。

　　（3）浮雕：常使用在表现人物和带有故事情境等复杂纹饰，浮雕分为高浮雕和低浮雕两大类别，凹凸在圆雕 1/2 以上的，是高浮雕，不到 1/2 的，则是低浮雕。浮雕是不在一个平面上雕刻，通常为凹凸不平的立体或

图 3-20　砖雕塑形图
（图源：引自百度网）

者半立体的形象。

（4）贴雕和嵌雕：是采用粘连或者榫接等工艺，在已经雕刻好的砖面上再加上更多的砖雕，使画面的空间更大，构图更加丰满、更加有层次。

（5）圆雕：是一种立体的雕刻，可以从任何角度进行观赏。圆雕有真实存在的体积。

（6）印模烧塑：是一种较早的使用方法，是将需要表现的纹饰刻画在印模上，再将印模在未干的砖坯上进行按压（图 3-21），最后放入窑进行烧制。

图 3-21　砖雕印模图
（图源：引自百度网）

2. 工序流程

一块砖雕需要包括画、耕、打坯、修光、磨、粘接、榫接、上药、打点等工序。其中砖雕的创作在技术上的要求比较严格。

（1）画：通常需要把大概的轮廓画出，然后再进行雕刻，等雕刻出轮廓后，再进一步画出更细致的纹样，再进行更细致的雕刻。但是对于一些技艺高超的艺人则可以脱稿直接雕刻。

（2）耕：主要是防止砖上的笔迹在雕刻中被涂抹掉。所以，耕一般使用最小的錾子，沿着画好的图案在上面浅浅地描一遍。

（3）打坯：主要通过三个步骤，即钉窟窿、凿、齐口，把画面的基本轮廓和造型雕刻准确。

（4）修光：修光主要包括有捅道和开相两个步骤，是整个砖雕造型工艺的一种延伸。捅道是用錾子将纹饰中细微的地方雕刻清楚，包括花草叶子的筋脉、飞禽走兽的羽毛等。开相是指对雕刻作品中的人物面部进行进一步的修饰，这是一次再创作的过程，因此必须理解画面所描述的内容和内涵，同时还要具备一定的美学知识和艺术修养。

（5）磨：是用磨头把纹饰内外的粗糙之处打磨平细。

（6）黏结及榫接：是采用粘连或者榫接等工艺，在已经雕刻好的砖面上再加上更多的砖雕，使画面的空间更大，构图更加丰满、更加有层次。从而创造了贴雕和嵌雕，使砖雕的技艺有了更多的创新，达到了新的高度。

（7）上药："药"其实是由白灰和细砖面儿按 7∶3 的比例，外加少许青灰用水调匀，主要是用于对雕刻好的作品进行修补，将雕刻作品中造成的不完美之处填补找平。

（8）打点：这是砖雕完成后对作品进行揉擦，视为一种清洗，主要是用砖面儿调和的水来清洗。

传统砖雕技艺是我国重要的非物质文化遗产，它涵盖了一大批劳动人民所累积下来的智慧与技艺，这种名族技艺具有一定的历史和文化底蕴。

（三）石雕

石雕传统的雕刻工序为捏、镂、摘、雕。石作分为大石作和花石作，花活中有"平活""凿活""透活""圆身"之分，这几种工艺没有严格的区分，常常混合使用在同一件作品上。自古以来，石雕都是通过手工操作的方式进行加工的，常见的石雕工具有锤子、扁子、梅花锤、刀子、钢条仔、錾子、剁斧、哈子、墨斗、尺子、线坠、画签等。

（1）捏：就是打坯样，看似是一个仿作的过程，但其实这是一个工匠们创造设计的过程，是一件石雕作品的重要组成要素。先在石头上绘制出一些线条，有些还需要绘制平面草图和石膏模型，然后在这基础上对石块进行雕琢，使画像的大体轮廓体现出来。

（2）镂：这个是考验工匠们技术的重要环节，需要细心和耐心。镂就是打坯样捏成后根据图形把不需要的石料挖出。对于有镂空需求的作品，这是必须完成的步骤。比如，小石狮子嘴里滚动的小圆球，这个镂空对工匠技术的要求是非常高的。

（3）摘：就是对坯样的细加工。相对于镂空，摘的技艺要求要相对容易一些。按照图案剔除作品多余的石料，在对造型特点理解之上才能进行此工序。

（4）雕：这是最后一个工序，雕琢加工使作品定型。一件石雕作品体现水平高低的关键工序就是雕（图 3-22）。

图 3-22　石雕塑形现场图

（图源：自摄于清涧）

第三节　门窗受力结构与安装规范

"古代的工匠在长期的实践中得出了对力学原理的合理运用，对承载、抗压、受剪等方面都总结有宝贵的经验。"（楼庆西，2006）

林徽因在《清式营造则例》绪论中说："中国木造结构方法，最主要的就在构架之应用。北方有句通行的谚语，'墙倒房不塌'，正是这结构原则的一种表征。其用法则在构屋程序中，先用木材构成架子作为骨干，然后加上墙壁，如皮肉之附在骨上，负重部分全赖木架，毫不借重墙壁（所有门窗装修部分绝不受限制，可尽量充满木架下空隙，墙壁部分则可无限制的减少）；这种结构法与欧洲古典派建筑的结构法，在演变的程序上，互异其倾向。中国木构正统一贯享了三千多年的寿命，仍还健在。希腊古代木构建筑则在纪元前十几世纪，已被石取代，由构架变成垒石，支重部分完全倚赖'荷重墙'（墙既荷重，墙上开辟门窗处，因能减损荷重力量，遂受极大限制；门窗与墙在同建筑中乃成冲突元素）。在欧洲各派建筑中……唯有哥德式建筑，曾经用过构架原理；但哥德式仍是垒石发券作为构架，规模与单纯木架甚是不同。哥德式中又有所谓'半木构法'则与中国构架极相类似。"（梁思成，2006）

"室内外装饰的重要构成装修属于小木作，不同于大木结构构件，完全摆脱了力的传递，绝大部分的装修都可以做得轻灵、通透，不论是外檐装修或内檐装修……"（侯幼彬，1997）

因此，在中国传统的建筑中，门、窗和墙体只有自身结构上的承重和连接的关系。

一、门窗结构分析

林徽因在著作中提到："……门窗部分可以不受限制，柱与柱之间可以完全安装透光线的细木作——门屏窗牖之类。这不过是这结构的基本方面，自然的特征。……同时也是中国建筑之精神所在。"（林徽因，2005）众所周知，房倒屋不塌的传统建筑特征，说明了传统建筑中的门窗与主体的承重和受力没有关系，只是在自身的承重和受力上有着直接的关系。隔扇所受到的力根据部件的不同，受力也不尽相同，为了格扇的整体性，首先是在制作的工艺上使各个部件都紧密相连，其次在配料上面讲究科学合理。

（一）边框

隔扇的上下抹头类似于悬臂梁结构，可将抹头的长度看成是悬臂梁的长度，根据力学的原理，假如悬臂梁越长，所挑出去的悬挑点距离就越远，为了稳定起见，就必须加大悬挑梁的刚度以求得力学上的均衡匹配，因此说，隔扇的上下抹头的长短是决定边框横截面尺寸大小的关键。

在清工部《工程做法则例》中的格扇以宽作为基准，边框的看面宽×进深＝0.1格扇宽×0.15格扇宽；横头料的尺寸与边框相同。因为，此料为隔扇的骨架，可使榫卯结构结实而不容易变形。

（二）连楹、门墩

连楹和海窝的主要作用是将隔扇固定于门框结构的上点和下点之上来保证隔扇以此上下点为轴心而进行旋转运动。连楹主要受剪力制约，其因素有隔扇材料的抗剪强度和抗剪的长度和宽度的影响，同时连楹的剪力需要和隔扇所产生的作用力与海窝相平衡。而影响门墩的隔扇作用力因素有隔扇产生的弯矩、隔扇的重力、隔扇的高度和宽度。可以说，隔扇的高度和宽度是决定连楹及门墩尺寸大小的关键。

在清工部《工程做法则例》中关于连楹尺寸是以柱径作为基准的，门簪的长×宽=2/5柱径×1/5柱径。

（三）门簪

门簪的主要作用是将连楹固定于门框的上槛结构之上，一般为两个作为具有结构功能的构件来确保隔扇在开启时及外力冲撞的情况下不会脱落。影响门簪的受力因素有大门的高度、门扇的宽度、门扇的厚度、中槛木材的密度及门扇木材的抗剪强度。可以说，门簪的尺寸与大门宽度的平方成正比（顾蓓蓓，2007）。

在清工部《工程做法则例》中门簪尺寸是以门口宽作为基准的，门簪的长×径=1/7门口宽×1/9门口宽。

（四）格心

清官式定型做法一般是格心棂条定位"六八分，则看面六分，进深八分（断面约为0.02米×0.026米）。而棂条与空当的比例大多用"一板三空"即空当为棂条看面的三倍，尽可能减轻框槛的重量。为使得隔扇的稳定性和长久性，在选择隔扇时尽可能地选择小而薄的，这样可使隔扇的重量减轻，降低隔扇中主要受力构件的磨损和变形。

二、门的安装工艺与规范

对于门窗的安装，是有严格的工艺要求和规范要求的，特别是对于传统民居的门窗更是如此。"槛框"是门窗外框的统一称号。"槛框"之分为：处于水平位置的构件称为"槛"，处于垂直位置的构件称为"框"。门窗的安装一般在建筑四墙壁的中轴线上，也等于是在建筑物的柱子和梁枋之间进行安装。也是"根据建筑是否带有外廊，安装又分为'檐里'和'金里'两种。檐里安装是在不带廊的建筑的外檐柱之间安装，金里安装是在带廊建筑的廊里金柱之间安装。"（楼庆西，2006）

清工部《工程做法则例》规定："……凡檐里安装槅（隔）扇，法以飞檐椽头下皮与槅扇挂定空槛上皮相齐……凡金里安装桶扇，法以廊内之穿插枋与槅扇挂空槛下皮相齐。"（雷发达，1734）根据不同等级的宅院、构架高度的不同、各部件标高的不同，所以，所需格扇的高度也不尽相同。由不同的高度连接点来固定，于是就有了上槛、中槛、下槛。下槛是安装大门的框和扇最重要的构件之一。清工部《工程做法则例》又曰："凡下槛以面阔定长，如面阔一丈。即长一丈，内除檐柱径一份，外加两头入榫分位，各按柱径四分之一。以檐柱径十分之八定高。如柱径一尺，得高八寸，以本身之高减半定厚，得厚四寸。如金里安装，照金柱径尺寸

定高、厚。"（雷发达，1734）

（一）大门

板门类（石榻门、棋盘门、撒带门）根据施工顺序来说，首先是在砌墙之前，用鲁班尺定位出门、门框及门墩的准确位置。当安装已制作好的门时，第一步是找出定位点并固定住门枕石或者下槛部分，第二步是将上槛与金枋相连后，继续安装中槛、抱框、腰框、短抱框、横披框、横披间框和走马板。在中槛里用2~4个带门簪的销子与连楹连接并固定，就能使得门扇水平转动。在安装门扇时，门扇与边框的遮掩缝大约为0.025米，并且在门扇合口的分缝处需要留出0.003~0.005米的地仗。通常门扇是紧贴着门的边框的里侧固定安装的。

在关中地区，发现了许多在门上的"插关"结构。其中主要有两种形式：一种是"挡头式插关"，另一种是"剔槽式插关"。挡头式插关在关中地区的使用尤为广泛，整个区域都有出现。剔槽式插关大多则是在户县、周至、蓝田、眉县和秦岭山区的民居中出现（图3-23）。

（a）"剔槽式插关"实物照　　　　　　（b）"挡头式插关"实物照

图3-23　大门"剔槽式插关"与"挡头式插关"结构图

［图源：（a）自摄于蓝田；（b）自摄于旬邑］

在一些专业书籍中能翻阅到一些关于板门在结构制作技术与装卸技巧方面的相关知识，但是笔者在此补充两点关于关中地区民居的门结构之上的构造技术，这两点在一般的专业书籍上都未被提及。

1. 关于门的上部结构

处于对安全因素的考虑，在门扇安装时，一般会将门扇上边缘与连楹下面的间隙掌控在0.015米左右，这样一来，就会遇到门扇安装不上的问题。然而，智慧的工匠巧用技艺解决了这一难题，那就是在门扇上端管扇与门上轴处刻挖一个"豁口"，其深度为0.02~0.03米，长度则是以连楹的上轴孔中心至连楹的外沿距离再加约0.01米为基准。这种结构在门扇的安装上，必须是门扇与门槛框保持90°角时才能被安装上。同样的道理，门扇与门槛框大于或小于 90°时便无法对门扇进行拆装（图 3-24）。

2. 关于门的下部结构

在关中地区民居中，下部结构中框槛、门扇与门槛之间，同样存在着关于拆装的问题。这个问题涉及的对象是"活坎"式门槛，这种结构形式大致可分为以下两种情况：

第一种情况是当门槛与门框处于齐平的情况下时，两端被卡在门墩的槽子里，并使其门槛不能前后移动，与此同时，也常会在门槛的内侧增加两条比较粗的穿带，使用于门扇在锁闭的状况下可以压管住门槛，在能确保门槛稳定性的同时又能使得门槛不能向上移动，并且还能起到安全防御的目的（图 3-24）。

（a）上轴拆装预留豁口工艺　　　　（b）上轴拆装预留豁口工艺

（c）门槛与门扇处于同一垂直线上　　（d）门槛与门扇不处于同一垂直线上

图 3-24　大门拆装工艺结构图
（图源：自摄于蓝田、旬邑等地）

第二种情况是当门槛与门扇处于齐平的情况下时，不用在门槛的内侧增加穿带的功能，因为门槛直对着门扇的下沿，刚好能压管住门槛，所以门槛不会向上移动。再加上两端是卡在门墩的槽子里，就使得门槛不能前后移动。当大门处于锁闭状态时，一方面有了安全防御的功能，另一方面也有了门槛的稳定性（图 3-24）。

综上所述，在大门锁闭的情形下，在大门外是无法对门扇和门槛进行拆卸的。

（二）隔扇门

隔扇门转轴上下两端的连接部件分别为套筒、护口、踩钉、海窝和寿山福海。

隔扇门安装的步骤和大门很相似，首先是将上槛与金枋相连后，继续安装中槛、抱框、腰枋、短抱框、横披框、横披间框和走马板。在中槛里用2~4个无簪花，把中槛与连槛连接并固定，就能使门扇水平转动（图3-25）。

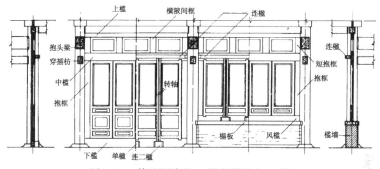

图 3-25　传流隔扇门、槛窗结构与名称图

（图源：引自《中国古代建筑历史图说》）

隔扇门转轴上下两端使用的连接部件分别为套筒、护口、踩钉、海窝及寿山福海等连接件。

（三）屏门

屏门的安装方法是先安装好门框，然后在框口内再进行安装门扇，这与实榻门、撒带门、隔扇门、棋盘门都不一样。门扇安装专用的连接件有鹅项、碰铁、屈戌和海窝。鹅项是在屏风门轴上下各安装一个，目的是代替门轴。碰铁是在两扇门的合口处上下各安装一个，目的是用于门扇开启时与门槛的碰头。屈戌是用来固定鹅项的，海窝则是用于固定门扇上鹅项的构件的。

（四）风门

一般风门"最上面为帘架横披，横披之下为帽子（相当于门上的亮窗）。帽子之下为风门位置。风门居中安装，宽度约为高的1/2。两侧安装固定的窄门扇，称为'余塞'，俗称'腿子'。常规情况下，在连接时不用铁钉而采用木屑，这样便于拆卸和更换。门下段为裙板部分，上段为棂条花心部分，中有绦环板，形式略同于四抹隔扇，只是较为宽矮。在风门及余塞之下，隔扇下槛外皮贴附一段门槛，称为'哑巴槛'，是专为安装风门余塞用的下槛"（马炳坚，2010）。风门安装专用的连接件有鹅项、碰铁、屈戌和海窝等，也有安装在帘架框之上的。

（五）罩、碧纱橱

通常为了便于拆装，一般不会出现死扇的现象。在罩、碧纱橱的安装上都需掌握便于拆装和移动的技术。常会采用的方法有：将抱框和柱间用挂销或溜销的方式进行连接；将横槛和柱子之间用倒退榫或溜销榫的方式进行连接；边框在内的整扇安装于槛框也是用销子榫的方式来进行连接的。"通常做法是在横边上栽销，在挂空槛对应位置凿做销子眼，立边下端，安装带装饰的木销，穿透立边，将罩销在槛框上。拆除时，只要拔下两立边上的插销，就可将花罩取下。……碧纱橱的固定常采用的做法是在隔扇上、下抹头外侧打槽，在挂空槛和下槛的对应部分通长钉溜销，安装时，将隔扇沿溜销一扇一扇推入。在每扇与每扇之间，立边上也栽做销子榫，每根立边栽 2～3 个，可增强碧纱橱的整体性，并可防止隔扇边梃年久走形。也可在边梃上端做出销子榫进行安装。"（马炳坚，2010）而风门安装专用的连接件有鹅项、碰铁、屈戌和海窝等。

（六）关中地区的一般房门

砌墙之前，用"鲁班尺"定位出门、门框及门枕石的准确位置。在开始砌墙时，用木支架把门框垂直固定好。当墙砌到大约一米高时，就要着手安装窗台石和腰枕石，当墙砌到门窗上面的封口时，就着手在门框上安装悬枕石头和关中地区称为过木的环节，完成以上工序，门框的安装工作基本完成。工匠在安装门窗时也特别讲究，上门和上框讲究严丝合缝而上门窗则使用一种特制的尺子，按照二十八颗行星的位置来确定其长、宽、高。

在安装门扇时，门扇与边框的遮掩缝为 0.025 米左右，并且在门扇合口的分缝处需要留出 0.003～0.005 米的地仗。

（七）窑洞门

在制作窑洞门框时，应注意配制门窗框靠墙两边的入墙结构。入墙主要是起到固定门窗的作用，一般是预埋在墙体之内的，在窑洞的门框制作时，应该让门窗框与入墙尺寸配合得当。通常便于安装门窗时进行连接，就在边框靠墙的一面上凿燕尾榫眼并且安装上长 0.1 米、宽 0.055 米、厚 0.055 米的木头小方块。

勾槛是非常重要的，准确地安装好了勾槛，门就能很好地关启，勾槛一般安装在门框槛的后面。由此可知，在制作上中下槛和连楹时，需要在原有的尺寸上预留出 0.06 米的尺寸，便于勾槛的安装。

三、窗的安装工艺与规范

（一）槛窗

槛窗的安装顺序是首先将榻板安装好，接着把槛框安装好，然后在槛墙之上安装榻板，榻板之上安装风槛，风槛之上安装槛窗，槛窗之上再连接中槛。槛窗主要是能使整个外观的风格和门窗立面达到协调的效果。因此，它的高度应由隔扇板裙板的高度来确定，也就是裙板上皮应为槛窗下皮尺寸。

窗扇在安装的过程中需要使用到套筒、护口、踩钉、海窝、寿山福海等铁质的连接件，在中槛连楹的轴碗内将转轴的上端插入，下端再插入单楹的海窝内，则使用栓杆拴住窗扇的内侧即可。

（二）横披窗

横披窗通常是固定窗，不能被开启，它是安装于隔扇槛窗的上槛和中槛之间的。外框和仔屉两个部分组成了横披窗。横披窗的主要作用是为了使外立面有统一的视觉效果和增强室内的采光。它在面阔单元里的数量通常是奇数并且比一般的槛窗或者隔扇门少一扇，如果隔扇门或者槛窗为六扇时，那么横披窗则为五扇。

（三）支扇窗

支扇窗一般是由边框和格心两部分组成的，没有风槛，踏板较高级的住宅有使用。通常是先安装边框再通过辅助连接的构件如合页、梃钩、铁插销和护口等安装格心部分。首先在槛墙上居中的位置安装上间框，再将间框作为中心把窗扇分为上下两个部分，其中间框的上半部分与上槛相连，间框的下半部分与榻板相连，把支摘窗分别安装在抱框与间框之间，在连接的时候多使用木屑以方便拆卸和更换。

（四）什锦窗类

什锦窗一般是由筒子口、边框和仔屉三部分组成，它的大小尺寸是根据设计随意变化的，通常在安装上，都是在墙体的中心位置，包括横排间距的也应以中心点为基准。因此，当墙体砌到下碱以上时，开始需要考虑并计算窗子的位置、尺寸和外形，假若需要安置或制作外形框，便随即安置。

（五）门帘架

帘架是一种专用于隔扇门或者槛窗上悬挂的架子，一般分为"窗帘架"和"门帘架"。帘架的高为窗扇高外加立边上下的总长度，宽为一对隔扇门扇的宽度再加上边梃的宽度。常安装在荷叶墩上或者荷叶栓斗上，或者安装在上下横槛上。

第四节　影响民居门窗形式的因素

在关中地区民居建筑中，环境对其整个的影响是非常大的，在这里所指的"环境"分别代表"软环境"和"硬环境",软环境主要是指在人文精神或者非物质状态下所呈现出来的环境,而硬环境则是指自然条件下的环境。就是在各种环境的影响下,关中地区民居逐渐在继承传统的门窗的基础上演变为具有本地独特特色的门窗形式和文化,在尺寸、安装、纹饰、繁简等诸多方面都有所体现。

本节是通过实地的调研,并在一定的理论基础上梳理并总结出来的。这种生活现象在关中地区属于普遍性的规律,在历史的长河中便一直存在于这个地区。

一、环境因素

(一) 自然因素

关中地区属于暖温带,年平均温度为 12~13.6℃,四季分明,冬夏较长,温差较大,春秋气温升降急骤,夏季有伏旱,秋季多有连阴雨。这也使关中地区民居建筑在抵御夏季"伏旱"的同时也必须能够抵御冬天的寒冷。因此,冬季人们用餐、做饭、起居活动和工作都要在室内进行,室内的光线充足尤为重要。关中地区传统民居的窗棂,普遍采用的是素面棂条联结而成的灯笼框、套方锦、卍字纹、海棠纹等简单图案,使用简单的构图法使得棂条间的透光面积显著增大,正好让室内更多地接收冬日温暖的阳光,即便附上富有吉祥寓意的雕花,窗棂之整体较南方地区还是显得松散,而透光性极差的透雕窗棂,在关中地区传统窗棂中基本不采用。岐山、凤翔、扶风等地(涵盖关中的中、东、西、北部地区)的窗子是内有窗扇、外有活窗,活窗多为方格,四字格的横竖棂子,夏季可支撑或推开,通风量很大(李福蔚,2000)。例如,在整个关中地区的民居中,在外层安装有窗棂,在里层安装有两扇或四扇窗板,这就是一种常见的"复合式双层窗"(图 2-65、图 2-127、图 2-128)。又如,地处北部的陇县,由于冬季寒冷、风沙较大,所以在窗棂的采用上,大多选用棂条间距较小、棂条较宽有相对密集的图案,这些图案有直棂、龟背纹等,这些现象均反映出了自然环境对门窗形态有直接的影响。

(二) 社会因素

1. "门堂之制"影响

"门堂之制"是社会环境影响的核心之一,作为一项国家制度和社会导向对民居建筑的形制影响巨大。将"门"与"堂"分立而建是中国建筑主要的特色,几乎所有的古典中式建筑平面布局形式都是随着这个基本原则展开的。门堂分立大概是出于内外、上下、宾主有别的"礼"的精神。

门堂分立在功能上，由门和堂构成了庭院，将露天空间封闭后纳入到房屋设计中来。虽然，构成一个庭院的实践比"礼"的理论出现得更早，但大概这种形式却是经由"礼"的理论解释之后才牢固地被沿用下来并使用至今。

2. 宗教文化影响

宗教文化是由古至今重要的传统文化，它不仅仅影响到人们的思想意识、生活方式，并且在建筑的形态上也受之影响巨大，道教、佛教与关中地区民居建筑形态的融合随处可见，如"暗八仙"等道教图案的绦形板 [图 3-26 （a）]。例如，祥云、如意纹等佛教纹饰常运用于窗棂中的雕花；西安市内北院门街区的传统民居，这里居住的大多是信仰伊斯兰教的回民，受其教义的影响，整个街区民居的装饰纹样多为植物图案，同时将梵文组合成图案装饰于门额之上 [图 3-26 （b）]，这样既达到了美化的目的，又达到了精神层面上的美好寓意。又如，万字纹，它是梵文而不是汉字。在公元 693 年，唐女皇武则天将"卍"正式用为汉字。虽说此后它可当做汉字使用，但更多的是被当做一个吉祥的符号来使用。

（a）　　　　　　　　　　　（b）

图 3-26　宗教文化对门窗的影响列举（局部）

[图源：（a）自摄于旬邑；（b）自摄于西安市]

（三）人文环境因素

1. "居中为尊"意识

传统的院落布局是由纵向和横向进行定位，从前至后排序，再从左至右排序的，一般在中心点上为院落的厅房，厅房是院落中建筑装修等级和门窗的档次最高、最权威的区域。院落的整体布局由外向内依次排列，形成明确的纵深的中轴线，由中轴线往东、西两侧依次排列，组建了左右对称的严整布局，体现了"居中为尊"的礼数秩序。主厅房作为主轴线上规模最宏大、空间最高敞、等级最高贵的空间，在官僚府邸中，成为集中体现主人社会地位、经济财力、文化教养的场所，因此，也就成为全宅装饰最为奢华和最为集中的空间（宁小卓，2005）。

2. "男尊女卑" 观念

自周代之前 "宗法社会" 便形成了，就有了男子从属于家族，而女子则从属于男子的社会秩序。发展至清代还有 "男女授受不亲" 的封建规制，以及女子 "大门不出，二门不迈" 等说法，甚至对女子实行残酷的 "裹小脚" 制度来限制女子的自由行动。这不仅仅对人的思想产生了深远的影响，而且在传统民居的建筑结构上也产生了很大影响。这种影响主要体现在空间设计和门窗的设置上。在空间序列上，首先是将住宅内部分为前院和后院，后院又称为 "内院"，后院说是家眷的生活区，其实就是为女家眷所设置的生活区域，外人不得随意进出。其次是在二道门的设置上进行限制，女家眷的活动范围仅限于二道门、侧门及后门，行走区域在厦房、上房等，外出时也只能走侧门或后门。

3. "民俗民风" 习惯

建筑及其门窗装饰常常是以民俗风情为背景的民间艺术的再现，如关中地区的门帘架一般是用于厅门、房门之外的。其作用是便于夏季悬挂竹帘，冬季悬挂棉帘之需，以此来调控室内的温度。在关中地区设单体照壁的院落除了超大户人家，便是小户型人家了。例如，在大、中户型人家院落中一般均在二道门上设有屏门，起到 "照壁" 的功效。关中地区的拴马桩、上马石是本地区最常见的一种特殊实用工具，一般设置于建筑的两侧，能对建筑文化及民族风情起到深化主题的作用，成为集实用性、装饰性、趣味性和创造性于一体的建筑装饰品。又如，"福" 临门在关中地区民间广为流传，成为门扇、窗棂装饰的主题，这些都体现了劳动人民美好的愿望和纯朴的审美情趣（马欣，2003）。

4. "儒学礼制" 思想

民居门窗不仅具有实用功能，同时也表现出严格的等级制度，这是儒家礼制思想的具体体现。其一，门窗的类型是宅第主人的身份和地位的标志。普通传统民居的窗棂大都是直棂、直方格和斜方格纹；而大户府邸则采用比较讲究的葵纹和灯景纹等，还有精美的雕花，如旬邑唐家大院。其二，是门窗的色彩，起于西戎的秦人在立朝之始，就宣称 "始皇推终始五德之传，以为周得火德，秦代周德，从所不胜。方今水德之始，改年始，朝贺皆自十月朔。衣服旄旌节旗，皆上黑"（童敏，2006）。从传统的五行上来说，北方属水色为玄（黑）。据史料记载，秦始皇也遵从了秦人尚黑的风俗习惯，使之神化，这个尚黑的风俗习惯在秦地至今仍然被流传，民居中门窗的颜色基本上都采用黑色的油漆上色，但也不是只使用黑色不使用别的颜色，只是相对来说的，使用黑色的占了很大的比例。而商贾府邸则漆红，其间的雕花也是依建筑彩绘的方式着色的。

二、形式因素

（一）形式与自然环境

宅院所处地区的自然环境和地理位置直接影响着门窗结构的繁简，原因在于不同区域所处的纬度、海拔高度、地形地貌，以及小气候条件均有差异。在东、南和中部地区，一般地势平坦，植被覆盖较好，海拔高度也相对较低，常年气候变化不大。而西、北以及西北和东北地区，地势复杂、沟壑纵横、植被率低、干旱少雨，尤其在冬季寒冷多风，为了能保存室内的温度不易散发而针对性地将门窗的体量缩小和加密棂格条，因此，地处西、北以及西北和东北地区等地的居民宅院中的门窗，不管是大户人家还是小户人家，与地处关中平原的宅院相比，门窗都表现为体量小且格心的格条密度大的方法以适应自然环境，保证室内的恒温效果。

（二）形式与家族地位

门窗结构的装饰程度和繁简程度与家庭的社会地位和家庭的经济有着直接关系。家庭地位越高对宅院的规格、建筑的质量及装饰的复杂程度的要求就越高，不仅规格高同时对门窗的花纹组合、花纹的内容、花纹的题材也有较高的要求，所以结构的繁简程度和装饰程度与家庭地位是成正比关系的。同时，对施工的工艺水平和做工的精细程度也彰显着主人家的财力、身份、地位和文化修养、道德品位等诸多方面。而家庭地位较低或普通百姓宅院，由于经济条件原因，只能使用廉价的材料和便宜的工艺，所以在结构上就相对简单实用，做工比较粗糙。例如，旬邑唐家大院的夏房门格心，图案复杂、做工考究、工艺精美，雕刻图案里大中有小，连门帘架也华丽异常，这便足以体现主人的财力、身份和审美标准。因此，可以说门窗结构的繁简程度与家族的社会地位和家庭的经济条件有着直接关系。

（三）形式与安全防御

针对院落的安全性来讲，一般民居在大门的选择上，常会采用板材较厚的且结构较为严密的撒带式门，这是因为撒带式门结构具有较高较强的防御能力，而在院内的门式，则可以选择防御性较低，但观赏性较高的隔扇门、镶板门等门式。同时，在门房或对外的墙体上选择高而小的高窗形式，同样也是为了提升院落的防御功能。另外，不同的宅院所使用的门窗，在选材和所用工匠工艺的高低不齐，也会导致门窗在内在质量上的差异。若经济条件较好的则会选择上好的木材和手艺高超的工匠，这无疑对门窗会产生较好的牢固度，同时，在叠加一些附属结构和装饰连接件如门钉、看叶等，便又提高了门窗的牢固度和耐用性，更加强了门窗的安全防御功能。可以说，有针对性地选择门的形式，以及选择上好的木材和手艺高超的工匠均会提升门窗的防御功能。

三、尺度因素

（一）尺度与居住地域

门窗尺度的大小分两种情况：在同一区域内，一般情况是大户人家的门窗尺度本身要大于普通老百姓房屋的门窗尺度，因为豪门大户在建筑的规格及体量上本身较大，为了配套成比例，门窗也应该要大。另一种情况是门窗大小一般体现为地处较寒冷地区（如韩城、陇县等地）的民宅在建筑体量上及门窗的尺度要小于海拔较低、相对温暖的地区（如长安区、户县等）。可以看到，关中地区传统民居中门窗的尺度的大小是与地域的自然环境有直接关系的，采取合适的门窗尺寸不仅有利于建筑内部的通风和采光，更有利于在炎热的夏季和寒冷的冬季保持室内较为舒适的"恒温效应"。

（二）尺度与居住空间

居住空间根据其用途不同，在尺度和体量上也有不同的标准和要求，有的空间看重实用功能，有的空间却要满足人们的精神功能。例如，院落中的堂屋在尺度上是为满足精神层面为标准的，其在于体现家庭、身份地位及社会功能，乃至厅房的尊贵等级和庄严肃穆姿态。因此，建造时，门窗的大小、尺度选材、工艺及复杂程度上都应属于高大的、档次高的、精美的和华贵的，多以较为复杂的隔扇门窗制作而成，是家庭精神的风向标和象征。而作为家人居住的厦房一般尺度较小，只需满足生活起居的实用功能即可。常以单扇或双扇门板和镶板门，以及一码三箭式支扇窗、摘扇窗或格子窗出现，颜色为黑色或木本色。因此，居住空间以及空间所使用的功能目的和用途的不同决定着门窗尺度的大小。

另外，空间尺寸和门窗尺寸适度也有利于居住环境的通风和采光，更有利于在炎热的夏季和寒冷的冬季里保持室内较为舒适的"恒温效应"。

（三）尺度与家族身份

门窗的尺度与要求在不同的用途下，其最后的要求也不一样。所以，门窗的尺度及形式是以用途为主要考量的因素。其一，在使用功能方面，如贫民阶层的宅院，单体建筑体量相对比较小时则它的门窗尺度也要随之缩小。而在官宦宅第中的单体建筑体量相对比较大则它的门窗尺寸也要大一些。其二，在精神功能方面，为了满足社会功能和宅第主人身份的等级观，在不违反营造标准的基础上，进行与之相匹配的尺度与等级的提升。其三是针对用途为主要目的，而建造的与之相符合的门窗尺寸与要求。像关中地区普通的厦房用简洁朴实的形式来建造门窗，而非常具有代表性的旬邑唐家大院中厦房，其主要的用途为客房，所以在建造的时候，厦房的门使用了规格很高的带横披窗的隔扇门和槛式隔扇窗，由此来体现主人的社会地位和对客人的尊敬。由此可见，门窗尺度与形式在不同的用途下，呈现的结果也不一样。

（四）尺度与采光

地处于黄土高原的关中地区，由于纬度高，海拔高，植被覆盖率低，干旱少雨等自然气候的影响，夏季时炎热干燥，气温可达到 37℃，冬季时寒冷多风，气温可到 -7℃左右，两季温差较大，因此如何因地制宜，以科学的态度来确定适宜的门窗尺度来控制合适的采光量就显得尤为重要。大尺度的门窗，肯定采光面大，采光面大必然室内光线就充足。但是，过分充足不一定好。适宜的门窗尺度大小，不仅可以保证充足的采光，同时也可以提供夏季通风、隔热，冬季保暖、挡风的效果。

另外，门窗的尺度不但与采光定位有关，更与宅院中门窗所处的地理位置有紧密联系。关中地区的宅院多以"窄院式"为主，墙院高大，宅院结构紧凑，容易造成一些空间死角。例如，一般院落中上房和厦房的距离仅有 2 米左右（图 3-27），且上房檐墙的窗户直对的是厦房高大的山墙，这直接影响到了上房暗间的采光效果。因此，为了提高上房暗间的采光度就必须在原有门窗的基础上扩大尺寸，若上房和厦房之间的距离有 3 米，则可以保证上房暗间的采光度，门窗的尺度也不需要改变。按照关中地区的习惯厦房为南北走向，地处内院周边，两排对称，檐口的直线距离有 3 米左右，室内进深也只有 3 米左右，因此，保证了上午和下午的阳光都可以充分照射到。若厦房的门窗尺度过于大，必然造成夏季长时间照射厦

图 3-27　关中地区窄院日照量示意图

（图源：笔者自绘）

房，容易使人闷热难耐。

四、安装位置

（一）安装位置与地理坐标、朝向

斯蒂芬·加得纳曾说："中国人很早就开始考虑房屋的方向定位，无论是在山西（应指陕西）的半坡还是河南的安阳，新石器时期房屋的窗户都朝南。在北半球，这种安排非常合理，这样房间内才能照到阳光……新石器时代的人们是多么在乎居住的舒适性。"（斯蒂芬·加得纳，2006）关中地区处于我国北方，处于我国三大阶梯的第二阶梯的西北黄土高原之上，有着纬度高、海拔高、植被覆盖率低、地形地貌复杂、冬夏两季温差大的特点。正是由于我国位于北半球，建筑朝向多为南向，因此形成了关中地区自有的原则。冬季阳光照射，南向的门窗尺寸较大有利于采光取暖；夏季多南向风流，有利于凉风吹入，驱散室内热气。北面的厚墙一般开小门、小窗或者不开门窗，主要是为抵挡冬季的北风，起到保暖效果。

（二）安装位置与院里院外

关中地区民居建筑中，宅院大门的安装位置主要是左隅居多，其次是右隅，中隅居少，这些门的共同特点就是对外。无论选用哪一种安装位置，但由于所处的特殊性而不得不将门的形式结构的安全防御功能作为首要的考虑因素。同样，为了院落的安全起见，合院的门房或院外墙上一般是不开窗户的，假若要开，一般也选择开"高窗"形式。

五、装饰因素

门窗的装饰和雕刻水平在历史的任何朝代都有其广泛地使用，然后又因为各自不同时代的风格特点和区域性民俗文化体现出具体的传承性。其最具代表性的装饰性部件莫过于门窗。

在民居建筑的门窗中着重体现出了其装饰的物质文化和精神文化两个层面内容，以及门窗的使用功能、审美功能、社会功能。虽然传统门窗的装饰内容和装饰技艺是丰富多样的，但其装饰水平是与建筑构件、建筑环境，以及宅主的社会地位、经济实力和审美趋向有着直接关系。门窗装饰的人文价值和技术意义是巨大的、深远的。

（一）装饰与地域民俗习惯

地域性的民俗文化现象是指每一个地区都有属于自己的文化，以及民俗习惯、审美标准和对事物统一的认知度。俗话说："一方水土养一方人。"正是由于这个原因而使得同一区域的民居建筑和建筑中门窗的装饰风格、装饰内容、表现手法及其表达习惯等方面也有着一样的标准，并且这种观念世代相传，逐步完善丰富，最终形成系统的评判标准和观念。另外，还有俗语："十里不同风，百里不同俗。"这是由于在不同的区域而使得各自区域的民居建筑和建筑中门窗的装饰风格、装饰内容、表现手法及其表达习惯等方面也有着各自不一样的观念和标准。例如，在一个地区认为好的事物，在另一个地区内则不一定认为是好的事物，这和各地区人们的生活环境、民俗习惯有着直接联系。虽然存在着地域上的差异，但是在宏观上的大审美观是相同的，如民居建筑中门窗的形式、装饰风格和雕刻图案的选择和内涵寓意上都是一致的，通常都会将"暗八仙""福禄寿喜"等吉祥图案应用于门窗的装饰之中。

（二）装饰等级与家族背景、文化素养

在过去的时代里，一般的平民百姓多为文盲，没有什么文化素养，加之经济实力很差，房屋的门窗形式就没有可装饰之处。但是略微富裕的家庭则常会效仿当地大户人家的门窗的装饰标准和风格，倾其人力、财力、物力来努力跟进，尽量达到一种较高的标准。而在现有保存较为完整的传统民居建筑遗存中，人们所看到的宅邸院落和精美的门窗雕刻基本上都属于豪门大户，这足以体现出高等级的、形式复杂的门窗装饰属于在当时有社会地位、有钱有势的社会阶层。在这些家族历史中不是当朝为官，就是经商置业，一般具有较好的文化背景。同时这些家族对自己族人后代的文化教育也很重视，家族中的大部分人都知书达理、有很好的文化素养。因此，对门窗的图案雕刻选择和制作工艺就有更高标准的要求，同时对于门窗装饰风格在院落建筑中所起的作用和图案内涵的意义也具有更深层次的理解和领悟，这便保证了门窗结构及图案能达到尽善尽美、精美绝伦的装饰品质。

六、制作因素

过去建房的匠人们一般是师傅带徒弟或家族式传承的形式一代又一代地相传至今。这样的施工队伍都是一个个小团体，在过去，团队与团队之间在核心技术、技巧以及发明的新工具等方面均采取相互不交流、不外传的态度，其技术保密的目的则是为了自己的生计。因此，相互之间在技能、新技术和新工具的运用上无法借鉴和学习，从而导致了团队之间技术水平有较多的差异，参差不齐，好的技术无法推广，更谈不上新技术和新工具的普及了。这便使得门窗的制作技艺和进一步发展相对会受到一定的制约和影响。有史料证明，有些名望较高的、技术较好的施工队伍，常常会被大户人家请去做工程，有的队伍在一家一做就是几年甚至几十年，而且收入颇丰。这也为他们奠定了良好的经济基础，可以任意添置较好的加工工具和设备，以此来进一步提高自己的加工速度和制作质量。施工队伍在提高质量和速度的同时，也会带来自己习惯或拿手做的门窗形式和审美标准。

本 章 小 结

人们不仅追求门窗的实用性，并且表现出了对"艺术审美"功能的追求。门窗通过内在的结构组织、外在装饰、施工技术、表象形态以及附加的传统文化内涵完美的融合。正如学者所总结的："……装修的棂格、线条、纹样、雕饰、色彩、材质、饰件大大丰富了建筑立面和内里空间的形、色、质构成。装修的轻盈、玲珑、通透，与大片的屋面、厚重的墙体、规则的柱列、坚实的台基形成了虚实、刚柔、轻重、线面、粗细等一系列形式美构图的生动对比。装修的通透、开启、移动、转换也促成了殿屋空间的流通、渗透、交融、活变，增添了中国建筑空间的虚涵韵味。"（侯幼彬，1997）最大限度地展现了中国传统民居建筑中门窗材料的各种美感。

本章从影响民居门窗形式的客观和主观因素上发掘内在的民俗文化内涵，并通过门窗形态的体现、尺寸的大小、棂花的繁简和色彩的应用等方面反映不同区域民俗文化和审美习惯的差别，以非物质文化遗产的传承和保护的角度，来总结与诠释传统门窗的技艺、标准以及工艺制作和安装规范，体现出院落家族的身份和地位、主人的文化背景、层次素养、家庭经济条件和自然环境对民居门窗形式的影响。

第四章　陕西关中地区传统民居门窗文化与内涵的体现

　　《辞海》中关于"文化"的释意为：在人类社会历史发展中所创造的物质和精神财富的总和，尤其指精神财富。而"精神财富"包含"精神生产力"和"精神产品"两个方面，其内容是一切社会形式（如自然科学、技术科学、社会意识形态），然而，这些作为社会意识形态的文化，也是社会中政治与经济的直接反映。

　　关于门窗文化，当代世界著名美籍华人建筑师贝聿铭先生在谈到中外古典建筑的不同时曾说：西方古代建筑（如古希腊）对门窗的空间观念，一般注重其生理、实用与技术意义，重在求其通风采光性和闭围性功能；而中国建筑的门窗，似更重视其内外部空间心理情感的交流与交融。

　　众所周知，传统民居门窗的文化内涵是中国传统文化的具体体现。以封建社会的"等级制度"为例加以说明，早在《周礼》《礼仪》《礼记》等书籍中已经界定明确，在日常行为中从不敢逾越一步。例如，《周礼·冬官》考工记第六记："王宫门阿之制五雉，工隅之制七制，城隅之制九。经涂九轨，环涂七轨，野涂五轨。门阿之制，以为都城之制。宫隅之制，以为诸侯之城制。环涂以为诸侯经涂，野涂以为都经涂。"《礼记·礼器》第十记："礼有以多为贵者。天子七庙，诸侯五，大夫三，士一。……有以高为贵者。天子之堂九尺，诸侯七尺，大夫五尺，士三尺。"《营缮令》记："……帝王宫殿可建有鸱尾的庑殿屋顶；五品以上官吏的住宅正堂宽度不可超过五间，用歇山屋顶；六品以下官吏至平民住宅的正堂只能宽三间，只可用悬山屋顶。"《明会典》说："……公侯，前厅七间或五间，中堂七间，后堂七间；一品、二品，厅堂五间九架；三品至五品，厅堂五间七架；六品至九品，厅堂三间七架。"种种记载也丰富充实了传统民居门窗文化的内容及内涵。因此，在古代周朝有所谓"'三朝五门'制度。三朝者，一曰外朝，用以决国之大政；二曰治朝，王及群工治事之地；三曰内朝，亦称路寝，图宗人嘉事之所也。五门之制，外曰皋门；二曰雉门；

三曰库门；四曰应门；五曰路门，又云毕门"（刘敦桢，1987）。

　　另外，从宏观上看，关中地区民居中的门窗从其形式、内容、色彩、雕刻、绘画等方面均可归列为"文化产品"。而站在"文化论"的角度上看，由关中地区民居建筑或建筑环境中所衍生出来的居住、礼仪、饮食、茶、服装等民风民俗文化，仅仅是属于精神层面上的一种"文化现象"。例如，顾蓓蓓在对传统门窗研究中说："……'装修'则是建筑的实用性、艺术性与文化性完美结合的成果。不仅代表着建筑的物质精神，同时也蕴涵着时代、社会的人文精神，既是建筑性格的体现，又是历史精神的反映。"（顾蓓蓓，2007）

　　就其门窗的非物质文化与内涵体现上，"一般而言，凡是有人类的地方，就有文化存在，建筑文化作为核心层的文化的组成部分，应该说也是同样存在的。也就是说建筑文化与人类相随而存，但是人类生存于不同的地理环境区域，所形成的建筑文化必然有所不同。如果以区域性差别的标准来划分建筑文化总体的话，也就有不同的建筑文化类型"（陈凯峰，1996）。

　　因此，也可以说传统民居建筑是人类历史与文化的载体和表现形态的一种，而这些历史与文化无论在门窗的功能、所处位置还是在其形式上都表现得更为显著和集中。同时，也集中地反映出门窗的文化特性，其文化特征又以不同的材料、工艺反映不同的内容、雕刻形式、纹饰图案等形式，或以象征性和谐音手法，淋漓尽致地体现出"物质"和"精神"两个层面的思想内涵及其文化寓意，以此来表达人们对美好生活的向往和追求。"宅以门户为冠带""门当户对""门面""门风""门派"和"门第"等词汇中均是以文化概念与内涵而组成的，体现出了主人的理想与追求。

第一节　门的文化内涵体现

　　然而，无论是室内的还是室外的传统民居建筑，不仅具有实用性，又特别重视建筑及建筑环境的附加值——文化，而且也发挥和营造着建筑环境的派生作用，因此门窗衍变成集居住、教化、祈福乃至艺术审美功能为一体的总体表现。

　　门窗的文化内涵主要体现在各民族、各区域的民俗性上。楼庆西说："民俗因为和百姓生活与劳动紧密相连，所以农村的民俗与城市相比，表现得更为显著和纯粹，至今也保存得更为完整。民俗既然表现在百姓物质生活与精神生活的方方面面，那么它必然也会表现在建筑上，而且乡土建

筑比起城市建筑，这种表现也会更加明显。"（楼庆西，2006）

一、门的方位及附加物

院落大门作为民居装饰的重中之重，所包含的面和内容也相对较多和较为丰富。因此，在以下内容中也只能着重于重点内容加以论述和论证。

（一）门朝向

关于大门的朝向，刘枫说："门的朝向问题大概从门刚出现的时候就已经有了，根据考古发掘，穴居时代的出口一般都是南向，大概也是因为中国处于北半球，南向开门窗利于采光保暖吧。"（刘枫，2006）由此可见，大门朝向的讲究由来已久，且深深地影响着一代又一代人的思想观念。

按照中国"术数文化"（侯幼彬，1997）（释：风水说，涵盖了阴阳、五行、四象、八卦的哲理学说，附会了龙脉、明堂、生气、穴位等形法术语，通过审察山川形势、地理脉络、时空经纬，以择定吉利的聚落和建筑的基址、布局，成为中国古代涉及人居环境的一个极为独特的、扑朔迷离的知识门类和神秘领域。早在先秦时期已孕育萌芽，至明清已达到泛滥局面。它对中国建筑活动产生了极为广泛的影响。）的重要组成部分的"堪舆说"（即风水、卜宅、相宅、青乌、山水之术）讲，门是宅房的气口，特别是四合院的大门宜在东南位，内宜有照壁。一般忌开五门（大门、过厅门、起居室、阳台等）。忌在同一条直线上的"穿心门"，犯口舌，冷风冲射，多病。凡是门、窗均要规整，不透风，不可留有缝隙，不出现贼风、阴风。睡觉时，门、窗或全关，或全开，不可留有小缝，不正对着身体；尤忌风口对头、臂、足，否则易得中风、受伤、落枕、风湿、头风等风症。窗户应多开，多吸纳自然风、自然空气。因此，在关中地区一般的四合院受风水堪舆说的影响，外门不开在中轴线上，而开在八卦方位图的"巽"位和"乾"位上，所以路北住宅的门均开在东南角。进门为一小天井，正对门楼设一块影壁，上写"福""喜"等吉祥文字……

孙大章解读《阳宅三要》中提出的厅、门、灶三类房屋时说："宅之吉凶全在大门……宅之受气于门，犹人之受气于口也，故大门名曰气口。关于大门的布置，着重关注的是其朝向及尺寸。一般民居的朝向多为坐北朝南，称之为坎宅离向，按"大游年"方法推论各向吉凶……"（释："大游年"是风水术中推导建筑方向吉凶的一种方法，即按建筑主体的八卦方位，依歌诀顺时针决定除主体（优位）以外的七个朝向的七星命名，七星中生气是大吉，天医、延年是次吉，绝命、五鬼是大凶，六煞、祸害是次凶。）（孙大章，2004）据《相宅经纂》记载："阳宅原运更重历验。得元失元之他。或兴或废不爽厘毫。更得门法之进气。隔空之风气……"因此，大门的朝向对每家每户来说都极其重要。

中国的民居由于地处北半球的原因，为了能充分享受阳光，一般多坐北朝南，风水称此种坐向的住宅为坎宅，其三吉方为离（南）、巽（东南）、震（东），门应位于此三方，又以东南为最佳，俗称"青龙门"。对照传统民居的大门位置，多与此说相合（何晓昕，1990）。同时，大门又被称为"门脸""门面"，有"宅以门户为冠带"之说，是宅第的标志，标志着主人的身份、地位、财富，也是宅院空间序列的开端。

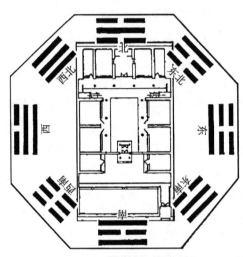

图 4-1　院落布气格局图
（图源：引自《人类理想家园》）

同理，关中地区的宅院大门朝向也非常讲究，因其所处的地理位置、气候条件，以及受八卦阴阳、五行之说的影响，也习惯于"坐北朝南"的最佳方位（图4-1）。这样的话，大门以及上房门均是朝南向，便符合了关中人"南楼北厅巽字门，东西两厢并排邻，院中更栽紫荆树，清香四溢合家春"的追求目标。假若在地形较为复杂的地区，住宅朝向受到限制时，人们往往会将大门的角度进行合理的调整，以符合吉祥方位。当然也有官宦人家将大门开在门房的中间，如韩城的张家高家、三原的周家、长安的郭家与于家和旬邑的唐家等。

（二）门镇符

常规来说，门镇符不是为了对门进行装饰，而是对宅院的环境或地理位置以及门所处的朝向不佳所采取的一种补救办法。正如刘枫所说的："……人们通过忌避、祭祀、祈祷、祝颂等一系列活动，达到消灾避祸、驱魔逐邪、求吉祈福的文化生活方式，作为一种传统它已经深深渗透于我们生活的各个方面，以显性和隐性的各种方式存在着，并成为一种思维方式和生活方式。"（刘枫，2006）

传统建筑中与祈福避祸的"辟邪文化"有着直接关系的莫过于"神龛、厌胜、石敢当和照壁墙"了。人们在日常生活中为了辟邪消灾，创造性地发明了符咒、器物，以及借用"镇物"驱鬼降魔的同时，进行一些不同的带有舞蹈表演的活动等。想通过这些精神暗示手段来消除人们心理上的恐慌、忧虑和焦灼不安的心态。

常见的厌胜类型有以下几种。

（1）屋顶厌胜物：八卦等；

（2）顶棚厌胜物：藻井等；

（3）中梁厌胜物：福禄寿三仙、塔、火珠及蚩尾等；

（4）枋柱厌胜物：鳌鱼、狮子、龙、象、凤及八宝等；

（5）墙堵厌胜物：鹅头、麟麟、龙、虎、神仙人物及八宝等；

（6）庙埕厌胜物：黑令旗、狮子、蟠龙及照壁等；

（7）制冲厌胜物：竖符、石敢当、狴犴［图4-2（a）、(c)］、虎字碑及风镇碑等；

（8）环卫厌胜物：五方庙、石敢当及聚落五营（碑）等。

（9）与门窗有关的厌胜物有：石鼓、狮子、兽牌、山海镇、门神、字牌、八仙彩、倒镜、姜太公符、八卦、卐字、神明符咒［图4-2（b）］以及五福签等。

（a）护墙狴犴墩　　　（b）百解消灾符　　　（c）护门狴犴门墩

图4-2　厌胜物列举

［图源：(a) 自摄于韩城党家村；(b) 引自《风水与民居》；(c) 自摄于韩城古城区］

在关中地区的现实生活中，常常会遇到如居住得较为密集的村镇或山区，苔原沟坎间由于用地所限，选择风水尚佳的住宅位置及门朝向绝非易事，总有不尽如人意的时候，为此一般会采取一些补救的办法。例如，当宅院墙或者大门朝向大路的话，通常将一块"泰山石敢当"石碑立于正对的墙及大门边［图4-3（b）］；当墙对着山口、坟墓或者墙角时，通常在门头放置八卦图案、字符或者符篆图案的砖雕石块［图4-3（a）、(b)］、碗碟、镜子、红纸或木牌；当墙或正对门凶煞方位时，通常在墙或门边上放置雕刻的"镇兽"等。通过这些心理上的抚慰调节，化解凶宅，禳解、镇魅、转移凶气。

　　（a）灵泉村檐墙砖雕石敢当　　（b）党家村石敢当　　（c）东街村石雕石敢当

图 4-3　关中地区石敢当列举

（图源：自摄于合阳、韩城、潼关）

　　综上所述，均属于"谶纬庇荫心理"活动的需求。例如，《风水与建筑》中说："堪舆风水之说中，有相当一部分内容是以神学为基础的谶纬之说。'谶'是依据星相或自然界的变化，或假托神的指示来预言人世间要发生的事；'纬'是相对于'经'而言的，是对儒家经典的神学解释。谶纬是以'天人感应'为理论基础的宗教学说，其兴起于西汉哀平之际，盛行于东汉初年，但其后历代不绝于世，一直影响至近代。"（程建军和孙尚扑，2005）

　　另外，与门有关的"辟邪文化"从民俗学角度来说还包含有门上祈福物、辟邪物和应时物等。

　　（三）门上附加物

　　1. 门上祈福物

　　门上祈福物其目的为了给家人祈求吉祥平安、幸福安康而在门上附加的祈福纳喜之物。一般像门簪或看叶上雕刻"吉祥""如意"等字样及莲花、葵花等祥瑞含义的图案等；或门钹上雕刻"福""吉祥如意""幸福之家"等字样及图案等；或走马板上的"谦受益""恭俭让""勤致富""平安福"等，以及二道门上的"天赐祯祥""福缘善庆""心存裕后"等吉祥语的直面文字表达的同时，也传达出家族的社会信仰和生活理念（图 4-4）。再有门前有像"招财进宝"的祈福物的悬挂等，希望财源广进的祈福。而最常见的是倒着的迎春福贴，谐音"福倒（到）了"，以此求风调雨顺。这一做法沿用至今，现在也常见到倒贴的"春""福"等字的装饰品，寓意为"春到""福到"。

　　2. 门上辟邪物

　　古往今来，在除夕到来之前，每家每户都请门神、贴对联、帖门笺

(a) 合阳灵泉村大门祈福语

(b) 长武丁家村大门祈福语

(c) 温家二道门祈福语

(d) 党家村屏门祈福语

图 4-4　关中地区大门祈福语列举

（图源：自摄于关中各地）

（即五色纸），以此来避除各种灾害和困难。而当人们此外觉得还不够时，于是常常会在门上附加"照妖镜""八卦雷符碗碟""尖刀利器""符箓砖"或"红绸布"等辟邪之物（图 4-5）。

(a) 八卦雷符碗与红绸布

(b) 照妖镜与红绸

(c) 红绸辟邪布

(d) 乾县砖符

(e) 桃木门

(f) 陇县纸

(g) 彬县碗碟煞

图 4-5　关中地区门上辟邪物列举

（图源：自摄于关中各地）

3. 门上应时物

农耕文明和劳作均与一年中的二十四节气相关，故此，产生了许多与此相关的习俗体现在门窗之上。例如，清明节时家家户户有在门上"插柳"的习惯，传说可"辟邪""明眼"，同时也是"迎春"的信号，寓意着春耕的开始，也是对来年风调雨顺、五谷丰登、人寿年丰的期望。又如，端午节时家家户户有在门上"插艾"的风俗，由于五月五的来临便是夏季的开始，气温的升高和雨水的增多会导致多种疾病高发，传说古人就以艾叶的烟来驱蚊虫、防病祛疾的，由此产生了这一习俗。再如，在收割季节，人们常常会在宅院内或房屋的门窗周边悬挂起一排金灿灿的玉米、一串串鲜红的辣椒和可爱的一簇簇葫芦等各种丰硕的果实，彰显出富足和农家生活情调（图4-6）。

图 4-6　关中地区门窗之上应时物列举

（图源：自摄于关中各地）

4. 门上其他附加物

在关中地区民居门槛之上的左下侧或右下侧紧靠门枕石处开有一约0.15米×0.15米的洞口，其功能是为了在大门关闭时家猫仍然可以任意出入捕捉老鼠之用。由于传统民居的密闭性较差，在家中寄居的老鼠也相对多，且活动相对频繁。因此，导致家庭养猫的习惯也较为普遍，人们以此办法免受或尽量减少老鼠所带来的灾害。据考证，至今对此洞没有一个叫法，因此，笔者姑且将其叫做"猫儿洞"［图4-7（a）］。

另外，在关中地区每到初春时节，成群的燕子迁徙至此繁衍生息，并将幼燕抚养长大后便离开。待到来年的初春时节，成群的燕子又迁徙至此，且能准确地寻找到自己生长的人家和属于自己的那个巢穴后继续繁衍生息，同样也是将幼燕抚养长大后便离开。就这人们也期盼着每一年的初春能够看到归来燕子的身影，因此，几乎每家都会为了燕子的出入专门留有一个窗户，也有的人家为了便于燕子在户外盘窝而预先装置一个小架板或托盘之类的，这里称之为"燕子窝"［图 4-7（b）］。

　　无论是"猫儿洞"还是"燕子窝"皆属于人与自然、环境及动物之间的和谐共生的具体体现。"猫儿洞"和"燕子窝"虽然说是门上附加的小构件，却体现出了人们热爱自然并与大自然和谐共处的一种思想境界、一种观念和态度，特别是通过鲜活的燕子自身的行为和职责，千里迢迢，不惧危险来到这里，成双成对地繁忙地造窝，辛勤地养育后代……这眼前的现状，在朝朝暮暮间对家族的晚辈能起到鲜活的"教化"和"警示"作用。

（a）门槛上的"猫儿洞"　　　　　　　　　　（b）横披窗上的"燕子窝"

图 4-7　门上其他附加物列举

（图源：自摄于蓝田郑家村）

二、门的文化形态

　　顾馥保、汪霞曾说："随着社会的发展，有了私有制和阶级分化，门从起到防卫、防盗的防御的基本功能作用降到从属的地位，而代之以显示权力、地位、财富、文化和社会的象征。加之封建礼仪制度的推行，使门在形制、规格、用材及色彩等诸方面有了不可逾越的严格规定，起到了标志门庭的作用。这种封建的'门第'观念几乎渗透到了封建社会生活的各个方面。"（顾馥保和汪霞，2000）同时，从门的雕刻装饰到色彩处理上，又都在不同程度上表现出了古代的文化内涵，封建的礼制、伦理道德、宗教特征、地区特征、民族特征和理想追求都在建筑上有所反映，并体现出建筑的"精神功能"（楼庆西，2001）。

　　（一）门的形态

　　1. 门堂之制

　　为了区分诸侯、士大夫等制式标准，自从宫廷建筑模式产生后，制定了传统门的等级规范和形态。"……有钱有势的官员和地主们曾一度把门的规模扩大到很大，企图由此建立自己的声威。唐之后在法律上便做出明文禁止，超出规定就是'僭奢逾制'，建筑设计问题就成为政治问题了。"（李允鉌，2005）因此，"门堂之制"的核心为"礼制"，且将"门"和"堂"分立，这便产生了"内"与"外"的空间序列区别。

2. 门的精神功能

就门的形态而言，"中国古代民居建筑的宅门是我国传统建筑门类装饰的一个重要组成部分，在以将门户入口作为吸纳阴阳之气、贫富贵贱的象征的门户思想影响下，庐舍民居大门的营造与装饰也颇受人们的重视。……但在'门堂分立'的观念和模式的影响下，以及各地区、各民族文化思想和装饰理念不同的情形下，民居大门的装饰风格也不尽相同，而且在同一地区也呈现出了灵活多样的门的形式"（王谢燕，2008）。呈现出不同区域的不同文化、习俗、建筑技艺及审美观念，像我们常会看到的牌坊门，其功能无非就是精神象征的门式（图4-8）。

图4-8　西大街非凡气势的城隍庙牌坊门

（图源：自摄于西安）

首先，侯幼彬说："……大门的'实用功能尺度'由于……大门的定式做法中，普遍都运用了'形象放大'机制，把大门扩大到充满整个开间。这样，抱框和上下槛就成了门的外轮廓，均成大门的'精神功能尺度'，大大扩展了门的形象。"（侯幼彬，1997）按照关中地区民居大门的面积比及其综合分析得出：大门的精神功能尺度要远远大于实用功能尺度两倍有余（图4-9），这便淋漓尽致地体现出民居门文化精神象征理念和精神需求的重要性，以及所包含的文化内容与价值。

但是，在日常生活中平民阶层的大门仅有实用功能，甚至有的不仅没有多余结构和装饰纹样，甚至有的省去了门板表层的保护漆或仅刷正立面

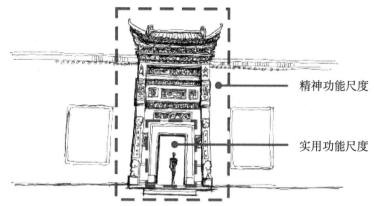

精神功能尺度

实用功能尺度

图 4-9　大门的精神与实用功能尺度比较

（图源：笔者自绘）

一面漆。因而传统民居门的文化精神理念象征和精神需求的必要性，以及所涵盖的文化内容在此毫无保留地体现出来。

其次，楼庆西说："门头装饰……最初都是在木结构上面覆以瓦面，为了使这种门头具有装饰作用，门头的体量增大了，屋顶的式样也多变了，除了常用的悬山顶外还用了歇山顶，有的还不只一座顶，出现了重檐顶、三重顶；构件上的雕饰越来越多，除了在有功能性的梁枋、垂柱上进行装饰外，还附加了一些纯装饰性的构件。"（楼庆西，2006）其最终目的是象征并表现一个家族的威望与财力。例如，始建于清代末期的赵（树勋）家品字形独立大门楼，上下分为两层，门阔 15 米，进深 5 米，高度为 13 米，使得门楼显得雄伟壮观。加之精美而又丰富的砖雕、石雕图案以及复杂多变的屋顶，使得门楼更显富丽堂皇（图 4-10）。楼庆西又说："建筑的大门作为一组建筑群的主要入口，自然占有重要的地位，除了供出入的物质功能外，它所具有的标志与象征的作用往往也很明显和重要。在建筑大门上所表现出的传统礼制的思想，所反映出的等级制以及其他文化内涵可以说是建筑文化中很重要的一个组成部分。……一幢建筑的入口，在建筑上起着重要的作用，那么，建筑的这种精神作用必然在门的这一部分表现得更为集中和更为突出。"（楼庆西，2001）

再次，就连门墩也是人们对于门面装饰的追求之一，如"抱鼓石"顾名思义造型为圆鼓形，富有装饰功用。下部为须弥座，通常雕饰以菊花、狮子等，上端为鼓形，饰以不同的花纹的石雕工艺。抱鼓石本应是以"枕"为功能部分，但是，为了增加门的气势和提升家族的社会地位及政治影响力，发展成了门枕石之上的附加部分被强化了，且"鼓"的体量越做越高大了。传说门前一对抱鼓石，立的是功名标志。在讲封建等级的年

图 4-10　赵家超大品字形独立大门楼（迁建）

（图源：自摄于关中民俗艺术博物院）

代，无功名者门前是不可立"鼓"的。倘若要装点门脸，显示富有，也可以把门枕石起得像抱鼓石那样高，但只是依于门旁的装饰性部分要取方形，以区别于"鼓"［图 4-11（a）］。另一种是常见的样式，则是下部与之相同，上端为圆雕的狮子，称"狮子门墩"。其用料用工远超过了做"枕"的成本了。还有一种是独立于门结构之外的石雕狮子，常常被设置于大门前的两侧，起到地域标识和镇宅的精神功能需求和审美需求［图 4-11（b）］。

(a)抱鼓石　　　　　　　　　(b)门狮

图 4-11　关中地区以精神功能为核心的石雕构件

（图源：自摄于长安区）

由此可见，宅院门的装饰级别、体量的不同及结构的简繁程度都代表着不同的精神需求。因此，更是有了"纯装饰性构件"的运用，此方式对于满足审美需求方面，笔者认为还是有待讨论的。关于此问题，楼庆西也表达了自己的看法，即"为了显示出建筑主人的财势与声望，成为一个家庭、家族的代表与象征"。所以总结出：门的装饰级别、体量及复杂程度的不同，一样体现出"大门的精神功能尺度要远远大于实用功能尺度"（图 4-8～图 4-10）。

综上所述得出："精神功能大于实用功能，且等级、地位越高，大门的精神功能尺度就越大。"反之，等级和地位越低的大门，精神功能尺度就越小（图 4-12）。

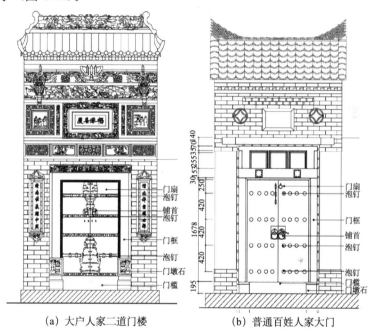

(a) 大户人家二道门楼　　　　(b) 普通百姓人家大门

图 4-12　门楼实用功能与精神功能比较

（图源：笔者自绘）

此外，关中地区宅院的大门形态、方位及空间结构包括：第一是一般宅院常会首选将大门开于东南角的"巽"位门，以求得好的风水。第二是将大门开于正中央的明间，此举多为官宦家族，体现出"为官清廉"且"正派"之意。第三是无门房的情况下，将大门开于厦房山墙的延伸处所形成的墙中间，同时在大门周边加盖坡面的门楼。第四是开于院墙上的大门，同样也在大门上加盖坡面的独立门楼。第五是一些经济拮据的平民阶层，常会直接在院墙上开一拱券式的门洞，并且带有简易的栅栏门。

（二）门的尺度

大门的尺寸大小在门的文化形态中同样有吉凶一说，通常以"门星尺"（也称"鲁班尺""门光尺""八字尺""文公尺""门公尺""角尺"等）来规定具体的尺寸及其安装校对方法。一般"门星尺"长八寸，在北方见到的有0.504米、0.46米、0.45米的，也有0.429米的。正面有尺寸标注，每寸标记有财、病、离、义、官、劫、害和吉字样符号，且每寸又有五个标志其吉凶内容的小格。背面的每寸也对应着星宿名称，"门星尺"叫法也由此而来。"门星尺"的吉寸常规分为一、四、五、八寸，对应财、义、官、吉；凶寸为二、三、六、七寸，对应病、离、劫、害（图4-13）。"门星尺"的用法是使门的高度、宽度尺寸控制在"吉寸"位之上便可。

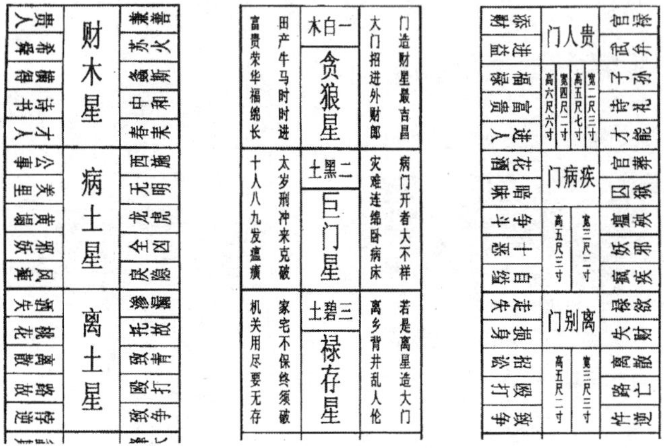

图4-13　门星尺（局部）

（图源：引自《中国古建筑木作营造技术》）

一般来说，官府及寺观类的建筑的吉门尺寸规定在"义顺"和"官禄"的范围内，而民居类的建筑吉门尺寸规定在"财门"和"吉门"的范围内。

另外，由于南北方的地域、文化背景、风俗习惯以及人文环境的差异，因而"门星尺"尺寸有所差别。例如，北方的"门星尺"通常为0.32米，而南方的多偏短，如苏浙地区多为0.275米（图4-14）。

从历史资料上看，在宋代时已经出现了一尺分为八寸的鲁班尺，到了清代其鲁班尺的尺度要小于宋代和明代。后来经过许多学者研究后认为，鲁班尺在历朝历代以及南方北方的尺度均有所不同。故此，得出"鲁班尺没有国家统一的固定标准尺寸"结论，因此，用鲁班

图4-14　北方鲁班尺实物

（图源：笔者自摄）

尺来确定吉凶也只是满足和排除人们心灵的畏忌而已。

与此同时，在南方地区堪舆风水中的营造物的每项尺寸（涵盖门口尺寸）都有一项"压白"的规定（陈元靓，南宋），即"将营造尺与九星九色相配，九色为'一白二黑三碧四绿五黄六白七赤八白九紫'，其中一白六白八白九紫为吉利星，余为凶星。以之与营造尺相对应，一白配一寸，二黑配二寸，三碧配三寸……九紫配九寸，十寸为一尺又复为白。在确定建筑物的主要尺寸时，要落在'紫白'寸上，称为'寸白'，若尺数亦落在'紫白'尺上，称为'尺白'，这种方法称为'压白'。是为取吉的手段。更复杂的'压白'法尚须与'八卦纳甲'及房屋坐向方位相联系，决定建筑物高宽深的尺寸。门口尺寸决定以门光尺为准，但若同时符合营造尺的'压白'尺寸，则为双吉"。

此外，除取吉寸的"门光尺""压白尺法"等方式之外，还有"季子房尺法""九天玄女尺法""丁兰尺法"以及"步法"等方法，都是民间常用的尺法。总之取吉方法虽多，但皆为心理作用（孙大章，2004）。关中地区虽然不太讲究"压白"，但是，对房和房之间距离的标准也是有自己的讲究和规矩的，工匠们常规认定尺度为1鲁班尺=0.8市尺[①]。

综上所述，门的具体形态乃是传统文化与风俗习惯之间物态化的产物以及综合的反映。

三、门的安置核心

（一）鲁班尺的使用

鲁班尺除了具有前文所述的标准吉凶尺寸的功能外，同时在大门安置时还有度量、矫正的重要功能，其目的用来展示及实现门的文化形态。

宋代《事林广记》有记载曰："鲁班即公输班（图4-15）……尺也，以官尺一尺二寸为准，均分为八寸，其文曰财、曰病、曰离、曰义、曰官、曰劫、曰害、曰吉；乃北斗中七星与辅星主之。用尺之法，从财字量起，虽一丈十丈皆不论，但于文尺之内量取吉寸用之；遇吉星则吉，遇凶星则凶。亘古及今，公私造作，大小方直，

图 4-15 鲁班像
（图源：引自《中国古建筑散记》）

① 1市尺≈33.33厘米。

皆本乎是。作门尤宜仔细。又有以官尺一尺一寸而分作长短者，但改吉字作本字，其余并同。"

《阳宅十书》同样有："海内相传门尺数种，屡经验试，唯此尺为真，长短协度，凶吉无差。盖昔公输子班，造极木作之圣，研穷造化之微，故

图 4-16　《鲁班经》
（图源：引自《风水与建筑》）

创是尺。后人名为'鲁班尺'。"由此，再次体现出鲁班尺的美妙功能，因而此尺也变成一种厌胜"镇物"。

因鲁班尺功能的特殊性，尤其广泛突出在风水及建筑文化中。不管是建造房屋还是制作家具，为了符合吉利有关刻度，避其凶灾有关刻度而满足祈求吉祥平安的心理需求，因而从整体到每一部分的高低、宽窄以及长短，都要以《鲁班经》（图 4-16）为规范标准。这些在所标文词的内容中也表现出与旧时的"星相学"的紧密联系。

（二）罗盘的使用

风水罗盘，又名罗盘、罗经、罗经盘（图 4-17）等，是风水大师在堪舆风水时用于立极与定向、确定大门最佳的方位和气场的测量必备工具。其组成部分有天池（也就是指南针）、天心十道（架于外盘上的红十字线尼龙绳）、内盘（刻绘有一圈圈黑底金字的铜板圆盘，整个圆盘可来回转动，习惯上一圈叫做一层。其中有一层是二十四山之方位）、外盘（底座）等。民间流行的罗盘有三合盘、三元盘、综合盘、专用盘等。

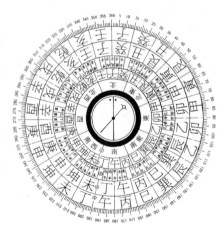

图 4-17　罗盘图
（图源：引自《风水与建筑》）

（三）后门的安置

传统民居宅院的前门或大门有通常不可直接与后门相通的一般规矩，关中地区的民居同样也遵守这一规矩。这是由于传统风水观念中"聚气"（指聚财气、聚人气之说）或"去

水"（指水为财，财来财去，必成空）之说所致。假若大门与后门相通，故为不积财之屋。

四、门及周边的构件

关中地区民居中最注重的莫过于宅院大门及其周边环境的设计与定位了，宅院大门乃是一个家族的脸面，象征一个家族的社会地位、经济实力、家族文化乃至对美好生活的追求等，是多种物态化载体的综合反映（图4-18）。因此，"……为突出入口，大门及门楼都着重处理，大门均为高门楼……门上部的梁、坊、匾牌、门相等精雕细刻。包铁页子的黑漆大门边框用红线勾勒，铜制门环镶于中间，大门两边有抱鼓石、门旁设拴马桩，均映衬出入口处的庄重。……在韩城一带，大门匾牌上都有题字，内容颇为广泛，如'太史第'、'忠信'、'宁静居'和'耕读第'等，反映宅主的社会地位、道德准则、追求、向

图4-18　闫家大门墀头、额枋、门楣组合
（图源：自摄于长安区）

往和期望等。关中民居集精美的砖雕、木雕、石雕、书法于一体的门楼和大门，表现出民间匠人精湛的技艺和高度的艺术造诣以及关中地区浓重的文化气息"（王军，2009）。

（一）门头部分

1. 门楣

在关中地区人们为了突出建筑的入口部分，同时和沿街门房房屋的青水砖墙形成鲜明对比，宅院大门外的门柱顶部装饰有精致华丽的门楣，如木雕挂落、镂空的花雕额枋以及斗拱。其中罩、花板和垂柱头，一般罩面枋下用罩而少用雀替，内容常用的有岁寒三友（松、竹、梅）、子孙万代（葫芦和枝蔓）、福寿绵长（寿桃枝叶和蝙蝠）这类吉利图案，除此之外也有回纹、卍字纹、寿字图案等。檐枋与罩面枋之间嵌有以蕃草和四季花草为雕刻内容的透雕花板。垂柱头有两种形式，一种是圆柱头，它通常雕刻成含苞待放状的莲花的莲瓣头的样子（图4-19），也有二十四节气柱头（即风摆柳），上有二十四条纹路，是二十四节气的象征。另一种是方柱头，这

种形式通常在垂柱头的四面做以四季花卉为雕刻内容的贴雕（刘枫，2006）。

图 4-19　关中地区门楣列举

（图源：自摄于长安区）

2. 挂落

挂落类似于几腿罩，且分为室外与室内的。在室外，作为门楼第一道风景线的木雕挂落，主要采用浮雕、透雕的雕刻手法，以及着色和不着色两种色彩方式。典型的有韩城的走马门楼的雕刻。也有结构及形式简单且用材小巧、属于外檐装修的构件。通常位于看板或额枋下檐且与檐柱紧贴，向下垂吊，其体量大小视设计而定，可通长可断开，也可两边低中间高等形式。其装饰图案题材多为卍字纹、套方、冰裂纹及藤茎等。其作用主要在装饰上，在室内，有的结构形式简单且用材小巧、装饰性较强的。也有的结构形式复杂且用材厚重的，通常采取的题材有瑞兽珍禽、琴棋书画、剑器、花卉、祥云，以及含有"连绵不断"意义的藤蔓植物和具有连绵性的几何图形。有的大户人家在较重要的环境中，甚至用整块板子雕刻而成，图案繁多复杂，不仅体现出其强烈的装饰性，且显示出主人的身份与地位（图 4-20）。

图 4-20　关中地区额枋上的砖雕挂落、雀替垂花柱图

（图源：自摄于长安区）

3. 雀替

雀替具有高超的艺术价值，多用蕃草为雕刻内容，也有以花卉为主要图案的。在形式上，关中地区常见的雀替有砖雕（图 4-20）和木雕两种；在内容上，关中地区的雀替更是丰富多彩，不但有花卉、风景，而且还有动物和人物故事等（图 4-21）。

图 4-21　关中地区人物、动物雀替列举
（图源：自摄于关中民俗艺术博物院）

4. 额枋

额枋多采用镂空雕刻或金漆彩绘的方式来表现（图 4-22），关中地区传统民居建筑中尤其精致，其雕刻内容有雕刻成"卍"字符的连续纹样、琴棋书画、古代人物传说及植物风景纹样等。彩绘方式多种多样，其目的是对保护木料，以及点缀和美化院落环境（图 4-23）。

图 4-22　额枋圆雕、透雕、浮雕和金漆彩绘图案列举
（图源：自摄于关中民俗艺术博物院）

5. 斗拱

为了承载挑出的屋檐的重量，即房檐伸出的部分的重量需要通过斗拱的承托，逐渐传递到下面的柱子上。斗拱起到柱与屋顶之间的过渡作用，是中国古代木建筑结构中特有的建筑构件。与此同时，也可赋予它装饰功

图 4-23　关中地区额枋、挂落、雀替、罩列举

（图源：自摄于关中民俗艺术博物院）

能（图 4-24）。早在明代有规定一般民居的形制："庶民庐舍洪武二十六年定制不过三间五架，不许用斗拱饰彩色。"（刘志平，2000）根据国家的等级制度及明文历律规定，一般民居在建造标准上，不可使用斗拱，否则，便是"逾越"的大不敬行为，会被问罪，只有像闫敬铭这样的二品官员，历律等级才允许享用。至此，也有个别为了体现家族势力和财力、显示社会地位、追求审美心理也使用斗拱。

图 4-24　关中地区民居中的斗拱列举

（图源：自摄于关中民俗艺术博物院）

6. 花角撑拱、月牙梁

在关中地区的大宅院里，也经常会看到花角撑拱（图 4-25）和斜撑拱，这些结构件远远超过了建筑承重的力学的需要，成了一种装饰构件，使得建筑具有气势非凡、荣华富贵之感。其形式为木质圆雕，并在其表面设有不同的色彩、同一色彩或施以金漆彩绘。其内容多为人物、动物、花卉或组合式。

在建筑的檐柱和金柱间常常会有插梁结构，其是为了建筑及其柱子的稳定性而设置的。有的为了好看起见将梁的形状制作成月牙形而称月牙梁。月牙梁上的图案多以浮雕工艺出现，同时也有彩绘的（图 4-25）。其内容包罗万象，其形式丰富多样。

图 4-25　关中地区花角撑拱、月牙梁、雀替列举
（图源：自摄于关中民俗艺术博物院）

（二）门框扇部分

1. 门簪

门簪有由实用性向装饰性过渡的变化过程，这一变化表现在数量上。其形状多为方形、长方形、菱形、六角形及八角形等样式，多在正面采取雕刻或描绘以花纹图案的方式。门簪上多刻有四季花卉（即牡丹、荷花、菊花、梅花），寓意四季吉祥；另有书法字样（即寿福、吉祥、平安等）。关中地区民居中多见"太阳花"及少量四字文字，如韩城古城区的民居门簪出现含苞待放的莲花纹样，象征"儿孙满堂""世代昌盛"（图 4-26）。

门簪在关中地区民居中一般有四种形态：单独、两枚、无门簪以及比较少的四门簪。其中单独门簪在关中地区民居中一般不多见，只是集中体

图 4-26　关中地区门簪列举

(图源：自摄于关中各地)

现在一个区域或者一个自然村寨中，像大荔县朝邑镇的大寨村出现的单独门簪［图 4-27（d）］；关中地区民居中大数是两枚或无门簪，但是较为特殊的至今仍然无法解释的是，关中地区中数一数二的名门望族的宅院大门上却无门簪，如长安区的郭家、扶风的温家、凤翔的周家、旬邑的唐家以及三原的周家等［图 4-27（a）、（b）、（c）］；由于历朝历代的历律等级的级别要求一般民居建筑是不可使用"四门簪"的，因此关中地区民居中"四门簪"也是比较少见的，此种仅有一例，便是渭南潼关县秦东镇西廒村 43 号的张宅［图 4-27（f）］。由此再次体现出中国历朝历代等级制度的严密性，以及历朝历代百姓们对此种历律的遵守。

除此之外，关中地区也有个别宅院在不违反国家条例及等级制度而巧施"两明两暗"四门簪的方式，以此来显示家族的社会地位和经济实力，这种门簪给人两个门簪的直观感受，但是仔细端详，门上槛的两端有两个体量小的精美的门簪。这种巧妙的方式不仅实现了主人家满足了自己社会影响力的心理需求，而且避开触及明文历律带来的"僭屠逾制"（僭越）的等级越线之罪，做到两全其美［图 4-27（e）］。

2. 门钉

早期的门钉只有加固门板的作用，后来门钉渐渐做的横竖成行、排列

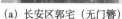
(a) 长安区郭宅（无门簪）

(b) 扶风温宅（无门簪）

(c) 凤翔周宅（无门簪）

(d) 大荔朝邑大寨村、合阳灵泉村独门簪（一枚门簪）

(e) 韩城老城区两大两小门簪（明暗四门簪）

(f) 潼关秦东镇西廒村（四门簪）

图 4-27　关中地区门簪不同形式列举

（图源：自摄于关中地区）

整齐，而钉子的数量也渐渐标志了等级也就形成了门的文化内容的重要组成部分。同时，为了美观起见，又发展出了像澄城县的耿家门房大门上的大小不一，且排列既有序又无序的门钉形式在关中地区的使用也是普遍使用的（图2-144、图4-28）。

　　据明《宛署杂记》有："正月十六夜，妇女群游，祈免灾咎……暗中举手摸城门钉，一摸中者，以为吉兆。"明《长安客话》曰："京都元夕，游人火树沿路竞发，而妇女多集玄武门抹金铺……彭曰：'放的是银花合，抹的是金铜钉。'"就是因为"钉"与人丁之"丁"同音，取"添丁"之意。明《帝京景物略》有曰：正月十五前后摸钉儿，妇女们"至城各门，手暗触钉，谓男子祥，曰摸钉儿。"摸城门钉的风俗，隐含着生殖崇拜的遗风（朱广宇，2008）。

　　刘枫曾会意地写道："一是'钉'、'丁'同音，取添丁的意思，希望

图 4-28　耿家门钉

（图源：自摄于长安区）

生子的自然要择此良辰摸上一摸。二是这门钉既然有辟邪之效能，那也就能没病防病，有病治病，何乐而不摸？三是既然九是阳数，而那门钉的形状、体量又足以引起关于男根的联想，所以，有对男人吉祥的说法，所以免不了要摸上一摸的。就这样，旧时妇女们羞答答地暗暗一摸，给寻常门钉带来了不寻常的余味，使这简单的装饰物在民风民俗的意义下，演绎出多少期冀和祝福……"（刘枫，2006）

清工部《工程做法则例》中根据等级标准把门钉分为九路、七路和五路三个等级，不得随意逾越。例如，帝王的宫门有九九八十一颗门钉，有"九五至尊"的最高等级的象征，此源于《易·乾》中的"……九五，飞龙在天"。另外，阴阳五行说认为，"单数为阳，双数为阴。九数为最大、最高"。种种也是中国传统儒学礼制文化和术数五行文化及天象学文化的内涵体现。

3. 铺首

铺首在关中地区俗称为"门叩"。正如前文所述，门与门的装饰，有明确的等级标准，在这种制度下，老百姓也用自己的方式传达着他们内心的意愿，包括许多含有深刻寓意的精美的门饰及门环图案。

相传门环的由来是为春秋时期木匠祖师鲁班所创，鲁班曾遇到蠡（相传是一种很有灵性的螺蛳），而对它的样子产生了灵感，在它伸出脑袋时用脚在地上画出蠡的形象，被它发现后蠡缩回脑袋闭紧螺壳始终不出来。由此作为灵感创造出象征大门坚实保险的门环。

铺首的形式从周代开始便具有了尊卑等级之分，并在中国延续了两千多年。而门与门饰，由于代表着主人的权力和地位，故有很明确的等级规定。例如，在唐宋时期作为皇权和帝德的象征，龙纹装饰有了严格的等级规定，只有皇帝才能用龙。之后，有了"龙生九子"的传说。皇宫大门用的龙头铺首，在明代被认为是龙的儿子之一，名叫"椒图"（王其钧和谢燕，2005）。又如，明代周祈的《名义考》中有："……名时京师称门环为曲须。实名屈膝。门环双曰金铺，单曰屈膝……"同时，王其钧先生在此段话中用了"皇宫大门用的龙头铺首"的字眼，可见是有一定关系的（图4-29）。

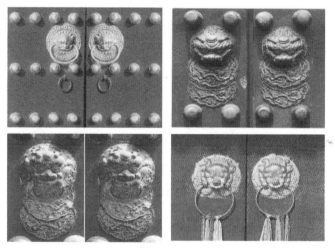

图 4-29　宫殿门上的铺首与门钉列举
（图源：引自《中国古建筑门饰艺术》《中国建筑的门文化》）

到了汉朝，铺首已经不再是螺蛳的形象了。从出土的汉代辅首可以看出，其衍变成一种在商、周时期很常用的化兽面的图案，即饕餮的纹饰。传说饕餮是尧舜时期的四凶之一（另外三凶分别为浑敦、梼杌、穷奇）。其装饰意义是为了驱魔镇邪、保佑平安，例如，《字诂》中有："……门户铺首，以铜为兽面，御环著于门上，所以辟不祥，以守御之义。"

《门当户对》中说："'门之辅首，所以衔环者也'，《汉书》中便有关于铺首的记载，而考古发掘的成果发现，秦代已经有了青铜辅首，可见铺首这种装饰物有着悠久的历史。铺首多为铜制，也有铁制。铺首的造型，有玄武（龟蛇之形）、朱雀、双凤、羊头等形状，也有以威猛的如虎、狮等兽头制作铺首，怒目而视，衔环于门，大概取其威慑之力，用以辟邪。"（刘枫，2006）

关于明代建舍等级标准有："一品、二品厅堂五间九架，屋脊用瓦兽梁栋斗栱檐桷青碧绘饰，门屋三间五架，门用绿油兽面锡环。三至五品厅堂五间七架，屋脊用瓦兽，梁栋檐桷青碧绘饰，正门三间三架，门黑油锡环。六至九品厅堂三间七架，梁栋饰以土黄，正门一间三架，门黑油铁环。"（李国豪，1990）由此可看出品级与铺首的图案、设色及用料的关系。

马炳坚在《中国古建筑木作营造技术》中说："实榻门是用厚木板拼装起来的实心镜面大门，是各种板门中形制最高、体量最大、防卫性最强的大门，专门用于宫殿、坛庙、府邸及城垣建筑。门板厚者可达五寸以上，薄的也要三寸上下，门扇宽度根据门口尺寸定，一般都在五尺以上。"这明确地说明了实榻门的等级和地位。同时还说："……铺首——安装于宫门正面，为铜质面叶贴金造，形如雄狮，凶猛而威武，大门上安装铺首，象征天子的尊贵和威严。"（马炳坚，2010）此中也表明了铺首是与实榻门配套使用的高等级的专属。后在棋盘门、撒带门等较高等级的其他门中也可称铺首。再低等级中也只能将其称为"门钹"了。由此可见，铺首是根据等级而区别其称谓的。

铺首通常以动物兽面来表现，如"狮、虎、螭、龟等灵兽既有令人心生畏惧的狰狞形象，给人造成出其庄严的气势，并有驱邪避害的作用，对人们来说，它们又成了保护居住环境安全的使者，具有崇高的地位和无穷力量"（王谢燕，2008）。其装饰纹样以动物图案为主，其他吉祥图案为辅，如关中地区民居中不乏以植物、几何及文字等纹样的铺首装饰的出现。

传统门饰、门环是"有图必有意，有意必吉祥"的纹样装饰内涵的体现，是世界级的艺术珍品。这种与老百姓思维方式契合的艺术形式，被广泛使用，世代沿袭（王建华，2005）。因此，为了表达人们的祈福心愿，老百姓们用自己的方式创造出寓意深刻、外形精美的门饰和门环图案。

同时，王其均在其著作中单列介绍了"门钹"与"铺首"（图 4-30）。例如："……门扇上要安门的叩环和锁链，这种门叩、门环称'铺首'或'门钹'。"（楼庆西，2006）同时认为："……从帝王宫殿的大门到九品官的府门依次是：红门金钉铜环、绿门金钉锡环、黑门锡环、黑门铁环。从门的颜色上分是红、绿、黑，从门环的材料上分是铜、锡、铁，由高到低，等级分明。……门钹中最特别的、最有特色的形式当是铺首，有人将之称为门钹中的极品，它是一种带有驱邪含义的、传统的门上装饰。"（王其均，2008）可见铺首是门钹系列的一种，是最高等级的门钹。

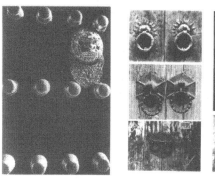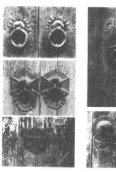

(a) 宫殿门"铺首"　　　　(b) 民宅门"门钹"

图4-30　铺首与门钹比较图

（图源：引自《中国建筑的门文化》）

　　综上所述，并以史料分析为基础得出：铺首与门钹在称谓上是有等级区别的，如"鋪鈒兽面""金兽""金铺""铜铺"的称谓多用于等级较高的宫殿、坛庙和城垣级别的门上，即"铺首"；而一般民宅门上多用"门钹""响器"等（图2-145）。而这两部分在用料上也是有区别的，铺首用料为铜质鎏金或铜质，而门钹用料则为铁质，可罩色漆。

图4-31　崔家剪纸花卉加汉字的看叶

（图源：自摄于长安区）

　　4. 看叶

　　看叶多出现在宽度较大的门扇上，其门的上、下两头包上铁皮来增强门板的横向联系，而这小小的铁皮也装饰着精美的图案。在关中地区常会将吉祥语刻在门面之上，并油上黑色的油漆，如崔家的大门之上刻有汉字"福""寿"以及剪纸花卉图案的看叶（图4-31），也有油漆加套色的［图2-166、图2-148（a）］和不油漆的［图2-138（a）、(c)、(d)］三种形式。

　　5. 门墩

　　门墩又称"门座""门枕石"或"门台"，关中人称"门墩"。一般将其摆放在四合院大门门框两端的底部，起到支撑门框和安装门槛以及防潮的作用。外形分为方形的"门枕石"和圆形的"抱鼓石"两种类型，又在结构上分为滚墩、鼓墩、方墩、上方墩和柱形墩五种类型。

门墩最早在《庄子》中有记载："……虚室生白、吉祥止止"，由此也体现出传统民居建筑和民居文化的久远性，然而"吉祥如意"的精神内涵以及其内涵还体现在好多图案上，如狮子绣球、吉庆有余、五福临门、刘海戏金蟾、鹿鹤同春和"四艺"图案（即琴、棋、书、画）等不胜枚举。

门墩中的须弥座乃是佛教文化与中国台基文化结合的产物，广泛运用于中国传统建筑的柱础、门墩及门狮等部位。例如，雕刻于墩座正立面的"宝相花"（即涵盖莲花、菊花和牡丹三种寓意于一身），其象征着纯洁、坚韧及富贵的品德观念。相传须弥座在佛教中是处于世界中心的须弥山上的佛座，由此满足了人们希望处于世界"中心"及永固不朽的希望观念（孙大章，2004）。此外，还有寓意"功德圆满"的"卍"字符，又称"八吉祥"的"八宝"（即法螺、法轮、宝伞、宝瓶、莲花、盘长、金鱼及白盖）等佛教文化元素的案例。

门墩多由须弥座、鼓状或其他形状的主体石身、饰物和图纹构成。而门墩的主体石身形状有鼓状、箱状或瓶状。由此人们在须弥座上雕刻上精美的图纹。图饰内容多以"二龙戏兽""麒麟瑞图""松鹿长寿""福寿"字样或云纹、回纹等纹饰代表寓意吉祥或镇凶辟邪的装饰。而门墩石上多以狮子为饰物。这些在一定程度上显示了主人家的地位与身份，而抱鼓石墩只有取得功名者（如秀才、举人或进士）才有资格摆放。

"'抱鼓石'是门枕石大事雕饰的产物，出于装饰门面的目的，突出于门外的门枕石被特意加高，下部雕须弥座，中间呈圆鼓形，刻纹样，上面透雕狮子或狮头……由于抱鼓石与门替在宅门门面上下遥相呼应，在民间有所谓的'门当户对'之说。……认为抱鼓石就是门当，而户对指的是门簪。"（朱广宇，2008）宅门上有几对门簪，应对应几个门簪，即户对。门簪相同就说明主人的身份地位、官级和财富相当。

刘枫说："抱鼓石的安置，也有等级差别。只有官宦人家的门楼才能安放抱鼓石门墩，形状、大小要与大门的等级相符。皇族摆放狮子门墩；高级武官摆放抱鼓形有狮子门墩；低级武官摆放抱鼓形有兽吻头门墩；高级文官摆放箱子形有狮子门墩；低级文官摆放箱子形有雕饰门墩；大富豪摆放箱子形无雕饰门墩；一般富豪摆放石制门枕石；而普通市民就摆放木制门枕石。"（刘枫，2006）虽说是有一定的出处，但是该说法却与关中地区的实际情况不符。例如，一般百姓人家的门枕石为了实用，采用的是木，而且也取决于当地的地理环境，就地取材和因地制宜。

"……对于住宅来说，门前立抱鼓石，是有功名的标志，所以一般人家，只在升高的方形门墩上雕刻花饰，面不能做圆形的抱鼓。有钱的富户，多将方形的门墩做成须弥座，其上再雕刻狮子，不过狮子不能做得太大，否则逾制，所以平头百姓家，通常只能靠加高门枕石来装饰门面。所以，从符号上说，若是如意抱鼓石配螺蚌抱鼓石，圆形门簪配六角门簪，这时就可以说这对新人'门当户对'了。从这一点却能反映出，判断两家是否门第般配，看看各自主门的抱鼓石和门簪就可以说明问题了。所以，抱鼓石和门簪在中国民间有'门当户对'之说，证明上述二者的确是民间广泛认可的家族身份和地位的门第象征符号。"（朱广宇，2008）崔家的门房大门抱鼓石，在精心打造的须弥座之上，又以特殊的几何纹样来营造鼓面内容，这种形式是较为少见的，然后在石鼓之上雕刻有人物与狮子的圆雕形象，雕工细腻工整，人物和狮子形象栩栩如生，给人留下过目不忘的深刻印象（图 4-32）。

图 4-32　崔家抱鼓石
（图源：自摄于关中民俗艺术博物院）

关于门墩中的"八仙"是道教文化的产物，其应用的部位与形式和佛教文化的产物大致相同。依据吴元泰的《八仙出海东游记》中记载：铁拐李、汉钟离、张果老、何仙姑、蓝采和、吕洞宾、韩湘子和曹国舅，八仙寻访天下、打抱不平、惩恶扬善的行为也一直被黎民百姓奉传至今。人们将代表各八仙的器物或者象征物用于石墩的图纹中来纪念和赞颂八仙的功德。例如，铁拐李的"葫芦"、汉钟离的"宝扇"、张果老的"渔鼓"、何仙姑的"荷花"、蓝采和的"玉笛"、吕洞宾的"宝剑"、韩湘子的"花篮"和曹国舅的"阴阳板"。因为采用的是一种隐喻的形式，所以将这种形式称作"暗八仙"。选材考究，工艺精湛，生动形象。

　　关中地区中的大型宅院多以体量较大的石狮门墩为主，因此，该地区中的一般百姓人家的石狮通常体量较小，仅仅只在圆形的抱鼓石上雕刻一个小狮子头，以此显示也是门口有石狮子的人家了。再低一等级的民居门口甚至只装饰为抱鼓石或者一些更为简单的雕刻［图 4-33（b）］。

(a) 旬邑唐家村　　　(b) 合阳灵泉村　　　(c) 蒲城县城王宅

(d) 西安北大门　　　(e) 旬邑唐家村　　　(f) 泾阳吴家大院

图 4-33　关中地区狮子门墩列举

(图源：自摄于关中各地)

6. 门槛

　　门槛作为门的一部分，其安装在门扇下沿，是地面以上、两个门墩之间的挡板，其两边固定点位于门墩立面的凹槽中，多为木质。门槛的存在是为了阻隔内外空间、隔离家禽、聚气及方便开启门扇等。关中地区其选材主要为桑木，多为硬杂木。其一般根据需要可随意拆装。例如，韩城的党家村及合阳等地的门槛却是别样的，其是活动的两条侧放、面朝外且腿朝里的低脚板凳，形成一个一物三用的门槛，而其拆卸之后便是一对高度恰当的长条凳（图 4-34）。而门槛越高越大代表着家族越富有越有地位，像赵家的门槛有接近 2 米的长度，且用铁皮进行了包裹，里外两面的头上各设有一个铁环，看样子每取一次门槛就需要四个人同时抬起（图 4-35）。

图 4-34　关中地区包铁皮和多用途门槛列举

（图源：自摄于党家村、长安区）

图 4-35　赵家超大型门槛

（图源：自摄于关中民俗艺术博物院）

7. 门凳

门凳也叫"春凳"或"石门凳"。关中地区民居中，大户人家的门前往往会设有对称的石门凳，此凳是为了来访者等候主人约见或家人活动时歇脚使用的。在造型上、体量大小上形态各异、变化多端，没有具体规定。但是，在材料的选择上基本选用青石。一般宅院选用粗加工的石条，并进行简单的剖面处理，而较为讲究的大户人家会将其做成凳子形状，并将能看到的面刻上精美的图案花纹（图 4-36）。

8. 裙板

裙板大多会在其面上雕刻如意纹样、云纹、龙凤、几何纹样、吉祥字、花鸟或者人物典故等丰富的内容做装饰，随着格心的变化而变化。正如王山水、张月贤所说："陕西的古民居木雕特别是隔扇门裙板上的雕刻，主要以历史人物、神话典故为主，题材广泛，包罗万象，形态各异，造型灵活多样，人们可以自己的爱好、追求、崇拜的不同来进行雕刻……"（王山水和张月贤，2008）特别值得一提的是，像三原周家大院厅房的隔扇门裙板上在雕刻有四季花和花瓶的基础之上，又采用了绘画的方式将图案进行了进一步的描绘，使其形象更加生动活泼、形象真实，给人以强烈的亲切、温馨的视觉感受（图 4-37）。

图 4-36　闫家浮雕石门凳　　　　　　　图 4-37　闫家裙板
（图源：自摄于关中民俗艺术博物院）　　　（图源：自摄于关中民俗艺术博物院）

9. 绦环板

关中地区绦环板的文化内涵形式多样、内容丰富。在形式上有人物的，有花鸟的，也有几何图案的等。在内容上有反映道教文化的，如八仙过海（暗八仙）、刘海戏金蟾等。佛教文化的如菩提太极图、迦叶、目连等。儒家思想的如颜回敬师、孙康映雪、三娘教子等。人物典故的如苏东坡外出访友、桃园明庭前赏菊。也有反映民风民俗的如麒麟送子、榴花开百子和葡萄纹样，以此内容来表达人们的祈求家庭兴旺，世代相传的衍生观念。如图 4-38 以鱼图案，寓意着鲤鱼跳龙门、连年有余、金玉满堂和多子多福的传统观念。另外，在关中地区无论是隔扇门，还是隔扇窗的绦环板，一般常会将最上端的绦环板采用木雕镂空工艺进行处理，这样一来，在隔扇门关闭的情况下，也可使得室内和室外的空气进行流通（图 4-38）。

图 4-38　关中地区隔扇门与绦环板列举
（图源：自摄于关中民俗艺术博物院）

10. 寿山福海

寿山福海套件是用于安装板门类以及隔扇门所用的上、下门轴旋转枢纽构件的总称。通常为铁质的，用于上面的称为寿山，用于下面的称为福海。另外，还有用于安装屏门所用的鹅项、碰铁、屈戌和海窝等连接件（图 2-132）。

11. 格心榅花图案

关中地区民居中门窗的榅花图案主要左右于民间工匠为代表的世俗美学，其内容多涵盖喜庆、吉祥等寓意，体现了中国人的传统乐生的理念。榅花在这种寓意下通常有"直接表达""谐音表达"及"比拟表达"三种表达方式（图4-39）。

图 4-39　关中地区裙板与榅格列举

（图源：自摄于关中民俗艺术博物院）

12. 门帘架

门帘架是由横披、楣子、帘架余塞扇、腿子及荷叶墩等构成的。一般用于明间（或次间）的隔扇门或其他门之外的独立支架，用于夏季悬挂竹帘，冬季悬挂棉帘。像韩城党家村的贾家的门帘架其高度按照隔扇高定，而宽度按照两扇隔扇宽加一隔扇大边宽定。其两边上下两端安装有较为传统的莲花楹斗和荷叶墩［图4-40（a）、（d）］。门帘架也有等级之分，甚至于同一座院落里也有等级高低差别。具有代表性的像旬邑的唐家大院的主、偏院厦房的门帘架就不同，所使用的图案等级以及楣子的豪华程度也就不同，就连帘架的狮子坐墩也有一定的区分，在体量上有大小差别，在内质工艺上有细致和粗犷差别［图4-40（b）］。在关中地区中大型人家的门上门帘架是少不了的，这是由于所处的大西北地理位置有关。一年四季温差大，特别是夏季高温少雨，冬季寒冷多风，人们为了适应这种特殊的气候环境，因地制宜地制造并使用着门帘架。常规是当进入冬季时，在门前架上挂上"棉帘"，当进入夏季时则会在门帘架上挂"竹帘"，这样一来，棉帘在冬季可保持室内恒温，而竹帘在夏季可使室内通风换气通畅，同时还能阻挡蚊虫的进入。这样一来，门帘架也就成为关中地区民居中不可或缺的构件之一了。

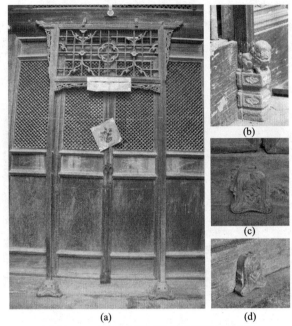

图 4-40　关中地区门帘架的荷叶墩列举

(图源：自摄于韩城、旬邑)

(三) 门周边环境部分

1. 门斗

门斗在关中地区的民居中多有使用，最为集中的是在韩城一带，如党家村就有四合院院门分墙门和走马门楼两种。墙门窄而朴素，而走马门高大又气派。一般门开于门房偏左或偏右的一间上，据说开于中门的外面要竖有旗杆，也只有家中有"功名"之人，方可开中门，但是，据调查有"功名"的人家却多不开中门。据堪舆家所谓的"风水"中所提，中门直，易"泄气"，侧门曲，可"聚气"，而于实用方面来说，中门正对巷道，来往路人会一目了然，因此中门内加设一道屏门，平时关闭，多通行于左右，当有重要宾客时再开启，如北京的四合院的门一般都开设于右侧。走马门安在门房背墙内缩七八尺处，门外房下的空间称"外门道"。外门道上有阁楼，阁楼向外一面堆叠起来的枋木称为门楣，门楣有略施藻绘的，也有全部透花饰以枫拱和垂花的。两侧下起墙裙，上与门框等高，用做有纹线的花砖圈出两块很大的"框壁"，框中用砖做成各种图案。"框壁"外侧左右各有一根一半在墙内一半在墙外的檐柱，柱下有石础，是逢年过节、红白喜事粘贴对联的地方 (图 4-41)。

较为突出的还有在两柱外侧以及同列山墙都砌着宽约一尺的"蟏头子"。"蟏头子"呈弧形，支撑房檐，也起装饰作用。门为黑色，配以红绿

图 4-41　党家村门斗列举

（图源：自摄于韩城）

色门框。门上面为木质门匾，浮雕着诸如"耕读世家""庆有余""明经""安乐居""忠厚""文魁""登科""太史弟"之类的题字，白底黑字或蓝底金字等，有的表达心志情趣，有的显示身份地位。匾下左右两个"管扇"头，雕成云头、莲花等样式，涂着金粉或银粉，点缀着门楼外观，增添了不少色彩（图 4-41）。门两边的门墩石分方形、鼓形、兽形几类。方形和鼓形上也都雕有人物、禽兽、花卉等，形态生动逼真。临街还有上马石，就近墙上安有拴马环，有的竖着拴马桩，在古代为主人出入，宾客来往上爬乘骑骡马提供方便。因此，就有了这些以实用为主的装饰器物（图 4-42）。

图 4-42　党家村拴马桩、上马石、拴马环列举

（图源：自摄于韩城党家村）

2. 照壁

在关中地区，照壁又称"土箭"或"照壁子"。照壁至迟在西周（公

元前11世纪～前771年）时期就有了。据近几年考古学家在陕西省的一个西周建筑遗址中发现，有一座照壁残迹，东西长2.4米，残高2米，这是中国至今发现最早的照壁。照壁是玄关的一种，常设置于院落大门之内或大门之外两种形式（图2-153），且直对大门的一种独立的单体屏障墙，其筑用材料包括砖、木、石、土和琉璃等不同的类型，结构形式多种多样（图4-43）。

图4-43　孙家大型、耿家中型照壁列举

（图源：自摄于关中民俗艺术博物院）

　　照壁的设置在中国古代也是分等级的。据古代西周礼制规定，只有宫殿、诸侯宝那、寺庙建筑等方可建造照壁。它作为一组建筑物的屏障，故又称"屏"。行人路过因此不能窥见院内，如乘车、轿来访的客人也可在照壁前稍停，整理衣冠，然后入院拜访主人。至于一般民房，如北方的四合院的照壁墙都是后来才有的。据《辞源》中记载：在王简栖的《头陀寺碑》中有"玄关幽键，惑而隧道……"的文字记载；唐代白居易《宿竹阁》中有诗句"……无劳别修道，即此是玄关"；以及岑参先生的《丘中春卧寄王子》诗中记载有"……田中开白室，林下闭玄关"的语句等。

楼庆西说："……对建筑内部起到隐藏的作用。这一'隐'、一'避'，就成了这堵墙的名称'影壁'。影壁不论立在门外或门里，它都与进出大门的人打照面，所以又称为'照壁'，成为进出大门的人所见的第一道景观，因此使影壁成了建筑装饰的重点部位。……北方在四合院住宅内更缺不了影壁。"（楼庆西，2006）

3. 看墙

看墙作为关中地区民居中的一道亮丽的风景线，通常放置在门房与厦房或厦房与上房之间的厦房山墙上，多为砖雕，其尺寸与边框的形式是不定的。其表现的内容一般是教化人心、颂扬功德、祈求幸福祥和等，如人物故事、山水、花鸟和几何纹样等，加强了人文环境的营造及进一步深化了人文精神。

调查得出，关中地区民居中超大户人家与小户型人家都设有单体照壁，大、中户型人家中均设有二道门或大门，上面有门扇或屏门，起到"照壁"的作用，因此，无需单体照壁。

值得一提的是，灵泉村马宅对称式对联看墙则以文字对联的形式作为核心内容来教化家人，其内容为："惟俭与勤躪前人之武武，既耕且读垂稞寒而绵绵。"（图4-44）另外，在关中地区还有超大型的看墙约有20米长，中间为人物故事组合的图案内容，两侧对称有吉祥纹样组成的图案内容。宏观、大气、整洁、微观、细腻、生动，雕刻技艺精湛（图4-45）。

图4-44　灵泉村马宅对称式对联看墙图

（图源：自摄于渭南合阳）

图 4-45　超大型看墙局部图
（图源：自摄于关中民俗艺术博物院）

　　传统民居中的看墙部分，多为砖雕制作而成，也可以说成是砖雕壁画。开始流行于清代，特别是在应用方面北方地区更为广泛。在形式上，沿用了中国传统的绘画风格，形成了一种独有的建筑环境装饰语言。同时，采用圆雕、高浮雕、浮雕以及线刻工艺手段，使其画面产生强烈的立体感，反映出丰富的画面内容，让观看者叹为观止。在画面构图上，遵循中国画的构图原理，繁简张弛有度，使得观看者在轻松愉快地欣赏艺术之美的同时，从中得到教育和启迪，传递传统文化观念，提高审美情趣。在题材内容上，多与大自然的山水美景、传统人物典故、吉祥图案纹样为主要内容。这便为建筑院落营造出了一种博大精深、寓情于景的美的境界，既美化了建筑，又丰富了建筑的装饰形式，也开阔了百姓的视野。

　　关中地区的看墙内容丰富、形式繁多，有以人物故事为核心的，有以吉祥纹样为核心的，也有以书法汉字为主题的，还有以抽象图案为主题的〔图 4-46（b）〕，更特别的是将汉字和人物图形融为一体并用的形式，以此方式来表达内容的看墙，关中地区称之为"花字"〔图 4-46（c）〕。这种相近的形式还有两种：一种是将汉字与图案融为一体，组合成文字；另外一种是将汉字与鸟的形状融为一体，来表达其内容的。

　　另外，在樊继准的宅院里，发现有一对很特别的看墙，其内容是反映我国古代流传下来的两幅神秘的、被誉为"宇宙魔方"的"河图"和"洛书"。河图与洛书均是由圆圈及圆点排列组合而成的各种数阵，形成八卦九宫图（图 4-47）。

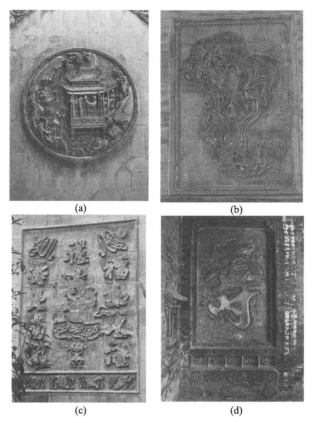

(a)   (b)

(c)   (d)

图 4-46 关中地区砖雕看墙列举

（图源：自摄于关中各地）

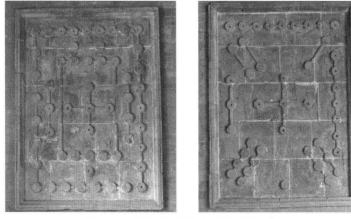

图 4-47 樊家"河图"与"洛书"看墙

（图源：自摄于关中民俗艺术博物院）

4. 神龛

　　神龛在关中地区民居中家家都会有，通常分为室内的与室外的两种。室内的神龛除了供奉祖宗牌位之外，还有供奉"灶王爷""财神爷"的神龛以及信佛之人所设的佛堂等。室外的多见于大门内侧，或者大门正对的厦房山墙上，有独立的神龛［图 4-48（a）］，也有与看墙设置于一体的"土地神"神龛和神像［图 4-48（b）、（d）、图 4-49（a）］，并在看墙的下沿设置有不同的砖雕腿子支撑到地面，也会在龛洞的周边有装饰构件，形状多为房子形状或门楼形状（图 4-48），并常会在门的两侧雕刻有祈福的对联［图 4-49（a）］。同时，会在院落中供奉"土地爷"像［图 4-49（a）］，会在水井旁供奉有"龙王爷"的神龛位及神像等［图 4-48（c）、图 4-49（c）］。这些传统文化和风俗习惯延续了数千年，至今还在沿用。

(a)　　　　　　　　(b)

(c)　　　　　　　　(d)

图 4-48　关中地区神龛列举图

（图源：自摄于关中各地）

(a) 土地爷像　　　(b) 土地神龛　　　(c) 龙王爷像

图 4-49　关中地区神龛、神像列举

(图源：自摄于党家村)

5. 拴马桩

拴马桩桩身的表面或用横格、排凿，或用浮雕有串枝莲、卷草和云水纹图案；桩颈的雕饰多为圆雕，内容多为鹿、马、花、鸟、云水或博古图案；而桩顶是雕刻最精彩的部分，多为人物或动物造型（图 4-50）。"拴马桩头刻石猴，是一个很特别的民俗现象，比例很高，猴子形态各异，有的顾盼张望，有的正襟危坐，有的亲热戏耍，令人忍俊不禁，究其原因，估计有二，一是猴子能辟马瘟。《西游记》中的孙猴子当过弼马温。弼马温者，辟马瘟也。二是，马背上骑一个猴子，具有'马上封侯'的寓意，所以这猴子就和马结下了不解之缘。"（刘枫，2006）

(a) 人与狮　　　　　　　　　(b) 狮子

图 4-50　关中地区拴马桩列举

(图源：自摄于关中各地)

"……拴马桩的艺术，存在着诸多方面的意义，如拴马桩的神话精神、图腾象征；拴马桩的'隐喻'文化、农业文明；以及它作为雕塑所代表的中国雕塑艺术风格等，如何欣赏拴马桩并以中国传统文化区诠释拴马桩的艺术之所在，成为解读中国民族文化和艺术文化的重要手段之一，也是对拴马桩本身实用功能和艺术功能的高度升华。……并以其丰富的寓意和精

神内涵赋予了民居建筑以独特的个性和魅力。"（王谢燕，2008）

　　中央美术学院的靳之林教授曾对关中地区的拴马桩评价过："拴马桩是陕西具有代表性的民间文化艺术品，在民俗文化方面有很高的价值，它从一个侧面代表了中国石刻艺术的成就。保存好这些民俗文化与艺术品，等于保存了中华民族本源的文化、美学和民族精神。"

　　6. 上、下马石

　　上、下马石多为青石、黑青石，也有用砂岩石的，高档的也有用汉白玉材质的。"上马石最早可以上溯到秦汉时期，是当时驿站的用品，是帮助驿站完成交通、邮递任务的重要工具，是古时驿站的必备之物。上马石同时也是等级制度的一个表现，只有一定级别的官员家门口方可设置。上马石在驿站里是为了提高功效，而在官衙府第却是身份的体现。……高低两级，第一级高约一尺三寸；第二级高约二尺一寸，宽一尺八寸，长三尺左右。"（刘枫，2006）（图 4-51）。

　　　　　（a）大型上马石　　　　　　　　（b）中型上马石

图 4-51　关中地区上马石列举

（图源：自摄于关中各地）

　　综上所述，关中地区的拴马桩与上、下马石是配套制作、设置及运用的，对孕育深厚文化及丰富意蕴有着深刻的意义。

　　7. 门狮

　　狮子在佛教中被称为"护法神兽"，占据重要的位置，再加上其形态威武，因此宫殿、寺庙及王府的大门外都是独立运用的，通常将雌、雄二狮分别放置于大门两侧。但是由于等级制度和建筑空间的限制，在普通建筑民居中，若有狮子也只能仅列于大门两旁。一般雄狮耸立在大门的右侧，脚下踩一绣球，以示权利与尊严；雌狮耸立在大门的左侧，旁边有一幼狮，象征世代相传与人丁兴旺。同时，"狮"与"事"是谐音，而且为一对，寓意为"好事成双""事事如意"等平安吉祥的美好愿望［图 4-52（d）］。由此可看出，宅院主人在宅门和石狮上费心思，精心雕琢，将其保持着威武之势，来显示出主人家的地位和财势。

图 4-52　独立门狮

（图源：自摄于关中各地）

　　"门狮"与"狮子门枕石"是有区别的，其中门狮是独立的单体，与其他构件无关，而且其位置可在一定的空间环境中任意地摆放调整。而狮子门枕石是与门框和门槛相互连接构成了完整的门，是门的重要构件之一。

　　在关中地区也常常会以"麒麟"的形象来看家护院，同时，也在张扬着家族的身份和社会地位。麒麟的表现形式和内在功能均与门狮的形式和功能基本相同，只是在形象上有所区别而已（图4-53）。

图 4-53　关中地区独立麒麟列举

（图源：自摄于关中民俗艺术博物院）

　8. 墀头

　墀头在关中地区俗称"耍头"，在北京称"腿子"。墀头起着连接前后屋檐与山墙墙体和承载檐口重量的作用，使得建筑的整体稳定且有很强的审美意义（图4-54）。关中地区传统民居中，墀头主要的题材有灵草花卉、石榴蟠桃、太极八卦、琴棋书画、博古瑞兽等吉祥图案。一般使用于传统硬山建筑之中，如果房屋的前后需要出檐时，那么墙头将会伸到檐柱之外，为了支撑出檐承重而在山墙的前后砌与台基平齐的檐柱，这部分位于檐柱以外墙头的上半段也被称作"墀头""盘头"，该部位是建筑正外立面雕刻装饰的重点部位之一。其内容和题材较为广泛，"多以民间大众喜闻乐见的民俗化、趣味化图案为主，有鹤鹿松寿、海棠富贵、鸳鸯荷花等。而戗檐的侧面多雕刻万事如意、太极图案等。……极具装饰效果"（王谢燕，2008）。

图 4-54　孙家厅房墀头

（图源：自摄于关中民俗艺术博物院）

五、与门有关的附属构件

（一）匾额

　匾额又称为"牌额""匾牍"和"牌匾"等。其命名由来多与不同的建筑环境及其建筑用途、性质和等级有关，甚至与主人的生活观念、审美观念及建造目的有关。匾额是中国传统建筑中常见的一种构件，也是中国建筑中独特的装饰。例如，悬挂于屋檐下与大门外或大门内的正上方中间位置，在空间上与门有关，一般称之为门匾或匾额。其虽体量小、文字少，但其文化内涵广博而深远，对营造文化环境及深化主题起着不可估量的作用。从实用功能来看，匾额具有命名、点题、说明身份和划分类别的作用，同时还具有点景、状物以及符号象征的作用。而且还包含有丰富的人生观、价值观和道德观，也是中国传统文化的具体表现的一个窗口。匾额也能体现出主人们的人生哲理、审美观念及其家族的社会地位。同时，在我国的商业建筑中同样也会大量使用匾额，人们常会在店铺檐墙立面的大门之上用匾额来告知或说明其店铺经营的范围、内容、历史及等级等，具有广告招牌作用（图4-55）。

图 4-55　匾额、门狮、红灯笼与店铺图
（图源：自摄于韩城古城区）

　　匾额是中国传统的文化符号创造之一，是祖先们在继承传统建筑文化的同时，加以创新的结晶之物，与人们文化生活、建筑、民俗、文学、艺术及书法密不可分，陈从周曾有做比喻："正如人之有须眉，为不能少的一件重要的点缀品。"匾额无论在其屋舍的装饰，还是景观的装点上，尽是体现了劳动人民追求美好生活的向往及意愿。通常民居匾额的内容多为"芝兰入室""忠厚传家""福瑞吉庆""诸事顺利""安乐"或"桂馥"等；或有反映自然景观的题材，如"山清水秀"或"碧水萦绕"等。此外，甚有反映传统伦理观念及道德观念的祠堂府第或民居屋舍的匾额，如有"世德流馨""五马流芳"等，不仅标榜了本家族先人的品习，继承了前辈人的优秀品德、聪明才智及光荣传统，也是让家族美名世代相留，具有一定的教育及启迪作用。关中地区民居中匾额的内容多与主人家的地位、理想有关，题材多超出了求福、辟邪及保平安的范畴而多反映了家族的人生观、道德观、审美观、治家格言及社会责任感等方面。

　　匾额以其凝练的诗文、深邃的用字、精湛的书法、深远的寓意、高古的印章、精美的外框雕刻及画龙点睛的色彩，真切地反映了当时政治、经济、文化、艺术及民俗民风诸多方面，俗语有说："以匾研史，可以佐旺；以匾研涛，可得涛眼；以匾学书，可得笔髓。"匾额上的内容不仅有一定的教育启迪、提升审美趣味的作用，而且可以补史正史。匾额的历史价值、学术价值、文物价值及艺术价值为今日研究民族文化发展提供了实物例证。

　　关中地区传统民居中匾额的质地用材有木质、石质及砖质的，其随着门框的建筑形式及材料的不同而功能各有所异，如拱券门多用石雕或砖雕；木框门则用木雕。形态上有长方形、扇形等，通常置于带有儒雅之气的门框上。而从字体上看，真草隶篆也都因地因境而用。从色彩上，如木雕多由蓝底金字，或金底黑字，或黑底金字，同时以相应色调的边框加以装饰。在内容上，多取材于《庄子》的内容等。

　　多数情况下，匾额的文字较少，也无复杂结构形式，关键是注重适情应境、文辞精粹。题字要求书法水平高，且上款下款位置得当、大小适当。匾额虽体量小、字数少，但其文化内涵广大深远。其题字多有四类：第一类属显示其官位，如"进士""文魁""登科"等；第二类为"富而知礼"之类，如"树德第""诗礼第""孝慈第""安详恭敬"等；第三类多属祝福类，如"瑞气永凝""惠迪吉"等；第四类则是反映主人志趣与追求的，如"耕读传家""陋室德馨""话桑麻""庆有余"（图 4-56）等。

图 4-56　民居中的门匾额列举
（图源：自摄于韩城古城）

　　一般来说，匾额有两种说法：其一，《说文解字》中对应门匾中的"匾"字，即"扁"有解释道："扁，署也，从户册。户册者，署门户之文也。"而"匾额"中的"额"字，即是悬挂于门屏上的牌匾。换种说法，即用以表达经义、感情之类的属于匾，表达建筑物名称或性质之类的则属额。匾额悬于门屏上做装饰，反映了建筑物的名称与性质。如此，表现了人们义理、情感之类的文字艺术形式即是"匾额"。其二，另一种理解是：横着的是匾，竖着的是额。通常悬于门上侧、屋檐下，而当建筑物四面都有门的情况下，四面都可悬挂，但是正门上必须要有匾，如皇家建筑、庙宇及名人府宅。匾额根据其性质多分为五类：第一类是堂号匾，如纪晓岚的"阅薇草堂"等；第二类是牌坊匾，多是作为表彰的，如表彰富人守规范、乡里老师等；第三类是祝寿喜庆类，此类数量较多；第四类则是商业发达的地区的字号匾，如北京的"同仁堂""荣宝斋"等；第五类是文人题字匾额，此类带有浓厚的文学色彩，或者是座右铭式的匾。

几千年来，匾额把中国古老文化中的辞赋诗文、书法篆刻、建筑技艺及边框雕刻艺术集为一体，融合文、字、书、印、雕、色于一体，甚至连边框都会雕刻着各种龙凤、花卉、图案花纹，多镶嵌着珠玉，极其繁华（图 4-57）。匾额从其各个方面上展示了其中华民族独特的民俗文化精品的文化内涵。

图 4-57　唐家室内匾额列举
（图源：自摄于旬邑）

笔者认为，匾额中应包含门匾，但是应该是有区别的。门匾多悬挂于屋檐之下大门之上的外或内正上方的中间位置，且空间上多与门有关。而匾额多悬挂于屋内大堂的梁下、隔断或墙壁之上（图 4-58）。常见的匾额有两种区别于名称的形式：一种称作"匾"，是横向悬挂并与房梁保持水平的；另一种即称作"额"，为纵向悬挂并与房梁保持垂直的。

(a) 周家匾额　　　　　　　　　　(b) 闫家匾额

图 4-58　关中地区外檐额枋匾额列举

(图源：自摄于三原、长安区)

(二) 门联

门联又称"门对""对联""春贴""对子"等，过春节时贴的称"春联"，属于楹联的一种，是一种独特的文字文化形式。门联多书写于红纸上，贴在门框上，以增加喜庆、热闹的氛围。民间更有"腊月二十四，家家写大字"的俗语。

据史料记载及考证发现，过年贴春联的习俗，与古代的"桃符"驱鬼辟邪有关。古人认为，人间的疾病灾害都是鬼魅带来的，而为了在过年期间防止它们的侵扰，便在门旁挂上具有辟邪作用的桃木板，同时，在桃木板上分别写上门神"神荼"和"郁垒"的名字（或者画上它们的画像）。于是，鬼魅便不敢上门，而这些桃木板便被称为"桃符"，这起始于周代。《后汉书·礼仪志》有曰，桃符长六寸，宽三寸，桃木板上书"神荼""郁垒"二神。"正月一日，造桃符著户，名仙木，百鬼所畏。"因此，清代的《燕京时岁记》有曰："春联者，即桃符也。"五代十国时，宫廷中在桃符上提写联语。据《宋史·蜀世家》记载：后蜀主孟昶令学士章逊题桃木板，"以其非工，自命笔题云：'新年纳余庆，嘉节号长春'"成为中国历史上的第一副春联。到了宋代贴春联成为民俗，但春联仍称作"桃符"。王安石在其诗作《元日》中有说道："爆竹声中一岁除，春风送暖入屠苏。千门万户瞳瞳日，总把新桃换旧符。"后来桃符上的画像改成只写字的"门目"，但门目上两边各写两字，表达的内容有限，于是渐渐地被写上字的红纸所取代，便成了春联。中国世界纪录协会收录的世界上最早的春联，并且打破了"新年纳余庆，嘉节号长春"的世界纪录是莫高窟藏经洞出土的敦煌遗书（卷号为斯坦因 0610）上，是记录十二副在岁日、立春日所写的春联："三阳始布，四序初开。"此联为其中的第一副，撰联者是唐人刘丘子于开元十一年（723 年）所作，早于后蜀主孟昶的题门联 240 年。

春节贴对联盛行于明代，自朱元璋建都南京后，曾令各家各户贴上对联，并改名为春联，一律用红纸书写。朱元璋酷爱对联，不仅自己亲题书写，还鼓励臣子书写。据说有一次，朱元璋亲自去民间观赏，发现有一户没有贴，原来这家是阉猪的不识字，于是亲自提笔写上一联："双手劈开生死路，一刀割断是非根。"当时的文人们也将题联作为文雅乐事，写春联成为一时的社会风尚。

在春联已成为一种文学形式的清代时，其思想性及艺术性得到了很大的提升，梁章矩在他的春联专著《楹联丛话》中，对楹联的起源及其各类的作品特色都做了详细的论述。春联从其使用场所来看，可将其分作门心、框对、横批、春条及斗斤等类别。其中"门心"贴于门板上端中心位置；"框对"贴于左右两个门框之上；"横批"贴于门楣的横木之上；而"春条"依据其不同的内容而贴于相应的位置；"斗斤"即"门叶"，多为正方形或菱形，贴于家具或照壁上。与此同时，各家各户于屋门上、墙壁上或者门楣上贴上大小不一的"福"字，也是中国民间流传已久的风俗。《梦粱录》中曾记载："岁旦在迩，席铺百货，画门神桃符，迎春牌儿……"；"士庶家不论大小，据洒扫门间，去尘秽，净庭户，换门神，挂钟馗，钉桃符，贴春牌，祭祀祖宗"。当中的"贴春牌"即是写在红纸上的"福"字，而此字在过去指"福气""福运"。为了更形象，后来将"福"字倒过来贴，表示"幸福已到""福气已到"，充分体现了人们对幸福生活的向往和祝愿。后来人们将"福"字精描细写，做成各种生动的图案，如寿星、寿桃、鲤鱼跳龙门、五谷丰登或者龙凤呈祥等。

门联其内容题材多超越了求福、辟邪及保平安的范畴，而多与本家族的地位及理想有关，多数反映了家族的人生观、道德观、审美观、治家格言及社会责任感等方面。而门联究其意义影响上归结为：一则保留了桃木镇邪的本意；二则显示出人们的美好心愿；三则装饰了门户，求得美观。这些门联相对来说是永久性的，而每年一度的贴春联，应该说是一次性的，一般是在年前的腊月二十四开始贴的，到来年的同一时间又贴上新的对联，每年所撰写的内容也不尽相同，以求得年年新气象，岁岁保平安（图4-59）。

（三）门笺

春节期间除了贴年画、贴春联、请门神，还要在大门上贴门笺，不仅增加了节日的气氛，也表达出了宅主对新的一年的吉祥祝愿。门笺是传统的春节门楣的吉祥饰物，多用红纸或彩色纸剪刻而成。唐代诗人韦庄的诗作《春盘》中有曰："雪圃乍开红果甲，彩幡新剪绿阳丝，殷勤为作宜春曲，题向花笺贴绣楣。"门笺形似旌旗小幡，图案花纹也较为简单，由红、绿、黄、蓝等五色纸剪成。此外，门笺上还剪有"财喜临门""三聚财丰""五谷丰登""吉祥如意"等字样。民谣中有这样描述门笺特点的："四四方方一块板，沥沥拉拉胡椒眼，上边写着万寿年，沥涕拉拉尽大钱。"

图 4-59　温家二道门上的匾额与门联图
(图源：自摄于扶风)

门笺制作工艺一般有套色法、渲染法和剪刻法等。其中套色法是将刷成五色（大红、桃红、绿、黄、紫）的棉纸叠在一起剪刻，五色纸图案同样、制作简单，且色彩不一。门笺通常在春节时节贴于门楣上，一门五张且颜色各异，从左至右依次为头红、二绿、三黄、四兰（或紫）、五水红[图 4-60 (b)]。

(a) 户县天桥乡　　　　　　　(b) 长安区中兆乡
图 4-60　关中地区大门门笺、春联列举
(图源：自摄于户县、长安区)

门笺多呈长方形，有镂空的方孔钱纹、卍字纹、水波纹等作为背饰。由腔子、边框、穗子三部分组成，其中腔子有两大类：一类为花卉、鸟、凤、兽、虎等纹样的组合；二类则由文字组合，如"新年庆有余""万象更新""万事如意"和"福"字等 [图 4-60 (a)]。上有吉语题额，中为吉祥图案或福禄寿喜等字样，下为变化多样的穗。古往今来，贴门笺风俗成

为新春佳节的一道亮丽的风景线，为的是祝吉纳福。

（四）门神

门神始源于周朝之前，是一种表现"神灵崇拜"的形式，传说门神能驱魔捉鬼，因此，在民间流传为了家园不被破坏、家人不被伤害的镇宅符。传统的门神多分为文门神、武门神、祈福门神。在古代民居中，门户是唯一通向室内的通道，而为了守护好大门，保护好家人而请来神灵保佑家园。班固的《白虎通义·德伦》有曰："……五祀者何谓也？谓门、户、井、灶、中霤（同溜）也。"又通过近两千年的沿袭衍变成了"门神"——"神荼"和"郁垒"。

门神是道教与民间共同信仰的守护门户的神灵。清代的陈彝在其《握兰轩随笔》中有曰："岁旦绘二神贴于之左右，俗说门神，通名也。盖在左曰郁垒。"东汉的应劭在《风俗通》中引《黄帝书》又曰：上古时代有神荼与郁垒两兄弟，住于度朔山之上，山上有一棵树荫如盖的桃树，每天早上两兄弟在树下检阅百鬼，如有恶鬼危害人间，便将其镇住喂于老虎。后来，人们在桃木板上画上神荼与郁垒的画像，悬挂于门两边用来驱鬼辟邪。但是，真正史书记载的门神却是古代的一个叫做"成庆"的勇士。班固的《汉书·广川王传》有曰：广川王（去疾）的殿门上曾有成庆短衣大裤配以长剑的画像。

直至唐代，门神逐渐被"秦叔宝""尉迟敬德"以及"钟馗"所取代。其中"秦叔宝""尉迟敬德"是门神中的武门神，约元代后才为门神，但是二人却为唐朝人士。依据《正统道藏》中的《搜神记》《三教搜神大全》及《历代神仙通鉴》等的记载，二门神即是秦琼、尉迟恭二将军。相传，唐太宗身体比较差，寝宫门外有恶鬼耶魅嚎叫，后宫三宫六院，夜无宁日，由此秦叔宝上奏："臣平生杀人如摧枯，积尸如聚蚁，何惧小鬼乎！愿同敬德戎装以伺。"于是二人于夜晚立于宫门两侧，之后果然平安无事。后来太宗觉得二人实在辛苦，便叫画工画二人像悬挂于两扇宫门上，画像全装怒发，手执玉斧，腰带鞭练弓箭，一如平时，由此得以平息。一直沿袭到元代，奉为门神。过往虽有过类似记载，但从未说明此二人是谁，如南宋的佚名氏《枫窗小牍》中记载："靖康以前，汴中家户门神多番样，戴虎头盔，而王公之门，至以浑金饰之。"宋代赵与时的《宾退录》有云："除夕用镇殿将军二人，甲胄装。"一直到明清以后，书中才有记载是秦琼和尉迟恭二人，如清代的顾禄《清嘉录·门神》曰："夜分易门神。俗画秦叔宝尉迟敬德之像，彩印于纸，小户贴之。"清代的李调元的《新搜神记·神考》又曰："今世惜相沿，正月元旦，或画文臣，或书神蒂郁垒，或画武将，以为唐太宗寝疾，令尉迟恭秦琼守门，疾连愈。"此外，又有今人张振华等的《中国岁时节令礼俗》记载有："贴门神，历史悠久，固地方不同，时代不同贴用的也不同。北京多用白脸儿的秦叔宝和黑脸儿的尉迟敬德。至今仍有住户这样做，以祈人安年丰。"由此说明二神从受祀虷起，至今仍被人们所祀奉。

　　在关中地区至今为止，每到新春来临之际，家家都有贴春联、请门神的习俗（图 4-61）。还有一些大户人家，以石雕的形式将门神永久性地镶嵌于大门的左右两侧，时时刻刻地为主人看家护院，并保佑家人平平安安（图 4-62）。

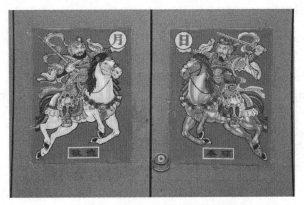

图 4-61　门神——秦琼、敬德像
（图源：自摄于户县）

图 4-62　赵家大门檐墙上的石雕秦琼、敬德像
（图源：自摄于关中民俗艺术博物院）

　　另外，传说的门神"钟馗"不仅捉鬼且吃鬼，根据《补笔谈》卷三、《天中记》卷四、《历代神仙通鉴》卷一四等书有记载，钟馗为陕西终南山人士，少年便才华出众，于唐武德（618～627 年）时长安武举考试中因相貌丑陋落榜，不甘果于是撞死于殿阶之上，唐高祖闻后赐予红官袍厚

葬。后来唐玄宗患上脾病，久病不愈，一日梦里梦见一小鬼偷窃宫中财物逃跑，只见一相貌魁伟之人捉住小鬼，剜目而吃之，问及何人，答曰："武举不中进士钟馗"。于是第二天唐玄宗便大病痊愈，此后唐玄宗便请画匠吴道子画下钟馗画像，并且与玄宗梦中所见一模一样，玄宗大悦，便悬挂于宫门之上，作为门神（图4-63）。钟馗的本领和威望高于神荼和郁垒。清代察敦崇《燕京岁时记》有曰："每至端阳，市肆间用尺幅黄纸盖以朱印，或绘天师钟馗之像，或绘五毒符咒之形，悬而售之，都人士争相购买，粘之中门以避祟恶。"传说中钟馗形象为豹头虬髯，目如环，鼻如钩，耳如钟，头戴乌纱帽，脚著黑朝鞋，身穿大红袍，右手执剑，左手捉鬼，怒目而视，一副威风凛凛，正气凛然的模样。直到后来道教也将钟馗视为祛恶逐鬼的判官，成为驱鬼捉鬼的神将。与此同时，钟馗的故事，如钟馗嫁妹、钟馗捉鬼及钟馗夜猎也在民间广为流传。《梦溪笔谈》卷二十五中记载："关中无螃蟹。元丰中，予在陕西，闻秦川人家，收得一千蟹，士人饰其形状，以为怪物，每人

图 4-63　钟馗像
（图源：引自民俗网）

家的病虐者，则借去挂门户，往往遂瘥。不但人不识，鬼亦不识也。"

　　（五）彩灯

　　彩灯又称"花灯"，即有颜色的灯，是传统的民间综合性工艺品之一。室外的彩灯一般是在春节时，除了各家各户贴年画、贴春联、请门神、贴门笺外，也要在大门两侧悬挂上彩灯来增添节日气氛及显示出对美好生活的向往。当然，家庭遇到大事件时，为了庆贺也会悬挂彩灯［图4-64（a）、（b）］。另外，设置在室内的彩灯一般是为了常规照明而使用的，因此，基本为固定的。室内用彩灯无论在形式上，还是在材料上更为讲究，其灯式不单单是起到照明作用，也是一件室内的工艺品［图4-64（c）、（d）］。彩灯早在周代就有，《周礼·司恒氏》记有："凡邦之大事，供烛庭燎、烛麻烛也。"战国时，其制作工艺蓬勃发展起来，屈原的《楚辞》

中有曰:"兰膏明烛华铜错。"而铜灯在汉代达到鼎盛,《西京杂记》中有记载道:"汉高祖入咸阳宫,秦有青玉五枝灯,高七尺五寸,下作蟠螭,口衔灯,燃则鳞甲皆动,焕炳若列星盈盈。"到了唐代都有元宵之夜的"御楼观灯",以此普天同庆之天下太平。

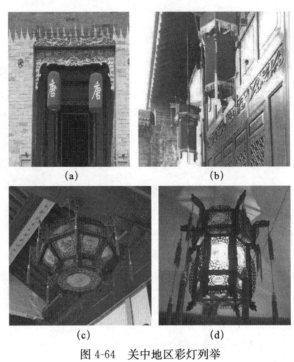

图 4-64　关中地区彩灯列举
(图源:自摄于长安区、户县、旬邑)

六、牌坊

牌坊又称"仪门",以一种单体门的形态展示着人文的、精神的文化内涵。其乃中国传统文化的一个象征,其历史源远流长,早在周代便已展示于民间,从形式上看,此谓"衡门之下,可以栖迟"。作为象征性和礼仪性的牌坊,其没有实质性的防御功能和空间分割功能。而唐代的牌坊多为木质结构。到了宋代,立两柱,中间相连于额枋,额枋书坊名,立于街口,其额枋之上斗拱相叠,斗拱上覆以有坡屋面瓦顶。明代之后的牌坊多以砖或石构筑,其上多刻有喜彰内容,通常于其立面的正面与背面最关键的位置设有正楼匾、次楼匾,通过楼匾上的题名或题词的内容来旌表功名、彰表节孝、颂扬功德,也深化了门的精神功能及文化内涵。

赵广超对于牌坊有讲:"牌坊本来就是一道奇异的门。一道可以将人带进文化历史里,可以打开不同性质空间的门。"(赵广超,2001)从文化角度看，牌坊蕴含了丰富的文化内涵及精神功能，不仅标定了界域、丰富了场景，而且强化了层次、浓郁了气氛。直到明清之后，逐渐细化出功德坊、贞节坊、纪念坊［图4-65（a）］、标志坊［图4-65（d）］及陵墓坊等不同作用的牌坊。

（a）耀州区功德石牌坊　　　　（b）三原城隍庙木牌坊

（c）党家村贞节砖牌坊　　　　（d）大学习巷牌坊（新建）

图4-65　关中地区牌坊列举

（图源：自摄于关中各地）

例如，韩城党家村的贞节牌坊，其不仅只是针对妇女的忠孝节烈的褒奖和纪念，而且也在社会上起到宣传和教育的作用。《明会典》有曰："……凡有孝行节义，为乡里所推崇者，据各地方申报，风宪官核实，奏闻即与旌表。"［图4-65（c）］

又如，旬邑唐家的陵墓牌坊建为复杂的方木结构，其凡是木牌坊要有的构件几乎不缺，由檐顶、额枋、立柱、字牌及斗拱五部分构成。其中作为基础部分的仿夹杆上多雕刻着栩栩如生的十八罗汉像，同时大小额枋、平板枋及垫枋等构件之上都雕刻有人物浮雕。从形式结构上看，即为"三开间四柱三重檐五楼式"牌坊。此外，"……唐家牌楼与北方常见的牌楼不同处是，在顶部檐楼正脊中央设置了一个重檐四角攒尖顶的小亭。这一设置使牌楼轮廓呈现出三角形造型，牌楼更加挺拔秀丽。这种造型在南方乡间常见，可见当时修建时有南方工匠的参与，使南北文化在此交融"

（王军，2009）（图4-66）。

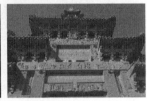

图 4-66　唐氏家族陵墓牌坊

（图源：自摄于旬邑）

再如，泾阳安吴村氏家族的陵墓石牌坊，其在结构和形态上与唐家的陵墓牌坊同出一辙，同样由檐顶、额枋、立柱、字牌以及斗拱五部分构成，且作为基础部分的仿夹杆上多雕刻着栩栩如生的狮子，同时大小额枋、平板枋及垫枋等构件之上都同样雕刻有浮雕图案，从形式结构上看，也为"三开间四柱三重檐五楼式"牌坊。此外，也"在顶部檐楼正脊中央设置了一个重檐四角攒尖顶的小亭"（图4-67）。而其仅在体量、雕刻的复杂精细程度上均不及于唐家。

图 4-67　吴氏家族陵墓牌坊

（图源：自摄于泾阳安吴村）

第二节　窗的文化内涵体现

传统民居建筑中的窗经历了 5000 多年的发展，至今已经演变出了多种多样的形式以及制作工艺。同时，在漫长的发展历史进程中，智慧的先民们也赋予了"窗"丰富的文化内涵，使其成了传统民居建筑中最有代表性的、最具特色的小木作之一。因此，到现在为止还有许多以"窗"字组成的文字语言，如常会将为人服务的相关行业称作"窗口行业"，在与人沟通时常会说"打开天窗说亮话"，将自己的同学称作"同窗"，将自己的学习历程比喻为"十年寒窗"，将人的眼睛比喻成"心灵的窗户"等。在历代名人的诗词中以"窗"抒发情怀者更是不计其数。由此可见，窗在我国传统文化中的巨大影响力。

一、窗的文化形态

窗的功能在其实用与精神功能中得以明确体验，而精神功能在文人志士眼中则是作为一种精神文化需求。例如，唐代李白的《久别离》："别来几春未还家，玉窗五见樱桃花。况有锦字书，开缄使人嗟。……"唐代刘方平的《月夜》："更深月色半人家，北斗阑干南斗斜。今夜偏知春气暖，虫声新透绿窗纱。"以及《春怨》："纱窗日落渐黄昏，金屋无人见泪痕。寂寞空庭春欲晚，梨花满地不开门。"宋代辛弃疾的《八声甘州》："……汉开边、功名万里，甚当时，健者也曾闲。纱窗外，斜风细雨，一阵轻寒。"张岱说："……一粒栗中藏世界，半升铛里煮山川。"（张岱，明末清初）袁枚又说："……纵横丈余，八窗明净，闭窗瀑闻，开窗瀑至。"（袁枚，清代）《木兰辞》也有："……开我东阁门，坐我西阁床，脱我战时袍，著我旧时裳，当窗理云鬓，对镜贴花黄。"（古今乐录，作者不详，北魏）古往今来，甚多有关窗的文学作品，体现出人们对窗的物象内涵情有独钟，以此借物抒情寄托或抒发情感。

同时，别具特色的"窗棂文化"则是窗的灵魂的体现。其内涵孕育着传统民俗及门窗的营造技艺以及使祖先们的智慧和创造力得以充分展示，在世代积累以及传承下，体现出"千窗千面、百窗百景的窗锦画面。依据小小的木条，横竖交织变化，长短重叠判接，弯花做拐，有多姿雅趣的造型。依据雕刻手法，装点门窗达到讲究意境、讲究气韵、讲究传神。尤其花格和雕花的演变和融合，各师各法，各有秘诀。不同部位窗棂的题材，产生不同窗景的名称美。古建筑中，抬头有喜上眉梢、福寿康泰、招财进宝、耕读之家等窗锦。左右有和合窗、横条窗、竖条窗。窗锦有如意锦、海棠锦、葵式锦、万字锦、灯笼锦等。窗棂变化又有镶嵌雕花窗中各式图案的应用（图4-68），多为吉祥平安和嬉戏欢快的窗式，表现人们的各种寓意和写实的情感。尤其是人们喜欢的雕花更是集历史故事、民间习俗为一体的，汇集了几千年历史文化的民俗传统的写实图案，在窗棂的变化中得到了对祥瑞的尽情表现"（路玉章，2008）。

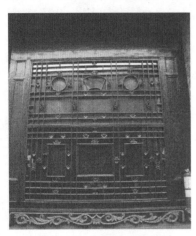

图 4-68　杨虎城旧居窗棂
（图源：自摄于蒲城）

刘枫对窗的文化形态说："中国人对于窗户的装饰，完全显示出一种高雅灵动的趣味，闲适而从容，简约而精致，当窗临风，真乃是一种美好的享受。"（刘枫，2006）且定位于"借景寄意"，此外，对于窗的装饰设计上，有三点要把握：其一，"借"，移竹当窗，当窗如画。前者指的是对竹子景观的框景的处理，将窗口作为取景框，通过各具特色的取景框与窗外的景色形成生动的、不断变化的、富有情趣的图景。其二，"简"，简而不陋，明透高雅。主要说明窗的品位不主要在于靡丽，关键是其风格趣味；而其精致更是不仅在于烦琐细致的工艺，而讲究于形体的坚固及透亮。其三，在于窗和人及自然的和谐交流。这概括了中国传统窗棂对文化趣味、人际关系及自然哲学的解读，更侧重于一种审美价值。使人、窗及窗外景色做到自然、生命和文化相和谐相协调，使人们与四季的更替、宇宙过程的盈虚与节律相呼应，同时还可以充分享受生活的闲适意趣。

二、窗的结构与装饰

隔扇窗的装饰主要在于窗棂、绦环板及裙板上。其中，窗棂，即"窗格"，是指窗框里横竖木格条构成的各种棂花图案。隔扇是传统建筑中一种重要的构件。例如，绦环板的结构是嵌入抹头之间的小横板结构，据了解，关中地区传统民居的隔扇窗要比隔扇门少了上绦环板，通常中绦环板上的图案内容多为仙鹤、杂宝博古等图案，下绦环板多为八宝，如杂宝（白盖、灵芝、宝伞、古钱、单犀角、莲花、双鱼、宝瓶，或华盖、法轮、法螺、芭蕉扇、艾叶、宝伞、玉磐、矛，或石磬、银锭、宝珠、珊瑚、犀角、海螺、琥珀、如意，或石磬、银锭、宝珠、珊瑚、古钱、如意、犀角、海螺）、佛八宝又称"八吉祥"（法轮、法螺、宝伞、华盖、莲花、宝罐、双鱼、盘长），道八宝又称"暗八仙"（葫芦、团扇、宝剑、莲花、花篮、渔鼓、笛子、阴阳板），以及"草龙捧寿""凤戏牡丹"等图案。

裙板一般置于中绦环板与下绦环板之间的隔扇窗下侧，板面的外立面多为浮雕图案。关中地区民居中的隔扇窗的裙板图案主要有"福寿吉庆""同偕到老"等，如三原孟店周家大院中的隔扇槛窗就是一个典型的例证，在中绦环板上刻绘有形态各异的仙鹤图，在下绦环板上刻绘有暗八仙的图案（图 4-69）。

图 4-69　周家大院隔扇槛窗绦环板图案

（图源：自摄于三原）

（一）结构

隔扇窗是一种具有创造性及灵活性的建筑构件，其纹饰图案花样众多、千变万化。根据构成变化来说，关中地区传统民居的窗棂图案可分作无中心式、中心式、多中心式、交错斜棂式、文字与吉祥图案式五种艺术形式。

隔扇窗的工艺结构包括榫卯形式、搭接形式、镶嵌形式、雕花形式及镂空形式五种形式。

棂条与雕花间的连接方式是榫卯搭接，为了达到窗棂图案的美观效果，其棂条所用的榫都为半榫，为体现窗棂图案的精美，棂条一般都很细，其上一般为单头榫。还有虚叉，做法常用于浑面线的格椴棂头或窗芯子的浑面。棂条搭接形式必须遵循立交卧的制作规律。

竖棂为立，卧棂为横。竖棂窗木条在前面通直，一是美观，二是利于风吹日晒、雨淋和尘土不破坏搭接处，三是如果立交卧和卧交立任意变换，窗棂制作搭接不成，会损坏窗棂。有时在一条短棂条中间已有两个交接固定点时，在第三个棂条交接处既不做榫卯又不做搭接，只是按图案的形状及大小需求"虚接"在一起。

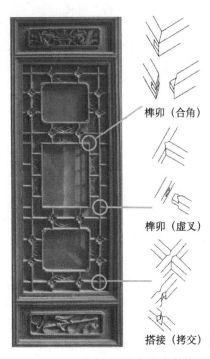

图 4-70　关中地区窗棂榫卯结构
（图源：笔者自摄、自绘）

对于榫卯连接方式的窗棂，可拼合成曲线的形态，为窗棂图案选择与制作增加了自由空间。棂条的榫卯结合紧密，少有变形、开裂等现象。而大面积采用搭接方式，图案的选择相对有一定的局限性。窗棂图案单元不仅主要取决于棂条上槽口间的距离，还取决于窗棂图案必须单体同轴，且图案上的任一点均是直线延伸至两头的。故搭接方式在平面内对棂条的约束强，而在垂直于棂花方向上对棂条的约束弱。长时间的风吹雨淋，棂条遭受腐蚀则更会削弱结合力，加之气候干湿变化很容易使棂条在约束力弱的方向发生翘曲变形，即造成棂条前后的脱节或脱落。因此，在关中地区现存的传统窗棂中采用搭接连接的部分多有残缺不全的痕迹（图 4-70）。

此外，支扇窗以及摘扇窗是因地制宜原则的典范。由于关中地区的夏季多高温又干燥，而支扇窗与摘扇窗便是为了调整室内气温，以及便于室内的通风换气而量身定做的。由此可看出，人们对客观世界的认识及经验总结也展现出了工匠们的高超技艺（图 4-71）。

（二）窗棂

窗棂作为一种重要的建筑构件，要严格满足门窗隔扇的实用功能作为其装饰前提（图 4-72），其实用性决定了装饰作为艺术而不同于其他一般艺术的存在方式及形式。而传统民居建筑的表现形式不仅其建筑结构本身有着变化，而且装饰图案的修饰及美化占据很大比重，装饰图案赋予朴素的建筑外观以形式美感、社会、文化、民俗及宗教意义的表现（李永轮，2008），因此，关中地区传统民居建筑中无尽的装饰美感主要是由建筑门窗构件以及装饰图案的同构与组合共同赋予的。

图 4-71　关中地区传统简易的支扇窗与摘扇窗

（图源：自摄于大荔、长安区）

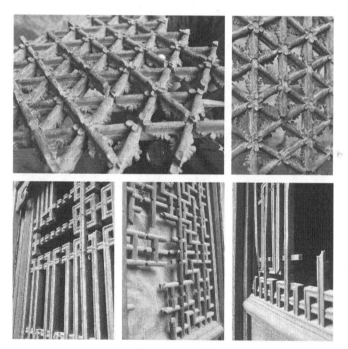

图 4-72　关中地区传统窗棂搭接方式

（图源：自摄于关中各地）

（三）图案

关中地区传统民居的窗棂图案可分作以下五种艺术形式（图 4-73）。①无中心式，其不是很注重构图中心的营建，而以大面积的、疏朗均匀的图案为特点，关中地区中多出现于书斋、卧室等比较幽静的处所，像直棂、方格、井字纹及卍字纹等；②中心式，即依据图案纹样组织形式的集聚及向心状，构建成视域聚焦及视线停顿点，如步步锦等，其整体与局部对比差异构成了绚丽的装饰意向，由于较强的装饰性而多用于民居的厅堂中；③多中心式，此类型多有 2~3 个重点区域，而区域中的图案节点也多有其差异对比的变化处理，常见的有圆形、矩形、扇面形、六角形等，并予以精雕细镂，榫卯和搭接考究、细致，风格纤巧精美，极具装饰意味（刘森林，2004），这种形式多用于庭院建筑中；④交错斜棂式，其一般分为直纹和曲线纹两类，两端分别与反方向的斜纹交错结合，特别是曲线纹斜棂动态效果及光影效果最显著；⑤文字与吉祥图案式，通常多以卍字纹等文字纹、动植物纹样或者器物纹样为内容形式进行装饰。

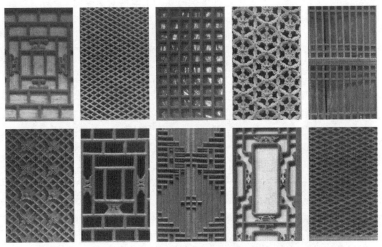

图 4-73　关中地区传统窗棂列举

（图源：自摄于关中各地）

　　关中地区的传统民居有着辉煌灿烂的建筑及装饰文化，尤其表现在窗棂上，古朴典雅又不失富丽华贵，也显示出窗棂在关中地区传统民居中所独具的装饰作用及艺术价值（李琰君和王文佳，2007）。

　　（四）气窗

　　关中地区民居中，上房或者厦房为了屋内的通风换气和调节温度，通常都会在房子山墙的山花处的上端设有一种气窗。讲究的人家多将这小小的气窗做成墙面上的砖雕艺术品，在构图、纹样以及雕刻工艺上都具有极高的欣赏价值和文化内涵，堪称为上品。普通人家也一般会用最廉价的砖或青瓦组合拼装成美观又实用的气窗（图 4-74）。

图 4-74 气窗上的雕刻艺术列举

（图源：自摄于关中各地）

三、窗花艺术

　　窗花是传统的民居艺术品之一，是春节或结婚时为了烘托节日气氛以及祈福驱魅而贴于窗纸或窗户玻璃上的剪纸，在北方广大的村镇普遍使用。其花样形式比较自由，除了贴于四角的"角花"或折剪的"团花"外，其外轮廓也无限制。窗花的题材十分广泛，常见的有戏曲故事、花鸟鱼虫（图4-75）及字符等。

　　窗花的历史由来已久，到宋、元时期逐渐流传，是民间剪纸艺术的范畴之内，且分布广阔、数量大，极其普及的

图 4-75 民间剪纸

（图源：自摄于户县）

民间艺术总类。其多分为南北风格，其中南方以精致为典范，以玲珑剔透为特点，北方以朴实生动为基础，以天真浑厚为特点，其余的剪纸品种都在其基础上发展与延伸。窗花无论在题材内容、表现手法或是剪刻技艺上都是剪刻艺术中最具代表性的，直到近、现代的窗花剪纸已逐渐形成独立的艺术门类。它们最初起源于民间的喜庆或民俗活动中，贴于窗户上的剪贴画，之后被称为"窗花"。到现在为止，贴窗花仍然是传统春节和喜庆活动的一个重要内容。

　　窗花是剪纸艺术中最具代表性的典型门类之一。依据其颜色可分作单

色与彩色两种，其中单色剪纸多以大红色纸剪刻，应用地区广泛。而宫廷或者商铺等多使用套色剪纸。据清道光年间的《崇川咫闻录》中所记载："窗花出西南营，劈纸破，安银晶片、五色绸其中，胶贴成幅。缕纸如丝缀，花样嵌空玲珑，有花盆、花篮、花瓶、鹅、鹤、猫、兔、蝶等诸状，糊窗似云母屏一小段。皋学金谓谢赠窗画启云，'纸含曙色，喜无八户生侵；花送春光，窥到隔栌影动'。"（郑军，2001）

　　在关中地区的每年新春伊始，所贴窗花剪纸的题材多有"吉祥喜庆""五谷丰登""年年有余"等，以此祈求吉祥如意，并寄托着辞旧迎新、接福纳祥的美好愿望［图 4-76（a）、（c）］。而在有结婚大典之时，所贴窗花则在喜庆的内容基础上，凸显出"传宗接代"的生命观念，如"红双喜"［图 4-76（b）］、"扣碗"以及"喜娃"等。其中郑军曾对"扣碗"阐释道："……在黄河流域地区广泛流传的一种在新婚洞房的窗板上贴此剪纸的习俗，即两只花酒碗相扣的剪纸纹样。'扣碗'也称为'合卺'，'合卺'一词的来源始于周代的一种结婚礼仪，即将瓠瓜切割成两个弧形，新婚夫妇各执其一，面对面饮酒，此礼称为'合卺之礼'。瓠瓜就是葫芦，属蔓藤植物，生命力极强，古人借其形象寓意子孙绵延昌盛……"（郑军，2001）

(a) 陇县春节窗花　　　　　　　(b) 户县结婚窗花

 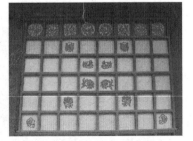

(c) 长武春节窗花　　　　　　　(d) 陇县春节窗花的背面

图 4-76　关中地区窗花列举

（图源：自摄于陇县、户县、长武）

传统民间剪纸手工艺术的运用范围广泛，无论民间灯彩上的花饰、扇面上的纹饰，或者刺绣的花样等，无不是利用剪纸作为装饰再加工成的。而最普遍的是民间多将剪纸作为装饰家居的饰物来美化居家环境，像门栈、窗花、柜花、喜花、棚顶花等都是用来装饰门窗、房间的剪纸。除南宋后出现的纸扎花样工匠外，中国民间传统剪纸手工艺主要靠那些农村妇女来完成。而作为我国传统女性完美的重要标志的"女红"，其必修的技巧之一便是剪纸，是过去女子从小就要学习的手工艺。她们通常从前辈或者姐妹那里学习剪纸花样，通过临剪、重剪、画剪或者描绘自己熟悉又喜爱的自然景物、鱼虫鸟兽、花草树木或亭桥风景等，与自己随心所欲的境界相融合剪出各式各样的新的花样（图4-77）。

图 4-77　民间剪纸

（图源：引自《李凤兰作品集》）

中国民间传统剪纸手工艺术源远流长。而关中地区的传统民居剪纸是"周原文化的重要组成部分，曾在周原民间艺术的发展进程中发挥过积极作用"。为了达到满足民众心理需要的象征意义，而产生其特有的普及性、实用性以及审美性。除此之外，"……被作为建筑装饰不可忽视的一部分。实质上，剪纸还包括了墙花、灯花、礼花、顶棚花、枕头顶底样、鞋花底样等，其饰纹简约，在剪刻表现上重形的结构，依形赋饰，变结构线为饰纹，装饰与结构相互融合，和谐流畅，自然得体，誉誉几剪，形靓神生"（王军，2009）。例如，旬邑的"回娘家"广场雕塑是旬邑人民政府为了纪念世界工艺美术大师——库淑兰而建造的（图4-78）。

第三节　门窗图案形式与题材内容的体现

任何图案的形式均是为了实现或体现出题材的具体内容，是反映内容的基本骨架或平台，而题材的具体内容是通过图案的具体形式得以显现或重生的。因此说，内容与形式之间的关系既是独立的，又是相互支撑、不

(a) 剪纸娘子　　　　　　　　　(b) 回娘家

图 4-78　库淑兰大师作品

[图源：(a) 引自《本土精神》；(b) 自摄于旬邑]

可分割的。

一、装饰图案的文化内涵

门窗上的装饰图案，其形式和内容丰富多样、寓意繁多。但是，依据所搜集到的资料，可将其装饰图案形式分为以下几大类。

（一）祥禽瑞兽

传统雕刻艺术图案中一个重要的内容之一便是动物。其中有很多神话动物是在漫长的人类历史发展进程中创造出来的。这些神兽虽然不存在于现实中，但是古往今来却一直统领着人们的精神领域，更是渗透到人们生活中的各个角落。由此成为固定的民俗信仰及崇拜模式，并创造出独具特色的形象，且赋予其不同的品行及法力。例如，"四灵"（即龙、凤、龟、麒麟）四种神兽形象，以及"四神"（即青龙、白虎、朱雀、玄武）四种神兽，也被称为"四方神""四象""四陆""四宫"等。

除此之外，在门窗雕刻纹样中还常常会用到蝙蝠、鹿、仙鹤、鸳鸯、蝴蝶、喜鹊、燕子、鹦鹉、蟾蜍、绶带鸟、蜜蜂、鹭鸶、鱼、猴、虎、牛、羊、马、象、鼠、猫等。它们有时单独形成图案，有时与同类之间，或与植物、人物形象、器物等进行组合，形成了不同的造型而又蕴含着不同的吉祥寓意，像"龙凤呈祥""松鹤延年""麒麟送子"等。

1. 龙

从古至今，龙都是中华民族的图腾、令人崇拜的神兽，是中国最大的、赋予其神秘色彩的神物及祥瑞。自青铜时期，龙即被当作自然力量的象征并受到人们的崇拜。民间把龙奉为水神，即水中的神灵。作为图案来说，在造型上多用行龙（走龙）、云龙、团龙、正龙、坐龙、盘龙、升龙、降龙及二龙戏珠造型，或者头似龙，身体若蔓草样的草花的所谓"草龙"

或"拐子龙"的形象出现，或是带翅膀的"应龙"，以其龙的神游飞动，象征着吉祥（图4-79）。除此之外，龙凤组合的纹样在民间也流传甚广，如"龙凤呈祥""龙跃凤鸣"等。

图 4-79　门窗之上的"龙"纹样列举

（图源：自摄于关中民俗艺术博物院）

2. 凤凰

所谓凤凰，即是雌雄两鸟的称谓，其中雄为凤，雌为凰，雌雄同飞，相和而鸣。凤是群鸟之长，是羽虫中最美丽的，有百鸟相随。由此便有"百鸟朝凤"的民间吉祥纹样。另有"凤穿牡丹"，又称"凤戏牡丹""凤喜牡丹""牡丹引凤"等，即凤与牡丹的组合纹样，是关中地区砖雕当中使用最为广泛的题材，其代表着美好、光明和幸福。此外，民间也将此视为生育、生命的主题，体现出一种暗含和谐的"性"的生殖崇拜。除此之外，还有"凤鸣朝阳"又称"丹凤朝阳"的纹样，是凤与太阳的组合纹样，有着高才逢时的寓意（图4-80）。

3. 麒麟

麒麟是古代传说中的一种神兽，是根据中国人的理念方式复合构思所产生的动物形象，居于"四灵"之首，其形象为牛尾、马蹄、鱼鳞皮，并有一对鹿角。人们将受大众珍惜的动物所具有的优点全部集中于该兽一身，于是便有了麒麟的形象，这种图腾崇拜也充分地展现出了传统文化中的集美思想。传说中的麒麟被赋予了十分优秀的品质，也被人们称为"仁兽"。民间有"麒麟献瑞""麒麟送子"等吉祥语言，表达着"祥瑞降临"

图 4-80　凤凰、龙、黄鹂鸟、燕子、吉祥草等纹样

（图源：自摄于关中民俗艺术博物院）

"早生贵子"以及"子孙贤德"的美好寓意［图 4-81（b）］。

（a）狮子滚绣球　　　　　　　　　（b）麒麟

图 4-81　关中地区狮子、麒麟图案列举

［图源：（a）自摄于长安区；（b）自摄于旬阳］

4. 狮子

狮子作为百兽之王，是权力与威严的象征，更有镇宅驱邪的功能。民间还经常借用其谐音"世""师"或"事"来表达不同的吉祥寓意。"狮子滚绣球"的纹饰也多出现于民间，它是由雌雄两个狮子和绣球的组合纹饰，其中绣球代表祥瑞之物，该纹饰既有狮子、绣球本身，还寓意着官品与权贵，同时又有雌雄嬉戏幼狮，从而表达出子孙繁衍、家族昌盛的祈福意义［图 4-81（a）］。

5. 龟

龟为"四灵"之一，是古时占卜吉凶祸福的神物及长寿的象征。在传说中龟有神龟、灵龟、摄龟、宝龟、文龟、笼龟、山龟、泽龟、水龟和火龟等十种，并由龟的形象而演变过来的纹样有罗地龟纹、龟甲（龟背）纹、六出龟纹、交脚龟纹等数十种。

6. 朱雀

朱雀是南方七宿，即井、鬼、柳、星、张、翼、轸的总称。由于七宿联起来很像一种"丹鹑"的鸟，因此而得名。

7. 鱼

古代对于鱼，认为其是一种瑞的象征，有着生殖繁盛、多子多孙的吉祥寓意。而关于其纹饰，多用鲤鱼，并常与龙、凤一起组成纹饰。另有将鱼的鳞皮作为吉祥、美丽的装饰，如"鱼鳞锦"便是有着浓郁的中国特色的传统纹样。像"鲤鱼跳龙门"［图 4-82（a）］的纹样在古时多作为通过科举考试的幸运象征与祈愿，也有升官发财、飞黄腾达，以及逆流涌进、奋发向上之意。该纹样的原形龙门位于山西河津市与陕西交界处，横跨黄河两岸，形如门阙。另有"连年有余"即借用谐音表达人们期盼生活富足、美满吉祥的美好愿望的纹样［图 4-82（c）］，此纹样由鲤鱼（或其他鱼形）与莲花组合而成。再有"金玉满堂"是由金鱼、玉器等的组合，寓意财富之多，以及"飞鱼纹"，其形状如鲤鱼，能飞行。

（a）鲤鱼跳龙门　　　（b）蝙蝠　　　　　　　（c）金元宝与鱼

图 4-82　鲤鱼跳龙门、蝙蝠、金元宝与鱼图案列举

（图源：自摄于长安区）

8. 鸳鸯

鸳鸯其雄曰鸳，羽色绚丽；而雌曰鸯，背苍褐色，偶居不离，是民间常用的吉祥纹样之一。民间有"只羡鸳鸯不羡仙"的俗语，由此可见，恩爱的幸福生活是人们最朴素的追求。

9. 蝙蝠

蝙蝠由其谐音"福"而被作为幸福的象征。又因蝙蝠能飞，于是便有了幸福从天而降的寓意。故在传统民居中有很多以蝙蝠为雕饰纹样，像图所体现的便是"五福临门"的寓意［图 4-82（b）］。

"福禄双全"是由蝙蝠、鹿鹤和钱组合而成的纹样。福、禄，即福分与爵位。其中借由"蝠"与"福"、"鹿"与"禄"以及"钱"与"全"的谐音，或者以蝙蝠、篆书"寿"字和古钱的组合，借由铜钱古名"泉"与"全"的谐音，且蝙蝠衔双钱寓意福寿双全，以此来表达人们对幸福生活的企盼。再有"五福捧寿"是由五只蝙蝠围绕寿字组合而成的纹样，其借蝙蝠之相、之音来期望五种福气都能临家。"五福"即福、禄、寿、喜、财。"福寿绵长"纹样是由蝙蝠、寿桃、盘长以及祥云纹等组合而成的，其以寿桃寓意长寿，蝙蝠寓意有福，而盘长含有绵长不断之意，来表达出"福寿无疆""颐享天年"的吉祥愿望。

10. 鹿

鹿在中国古代是帝王的象征，是最原始的动物崇拜。还多以长寿仙兽的形象来表达出祝寿、祈福的主题。鹿与"禄"的谐音象征着福气与俸禄。"鹿鹤同春"即"六合同春"，是由鹿、仙鹤、椿树、松树和花卉组合而成的纹样，鹿自古以来是祥瑞之兆，多以白鹿为贵，为仙人坐骑，又有长寿之意，再有鹤有千年之寿。因此，此纹样也有夫妻偕老、百年长寿的内涵［图 4-83（a）］。

11. 仙鹤

仙鹤自古被认为是羽族之长，有"一品鸟"之称，是仅次于凤凰的吉祥长寿的仙禽。其作为砖雕常用的装饰图案，与太阳、松树、鹿等组合成"一品当朝""松鹤延年"［图 4-83（b）］、"鹿鹤同春"等的充满吉祥寓意的纹样［图 4-83（a）］。

(a) 鹿鹤同春　　　　　　　(b) 松鹤延年

图 4-83　关中地区鹿、仙鹤图案列举

（图源：自摄于关中民俗艺术博物院）

其中"一品当朝"为仙鹤、太阳、松树和祥云等组成的纹样，仙鹤代表朝见皇帝，由此组合纹样表达企盼仕途顺利，官居一品（即宰相）的心愿。"松鹤延年"由仙鹤与莲花等组成，表达为官清正廉洁的情操与品行。"松鹤琴午"是由松树与仙鹤组成的纹样，松树长青不老，而仙鹤千年长寿，由此表达出人们希望寿命如松鹤般绵长。

12. 鹭鸶

鹭鸶纹样运用广泛，通常由其谐音或者其象征寓意的纹饰来进行组合，"一路荣华"由鹭鸶、芦苇花和芙蓉花组合而成，借由其谐音来表达一辈子享受荣华富贵。"一路连科"的纹样由鹭鸶、芦苇及莲花组成，同样借由谐音寓意后代子孙在乡试、会试以及殿试的科举考试中顺利中举［图4-84（a）］，即"连科高中"。"一路富贵"即鹭鸶与牡丹的组合，由此表达一辈子生活富足的愿望。

13. 猴

猴与动物或植物的组合及其谐音来表达仕途顺利，由"蜂"与"封"、"猴"与"侯"的谐音来表达受封侯加爵的做官、升官愿望［图4-84（b）］。再有，其形象的器物放置在大门周围，则有西游记中孙悟空的名声来祈福驱巫的意义。

(a) 连科高中　　　　　　　(b) 马上封侯

图 4-84　关中地区鹭鸶、鹿、猴子、喜鹊图案列举

［图源：(a) 自摄于关中民俗艺术博物院；(b) 自摄于韩城］

14. 大象

象为吉祥之物［图4-85（b）］。"吉祥如意"是将宝瓶驮于大象背上，瓶中插着戟或者如意。也有手拿着如意的孩童驮于象背的纹样，这些都寓意着"太平盛世""欣欣向荣"。又有"万象更新"是象背上驮着万年青，寓意万象更新。

15. 黄鹂

黄鹂是一种有着黄色羽毛的美丽飞鸟，有官居高位、身披金袍的吉祥之意（图4-80）。

16. 虎

虎为兽中之王，是镇宅神兽，多用来镇宅辟邪、消灾降幅、祈求阖家安宁及幸福，人们将虎作为祛除五毒及压邪的形象。《风俗通义》中有说：

"虎者，阳物，百兽之长也，能执搏挫锐，噬食鬼魅。"汉代画像砖中也将虎纹作为常用装饰纹样。在瓦当中将白虎、青龙、朱雀及玄武合称为四方之神。还有许多民居将虎头作为铺首形象，用以看家护院和镇宅［图4-86 (a)］。

17. 喜鹊

喜鹊为喜的象征，由喜鹊组合成的纹样变化多端，广泛运用于民间。例如，"喜上眉梢""喜鹊登梅"是由喜鹊与梅花的组合纹样［图4-85 (b)］；"喜在眼前"即喜鹊与铜钱组合的纹样；"竹梅双喜"是由两只喜鹊与梅花和竹子组成的；"双喜临门"由两只喜鹊组成；"喜中三元"由喜鹊和三颗桂圆组成，其表达着科举考试中三元皆中之意。

(a) 吉祥如意　　　　　　　　(b) 双喜临门

图4-85　关于地区大象、喜鹊图案列举

(图源：自摄于关中民俗艺术博物院)

18. 羊

由羊组成的吉祥纹样也多运用于传统民居中。"三阳开泰"也称"三阳交泰"，由三只羊、日纹及风景组成，其羊寓阳，三阳是易经中卦象，即冬去春来，阴消阳长，有吉祥之象。民间多以"三阳开泰"作为一年开头的吉祥语。

19. 鹌鹑

由鹌鹑、菊花以及枫树落叶等组成的"安居乐业"纹样，借"鹌"与"安"、"菊"与"居"、"落叶"与"乐业"的谐音，表达安于居、乐于业的美好寓意。

20. 马

在民间以马的形态作为纹饰的雕刻流传甚广。马是忠诚、勤劳又勇敢的动物，有着高贵、飘逸及优雅的品质。"八骏"即是八匹马的纹样。民间多以马的毛色及行迹来分辨和称呼八骏。例如，唐家大院的八骏全图，即周穆王的"八骏"马图，名字分别为赤骥、盗骊、白义、逾轮、山子、渠黄、骅骝和绿耳。周穆王是西周一位极具传奇色彩的君王，传言他喜爱出游，架着"日行三万里"的八骏巡游各地。因此，由八骏象征着志在四方的意趣［图 4-86（b）］。

（a）麒麟、老虎、马　　　　　　（b）八骏马

图 4-86　关中地区三兽图、骏马图列举

［图源：（a）自摄于长安区；（b）自摄于旬阳］

（二）花卉果木

在民居雕刻纹样中，花卉果木是使用最普遍广泛的，常用的纹样主要有牡丹、荷花、水仙、海棠、梅花、兰花、竹子、菊花、百合、灵芝、松树、槐树、柳树、石榴、葫芦、葡萄、桃、柿子、荔枝、核桃、桂圆、谷穗等。由于该类图案组合丰富又复杂而无法进行每个类别的单一介绍，故在此将常用的组合雕刻纹样的吉祥寓意加以诠释。

1. 岁寒三友

岁寒三友，即松、竹、梅这三种植物，借由松、竹寒冬季节的不凋谢，梅花在冰雪中开放的特性［图 4-87（a）、（b）］，来比喻人的品格，象征着君子的高尚情操。同时，又以松柏的坚强不屈、寒暑不变的品格，以及梅、竹的孤傲、高雅脱俗为理想的人格模式及生活追求。

2. 四君子

四君子，即梅、兰、竹、菊四种植物的纹样。该纹样起源于晚唐时期。此纹样象征着清高拔俗的情趣，或者作为人们的鉴戒以及成为自我心灵情致的表现。

3. 五谷丰登

五谷，"五谷"在我国古代共有多种说法，但是被人们认可的有两种，

(a) 新意、桂花　　　(b) 梅竹图

(c) 富贵牡丹　　　(d) 榴开百子

图 4-87　关中地区花卉图案列举

(图源：自摄于旬邑、长安区、党家村)

其中一种较早期的是指：麻、黍、稷、麦、菽，另一种也是现在常用的是指：黍、稷、菽、麦、稻。其象征着年景好、庄稼收成好。民间多以五谷图样或者谷穗的纹样来表达出预祝农业丰收，以及家庭收入丰裕的美好愿望与企盼。

4. 竹梅双喜

竹梅双喜，即竹子、梅花和喜鹊的组合纹样。竹梅象征夫妻，民间常以此作为雕饰纹样来代表新婚吉祥，祝福幸福生活以及夫妻恩爱之意。

5. 三多

三多又称"福寿三多"或"华封三祝"，其中"桃"有着长寿的寓意，"石榴"有着多子多福的寓意等，"竹"与"祝"谐音，同时，凑成"三"数来表达"三祝"寓意。表达出人们期盼幸福、长寿、多子多孙、富足美满的吉祥寓意。

6. 荣华富贵

荣华富贵，即"富贵荣华"，是由芙蓉与牡丹而组成的纹样，以此显示或期盼着富足而又美好的生活［图 4-87 (c)］。

7. 榴开百子

榴开百子，即由一个或多个石榴组成的纹样，常将石榴打开一点或一半，露出排列整齐的果实。以此来表达"多子多福""家丁兴旺"之意 [图 4-87（d）]。

8. 连中三元

三元，即荔枝、桂圆和核桃，借由其都是圆形来寓意"元"，预示着对子孙后代的期望以及对书香门第的景仰或昭示。另外，还有一种是连中三元的纹饰，由三个圆铜钱或者是三个元宝组成。再有的就是以三个孩童持射弓箭状，且射中前方盘中三种圆形果实的纹饰，其寓意更加形象、直白和生动。

9. 和合如意

和合如意，即以荷花与盒子组成的纹饰。荷花由于根深叶茂花繁又盘根错节，而又有"本固枝荣"之说，表达其基础牢固，有事业兴旺发达之意。

10. 四季花开

四季花开是以水仙、荷花、菊花、梅花代表四季组成的纹样，象征着一年四季幸福美好，又百事如意的吉祥寓意（图 4-88）。

11. 四季平安

四季平安是将牡丹花、石榴花、菊花和梅花四种花卉插在花瓶中，借由其谐音来表达一年四季平安又无灾无难（图 4-88）。

图 4-88　四季花开图

（图源：自摄于关中民俗艺术博物院）

12. 芝仙祝寿

芝仙祝寿是由灵芝、水仙、竹子以及石头组合成的纹样。灵芝又称作

"瑞芝""瑞草"或"灵草",在古代被视为仙草,是一种吉祥的植物,能让人驻颜不老,有着起死回生的功能,传言在实行仁德的国度里才有。水仙寓意群仙,"竹"子又借用"祝"的谐音,石头代表"寿石",故此组合而成的纹样表达出健康长寿的祝福和寓意。

13. 连理枝

连理枝,即两株树的树干连生在一起而形成的图案纹样,以此代表着恩爱夫妻。唐白居易的《长恨歌》中记载了广为流传的名句:"在天愿作比翼鸟,在地愿为连理枝。"

14. 玉堂富贵

玉堂富贵是由玉兰花及海棠花组成的纹样。借由"玉堂"(即是翰林院的雅称)这一谐音来象征家财富有、官高位显之意。

(三)人物神祇

雕刻纹样中尤其能体现技艺与风采的当属神仙人物类的题材了,包含了仙界人物(图4-89)或者历史上著名的真实人物及他们的丰功伟绩等都是可以表现的内容。为了丰富其内容,不仅要赋予展示的神仙人物以灵动的神采,又要将人物密切相关、脍炙人口的背景资料,以及著名事件、历史故事、深化传说、演义小说、文学作品、正史典故(图4-90),更有甚者将野史等大量信息包含在内并反映在方寸之间。除此外,也有一部分表现了山野隐居和日常民俗市井的生活乐趣的内容。所以,该类型的雕刻不仅表现的文化内涵深邃悠远,而且还有丰满繁复的画面布局,这也是衡量工匠雕刻质量和水平高低的重要标志。

(a) 聚贤图　　　　　　　　　(b) 八仙过海

图4-89　人物神祇图列举

(图源:自摄于关中民俗艺术博物院)

图 4-90 看墙上的将相门图

（图源：自摄于关中民俗艺术博物院）

1. 和合二仙

和合二仙是民间的喜神，是喜庆祥和的象征。多为两个童子，一个手持荷花，一个手捧圆盒，或五只蝙蝠从盒中飞出与悠然自得又憨态可掬的二仙形象组合。或借用荷花之"荷"、圆盒之"盒"来表现出和谐、好合又美满幸福的美好意境。

2. 三星高照

其中"三星"，即福、禄、寿。古代将木星称为"岁星"，又把"岁星"称为"福星"。民间常常将三仙合在一起，代表三星高照、鸿运通达之意。

3. 刘柳二仙

刘柳二仙是指刘海和柳毅二人。刘海被誉为小财神，有"刘海戏金蟾"的典故［图 4-91（a）］，代表着祈求生活富足、幸福美满的吉祥寓意。

（a）刘海戏金蟾　　　　　　（b）五子夺魁

图 4-91 关中地区看墙上的人物神祇图列举

（图源：自摄于关中民俗艺术博物院）

4. 天官赐福

天官赐福是由天官、蝙蝠等组成的纹饰，借由"蝠"与"福"的谐音来表达祈求福社。

5. 麻姑献寿

麻姑献寿是由仙女托着有酒壶、寿桃的托盘或篮子的纹样。麻姑是古代神话中的一位住在蓬莱仙岛的仙女，传说中她能掷米成珠，曾见东海三次变成桑田，传说农历三月三日是西王母的寿辰，那一天会举办蟠桃盛会，而麻姑在绛珠河畔用灵芝酿成酒，并献给王母作为寿礼。由此，民间用此来表达祈福求寿。

6. 高山流水

高山流水又作"流水高山"，而有一名曲叫做《高山流水》，由此联想"听琴"等，也有典故讲述了俞伯牙与钟子期的故事，以此用来比喻知音或者知己。

7. 一琴一鹤

一琴一鹤纹样内涵是指为官清廉之意。

8. 三顾茅庐

三顾茅庐是汉末时期的故事，讲的是刘备三次前往隆中拜访诸葛亮并希望能出山一平天下，故事一直被当作礼贤下士的美谈。据《三国志·蜀志·诸葛亮传》记载："先帝不以臣卑鄙，狠自枉屈，三顾臣于草庐之中。"其中先帝，即刘备。唐杜甫的《蜀相》又有"三顾频烦天下计，两朝开济老臣心"的名句。

9. 二十四孝

二十四孝是旧时宣扬二十四个极尽孝道的故事，即孝感动天、为母埋儿、怀橘遗亲、哭竹生笋、尝粪心忧、卖身葬父、弃官寻母等。固有《二十四孝》图也反映了中华民族敬老养亲的传统美德。其中的人物涉及帝王、平民百姓。至此，虞舜、汉文帝、曾参、唐夫人、吴猛、王祥、郭巨、杨香、朱寿昌、蔡顺、黄香、姜诗、丁兰、孟宗、黄庭坚等的二十四孝行，序而诗之。

10.《五老图》

《五老图》是五位老者围坐在树下聊天的图案，由此寓意着长寿康宁和淡薄致远之意。

11. 五子夺魁

五子夺魁是由五个孩童争夺一顶盔帽组合成的图案纹饰。以此表达着古人对孩子高中状元、荣华富贵的期望〔图 4-91（b）〕。

12. 状元及第

状元及第是由三个孩童组成的图案形象。其中中间的稍大者高举着冠盔，以示高中状元，旁边两位分别持如意、喜报以示庆贺。

13. 渔樵耕读

渔樵耕读是指渔人、樵夫、农民和书生各行其是、互不相扰，表达了对国泰民安的祝愿。

14. 聚宝盆

聚宝盆即是以一盛满金钱、元宝、珍珠及珊瑚等宝物纹样，以此来表达出祈求好运、财源广进的美好愿望。

15. 竹报平安

竹报平安是以竹子或者孩童放爆竹的纹样，来表达平安家信的到来，其中竹报也成了家信的别称。

（四）文字符号

在传统的雕刻纹样中，还有比较常见的形式就属文字为主题的了。此类分为两种，一种是单个吉祥文字，如福、禄、寿、喜等具有很强的装饰性（图4-92），其中"寿"字变化最为丰富，如长寿、团寿等，民间也有摹写古今各种字体的寿字而组成百寿图。还有已经被符号化了的汉字，如寿字、万字等符号等（图4-93），均是用来表达祈福求寿之意的。第二种则是以古文诗赋为内容来表达旋、顾、盼等的情态。

图4-92　门额上的"福"、"禄"、"寿"汉字及松鹤图
（图源：自摄于关中民俗艺术博物院）

1. 博古纹

博古纹即是由铜香炉、如意、瓷瓶、书籍、字画等组合而成的纹样，也有伴随着花卉、果品等作为陪衬和点缀。博古类的砖雕多用于文人墨客

图 4-93　额标的"壽"字、"卍"字符号式图案列举
（图源：自摄于关中民俗艺术博物院）

或者官宦人家的宅第，象征着博古通今、崇尚儒雅及古朴文雅的书卷气息。

2. 四艺图

四艺图是由古琴、棋盘、线装书和画轴组成的琴棋书画的图样。古代文人多重视抚琴、弈棋、读书及绘画这四种技艺。因此，此图案表达出一种超凡脱俗、清高无上的精神（图 4-94）。

图 4-94　裙板上的"四艺图"图案（局部）
（图源：自摄于关中民俗艺术博物院）

3. 暗八仙

暗八仙即是由八仙手中所持仙物（如汉钟离的扇、张果老的渔鼓、吕洞宾的剑、曹国舅的阴阳板、蓝采和的花篮、韩湘子的笛子、铁拐李的葫芦、何仙姑的荷花）而组成的纹样。其无异于八仙人物（八仙过海）的纹饰，同样，寓意着祝颂长寿之意（图 4-95）。

4. 平安如意

平安如意则是由瓶子和如意组成的纹饰，通常如意插在瓶中。借由谐音来表达平安如意。如意在佛教中是佛具之一，梵语称作"阿娜律"，随着佛教从印度传入中国如意，用来代表备忘的东西，后来被当作吉祥

图 4-95　横披窗上的"暗八仙"图案
（图源：自摄于关中民俗艺术博物院）

颂祝品。

5. 平升三级

平升三级即由花瓶、笙以及三只戟组成的纹饰。级是古代官吏的品级，自魏晋以来，共分九品。又借由"瓶"与"平"、"笙"与"升"、"戟"与"级"的谐音，来表达官运亨通、连升三级的期望。

6. 八宝纹

八宝纹即是由鼓板、龙门、玉鱼、仙鹤、灵芝、馨及松组成的。同时又有珠、球、祥云、方胜、犀角、杯、书、画、红叶、艾叶、蕉叶、鼎、灵芝、元宝及锭等其中随意八种组成。

7. 八吉祥

八吉祥是由法螺、法轮、渔鼓、宝瓶及盘长等组成的纹饰。其中盘长俗称"八吉"，故也有盘长代表八宝。因此也多有将此八宝作为佛家的符号，且将整体的纹饰统称为"八宝生辉"。

8. 旭日东升

旭日东升是由海水、江河及太阳组合的图案纹样，多用此纹饰象征着升官。

9. 宝相花

宝相花是以牡丹、莲花及大丽花作为原型，在以圆心为中心的基础上，通过逐层、多面、放射及对称等构图方式来加以组合与变形，镶嵌着形状、大小粗细各异的其他花叶，取义"宝""仙"的吉祥寓意，由此形成造型各异的纹饰。

10. 传统锦纹图案

传统的锦纹图案始源于宋代，包括连环纹、香印纹、密环纹、罗地龟纹、盘长纹、云纹、回纹、绳纹，以及圆形、菱形、S形、卍字纹、米字纹等（图4-96）。这些纹饰不仅作为主题独立使用，也有作为花边，设置与砖雕的边框与线脚处，起到衬托的功能。

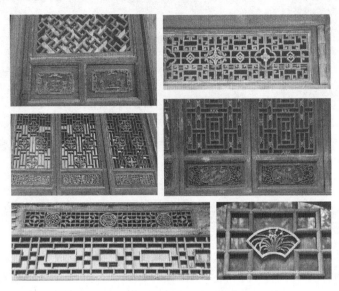

图 4-96　关中地区门窗上的锦纹图案列举

（图源：自摄于关中民俗艺术博物院）

（五）棂格图案内涵的表达方式

关中地区传统民居门窗中的棂格图案主要是以喜庆、吉祥、多福等儒家观念为核心，集中地反映出我国人民的乐生思想。其在棂格图案中的表达方式有以下几种。

1. 谐音方式

谐音是中国传统图案中最具代表性、最具特色的一种表达方式，此类棂格图案常常会使人们联想到吉祥的、美好的事物，以此来表达人们降福纳祥的美好愿景，这种方式涵盖的吉祥图案包罗万象。例如，以雕刻着代表喜事到来的"喜鹊"和"梅花"组成图案，形成花结或构成棂花图案，寓意着"喜上眉梢"。以五个"蝙蝠"中的"蝠"字谐音"福"字之意来组成图案纹样内容表达"五福临门""五福捧寿"等寓意和内涵。以"梅花鹿"中的"鹿"谐音"禄"之意来组成图案纹样内容表达"加官晋爵""官运亨通"之意。以瓷器"瓶子"中的"瓶"字谐音平安的"平"字和月季花、牡丹花、菊花、腊梅等组合表示"四季平安"。借以"鹌"与"安"、"菊"与"居"、"落叶"与"乐业"的谐音，表达"安居乐业"的美好寓意。

2. 直白方式

直白方式主要的形式会采用"福""禄""寿""喜"等吉祥汉字或动物形象直接嵌入棂格的中心部位进行装饰，也有以主题明确的人物故事等（图4-97）。也有许多将汉字作成"花结"嵌入棂格之中或之上的。还有的常常会采用传统吉祥几何图案的手法对门窗棂格进行装饰，如有龟背锦、灯笼锦、步步锦、卍字锦等，较为直观地表达出了人们祈求吉祥如意、加官晋爵、康乐长寿的乐生思想和生活观念。以"吉祥草""如意云"等传统装饰纹样，寓意着"万事如意"等美好愿望。

图 4-97　关中地区直白方式的图案列举

（图源：自摄于关中各地）

3. 比拟方式

在传统的民俗文化中人们常常也会采用比拟的手法来寓意或祈福家族繁衍生息且发展壮大、后继有人的思想和愿望，民间常常借用"葡萄""石榴""葫芦"等多子的瓜果、植物来寓意"家丁兴旺""多子多福""子孙万代"等内涵。有用"牡丹花"代表"繁荣昌盛""花开富贵"等大富大贵寓意。还有以"松树"和"鹤"组合的图案比拟着"松鹤延年""延年益寿"等吉祥寓意。并常与"月季"插"梅瓶"类的组合成棂花纹样寓意着"岁岁平安""四季平安"。

二、图案与寓意对应释解

图案与寓意对应解释如表4-1～表4-4所示。

表 4-1　祥禽瑞兽雕刻图案及寓意

雕 刻 图 案	寓 意
麒麟（麒麟送子）	集美思想、祥瑞降临、早生贵子
龙（龙凤呈祥）	喜庆吉祥
凤凰（凤穿牡丹）	美好、生命、生育
龟（龟纹）	神异、长寿
狮子（狮子滚绣球）	权利、威严、子孙繁衍、家族昌盛
蟾蜍	祥瑞、财源广进

续表

雕 刻 图 案	寓 意
鱼（鲤鱼跳龙门、连年有余、金玉满堂）	生殖繁衍、多子多孙、生活富足
鸳鸯（鸳鸯戏荷）	夫妻和睦、相亲相爱
蝙蝠（福禄双全、五福捧寿）	幸福生活的期盼、五福、福寿无疆
仙鹤（松鹤延年、一品清廉）	长寿、为官清正廉洁
鹿（鹿鹤同春）	天下皆春、万物欣欣向荣、长寿
猴（封侯挂印、辈辈封侯）	高升之意，当官
象（吉祥如意、万象更新）	太平盛世、欣欣向荣
虎（镇宅神虎）	消灾降幅、压邪
喜鹊（双喜临门、喜鹊登梅）	喜兆
马（八骏）	高贵、飘逸优雅的气质
猫、蝴蝶	长寿

资料来源：笔者自制

表 4-2　花卉果实雕刻图案及寓意

雕 刻 图 案	寓 意
五谷丰登（黍、稷、菽、麦、稻）	丰收、丰裕的美好愿望
岁寒三友（松、竹、梅）	坚强不屈的品质
四君子（梅、兰、竹、菊）	清高拔俗的情趣
竹梅双喜（竹子、梅花、喜鹊）	生活幸福、夫妻恩爱
三多（福寿三多）	期盼福寿、子孙多多、富足美满
榴开百子（石榴）	多子多福、人丁昌盛
连中三元（荔枝、桂圆、核桃）	对子孙后代的期望、书香门第的景仰和昭示
和合如意（荷花、盒子）	基础牢固、事业兴旺发达
百事如意（百合花、狮子、灵芝、柏树）	一切皆如意
万事如意（万年青、灵芝）	如意
四季花开（水仙、荷花、菊花、梅花）	一年四季幸福美好
四季平安（牡丹花、石榴花、菊花、梅花）	平平安安、无灾无难
连理枝	恩爱夫妻
芝仙祝寿（灵芝、水仙、竹子、石头）	祝福健康长寿
玉堂富贵（玉兰花、海棠花）	家财富有、官高位显
本固枝荣（莲花盘根）	事业发达、开业大吉
莲花	一品清廉

资料来源：笔者自制

表 4-3　人物神祇雕刻图案及寓意

雕 刻 图 案	寓 意
三星高照	福、禄、寿
天官赐福（天官、蝙蝠）	祈求福祉
指日高升（大官手指太阳）	寓意高官
高山流水	知音知己
一琴一鹤	居官清廉
三顾茅庐	礼贤下士、以诚求贤
桃园结义	重情重义的道德品质
二十四孝	敬老养亲的传统美德
《五老图》	长寿康宁、淡薄致远
状元及第（三个孩童）	得中状元、庆贺

续表

雕 刻 图 案	寓　　意
渔樵耕读（渔人、樵夫、农民、书生）	国泰民安
聚宝盆	祈求财富
竹报平安	辞旧迎新、祈福纳祥
岳母刺字	精忠报国
八仙过海	各显神通，各尽所能
桃园三结义	友谊、忠心报国
陶渊明爱菊	高洁情操、固穷守节
和合二仙	和美团圆

资料来源：笔者自制

表 4-4　文字符号雕刻图案及寓意

雕 刻 图 案	寓　　意
博古纹（香炉、瓷瓶、如意、金磬、书籍、字画）	书卷气息、士文化色彩
四艺图（琴、棋、书、画）	超脱世俗、清高无上
平安如意（瓶、如意）	寓意平安
平升三级（花瓶、笙、三只戟）	官运亨通、连升三级
暗八仙（八仙手中所持之物）	祝颂长寿之意
八吉祥（法螺、宝伞、宝瓶、盘长等）	八宝生辉
八卦图	除凶避灾
万字纹	吉祥之所集
百寿纹	健康高寿
福	幸福美满
莲花纹	佛教传入，属佛教装饰纹、纯洁、净土
缠枝纹	生生不息
忍冬纹	佛教装饰纹，连绵不断
宝相花	富贵华丽
云纹	高升、如意
火火焰纹	佛教中佛法的象征
雪花、冰凌	寒窗苦读
方胜纹	同心、吉祥
回纹	吉利

资料来源：笔者自制

第四节　门窗的审美价值体现

关中地区传统棂格的用料为松木和杉木等材质，这类材料具有不易开裂、不易变形、有韧性、纹理清晰、光洁度好且便于制作等特征。加之，棂格的榫卯和搭接技艺也十分成熟和完善，精巧的雕花技术既增强了棂格的稳定性，又增添了窗棂的装饰性，使得整个棂格不粗略、不烦琐，可以说从构图和构造上达到了高度的融合。其中透雕加浮雕等传统技艺，并将吉祥图案和寓意纹样表现得淋漓尽致、风姿多态、美不胜收，充分地展示出了门窗及其雕刻和棂花的艺术、技术和材质之美（图 4-98）。

图 4-98　周家隔扇门上雕刻、棂花与色彩应用图

（图源：自摄于三原）

棂格图案在结构上一方面讲究上下、左右、重复和对称等整体结构变化，如龟背锦、步步锦、灯笼框、拐子纹和菱花等，在追求变化的同时，更增添了窗棂的动感、节奏感和韵律感。另一方面在棂条搭接、镂空及雕刻工艺上讲究以卍字纹、工字纹、亞字纹、花卉、卧蚕和蝙蝠图案进行装饰，在追求棂条的急缓、曲折、粗细、长短及疏密变化的审美性同时，更注重窗棂整体的稳定性，以及棂条搭接和棂花组织连接不易变形的制作工艺，保障了窗棂的功能性实现。棂格图案在结构的两个方面也很好地体现出了韵律和结构之美。

窗棂的彩色搭配，稳重而又不失华丽，红漆窗棂镂空图案均以秩序、简洁的造型显现，并在此基础之上适度、适位、适形地加入彩色装饰元素，起到画龙点睛的作用，从而使庭院在整体大气、洗练的美感前提下，更具细腻、精致和华美之感，在深化和展示了民居文化及民间文化的精神内涵的同时，也将色彩之美淋漓尽致地体现了出来（图 4-99）。

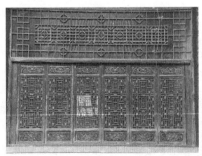

图 4-99　闫家门房隔扇窗结构与色彩应用

（图源：自摄于长安区）

关中地区传统窗棂的精美不仅仅决定于民间技艺和装饰题材，更重要

的是一种无形的但又是在历史进程中具体体现出来的由集体无意识贯穿始终的一种传统精神，作为民居文化和民间文化的一个具体承载物，体现出了关中地区人们的宗教信仰、民风民俗、艺术观念、礼制思想及审美意识等文化内涵，也在关中地区传统窗棂中反映出了各个阶层对居住环境的物质需求。由此可见，当人们满足了物质需要之后，就会追求精神文化方面的享受。因此，可以说窗棂装饰体现出的是一种精神追求，并折射出极其丰富的文化内涵，展示出令人赏心悦目的艺术韵味，也显现出传统文化之美和精神之美。

一、意匠美

　　所谓的"意匠之美"即在制作门窗时，重点突出打造材料的特性、质地、优势与制作技艺水平和技巧，以及新技术、新工艺、新工具的使用，而将门窗的材质和技艺完美结合达到一种"意匠之美"。

　　关中地区传统民居的门窗的材质多为细腻的木质，主要因为其有韧性，便于制作，故用来做门窗不易开裂。同时，为了保证窗棂不易变形，其材质的强度也是关键所在，常用的材质多有松木或杉木等。再有门窗的窗棂榫卯及搭接技术也是闪光点所在，为了增添长棂的稳定性及装饰性，而不显得整个棂格粗略烦琐，故雕花在其中得以巧妙应用，也由此达到了构图及构造上的高度融合（侯幼彬，1997）。例如，三原周家大院的槛窗，其下槛为青石材料，表面雕刻有精美的浮雕纹饰图案，在窗扇上，不但有做工细腻的棂格，还在裙板和绦环板上雕刻有浮雕图案，并在此基础之上，又用不同的色彩将图案进行了进一步刻画，使得图案纹样栩栩如生、层次分明、百看不厌、耐人寻味，体现出了匠人们高超娴熟的制作技艺和绘画功底［图 4-100（a）］。又如，党家村的院落中，在墙体上制作门洞和窗洞时，创造性地将本应平直且保持 90°角的洞口角改做成在 45°左右角的施工技术［图 4-100（b）］。其原因，一是由于党家村相比其他地区的纬度、海拔高，建筑单体高度同样也高些，加之院落较为狭窄，使得院落和房间的太阳光线照射的照度和时间长度显得不足。因此，聪明的工匠们便采取了这种技术技巧来尽可能地提高院落和房间太阳光线照射的照度和延长照射时间的长度。二是在房间的正立面和侧立面观察时，会给人以视觉上较为丰富的层次感受。三是满足区域内人们的一种审美习惯。

二、视觉美

　　所谓的"视觉之美"即在制作门窗时，注重整体空间的统一和协调，

(a) 槛窗　　　　　　　　　　(b) 特色门窗洞

图 4-100　工艺考究的槛窗、洞口削角结构列举

（图源：自摄于三原、韩城）

做到既统一，又有变化。既协调，又有对比，使得空间环境层次分明、节奏明确、韵律统一。例如，典型的有三原周家大院的中心院落环境在宏观的视觉上营造出统一的色调和统一的挂落纹饰，彰显出稳重、大气的风格和视觉之美（图 4-101）。

图 4-101　周家中心院的视觉印象图

（图源：自摄于三原）

同时，在微观上为了将门窗中的图案纹样雕刻得到位，其图案纹样多以透雕、浮雕等传统技法。其题材内容多以植物、动物、文字、器物及几何纹等纹饰组合而成，并在此基础上，加以适度、适位、适形的绘画彩色进行装饰和营造，起到画龙点睛的作用。在宏观的大气又洗练的风格之下，使得微观的装饰纹样更具有细腻、精致及华美的视觉魅力，这样不仅不失华丽，反而增加了庄严、肃穆和大方之感。

三、内容美

所谓的"内容之美"是指在门窗制作时，注重营造纹样和图案题材内容形式的深化和细化以及与色彩的搭配应用，以营造、提升、深化和完善地表达题材的思想、寓意和文化内涵。关中地区传统民居门窗之上图案纹样丰富多彩，在棂格上的图案纹样内容常用植物（如牡丹、莲花、海棠、梅花等）、宗教（如云纹、如意纹等）、动物（如蝙蝠等）、文字（如工字、田字等）、器物（如套环等）、几何纹（如步步锦、龟背锦、拐子纹、方胜等）等纹饰。在裙板上的图案纹样内容常用历史人物、传说典故、吉祥图案等，如选用"福寿吉庆""同偕到老"等吉祥图案（李琰君和王文佳，2010）。在绦环板上的题材常用八杂宝，佛八宝（八吉祥）和道八宝。还用"草龙捧寿"及"凤戏牡丹"等图案。在彩色搭配上，多以黑、红、黄（金色）、蓝、绿为主。例如，唐家大院中局部空间全部采用隔扇式结构构成，突破了传统的形式和做法的同时，在统一风格、统一色调的基础之上，又采取了丰富多变的棂格结构、裙板图案、绦环板图案及门帘架，使人的视觉为之一振。旬邑唐家大院整齐的隔扇门、横披窗、门帘架及木雕的楹联组合具有区域代表性，从而使庭院在整体大气、洗练的美感前提下，更具细腻、精致与华美的内容之美，同时，也体现出浓郁的区域性特色和图案纹样的文化性特色（图4-102）。

图4-102　唐家隔扇门、横披窗、门帘架及楹联组合列举
（图源：自摄于咸阳旬）邑

四、形式美

所谓的"形式之美"即在制作门窗时，融合了独具匠心的设计方案与和谐统一的整体风格特征，并以一种美的形态呈现出来。关中地区传统民居中的门窗，不仅与建筑相融合谐调，而且又与墙体有着材质、肌理、大

小、轻重、上下、形状、色调以及虚实等的视觉对比关系。其中材质上，石质的墙面与木质的窗棂的通透细腻构成了强烈的视觉、触觉的反差效果（图 4-103）。其他方面，墙的实与窗的虚、简、冷、凸及平整敦厚，与窗的繁、暖、凹及曲折玲珑交相辉映。再有，关中地区传统民居的窗棂变化均表现在棂格图案的上下、左右、重复及堆成上，使其达到节奏感更强，如龟背锦、步步锦、灯笼框、拐子纹及菱花等。而窗棂棂条榫卯、搭接、镂空及雕刻多采用了工字、花卉、卧蚕及蝙蝠雕花图案作为装饰，为了达到节奏与韵律的形式美感，均讲究线条的急缓、曲折、粗细、长短、疏密的变化，以及所呈现出来的美的形式（图 4-104）。

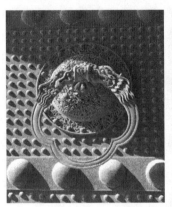

图 4-103　双龙铜质铺首、猫脸铁质门闩图

（图源：自摄于长安区、韩城）

（a）龙头帘架　　　　　　　　　（b）凤头帘架

（c）象头帘架　　　　　　　　　（d）如意帘架

图 4-104　唐家厦房不同的门帘架列举

（图源：自摄于咸阳旬邑）

五、意境美

所谓的"意境之美",源自于传统画论之语,即重点诠释山水画中的一种环境氛围的专用语。在制作门窗时,将意象性的精神内涵与文化内涵完美的结合而达成一种意境。

关中地区传统民居的门窗之精美,不仅取决于制作技艺及装饰题材,还在于其由一种集体无意识贯穿始终的传统精神具体体现出来,其重要的是其为一种无形的但又是在历史进程中体现的。其作为宗教信仰、民风民俗、艺术观念及审美意识等的文化内涵的融合,即是作为民间文化的一个具体事项所表达出来的。故在关中地区传统民居窗棂中均可以看到每个阶层对居住的物质需求。当满足了物质需求后,上升到精神文化方面的享受。所以,作为体现一种精神追求的门窗艺术,不仅反映了极其丰富的文化内涵,也展示了令人赏心悦目的艺术韵味。

同时,关中地区的传统民居门窗的意境之美,不仅仅体现在对门窗的技术制作和装饰题材的体现上,更重要的是体现一种无形的但又是在历史进程中具体的由集体意识而贯穿始终的一种传统精神和审美观念,并从中表达出区域性民风民俗、宗教信仰、人生观及审美标准等文化内涵的融合机体。由此可见,当人们满足了物质需要之后便会追求更深层次的精神文化层面的享受。可以说,门窗作为一种艺术载体所体现出的也是一种精神意境的追求,且反映出丰富的文化内涵和技术内涵,展现出赏心悦目的艺术韵味、艺术意境及趣味性(图4-105)。

图 4-105 眼睛会动的狮头门钹
(图源:自摄于长安区)

本 章 小 结

本章对关中地区传统民居门窗的形态、文化内涵、装饰特征及审美价值等内容运用文化现象与文化内涵、区域民俗文化与审美习惯的内在联系及使用目标进行了分类、比较、总结和论证。总结出关中地区的中、大型或以上的民居院落的大门、二道门、厅房及上房的门窗均呈现"精神功能大于实用功能，且等级、地位越高，大门的精神功能尺度就越大"的规律。另外，关中地区的人们在大门之上常会巧施"两明两暗"的四门簪的做法来体现家族的社会地位和经济实力。也有铺首与门钹在称谓上的等级区别，如称作"鉊钑兽面""金兽""金铺"或"铜铺"的，多用于等级较高的宫殿、坛庙及城垣级别的门上，称作"铺首"，而"门钹"及"响器"一般多用于民宅的门上。因此，铺首作为民居建筑中的重要构件，不仅能体现出民居院落不同的规模和形式，而且也是主人家的身份地位及等级的象征。

同时，笔者认为关中地区传统民居中门窗的非物质文化内涵是物质文化的"灵魂"和"经脉"，物质文化又是非物质文化的"骨骼"和"肌肤"，二者相互依存，缺一不可。门窗的图案形式与题材内容的体现无论采用何种图案形式、无论采用何种题材，均是为了实现或体现出其题材具体内容和反映出内容的"骨骼"和"肌肤"，并通过图案的具体形式、形象才能得以显现和重生，释放出其灵魂内涵。所以说，内容与形式之间既独立存在，又相互支撑，不可分割。

第五章　陕西关中地区传统民居门窗区域性文化特色分析

　　无论地处地球的任何角落，只要有人群生活便会有社会存在。因为人群所处的地理环境的不同、气候环境的不同、物产环境的不同而使得劳作的形式和生活方式以及需求也不同，也就导致了人们在适应自然和改造自然时所采取的观念、方式方法、技术等主观因素也就不同。由此所创造出来的历史经历和社会文化等就有着鲜明的区域特性，这也就成了人类文化发展所共有的特征和主要标志。

　　人们在创造区域性文化的同时，又在大量地继承着区域性传统文化，并以区域性的社会文化塑造着、制约着区域内人们的文化性格，规定着区域文化历史的演进轨迹和未来发展方向。这些带有区域性特征的传统民居建筑及其文化所显现的功能和审美标准，均是建立在区域文化基础之上的，并综合了创造者和使用者的社会生活的需求、风俗习惯等诸多因素而形成的。

　　因此，可以说每个地区的传统民居建筑及其文化也是共同见证着地区、民族和国家历史的发展。自古以来，人们随着历史的长流聚集在一个又一个的地区，用悠长的生活积淀出了诸多具有浓厚地域色彩的传统民居形态，并在这些形态各异的民居及其门窗文化中又构成了一个个地区独有的景观。同时，这具有地域特色的传统民居建筑及其民俗文化促使人们对不同的地区产生不同的印象。

第一节　区域性物质文化与非物质文化的差异

　　每个地区因为所处的地理位置、自然条件以及人文环境的差异和不同，所以反映在与人们息息相关的民居建筑之上也自然而然形成了千差万别的、形态各异的民居形态和居住民俗文化。

一、区域环境差异

陕西关中地区因其复杂的自然环境、地质地貌以及特殊的地理位置，造成了关中地区各区域间物质与非物质文化鲜明的差异性。

通过对关中各区域的地理位置、地貌状况、年平均气温、海拔高度、年降水量、植被和物产等自然条件因素，以及不同区域的不同生活习惯、民俗习惯和审美趋向等因素进行综合比较和分析，从中找到了关中地区各区域间的差异。正因为这些自然条件和人文环境的差异性使得人们在民居的环境适应性上反映出来的建筑形制、结构、制作工艺、选材以及装饰风格不同。因此，为了更好地去解读和区分不同区域的民居形态以及民俗文化现象，分析总结各区域的差异性和不同是十分重要的。为了便于比较识别，采用表格形式呈现其差异内容（表5-1）。

表 5-1　关中地区各区域环境差异略表

区域 \ 内容	市、区（县）名称	地貌略述	海拔（米）	年平均气温（℃）	年降水量均604毫米	植被情况
东部地区	渭南市、大荔、蒲城、富平、华县、华阴县、潼关	平原	322～500	12～13.6	半湿润区域	良好
东北部地区	韩城市、澄城、合阳、白水	半沟壑	500～800	较低	半干旱区域	良好
西部地区	宝鸡市、凤翔、岐山、扶风	平原	500～600	略低	半湿润区域	良好
西北部地区	陇县、千阳、麟游	沟壑	600～750	较低	半干旱区域	一般
西南部地区	凤县、太白	山地	600～900	略低	湿润区域	较好
南部地区	蓝田、长安区、户县、周至、眉县	半山地/半平原	400～580	12～13.6	半湿润区域	较好
中部地区	西安市、咸阳市、兴平市、功县、乾县、泾阳、三原、高陵、礼泉	平原	400～650	12～13.6	半湿润区域	较好
北部地区	铜川市、彬县、永寿、长武、淳化、旬邑、耀县、宜君	沟壑	650～800	较低	半干旱区域	一般

资料来源：笔者自制

二、门窗区域特色与差异

通过对关中各地的气候条件和环境差异的研究和比较，的确存在着很大差异。因此，反映在传统民居建筑的门窗之上同样存在着很大差异。这使得对关中地区不同地域、不同等级门窗的形制结构、装饰部位、装饰风格、色彩应用、装饰题材选择诸多方面的共性和个性特征进行比较、分析研究、归纳总结更显重要。

（一）门房门窗

渭南地区位于关中地区的东部。在韩城、大荔、合阳、潼关等地区的门房形制以及大门上的附件装饰是最为丰富多彩的。该地区多为一层建筑，其建筑结构形式和建筑体量与厅房相似，大门为撒带式板门。门房的外立面一般不设窗户，只是在韩城一带有高窗出现，或设置有尺寸较小的气窗。

党家村的门房虽然为一层建筑，但是要比其他地区的门房高大得多，且门楼装饰为比较有特色的马门楼等。

韩城古城区的老民居总体保护得较好，且大门之上的色彩依稀可辨。可总结为：多为黑色底配以红色或绿色装饰边框，也有红色底加黑色、蓝色、金色装饰边的等。每家的门额上均有匾额。对于老百姓来说，门楣上题字往往是信仰的标志。匾额的内容一般超出了求福、辟邪和保平安的范畴。门枕石的种类和样式也很多；拴马桩、上马石随处可见；每家大门的内入口处或直对夏房山墙上都有一个土地神龛，且周边都有精美的砖雕等；也有大门之外对称设有砖雕墙，其内容多为吉祥字、风景或花卉图案等，字以"福""禄""寿"居多，而风景则多以喜鹊、梅花及青松，仙鹤为题材，皆取福庆长寿之意。

在大门的方位上，韩城一带更是讲究以"罗盘""八卦图"来测定方位，且以"巽""坤"为上，称之为"巽门"，最忌讳"丙丁火"和"壬癸水"。假若遇到方位不理想时，常会请来"制冲厌胜物"镇宅，亦是补救。

在合阳、蒲城、大荔一带大门或独立式门楼多显得端庄、朴素、大方。在大门的上额部分多有挂落、门楣、门钹、看叶和门簪等构件，但却没有匾额或刻字题字等内容。

宝鸡地区位于关中西部，因时代的变迁、城市的高速发展，使得很多传统建筑因保护不到位而湮没在历史的长河中，在该地传统民居已经较为少见，保存完好的要数民国时期的温家大院和周家大院了。其门房多为一层建筑，结构形式略低于厅房，大门的门式为"撒带门"，方位为"巽门"。大门的上额部分没有挂落、匾额等装饰构件，门房的外立面不设窗户，就连高窗和气窗都不设。门窗的洞口常会用青砖箍砌而成。门房的整体感觉为简洁、朴素、大方。

咸阳地区位于关中中部，因其特殊的历史地位和居住环境，其传统民居门房分为官僚府邸和普通民宅两种。门窗采用精美雕刻的门房多为官僚府邸，凸显了其地位之高，如周家大院、旬邑的唐家大院从其门房就可见一斑，大门近似于金柱大门，设在明间之中，大门四周均为砖与石构筑。大门为撒带式板门，由门框、门扇、门墩、门槛以及装饰构件组合而成，并设有石凳和匾额等。有的在外檐墙上设有高窗，给人以庄严、精美之感。普通民房就显得极为简约，门窗多为直棂窗、方格窗，采用简单的单棂格、单扇木板门组成。

在关中中部的西安，地理位置特殊，为十三朝的都城所在，故此，传统民居门房分为官僚府邸、地主富商、中产阶层和普通民宅四类。但是，门房多为一层建筑，其大门的门式为撒带门。外立面一般不设窗户，方位以"巽门"为上，占用一个开间，比例均衡。有一些大门居中，等级较高，但多不做高大门楼以及过多装饰来炫耀，给人以朴素、谦和、低调的印象。总体说，关中中部地区的门房以及大门处理和营造具有平和、朴素、低调、不张扬，以求"财不外漏"的效果，甚至很少对大门进行额枋、挂落、门簪、看叶等装饰。

总之，关中中部地区的大门开设位置分为五种：第一种将大门开设在门房左侧的东南角的"巽"字门，将大门开设在门房右侧的西南角的［图5-1（b）］；第二种将大门开设在门房的正中间［图5-1（a）］，一般多为官宦之家，取之让百姓觉得自己"为官正派""作风清廉"而无需遮掩之意；第三种因没有门房，所以，只能将大门开设在用两厢房山墙延伸所组成的院墙中间，并给大门加盖有坡屋面式的门楼；第四种将大门开设在院墙之上，并给大门加盖有坡屋面式的门楼；第五种在院墙上直接掏出一个拱形门洞，并附带有简易的栅栏门，这是关中地区平民阶层一般常会采用的一种形式。

1. 大门设置差异

韩城位于关中东北部一带，其大门以"八卦图"中的吉祥方位来划定，首定大门，把门开在门房的左侧，以"巽""坤"相邻（图5-1），取"坎宅巽门"之意，来表达吉祥之意，这种门称为"巽"字门。

在当地最忌的是把大门建在南墙的正中间，认为南边的大门为"丙丁火"。北边的堂屋为"壬癸水"，大门直冲堂屋，水火相克，宅不安宁。党家村是韩城地区最具代表性的传统民居，其多为明清时期的建筑，同时兼具京、冀、晋、秦民居建筑的特点。其大门多为走马门楼，走马门楼雕饰按中国传统民居建筑风格来讲，又可称为门楼或走马门楼，是连通四合院与外部的主要渠道，其优劣体现了宅主的脸面，因此雕饰就得精心打造，

(a) 明间开大门、有高窗的门房　　　　(b) 左侧开大门、无窗的门房

图 5-1　关中地区门房形制列举

（图源：自摄于唐家村、彬县冯家川村）

显得极为精美。有的门房顶部采用藻井形式，上面探头、花牙子、枋木插板一应俱全。还用万字棂格四周环绕，四角垂下精雕的垂花楼式。普通居民因其社会地位等级较低，其民居大门多为墙门。

　　韩城古城区一半大门多为黑色，配以红、绿色门框。门额上皆有题字，以显示主人的家世家风，文化气息十分浓郁。门楼上的题字多显示家庭的官衔和地位，对老百姓来说，门楣上的题字往往是信仰的标志（王其钧，2007）。从制作上看，门楣题字用木雕或砖刻，名家书写，相当考究；从内容上看，有光宗耀祖、伦理道德、理想追求三类。浮雕如"耕读第""明经第""勤俭居""光裕第""耕读世家""安乐居""忠厚""文魁""登科"及"太史第"之类的题字，白底黑字或蓝底金字，书法、刻功都极为讲究，有的显示了家庭的社会地位，有的表达了宅主的志向及情趣爱好。匾下左右两个门簪雕成云头、莲花等样式，门楼外观点缀着金粉或银粉，增添了不少色彩。门枕石安放在门的两边，形态各异，主要有方形、兽形、鼓形几类。方形上面的石鼓均雕刻着人物、动植物等，形态栩栩如生。为了方便来往宾客乘骑骡马，临街还安有上马石，近墙上安装了拴马环或拴马桩，这便有了"走马门"之说。门里的空间称"内门道"，内门道墙上，总筑有用来供奉土地神的小神龛，设在门房一侧的侧门式内门道迎面山墙上，有着内容多为吉祥字、风景或花卉图案的青砖浮雕，字以"福""禄""寿"居多，而风景多以喜鹊、梅花及青松、仙鹤为题材，皆取福庆长寿之意。

　　在关中的东部合阳、蒲城地区，造型各异的门楼对简朴、封闭的街巷起着画龙点睛的作用。主人的身份、社会地位以及宅院的装修等级往往通过门楼的形式和做工的精巧程度就能反映出来。门口的木雕挂落、门楣题刻和门簪都是大门装饰常用的艺术手法，烘托出了主题，形象地表达了渭南地区民居的个性特点及民俗习惯。门楼上大多设有门匾，上面用木或砖雕刻题字，如"耕读第""明经第""勤俭居"等。总之，当地的大门装饰的特点是敦实庄重、简朴大方，如当地民风一般敦实、简朴。

宝鸡位于关中地区的西部，其现存传统民居较少，比较典型的有凤翔的周家大院和扶风的温家大院，其大门本身及周围装饰都较为简单，大门均开在东南角。相比关中北部的咸阳地区就显得差别较大，如旬邑的"唐家大院"［图5-1（a）］、三原的"周家大院"、泾阳的"吴氏庄园"的大门都为金柱大门，显得庄重厚实，大门设在门房的明间中。旧时社会有着浓厚的等级观念，故大门的使用也有着明显的等级之分，金柱大门只能用于官宦之家。这三家的主人均为商人，通过捐官等方式取得了官衔，故能使用金柱大门。为了便于防御侵袭，金柱大门四周均为砖石材料，门洞空间都较小。大门为板门，主要由门扇、门墩、门框、门槛构成。大门为了突出宅院主人的身份地位、文化品位，在大门空间内又做了各式各样的装饰，如门墩和门凳上的石雕，门额上的牌匾等。

关中中部的西安地区传统民居有一些大门居中，等级较高，门房总体来讲，建筑多为一层，入口位于门房的一角，占用一个开间，比例均衡。多不做高大的门楼以及过多装饰来炫耀，给人以朴素谦和的印象（王军，2006）。其装饰多集中于入口大门部分，形成了功能和视觉中心，是立面的重要组成部分。西安民居的大门平缓延续的沿街天际线，与韩城一带刻意将大门门楼提高形成高大门楼的做法迥然不同。在装饰上也力求简单、朴素，只集中于入口门洞周围，与厚重的墙体形成了鲜明对比。长安区有句俗话"下了王曲坡，土地都姓郭"，但是郭氏民宅大门朴实无华，宽不过3米，除了两个普通的石雕门墩，没有其他如铺首、看叶、门钉等装饰，体现了中国传统文化中的含蓄、内敛之风。

笔者在调研中还发现，在韩城一带会将土地神龛设在大门入口开间的山墙内侧，而在中部和西部地区往往会把神龛设在大门直对的厦房的山墙之上，或与看墙合二为一。

2. 大门结构差异

关中地区传统民居中只有少数人家使用光亮大门和金柱大门这两类等级较高的门，普通人家一般是窄大门，大部分采用的是随墙门。关中地区传统民居的大门都体现出砖雕精细、做工讲究的特点。

在大门的结构上，以内立面为例进行解析和比较。

笔者在调研中发现，关中地区的大门都使用形态各异的"撒带门"形式，并且家家户户不重复。通过调查和总结各地的大门以及房门的关子的形式结构，就能说明其形式的多样性。根据形式上的不同将关子分为好几

大类（图5-2）。例如，合阳灵泉村的单排两段式压关二关子、长安区三
益村的双排贯穿式压关三关子、蓝田葛牌镇的双排贯穿式压关二关子、长
安区汤峪村的单排贯穿式中段压关二关子、彬县早饭头村的单排中段式压
关单关子、大荔李张村的单排贯穿式压关二关子，以及旬邑唐家村的单排
贯穿式压关二关子等结构形式。

　　总之，门关子在民居建筑中具有重要的、特殊的作用，涉及院落家庭
财产和人身安全保障问题，因此在人们的心理和意识上都十分重视。

（a）单排两段式压关二关子　　（b）双排贯穿式压关三关子　　（c）双排贯穿式压关二关子

（d）单排长中段式压关二关　　（e）单排中段式压关单关子　　（f）单排贯串式压关二关子

图 5-2　板式大门及门关子列举

（图源：自摄于关中各地）

3. 大门"贼关子"结构

　　笔者在调研中发现了四种带有防盗功能的"贼关子"（即暗机关门）。
通常情况下需要设置及使用"贼关子"的大门会采用无裁口的形式。通过

旬邑唐家村的实物照片（图5-3）及结构解剖图进行举例说明，其结构是在右压关中段与门板连接的上面剔有凹槽，在凹槽内放置机关栓，同时在关子上面刻有一个约0.02米宽、0.01米深的卡槽。另外，在关子下部压关左侧立面刻有一个约0.02米的洞与凹槽相连。使用原理为：当需要关锁时，将门关子向前推进至卡槽之处，机关栓会自动下落，卡入卡槽之内。通过这些机关他人在大门外是不能使用其他器物及工具拨动门关子的，起到了很好的防盗作用。当需要开锁打开大门时，将左手的手指头插入圆洞内，然后向上顶起机关栓的同时，右手将门关子向后拉退出卡槽便可开门（图5-4）。

图5-3　唐家大门"贼关子"以及"燕尾嵌榫"（银锭扣）实物照片

（图源：自摄于旬邑县太村镇唐家村）

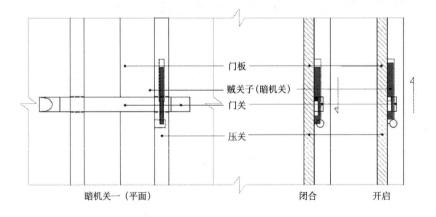

图5-4　唐家石刻园大门"暗式贼关子"结构图

（图源：笔者自绘）

户县玉蝉乡陂头村的王家使用的机关与此类似。其结构为在右压关中断与门板连接的面上剔有凹槽，并有木质机关栓放置在凹槽内，同时在关子上面刻有一个约 0.02 米宽、0.01 米深的卡槽。另外，在关子上部刻有长方形的洞口与凹槽相连，位于压关右侧立面 0.03～0.04 米。其使用原理是：当需要关锁时，将门关子向前推入卡槽，机关栓会自动下落，卡入卡槽之内。当需要开锁时，将右手的手指头插入方形洞内，然后向上顶起机关栓的同时，左手将门关子向后拉退出卡槽便可开门（图 5-5）。

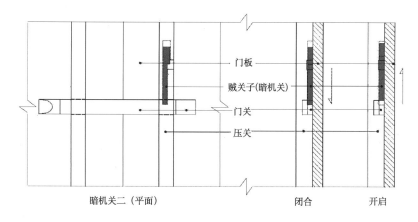

图 5-5　户县王家大门"暗式贼关子"结构图

（图源：笔者自绘）

在铜川市耀州区东街胜利巷 69 号的李宅大门上也发现了与此类似的"贼关子"，与此不同的是李宅的"贼关子"精密程度较高，结构上比上述几种更加复杂多样。例如，有两个凹槽位于插关上，并将裁口工艺应用于两门间的合缝处，同时机关不易被发现，更加隐秘（图 5-6）。

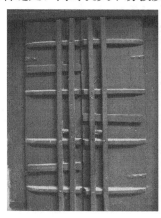

图 5-6　胜利巷李家大门"贼关子"实物照片

（图源：自摄于铜川耀州区）

　　另外，"明机关"也广泛应用于关中地区，和"暗式贼关子"一样，都有着同样的防盗用途，防止他人在大门之外用器物或者其他工具将拨动门关子。如图 5-7 所示两种机关，其同样是将"销子"设置于门关子头部。图 5-7（a）采用了木质销子，是将一个凹槽刻在门关子的内侧，宽约 0.02 米，深 0.015 米左右，其设置紧贴着压关的外侧，需要关闭大门时，先关上关子，再将木销子插入凹槽内即可。而图 5-7（b）则采用了铁质销子，与铁钉较为类似，是在门关子头部的凸出部分打一个约 0.06 米的垂直于地面的孔洞，需要关门时，同样是先关上门关子，再将铁销子插入孔洞内。

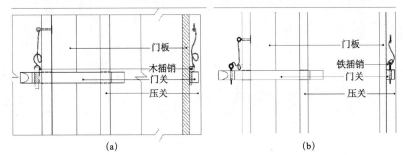

（a）　　　　　　　　　　　　　　　　（b）

图 5-7　院大门"明式贼关子"结构图

（图源：笔者自绘）

　　如图 5-8 所示的门关子结构，虽未在两头设置"挡头"结构，但是却在关子的下沿刻有一个约 0.01 米×0.01 米的凹槽，且两头留有 0.05～0.06 米不刻槽的余地。同时在右边压关木的洞口内侧下沿留有一个略大于 0.01 米×0.01 米的卡子结构，防止关子木脱落。该门既有门扇上的裁口结构，又在内立面单独设置有铁质门栓，正所谓双保险。

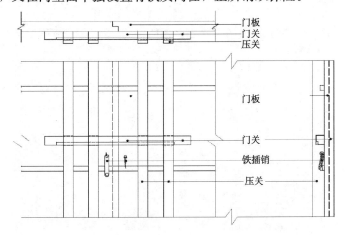

图 5-8　蓝田张宅院大门门关子结构图

（图源：笔者自绘）

（二）二道门

关中的中西部地区一带传统民居的二道门大多使用墙门类型，从两边厦房的山墙向中心延伸，将独立的二道门盖在中心点。两边厦房山墙大多采用了嵌入墙面的砖雕看墙，二道门一般有着比较突出的形象。门使用砖石仿木作等材料。特别是门洞周围采用华丽砖雕仿木质结构和各种装饰线脚图案，极为精美、极富工巧甚至让人有繁复堆砌的感觉，如图5-9所示的宝鸡地区扶风县温家二道门。

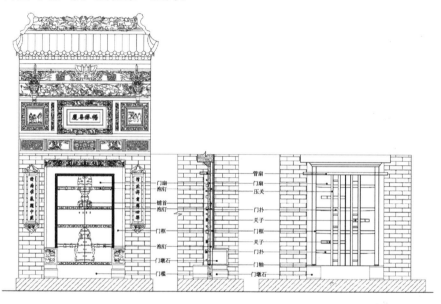

图 5-9　扶风温家大院二道门结构图

（图源：笔者自绘）

在关中地区的东部渭南通关一带，传统民居的二道门有些属于垂花门类型。例如，最具有代表性及最具有艺术价值的潼关水坡巷沈氏民宅垂花门，在垂花门上的匾额上有草书"出入以度"，书写得极为流畅，如行云流水，罩上有保存完整的木雕，其下刻着精美牡丹花卉以示花开富贵之意。檐下有木雕斗拱四攒，方形坐斗上都雕刻有精美的花瓣图案，雕工显得极为精致，柱头科正心瓜拱做成阔叶植物模样承托正心枋，挑尖梁头为麻叶头。平身科正心拱则为花卉和藤条纹样，挑尖梁头伸出柱子。柱子上刻人物、天官图案，栩栩如生。两门侧为"八"字形屏墙，同时还有瑞兽砖雕图案等。

在关中地区北部的宝鸡陇县地区传统民居也有采用垂花门类型的二道门，如陇县南街18号留存的垂花门带有斗拱。二道门采用独立墙门的有凤翔周家大院二道门、扶风温家大院的抱厦二道门等。

　　咸阳地区位于关中中北部，其传统民居的二道门有些是抱亭，如三原周家大院十柱式抱亭（图 2-26）。在关中地区传统民居中使用比较广泛的形式是墙门抱厦抱亭等形式，如西安地区有些传统民居也采用此种类型的二道门。在关中中部的西安地区，传统民居的二道门一般属于墙门类型，如西安市庙后街 182 号的二道门为单独墙门，西安市大麦市街 67 号的二道门则是一般的门洞，而长安区大兆街道办事处三益村于氏民居内二道门是三个门并列的拱门，位于一面单独划分前后两进院落。

　　（三）厦房门窗

　　党家村位于关中东部的渭南地区，其庭院的厦房以四开间为基本形制。四开间的厦房是将两间并作一间，故有两个门洞入口；厦房多是楼房，楼上高七尺，下高八尺，称为"七上八下"。上面用来储存粮食，下面住人，檐口有 4.5 米高，由于其柱间距小故用材较为经济，相对选材就较为广泛。厦房的立面没有复杂的装饰，主要是从立面反映出来的室内空间功能性的布局和变化的角度出发，以经济性、功能性、实用性为主，这是因为厦房在庭院中的地位低于厅房和上房。

　　宝鸡位于关中西部，当地的传统民居厦房门窗较为简单，随着城镇进程化的发展大部分都已经改造，保存完好的几乎没有。

　　咸阳位于关中地区中部，当地的厦房形制基本是一门居中两侧窗式。按等级分为官僚府邸和普通民宅两种，从类型上分为檐下有廊柱和无廊柱两种。例如，唐家大院其厦房的立面为单层，较厅房的立面要矮一些，材质主要运用木构架和水磨砖墙砌筑，有着"墙倒屋不塌"的优良效果。唐家庭院厦房的窗户全部采用满墙通透的"万字式或长方景式"短窗，并与隔扇门窗相呼应，这样不仅能获得更好的采光效果，也使得窄庭院在半实体性界面（窗下为实体墙）的视觉作用下，不仅使空间变得通透，还拓展了庭院的空间效果。厦房的立面用丰富的砖雕、木制的木雕、挂落、门帘架等共同构成了一幅唯美的画卷，使得庭院显得更丰富多彩、细腻而华美。例如，铜川地区耀州区的李家大院的厦房门窗，其装饰风格与唐家大院的厦房相类似（图 5-10）。

　　西安位于关中地区中部，当地的传统民居通常是一门居中两侧窗式或两门居中两侧窗式，样式与整体院落风格统一。官僚府邸采用了更为精美的隔扇门窗，普通民宅则采用了两扇板门和饰以步步锦纹的窗子。

　　（四）厅房门窗

　　咸阳位于关中地区中部，当地的传统民居一般砌筑成三开间或五开间，四扇为一间，若是三开间就有十二扇为一间的精美隔扇门窗，立面一

图 5-10　耀州区李家厦房隔扇门、隔扇窗图

（图源：引自《陕西民居木雕集》）

字形排开具有强烈的韵律和节奏感，且蔚为壮观，如三原的周家厅房虽不是十二扇的隔扇门，但是大院环境富丽、华美，整体的枣红色的油漆柱、挂落、雀替和门窗之间穿插点缀着彩色雕花，使整个院落显出细腻、精致、凝重之气和美感（图 4-101）。西安也不例外，如高家的厅房立面的柱间也是采用隔扇式门窗，色彩的应用统一为深褐色，更显大气、凝重（图 5-11）。

图 5-11　高家厅房隔扇门窗图

（图源：自摄于西安）

　　渭南位于关中地区东部，当地的传统民居最具有代表性的是党家村，其厅房与门房是显示宅院主人身份、门第高低差别的区分标志，集使用功能和精神象征于一体。所以，这两大立面较为丰富、精致，在其功能形制的主导下，运用了多重集功能、装饰、审美于一体的构成元素，与简洁、

质朴的东、西厦房立面共同形成了一个虚实相映并具有浓重本土气息、人文气息的庭院景观环境。党家村的上房或叫堂屋，有十分丰富的立面艺术效果包括有材质、色彩、肌理、纹样、秩序感、比例、布局以及文化性等均有较高的要求。上房在党家村是家族里的长辈起居、晚辈请安、家族议事、待客以及供奉祖先神位的纪念性公共空间，因此其功能就尤为重要，其重要性促使厅房的立面艺术效果尤为精美，同时，在本区域的门窗之上还常常设置有简易的"风门"和"风窗"，与其他门窗共同构成了党家村的民居风采。

关中的宝鸡地区的传统民居一般为中间隔扇门，两侧分立隔扇式槛窗的形式。

位于关中中部的西安地区的门和窗采用隔扇门窗的多为官僚府邸，其门上安装了门帘架，窗棂间有着精美的雕花，全部施以颜色，显得极为精致，如"高岳崧宅"。地主富商因其富足的条件，其住宅也显得较为精美。

图 5-12　郭家隔扇门
（图源：自摄于长安区王曲镇）

传统民居如长安的郭氏民宅厅房的作用为祭堂（图 5-12），十二面一排隔扇门，上面雕刻有《二十四孝》图中的孝感动天、亲尝汤药、啮指痛心、百里负米、卧冰求鲤、戏彩娱亲、刻木事亲、埋儿奉母、乳姑不怠、稍鸈温衾、闻雷泣墓、涤亲溺器等十二幅图，构图缜密、雕工精良、玲珑剔透，每一幅图都用一个故事来熏陶住在院内的子孙、媳妇，用这些画面延续着传统文化的发展，将美好的东西代代相传。并在门裙板上雕刻着"戟""磬""鱼"的图案，用这些图案的谐音连成"吉庆有余"，从而表达了主人对家族未来的美好愿望。窗户只简单使用步步锦纹样，用黑色油漆饰面，而普通民宅一般没有专门的厅房。

（五）隔扇的地区性差异比较

通过现场调研、考察和总结不难发现，关中地区居民门窗有着浓厚的封建等级观念。封建礼制等级制度、家族社会地位和经济实力来决定其选材、厚度、雕刻等级和门枕石的材质及体量大小，甚至包括棂条的疏密程度（表 5-2）。

表 5-2　关中地区各区域大、中、小户型大门及格心普遍性比较略表

内容 户型	门窗材质	门枕石 材质、体量	门槛 体量	隔扇门窗棂花 及雕刻装饰等级	制作 工艺程度
大户型 及以上	上好	石、大	大	高	精细
中户型	上好/较好	石、大	大/较大	较高	精细/较精细
小户型	中	石/木、中/小	中	较低/低	一般/较粗糙
靠崖窑 大中户型	上好/较好	石、大	中	较高/中	较精细/一般
靠崖窑 中小户型	较好/中	石、中	中/较小	较低	较粗糙
明锢窑 中小户型	较好	石、大/中	较大/中	中/较低	一般
下沉窑 中小户型	中/中下	石/木、中/小	较小	低	较粗糙/粗糙

资料来源：笔者自制

以隔扇门窗棂条的疏密来举例说明，隔扇门窗棂条的疏密程度差异也来源于当地的气候和环境的差别。假设将西安地区隔扇门窗棂条的疏密程度值设定为"中"，根据调研资料的分析和总结，关中地区的门窗棂条的疏密程度大概分为中、较密、密。这样区分是为了方便语言表达和论述（表 5-3）。

表 5-3　关中地区各区域大门构件及格心密度普遍性比较略表

内容 区域	市、区（县）名称	门枕石材质、 体量	门槛 体量	隔扇门窗 棂条密度	年均 气温情况
东部地区	渭南市、大荔、蒲城、富平、华县、潼关	石、中	中	中	12～13.6℃
东北部地区	韩城市、澄城、合阳、白水	石、中/小	中/小	较密/密	较低
西部地区	宝鸡市、凤翔、岐山、扶风	石、中	中	中	略低
西北部地区	陇县、千阳、麟游	石、小	中/小	密	较低
西南部地区	凤县、太白	木、中/小	小	中	略低
南部地区	蓝田、长安区、户县、周至、眉县	石/木、中	中	中	12～13.6℃
中部地区	西安市、咸阳市、兴平市、功县、乾县、泾阳、三原、高陵、礼泉	石/木、大/中/小	大/中/小	中/较密	12～13.6℃
北部地区	铜川市、彬县、永寿、长武、淳化、旬邑、耀县、宜君	石/木、中/小	中/小	较密	较低

关中的中东西区域处于渭河流域的秦川道，渭河平原自西至东的温差不明显，因此在窗户选择和使用上差异也不大，槛窗、支扇窗、直棂窗（一码两箭窗、一码三箭窗）、横披窗、气窗和天气窗等形式均有使用。平

民百姓使用的窗户多以支扇窗、直棂窗形式为主。

中南部与北部地区由于气候有着较大的差异，门窗棂条的形式也产生很大差异。最大的差异在于南部及中部地区的气候比较温暖，因此窗户多采用"直棂窗"。而渭北多采用窗棂格密排、窗户尺度比较小，是因渭北高原风沙大、雨量少、植被少、地势较高、气候较寒冷，密排窗棂格和小尺度窗户可有效降低室内空气流通速度［图 5-13（a）、（b）、（c）］，也可以用以室内冬季保温和夏季阻热功效。窗户的形式顺应自然环境的变化，以保障人们生活便利和身心安全。而关中中部地区门窗棂格却明显的稀疏了许多［图 5-13（d）、（e）、（f）］。

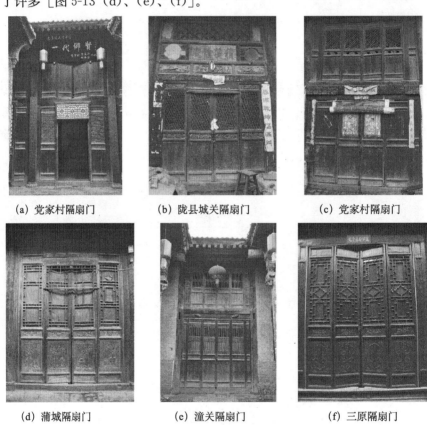

（a）党家村隔扇门　　　　（b）陇县城关隔扇门　　　　（c）党家村隔扇门

（d）蒲城隔扇门　　　　（e）潼关隔扇门　　　　（f）三原隔扇门

图 5-13　关中中东部与北部地区隔扇门形式比较

（图源：自摄于关中地区）

（六）上房门窗

关中东部的渭南地区传统民居的上房分为两层楼和单层楼两种，一般采用三开间和五开间，中间的隔扇门为四扇、六扇的，个别也有八扇的。常规隔扇窗和隔扇门纹样一致，用色基本相同［图 5-13（a）、（b）、（c）］。

关中西部的宝鸡陇县地区是当地传统民居上房门窗比较有特色的地区，

其门窗棂格间距、疏密程度比关中其他地区的民居更小、更密一些，大多数为斜方格和直棂格纹样，这样可以有效预防冬天的寒冷（图5-14）。

（a）陇县八渡镇杨家村隔扇窗　　　（b）陇县城关儒林巷直棂窗

（c）陇县城关横披窗　　　（d）陇县城关横披窗

图5-14　关中北部地区隔扇窗形式比较
（图源：自摄于关中各地）

关中北部的咸阳地区代表性传统民居唐家大院，其上房分为两种：一种是住宅的两层楼立面，另一种是侧院的单层立面，均为小五间，五根黑漆柱，中间的正门和两边的侧门使用了四扇隔扇门，每逢重大节庆礼仪活动都会打开，方便居民进出。两边的侧门则采用了半砖墙的隔扇短窗。隔扇门上有雕刻精美的门帘架，做工优良、精巧，尤其是落挂的设计处理更是精美。隔扇门和隔扇窗采用的纹样是"葵纹万字长景长窗""长景短窗""长方格窗"等。门和窗等装饰面统一采用正红色漆饰面，建筑构架都采用黑漆饰面。有二层楼的楼阁的厅房采用隔扇长窗形式，窗棂纹样除了"葵纹万字纹窗"还有"斜纹全线长窗"等，均使用正红色漆来饰面，显得别有匠心（图5-15）。

关中中部的西安地区传统民居上房一般为两层，是整个院落装饰雕刻的载体，也是门窗艺术的集中体现。

通过以上调查、分析和总结得出，关中地区传统民居的门窗艺术中装饰的重点是隔扇门的裙板和绦环板。关中东部的渭南地区，最具代表性的

(a) 蒲城隔扇窗

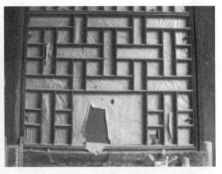

(b) 潼关隔扇窗

(c) 长安杜曲支扇窗

(d) 三原灯笼锦窗棂

(e) 扶风温宅推窗

图 5-15　关中中东部与北部地区隔扇窗形式比较

（图源：自摄于关中各地）

党家村，隔扇门的纹样题材多赋予传统文化相融合的文化意味；裙板部位的纹样多以人物主题为主。隔扇门的格心部位无过多修饰，多为细格子纹；绦环板部位纹样多以梅、兰、竹、菊四君子以及琴、棋、书、画为主，造型生动、简洁、刻画细致；为保持总体的统一，隔扇门裙板为同一纹样，也有的一扇一纹样，形成一个连续的故事，将传统文化中美好的东西薪火相传。关中中部的西安地区，如西安市北院门 144 号院内隔扇门格心部分多为几何结构的纹样，绦环板以及裙板部位多博古、花卉、植物纹样，少量戏文人物，且风格不一致。高家大院隔扇门纹样的最大特征是同一组隔扇绦环板以及裙板部位的木雕纹样一致，无变化。有个别纹样多次出现在不同组隔扇裙板中。关中北部的旬邑地区的唐家大院，其最大特点是在纹样上施予颜色，这与其他民居较为古拙的木质色彩形成鲜明的对比。

（七）门墩的等级与区域性特征

通过长期系统的调查研究，总结得出关中地区的传统民居的门墩从材质上可分为"木质"和"石质"两种。石质的门墩从大小上分为大、中、小三种形式；木质门墩也可分为中、小两种形式。关中地区的东、中、西部地区多采用石质门墩；关中的南部地区特别是"山地民居"中使用木质门墩并且体量居中，也多为固定槛。在东北和西北地区的靠崖式和下沉式窑洞中部分在结构上下槛为框料，因此，门墩也采用木质的死槛。由于门窗的体量较小，而使用的门墩的体量也较小，应该说是在关中民居中体量最小的了。

另外，门墩因材质可分为石质及木质两种。门墩从体量上又可分为大、中、小三种。大体量的均使用石质材料，中体量同样为石质（图5-16），而小体量可为石质也可为木质（图5-17）。

（a）三原大型门墩　　　　　（b）长安区中型门墩　　　　　（c）泾阳小型门墩

图5-16　关中地区石质门墩（活槛式）列举

（图源：自摄于关中各地）

（a）蓝田中型木门墩　　　　（b）彬县小型木门　　　　（c）长安微型木门

图5-17　关中地区木质门墩（固定槛式）列举

（图源：自摄于关中各地）

同时，还有一些传统民居不使用门墩，如一些体量较小的板门，则会沿用隔扇门的上下轴形式的单连槛结构进行固定和链接（图5-18）。

图 5-18　上、下单连楹式结构

(图源：自摄于旬邑唐家)

通过总结不难发现其规律为：一般在较大、较重的门扇下使用与之体积重量相匹配的"石门墩"，居中的门扇下的关中南部为"木门墩"、其他地区采用了"石门墩"，一般在较小、较轻的门扇下使用与之相匹配的多为"木门墩"，或上、下单连楹形式。

（八）门槛及其特殊功能体现

通过对现场的调研、考察和总结我们得出关中地区民居中的门槛体量大小是与门的体量成正比的，门的体量越大，门槛的体量也就越大。然而，封建社会的礼制等级制度根深蒂固般地存在于居民观念中，就连门的大小也与封建礼制的等级制度有着直接关系，以及与家族的社会地位和经济实力同样也有着密不可分的关系。因此，地位高的人家必然使用大型的门槛，地位中等的人家用中型的门槛，地位较低的人家用小型的门槛。

同时我们的调查结果也显示了关中地区门槛（指下槛）可分为"活槛"和"固定槛"（死槛）两种。"活槛"在关中地区使用得比较普遍。当使用石质门墩时，一般下槛为"活槛"，可以随时拆装，较为方便。当使用木质门墩时，下槛一般为"死槛"，与门框结构连成一体，不能拆装，偶尔也有例外现象。经过调查发现，一般在"山区民居"和"窑洞民居"中使用木质门墩，坡屋面房屋的门房也偶尔采用，但使用频率较低。因为南部多山区或北部的土塬沟壑地区，道路高低变化较大、窄小而且十分弯曲，不像平原地区使用车马、人力架子车、手推独轮车等生产力较高的工具，而多采用背扛肩挑的单子和背篓等简易工具进行劳作，所以无需随时通过拆装门槛来方便生产工具的进出。像关中的东西中部平原地区，劳动中使用的运输工具要经常进出室内，所以需要用随时能够拆装的门槛以方便日常劳作。

除了能够随时拆装，笔者还发现在韩城的党家村及合阳的南蔡村等地区宅院中的大门下槛有"一物三用"的功能：一是常规功能；二是门槛拆取下来可作两条长凳子使用；三是门槛拆取下后可作支撑架来晾晒谷物等功能。这充分地体现了劳动人民的智慧（图5-19）。

(a) 韩城党家村民居中多用途门槛

(b) 合阳王村镇南蔡村民居中多用途门槛

图5-19　关中地区民居中多用途门槛列举

（图源：自摄于党家村、合阳）

（九）复合式双层窗

气候和环境的差异是导致关中地区窗户形制差异的重要原因。关中的东中西区域处于渭河流域的秦川道，渭河平原自西至东的温差不明显，因此，在窗户选择和使用上无多大差异，槛窗、支扇窗、直棂窗、横披窗、气窗和天窗等形式均有使用。其中支扇窗、直棂窗形式一般多为平民百姓所使用。中南与北部气候上存在很大差异，所以窗户形制上也存在较大差异，南部及中部地区气候较为温暖，因此窗户的形式多采用"直棂窗"，而渭北高原地势较高、气候寒冷、风沙大、少雨、植被也比较少，所以窗户形制多采用窗棂格密排、窗户尺度相对较小，这样可以有效降低空气流动速度，对抗风沙，冬季能保温，夏季能阻热（图5-20）。

图 5-20　张雷村不同结构"复合式双层窗"列举

(图源：自摄于长安区)

　　窗扇板（即复合式双层窗）是人们为了更有效地控制室内温度顺应外部气候的变化在窗户的隔扇之内附加的，使人们生活更加便利、快捷，更好地适应自然环境带来的变化，居住也更加安全。复合式双层窗窗扇部分因其形式的不同又可细分为两种：一种是撒带式双层窗扇；另一种是可折叠式双层窗扇。根据窗扇结构形式的不同又可分为撒带式双扇对开窗 [图 2-127 (a)]、镶版式双扇对开窗扇 [图 2-127 (b)]、折叠式双扇对开窗扇 [图 2-188 (b)] 以及折叠式子母双扇对开窗扇 [图 2-129 (b)] 四种形式。

三、不同时代的特色与差异

　　不同时代的民居都有着鲜明的时代特色，由于历史的变迁，关中地区的民居大多是清代和民国两个时期的，最早不过是明代晚期。

　　明清时期门窗的发展主要是形制、艺术多样性的发展，不论历史带来的门窗的文化内涵发生多大变化，保证门窗的功能性永远是其基本前提。清代民居的门窗无论是制作技艺还是装饰纹样与民国时期的门窗相比显得更为烦琐，如建造于清代的三原孟店周家大院的隔扇门裙板雕工精湛，显得极为唯美，上面施以丰富的颜色，雕刻的内容大多为历史典故，用这些画卷将一些美好的东西传递下去，而窗棂雕花更是丰富多样。而建造于民国时期的扶风温家大院隔扇门窗都相对简单许多，隔扇门窗的裙板和窗棂都逐步走向几何化。虽然民国时期与清代晚期有着很大的差别，但是历史的发展有着其延续性，不会产生断裂带，文化倾向的更替也有一定的惯性。民国是清朝历史的延续，其门窗艺术依旧延续了清朝的风格，例如，蒲城的王振东家宅和杨虎城故居，其门窗是典型的清朝风格的延续。又如，关中地区明清时期的木雕门簪雕刻极为精细，花式纹样变化丰富，而后来出现的门簪仅以简单的线条来装饰，再后来装饰的纹样直接采用简洁的集合形体、方形或者圆形，相比之下显得简陋许多。

　　不同时期门窗的装饰纹样有不同的侧重，多与那个时期的造型艺术的主要题材相同。明清时期多以故事、吉庆、祥瑞、佛教、花草、风俗等为主题。到之后的装饰纹样将之前的图案演变成一种固定结构方式的装饰纹样了，如福寿纹、万字纹等（王炜，2006）。在装饰的色彩方面，关中地区明清传统民居门窗装饰大多以材料的原色或清淡的色调为主，很少大面积采用鲜艳的色彩，到之后出现了描绘性装饰纹样并加强了绘画色彩的运用。例如，用红、绿、蓝三色为主，间以黄、白、黑色，以求营造出庄严肃穆或雍容华贵等不同的气氛。

四、不同民族的影响

　　关中地区居住的少数民族中回族最多，因此，就以汉族民居与回族民居为例，汉族和回族民居在建筑空间上差别非常小，但是，由于宗教信仰的差异而导致诸多方面的差异，突出体现在建筑装饰方面上。回民信仰伊斯兰教，遵循伊斯兰教建筑中一般不采用动物、人物等图案的习惯，大多用阿拉伯文字与植物题材（图5-21）等元素进行装饰。汉族信仰较为繁杂，有信佛教的、天主教的、基督教的不等，形式也较多。但是，一般平民百姓常常会将神龛等敬神之物设置于院落之中，并且用复杂的装饰来显示其重要性，内容多以民间流传的故事为元素。但是，由于回族长期与汉族杂居，难免不受到汉族的影响，在建筑的装饰也会出现少量的动物图案，在动物的周围布满连绵不断的花草藤蔓之类的点缀物，并将动物的形象从视觉上模糊起来，成为装饰图案的一部分，不作为图案的中心或主题，而只是起到陪衬作用。重要的是图案的整体效果好，因而他们仍然能够接受。这也充分反映了伊斯兰建筑文化与汉族建筑文化的碰撞与融合。

图 5-21　西安大清真寺字牌及装饰图案

（图源：自摄于西安市）

五、不同宗教的影响

在关中地区的传统民居建筑中，门窗的结构、形制、色彩无不受到各种宗教的影响（图 5-22），同时，也吸收了当地的建筑风格和具有代表性的文化元素。例如，在关中地区还有佛教堂以仿窑洞式的建筑形制，并在立面的门额之上石刻横匾额、门两边对联以及门墩等，另外，在门拱券的两床部分采用了传统的套方加扇形格心，在门扇上采用了套方灯笼锦。在

图 5-22　关中地区教堂及西洋式院大门楼

（图源：自摄于韩城、三原）

窗扇上采用了龟背锦，在窗扇的顶部雕刻有二龙戏珠图案等（图5-23）。又如，西安天主教堂的建筑正立面两端是运用了传统民居形式，有正脊、垂脊、吻兽和飞檐结构，以及砖雕看墙等（图5-24）。

图 5-23　关中地区仿窑洞式佛教建筑列举

（图源：自摄于浦城）

图 5-24　西安天主教堂中西合璧式建筑图

（图源：自摄于西安）

再如；高陵的"通远天主教堂"，其建筑为砖木结构，建筑形态为欧式建筑，主体建筑为三层，次建筑为两层。在其外立面上，采用砖砌方形明柱并与横向的装饰腰线相结合的办法，使得建筑显得格外的稳健有力。加之，配备大小不同的拱形门窗造型设置于建筑的立面之上，同时还镶嵌有圆形柱子，且在圆柱的上下设有柱头和柱础。顶为大三角形顶，使得建筑更显稳重大气。可以说，通远天主堂是一栋较为典型的仿欧式巴洛克建筑（图5-25）。

在三原县的"东里花园"内有一座小型天主教堂，其建筑与关中地区的厦房院落相同，且建筑体量小巧，也无教堂的常规标志，因此，辨识度较低。只有在正门前才能辨识出它是一座教堂。该教堂的特点是将关中地

图 5-25　关中地区欧式"通远天主教堂"建筑及门窗图

(图源：自摄于高陵)

区传统民居的建筑形制与欧洲的建筑符号相融合而营造出来的具有浓厚的
地方特色的建筑，较为突出的便是大门前两边雕刻精美的石雕"门狮"了
(图 5-26)。

图 5-26　关中地区"东里花园"天主教堂的中式门窗列举

(图源：自摄于三原)

第二节　关中地区民居建筑与省外相邻地区的异同性比较

关中地区是陕西省三大板块之一，地处陕西省的中心地带，是省会城
市西安的所在地。北与陕北地区相接，南与陕南地区相邻，东与山西省的
运城、临汾辖区相望，西与甘肃省的天水、庆阳地区相伴。在与陕西关中
地区接壤的山西和甘肃的部分地区均是地处西北地区的同一纬度之上，地

质地貌以及气候条件基本相同。因此，在建筑形态上也基本相似，均可分为传统合院式民居、单体民居和窑洞民居等。

一、与山西、甘肃相邻地区民居建筑的比较

（一）民居建筑形态的相同点

三地的相地选址以"避风、向阳、近水"和"坐北向南"为原则，堪称"天人合一""因地制宜""师法自然"的建筑典范。三地的合院式民居的结构形制和空间形式大体相同，多为三开间，均由四面或三面房屋围合而成，并沿中轴对称分布，门房、厅房和上房贯穿其中，两侧厦房相互对称分布，院落狭长。门房房门开设于东南"巽"方位，也有为官者以示自己的清廉而将大门设在中间的，并在直对大门的内处设有照壁或看墙。院墙不设窗户，若有也是在墙的高处设有"高窗"或"气窗"。建筑为抬梁硬山式土木或砖木结构，坡屋面仰瓦顶，清水脊饰。在上房的功能上均为"一明两暗"，明为正厅或祭堂，两侧的暗间为长辈的卧房。三地的厦房面阔三间，单坡顶式建筑因受屋顶起坡高度的限制，其进深一般不大。而山西晋中地区和甘肃陇中南地区的民居屋顶则与陕西单坡屋顶有着极其相似之处，外部形态有"似有似无"的感受。常规也是晚辈的卧房及厨房等之用。

由于三地同属温带干旱与半干旱气候，所以有大量的、形态各异的窑洞民居。山西的窑洞为靠山窑、明锢窑、土基窑和地坑窑。甘肃的陇东地区以靠山窑和地坑窑为主。而陕西的渭北地区的窑洞形式最为丰富，有靠山窑、沿沟窑、明锢窑、接口窑及土基窑等形式。

（1）大门：属于板门，其结构也多为撒带式的小型实榻门。其主要结构由门框、门磴、门扇、腰串、门簪、铺首、门镮、门钉、看叶、门闩及寿山福海所组成。

（2）房门：房屋上的门，在普通民居中多以板门为房屋及厅堂的门，大户人家以隔扇门为主，以木质为主要材料。通常安装在明间，一樘有四扇、六扇及以上组合等。其主要结构是由门槛、抱框、门框、腰坊、余塞板、绦环板、裙板、门枕、连楹、门扇等部件所组成。

（3）门联窗：窑洞的一种门联窗形式是将洞门与窗同时制作、同时安装并在一起紧密地连接着［图5-27（a）］。还有分离式的门、窗和天窗分开进行安装的两种形制［图5-27（b）］。

（4）窗：三地民居当中的隔扇窗、槛窗、支摘窗、漏窗、直棂窗及圆窗都有所体现，三地的窗棂灵活多样，形成的光影也美轮美奂，榫卯的构

(a) 大宁县门联窗体式　　　　　　　　(b) 临县门联窗体式

图 5-27　与山西相邻地区靠崖窑门窗列举

[图源：(a) 自摄于临汾地区；(b) 自摄于吕梁地区]

造也十分巧妙。山西的高窗与陕西相同，均能起到通风、采光和防御的多重作用。

（二）民居建筑形态的不同点

1. 与山西的不同点

山西正统的合院式建筑绝大多数以硬山式的"卷棚顶"居多，且坡屋面角度较大。屋顶筒子瓦使用较多，且设有独立烟囱。常在山墙的雨檐下设有博风板和悬鱼（图 5-28）。院落变化较大，除了合院式和窑洞式之外，还有一种窑洞、平房、楼房三合一的民居类型，上房的一层是窑洞式门，上房的二层是有檐廊的房间，被称作"窑上房"，两侧厢房是平房的形制，这类民居是山西特有的三合院或四合院的院落组合形式。

(a) 硬山式卷棚顶　　　　　　　　(b) 博风板和悬鱼

图 5-28　与山西相邻地区建筑形态的区别

（图源：引自百度网）

另外，汾河盆地的平原上，民居的突出特点是使用土坯造墙、炉渣抹顶的平房或是砖顶，并带有高高的塔楼，呈现出城寨的式样。

（1）门：门扇的高度较其他地方低，常使用风门和风窗［图 5-29

(a)]，门洞的上沿多使用拱形门窗［图5-29（b）］，既美观（增加了结构的变化和层次），又实用（增加了室内的通风和采光的面积）。

（2）窗：山西晋中地区的砖墙房，一层窗子的形状上面是圆弧形、下面是方形，整体呈拱形窗洞，上面的半圆和下面的矩形窗都是固定不可打开的。山西与其他两省不同的是有独立的窑洞窗［图5-29（b）］，还包括花窗在院落中使用较多。

(a) 风门、风窗　　　　　　　　　　　(b) 拱形门窗

图5-29　与山西省临近地区民居院落中的门窗列举

［图源：(a) 自摄于吕梁地区、(b) 自摄于临汾地区］

2. 与甘肃的不同点

甘肃各地区的民居形态差异大是甘肃民居的显著特征，甘肃陇中地区（天水）多为砖木构筑的合院式建筑。河西走廊整体地势平坦，民居建筑多为夯土、土坯砌筑的合院式建筑。天水地区传统建筑的屋顶有单坡式、悬山式、硬山式、庑殿式和歇山式等多种结构。陇中和陇南是甘肃地区聚落较为集中的一片区域，这一地区的建筑类型多以抬梁式结构为主，传统民居建筑的布局方式主要采用合院式，部分采用廊院式组合方式，特别是天水民居的平面还有"锁子厅""檐廊式""挑檐式"三种特殊类型。而陇东的庆阳民居地处黄土高原区域，受其陕北文化和建筑风格的影响，与陕北窑洞民居的结构形式基本一致，民居建筑形态以各式窑洞为主，这些文化遗产也同样保留了下来。甘肃以其特有的地域风貌、丰富多彩的民族文化赋予了甘肃民居建筑的千姿百态，使甘肃传统民居建筑具有更加鲜明的地方特色。

甘肃的传统民居与山西、陕西关中地区的民居院落及建筑外观造型相比较体量小一些，显得秀气、婉约，院落墙体也显得朴实、低调。最为讲究的是常常在院内强调绿化，利用山石盆景与绿色植物、低矮灌木与花卉的营造，以增加院内层次感和审美趣味（图5-30）。

山西的传统民居与甘肃和陕西关中地区的民居院落及建筑外观造型相

图 5-30　天水市陈氏大院庭院图
（图源：自摄于天水市）

比较，不但院落墙体高大、建筑体量也较大，而且建筑形式及门窗形式也较为丰富。陕西关中地区的民居院落的墙体、建筑体量居中。相比较甘肃的庆阳和天水地区的民居较关中地区略小些。

二、与山西临近地区的门窗比较

陕西与山西一水相隔，特别是在清朝时期，山西省的经济较发达，两地之间交流频繁，经济、文化之间的相互融合，在历史上就有"秦晋之好"的成语典故。加之在自然、气候、地质地貌、社会风俗、宗法礼制等因素差距不大而导致了民居在形态上差距不大。

（一）门的类型

山西传统民居的门式可分为拱券式大门、屋宇式大门、墙垣式大门、窑洞门及西洋式门等。

1. 拱券式大门

拱券式大门是一种以圆拱形门洞为基础而营造出的大门形式，近似或借鉴窑洞大门的形态特征，周围用砖、石或夯土砌筑而成。拱券式大门在山西传统民居中使用得较为广泛，无论是合院式民居，还是窑洞民居均在使用（图 5-31），因此，拱券式大门在山西地区具有举足轻重的作用。

图 5-31　古城院大门列举
（图源：自摄于运城市）

2. 屋宇式大门

屋宇式大门也是最常见的一种大门形式，主要以单独的一座房屋建筑为主，是门和屋的集合体，有自己独立的门楼，一般设立在门房的中央明间（图5-32）。这一类门式种类繁多、等级分明，有豪华气派的，常在门楼之下还有匾额、挂落、门墩等装饰。更有甚者，像王家大院的大门已经超过了一般意义上的大门作用，可视为城门等级了（图5-33）。也有朴素大方的，设有简单的砖雕纹样、额枋、门墩等装饰。

图5-32　山西屋宇大门列举

（图源：自摄于山西各地）

图5-33　山西王家大院大门楼列举

（图源：引自百度网）

3. 墙垣式大门（随墙门）

墙垣式大门比屋宇式大门要简陋，是依附在墙垣上而建立的大门，也称为"随墙门"，是一种最常见的、门楼式的大门，其结构形式也较为繁多，有在前檐墙上开门洞的，也有独立的带有坡屋面顶以及脊饰的，并覆盖有筒子瓦或仰瓦的门楼式大门（图5-34）。

图5-34　山西墙垣式大门列举

（图源：自摄于运城地区）

4. 窑洞门

在吕梁地区的民居部分建筑将窑洞民居、合院民居与楼房相结合的组合式民居形式，上房一层的大门是窑洞式门，这类门的外观上采用窑洞民居门洞的造型，而在窗槛和门洞周围的墙体以及窑脸则是以砖墙砌筑或石块砌筑而成的，在增强了窑洞的美观性的同时，还增加了窑洞的稳固性和牢固度（图5-35）。

（a）门联窗式　　　　　　（b）门、窗与气窗分体式

图5-35　与山西相邻地区明锢窑门窗列举

（图源：自摄于吕梁地区）

5. 西洋式大门

西洋式大门是清中期传入我国的，并与传统的宅门相互融合而派生出的一种宅院门式。其做法有仿西方建筑中的各种柱式、穹顶、三角顶及装饰线等，形成了具有西方建筑装饰元素的建筑立面和门式。例如，山西国民师范学校大门和纪念馆大门就是较为典型的西洋式大门，以及万荣县阁

景村的李家大院西洋门（图 5-36）。

图 5-36　阎景村李家大院西洋式大门列举
（图源：自摄于万荣县）

6. 二道门

二道门属于内墙门，主要是用以划分内院和外院的，常规是设在门房和厦房之间的内墙的中心点上，为独立的单体建筑。山西的二道门形式与陕西关中地区的相差无几。只是山西地区的二道门的顶面采用筒子瓦和正脊垂脊的居多（图 5-37），且正立面的坡屋面短，保证正对面的高度，背

图 5-37　山西二道门列举
（图源：自摄于万荣县）

立面的坡屋面较长，因此，常会设置两根立柱用于支撑屋顶。而关中地区的顶面多采用仰瓦和正脊，且双坡屋面的长度相同，或正立面稍短一些。

因此，在等级和豪华程度上远不及山西的二道门。另外，在山西的某些地区将二道门称为"二门楼"或"二门阁廊儿"。讲究人家的大门前的台阶一般为三级，有"连升三级"的吉祥寓意。

7. 垂花门

垂花门也是属于内墙门，同样是用以划分内院和外院的，常规是设在门房和厦房之间的内墙的中心点上。自明清山西民居中，凡属二进的院落，都建有垂花门楼，晋中的统楼常常建筑单独的垂花门在过廊中间。垂花门的檐部雕饰极为讲究，选用吉祥花草或鸟兽进行装饰，垂花门成为宅院里最亮的不可或缺的建筑构件。

另外，山西宅院中最常见的是一殿一卷式的垂花门，朝外一面做脊，后半部做卷棚顶，简单的垂花门也就是一个小屋顶。在山西也有嵌在左右墙壁间的（图 5-38）。为了讲究建筑视觉的美感，装饰性的垂花门是不能开启的，只起装饰作用。

图 5-38　山西李家大院垂花门列举

（图源：自摄于万荣县）

8. 屏门

这里的屏门是在二道门里面安装的屏障式门，大多安装在后檐柱子之间，门扇一般是四扇、六扇为一组，通常是闭合状态，只在家庭有重大活动或迎接贵宾时方才使用。屏门一般门扇为实心的板门形式，雕花装饰者甚少，多为绿色油漆（图 5-39）。

图 5-39　李家、王家大院屏门

（图源：自摄于万荣、灵石）

9. 门空

门空也属于内墙门，主要是用以划分内院区域的，也是随墙门的一种，在墙上开了一个门洞，没有门扇，只有门的外部形状，没有实际上阻断或防御功能的门，将这类门式称为"门空"。例如，灵石村王家大院的和运城市的张家均为门空，形状为圆形的月亮门（图 5-40），其作用是用来借景和框景的，并配以绿植，在绿色的映衬下使院内更具江南园林的秀美之气。同时为枯燥、单调的民居建筑增添了一分生机盎然之感和韵味。

（a）王家大院门空　　　　　　　　　　　（b）张家院门空

图 5-40　山西传统民居门空列举

［图源：（a）自摄于灵石；（b）自摄于运城市］

10. 隔扇门

隔扇门是中国建筑中最重要、最具特色的构件之一。隔扇门既是窗又是门，是由门框、窗棂、绦环板及裙板四部分组成的，并有两扇、四扇、六扇、八扇之分。隔扇门外表庄严华丽，体现内容丰富，具有很高的观赏价值（图 5-41）。

图 5-41　李家大院隔扇门列举
（图源：自摄于万荣县）

11. 碧纱橱

碧纱橱又称"纱隔"，属内檐装修，安装于进深方向柱间的室内隔扇，与隔扇门类似，起到划分室内空间的作用。例如，李家大院的碧纱橱在裙板和绦环板上雕刻有精美的花鸟草虫、人物故事等图案，极具观赏性(图 5-42)。

图 5-42　李家大院碧纱橱列举
（图源：自摄于万荣县）

12. 罩

罩也称为"罩门"或"花罩"等，属于内檐装修，也是我国传统建筑内檐装修中极具装饰性的一种装修形式，是上部或两侧做示意性限隔，中间敞开的木装修隔断。罩常被用于厅堂和卧室中，起到划分空间和挡风阻尘作用的同时，还有一定的象征意义，可体现出人与人之间的亲疏、尊卑、宾主关系及主人的社会地位，如李家大院中所使用的落地罩和王家炕罩等（图5-43）。

图 5-43　山西李家落地罩、王家炕罩列举

（图源：自摄于万荣、灵石）

当然，还有一种在山西地区常用，而在陕西关中地区除了韩城之外较为少用的"炕罩"，这种罩子其形式类似于隔扇门窗，常规是将其框与两边的墙体相连接，上与楼板相连接，下与炕沿相连接。中间留有两扇或四扇的空洞供人上下，当夏季来临，人们也可在空洞处挂起纱帐，这样既可以阻隔蚊虫的进入，又可以阻隔他人的视线，可谓一举两得（图5-44）。

图 5-44　山西李家炕罩列举

（图源：自摄于万荣县）

（二）门的装饰特征

1. 门簪

门簪是安在大门的中槛之上，有用两个或四个的不等。形式有圆形、四方形、六方、菱形，还有方座圆头或圆座方头的不等。山西地区的门簪与陕西关中地区的差别不大，属于多形式、多结构的构件

（图 5-45）。

图 5-45　山西民居门簪列举

（图源：自摄于万荣县）

2. 门钉

传统门钉开始只起到固定门板的作用，之后逐渐演变为门板的装饰构件，门钉的排列数量的多少，以门第等级和官宦级别来定。与陕西和关中地区相比较，没有太大的差距（图 5-46）。

图 5-46　李家大院门钉、门环、看叶列举

（图源：自摄于万荣县）

3. 铺首/门钹

铺首俗称"门环"，是用来开关大门和叩击大门的构件。古代统治阶级对民居铺首有很明确的等级规定。山西和关中地区一样，大多数老百姓都是刷黑漆或无漆的，铺首为铁制的。山西民居大门上的铺首，以神兽加饰吉祥符号进行装饰，"兽"与"寿"音同，兽头配合如意纹有"寿如人意"之意。如果加上变形蝙蝠纹图案，便有"福寿如意"的含义了（图 5-47）。

4. 门枕石、柱础石、神龛、看墙

山西地区与陕西关中地区同样喜欢在大门的两侧设有雕刻精美的门枕石狮，以及砖雕文字或图案看墙。同时在大门的外檐两侧设置有青石雕花的柱础石，还在门里面的侧墙之上镶嵌有工艺精细的砖雕神龛（图 5-48）。

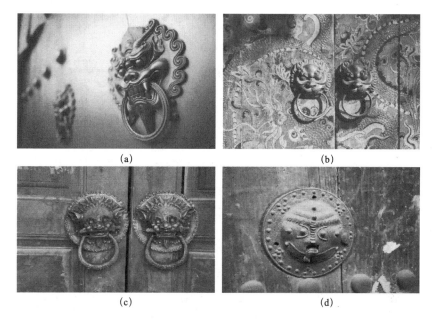

图 5-47　山西东南部地区铺首、门钹列举
（图源：引自百度网）

图 5-48　门枕石狮、柱础石、神龛列举
（图源：自摄于万荣县）

5. 匾额

匾额一般设置在各个厅堂和院落的入口处，从质地上说，有木雕、石雕、砖雕的，随门框建筑形式与材料的不同而各有所异。券拱门用石雕或砖雕匾额，木框门用木雕匾额。从形状上看，有碑文额、手卷额、秋叶额（亦称贝叶额）、此君额、册页额等，这些匾额形式按古人的说法为"种蕉代纸（蕉叶额）、刻竹留题（此君额）、册上挥毫（册页额）、剪桐作诏（秋叶额）、选石题诗（石碑额）"（《闲情偶寄·居室部·联匾》）；从字体上说，真、草、隶、篆皆有，而且都因地因境而用；从色彩上看，木雕匾额或蓝底金字，或金底黑字，或黑底金字，并饰以相应色调的边框，古色

古香。匾额内容大都取自《易经》《尚书》《诗经》以及史书、子书之中，可以说无一字无来历（王其均，2008）（图5-49）。

图 5-49　李家大院匾额列举

（图源：自摄于万荣县）

山西的富商宅邸常会将匾额悬挂在门楣处，以反映出宅主的特色，匾额的内容和形式以及工艺的精湛、制作的精细程度即能反映出宅主的世界观、人生观、审美观和家族的社会地位等信息。

6. 额枋、挂落、雀替

"雀替"在宋代的《营造法式》中叫做"绰幕"，其长度为所在开间的挂落的1/4。山西传统民居建筑中，木雕雀替也是一个重要的表现形式。木头的雕刻比较易于操作和拼接，所以雀替的装饰图案极其丰富多样（图5-50），多为花鸟混合类木雕为主。与陕西和甘肃不同的是常会在檐廊的额枋上采用整条木料进行立体的透雕工艺，以此来增加建筑的艺术感染力和视觉冲击力。

图 5-50　李家大院额枋、挂落、雀替木雕列举

（图源：自摄于万荣县）

7. 墀头

墀头俗称"腿子"，是传统建筑中山墙伸出檐柱以外的部分，是传统建筑中重要的装饰部位，其结构可分为盘头、上身、下碱三部分。山

西大多数墀头以砖雕来装饰，其中盘头部分多做砖雕图案装饰（图5-51），植物类包括梅、兰、竹、菊等；动物类包括马、狮、麒麟、鹿等；人物类包括神灵、生活场景、人物故事等；文字符号类包括福、禄、寿、喜等。

图 5-51　山西民居墀头砖雕图案

（图源：自摄于万荣县）

8. 照壁

照壁即"影壁墙"，是山西人钟爱的单体构件，只要是完整的院落就会有照壁出现。照壁多为砖结构，并以砖雕为装饰手法，大多以吉祥图案或文字为内容。例如，李家大院的大型照壁，装饰十分生动活泼，照壁上雕刻的图案栩栩如生，做工精细。东西两边图案分别为"鹿鹤同春""松鹤延年"，中间是《麒麟八祥图》，顶上筒子瓦的檐下设有斗拱，采用镂空砖雕工艺，十分精美（图5-52）。

图 5-52　山西李家大院照壁列举

（图源：自摄于万荣县）

（三）窗的类型与装饰特征

窗的类型有槛窗、窑洞式窗、壁窗、高窗、什锦窗，以及支扇窗、横披窗、隔扇窗等形式。其中，隔扇窗的隔扇和窗棂的形制极大程度上满足了室内的采光效果，也称为"长窗"，与陕西的隔扇窗相同。

1. 槛窗

山西四合院中的槛窗与关中地区的区别较大。如在窗户的形式和种类上比较丰富，除了常规的四扇或六扇隔扇式窗外，还常会大量使用平开式的两扇窗（图 5-53），并有正方形、长方形、拱形、圆形和三角形等。在开启形式上除了平开式之外，还有固定式［图 5-54（a）］和支扇式窗［图 5-54（b）］。而且窑洞建筑中的槛窗［图 5-55（a）］和地面建筑使用窑洞式槛窗在山西地区较为常见，而在甘肃和关中地区却很少使用。

(a) 方胜纹样　　　　　　　　　(b) 直棂纹样

图 5-53　山西李家平开式槛窗列举

（图源：自摄于万荣县）

(a) 固定窗　　　　　　　　　(b) 支扇窗

图 5-54　山西李家固定窗、支扇窗列举

（图源：自摄于万荣县）

(a)　　　　　　　　　　　　　　(b)

图 5-55　山西槛窗列举

（图源：引自百度网）

2. 窑洞式窗

窑洞式窗因它开设在窑洞大门的拱形券内，窗户以拱形窗棂为主，加以较宽的窗框组成，窗心的窗棂有四角形、六角形、矩形、交错斜棂等形式。在形式上，因建筑面阔过宽时，为了整体构图的和谐，一般做成三扇不能开启的窗子，每个窗扇都成扁长方形，窗棂上装饰有不同类型的花纹［图 5-55（b）］。山西人比较钟爱窑洞式的拱形门窗样式，常常会在地面建筑中使用窑洞式的门和窗［图 5-56、图 5-55（b）］。

（a）李家上房门窗　　　　　　　　　（b）李家厢房门窗

图 5-56　李家大院窑洞式窗型列举

（图源：自摄于万荣县）

另外，在李家大院中能看到一些较有特色的门窗结构。例如，图 5-57（a）所示的是李家的厢房上的门窗，其中房门与顶上的窗，用木结构连接在一起，这种形式很少见。另外，其他窗户的墙窗洞，不像其他地方洞口留有 90°角，而是向外撇着的，以尽可能地增加太阳的照射时间。如图 5-57（b）所示的是李家上房的窗户不是采用常规的拱形的窗户上沿，而是采用了三角形的上沿，给人有一种新奇之感［图 5-57（b）］。

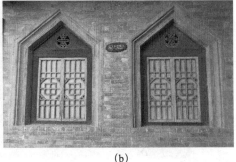

(a)　　　　　　　　　　　　　　　　　(b)

图 5-57　李家较有特色的门窗列举

(图源：自摄于万荣县)

3. 壁窗

壁窗即墙壁上的窗子，其外观与漏窗、什锦窗相同。壁窗最为普遍的形状是圆形，与甘肃的圆窗形状相同，山西的壁窗全部采用砖雕砌成，中间刻有镂空的图案，山西富商十分阔绰，从几家大宅院在窗式上倾注的心血、讲究的雕刻装饰，借鉴了南方窗的虚实处理，尽显北方之豪迈，南方之细腻 [图 5-58（a）]。

4. 高窗

高窗同样是指设置在外墙之上的窗，此窗一般尺寸较小、位置较高，故称为"高窗"。其形状多为圆形 [图 5-58（b）]，作用是为了保持院内的私密性和安全性，开设位置较高，体量较小，增加了室内的通风效果。

(a) 李家壁窗、什锦窗护墙　　　　　　　(b) 李家祠堂高窗

图 5-58　李家大院壁窗、什锦窗护墙、高窗列举

(图源：自摄于万荣县)

5. 什锦窗

什锦窗是漏窗的一种，常常是以组为单位，排列成一长条形状各异的窗，所以称为"什锦"，外观可爱，具有极强的装饰性，窗框有几何图形、扇面、五方、花卉等形状，窗棂有吉祥符号、动植物等图案（图

5-59)。

图 5-59　山西常家大院什锦窗
（图源：来源于百度网）

三、与甘肃临近地区的门窗比较

陕西的关中地区与甘肃的天水、平凉和庆阳地区毗邻，两地无论在经济上，还是在文化上的交流都较为频繁，因此，两地之间的文化及其民居建筑互通有无，相互融合。加之在自然、气候、地质地貌、社会风俗、宗法礼制等因素差距不大，所以民居在形态上差距也不大。

（一）门的类型

甘肃民居建筑的门作为居住空间的一部分，由室外向室内过渡依次是大门、二道门（内墙门或垂花门）、房门（上房、耳房、厢房）等其他门。

1. 大门

甘肃的入户大门也是为人们进出宅院，以及关门闭户最为重要的屏障。通常汉族依照风水将大门开设在东南角的位置，而临夏民居的宅院则是面东而开的，代表了回族人民以西为尊的宗教习俗，也是宅主身份地位的象征。门板材料一般是木制的，甘肃大门门板比较朴实、厚重。在《西北民居》一书中，将天水民居的大门按构造造型的不同，可分为"屋宇式"和"墙垣式"两种。

（1）屋宇式大门：即利用门房一个或数个开间做门，构造上与房屋大体相同，多为六柱三檩式。如坐落于甘肃省天水市的胡氏府第，南宅为胡来缙的宅院，始建于明代万历十七年（1589年），北宅为胡忻的宅院，始建于明代万历四十三年（1615年）。距今已有近400年的历史了。南宅子与北京四合院大门普通做法相同，为六柱五檩，这与主人胡来缙曾于北京做官有关。屋宇式大门在天水传统民居建筑中比较常见，主要原因是天水历史上战事频繁，兵灾匪患较多，门房墙厚、质朴、坚固，不易招来匪徒的窥探（图5-60）。

图5-60　甘肃胡家南、北宅子大门
（图源：自摄于天水市）

　　（2）墙垣式大门：即直接在院墙上开门的一种大门形式，规格较屋宇式大门要低，一般用于较小、较简陋的宅院。这与陕西的长武县小型民居基本相同（图5-61）。

图5-61　甘肃高平镇墙垣式大门
（图源：自摄于泾川县）

　　在甘肃的天水一带通常以四合院和三合院的形式为主，其中四合院的形式居多。大门形成于两厦房的山墙之间，面向街道，一般为悬山双坡顶，也有硬山双坡顶。像青城地区由于"关中等地的商人来此做生意并定居，各地客商带来不同的装饰风格极大地丰富了这一地区民居装饰的面貌。使这里的民居既有山西和关中民居的特点，如单坡顶，坡向院内，砖石或土木结构，院落东西窄，南北长，院门在东南，外墙用砖砌，对外不开窗户，在院子里也很少栽树，院子里地面均用砖满铺或铺"（董智斌，2009）。

照壁：甘肃天水地区的照壁一般由壁顶、壁身和壁座三部分组成。壁顶多采用硬山式，壁心多采用硬心的做法，壁座与壁身同宽，高度为壁身的1/4~1/3。照壁起到空间序列中"引"的作用，与门楼一起构成空间有序转换的入口节点，构成一小天井空间，这种入口小天井是天水传统民居融合南北方民居特色的重要体现（图5-62）。

图 5-62　甘肃胡家照壁墙列举

（图源：自摄于天水市）

2. 二道门（含内墙门、垂花门）

二道门是沟通小天井与内院的一道门，天水地区的二道门普遍位于厢房与门房的连接处，门均为双坡悬山顶（图5-63）。形制小巧的天水垂花门是木雕装饰的主要地方，精致剔透的雕饰不仅透出天水民居秀雅的南方气质，同时也显示出天水人对待财富内敛的表达方式。正是这对矛盾的体量精小的天水垂花门常常会因为沉重的装饰，使纤细的梁柱结构显得失稳，因此，在天水某些垂花门上出现了两对支撑门楼平衡的特殊构件，即戗柱和插花，这种构建既增加了垂花门的稳定性，也构成了天水民居二道门的独特装饰（王军，2009）。

垂花门一般为双开门，垂花门檐下的柱与柱之间的额枋，常常镂空雕有精美的木雕花纹图案，下垂的柱头形式主要是用莲花相互连接而成的（图5-64）。

3. 房门（上房、耳房、厢房）

（1）上房门：甘肃传统民居的房门的一个重要的特点是"三关六扇门"。多开设在上房或耳房的中间位置，上房为长辈所居住，通常以三开间为主，其中建筑上房左中右三扇双开式房门均采用板门或者是隔扇门，裙板高度大约占整个隔扇高度的3/5，格心通常运用菱形、几何图案组成（图5-65）。

图 5-63　甘肃胡家二道门列举

（图源：自摄于天水市）

图 5-64　甘肃胡家垂花门列举

（图源：自摄于天水市）

图 5-65　甘肃胡家上房镶板门及带风门列举

（图源：自摄于天水市）

（2）耳房门：耳房一般设置在上房的两侧，并且在一侧耳房的位置布置楼梯，耳房的实用性不大，所以门的位置一般比较隐蔽，常设置在楼梯下面［图 5-66（a）］。

（3）厢房门：厢房多为两开门，也有三开间的，同样也是隔扇门，是晚辈及家庭其他成员的居住和休息空间。厢房与上房一样，也同样带有前檐廊［图 5-66（b）］。

(a) 耳房门窗   (b) 厢房门窗

图 5-66 甘肃胡家厢房、耳房门窗列举
（图源：自摄于天水市）

（4）厅房门：此厅房为砖木硬山抬梁式重檐结构，两层五开间，顶面用筒子瓦覆盖，设有正脊和垂脊。前檐上下均设有檐廊，且立面均采用了统一棂格和统一色彩的隔扇门和长窗（图 5-67）。

图 5-67 甘肃胡家厅房隔扇门列举
（图源：自摄于天水市）

棋盘门也称"攒边门"，也是板门的一种。此门在关中和山西地区均很少用到，但在天水陈氏大院中的侧门有使用［图 5-68（a）］。棋盘门的结构式是先用边梃料制作门扇框架，并在上下抹头之间安装木板条而形成格子形状，看似棋盘而得名。

（5）窑洞门窗：庆阳地区的窑洞门窗是由门、窗、高窗和气窗组成

　　　　　　(a)　　　　　　　　　　　　　　　　(b)

图 5-68　甘肃胡家上房棋盘门列举

(图源：自摄于天水市)

的，相互分离，很少使用"门联窗"形式。由于该地区的窑洞是以靠崖窑和地坑窑为主，只有一个窑口，因此，为了增加窑内的采光而设置有"高窗"，为了能使窑内的空气循环流动而增加有"气窗"（图 5-69）。

图 5-69　甘肃窑洞门窗特征列举

(图源：自摄于庆阳)

4. 碧纱橱、太师壁

　　碧纱橱在胡家院落中使用率较高，有用于厅房的，也有用于厢房的，很好地起到了划分室内空间和装饰室内空间的作用。其形式与关中地区的相差不多，但最大的区别在于整体面罩油漆的不多，在绦环板上雕刻的内容和形式相对较少，在上部的装板和下部裙板上常采用彩绘的方式进行装饰［图 5-70 (a)］。

　　甘肃天水地区的太师壁在结构及形式上和关中地区的基本相同，较为突出地体现了太师壁在厅房空间中的核心地位和核心功能［图 5-70 (b)］。

(a) 对称碧纱橱隔断　　　　　　　(b) 厅房太师壁

图 5-70　甘肃胡家碧纱橱、太师壁列举

(图源：自摄于天水市)

5. 罩

甘肃天水地区的炕罩风格迥异，特色鲜明，选料考究，做工复杂细腻，图案精美，色彩丰富。有风格较为粗矿大气的，也有风格细腻唯美的（图 5-71）。

图 5-71　甘肃胡家炕罩、床罩列举

(图源：自摄于天水市)

（二）门的装饰特征

1. 门簪

据考证，天水为人文始祖伏羲的发祥地，伏羲文化在这里根深蒂固，在明清古民居中常常会将八卦和太极图案运用在门簪之上，或融入到莲花瓣之中，以祈福家人平安、健康。

2. 绦环板、裙板

甘肃民居的隔扇门式样繁多、图案丰富。其中的上绦环板装饰常以木雕镂空形式为主，中绦环板常采用木浮雕，纹样包括人物、植物、福、寿、喜及抽象纹案等。裙板也是常以木浮雕或线刻形式。在天水和青城地区裙板上的雕刻主题有花卉树木、佛八宝、暗八仙、四时鲜果、飞禽走兽，以及梅、兰、竹、松、博古等图案进行装饰。

（三）窗的类型与装饰特征

窗作为建筑的又一个重要的构件，和门一样都是起到分割和阻断室内与室外空间的作用。其中，门是一个密闭不透光的材料，而窗的出现改善了室内环境的透光性，使得房内的光线形成独特的光影效果。甘肃窗的类型与关中地区相差无几，也可分为直棂窗［图 5-72（a）］、隔扇窗［图 5-72（b）］、支摘窗、槛窗（图 5-73）、和合窗、漏窗、交窗、气窗等。但是和合窗在关中地区很少用到。

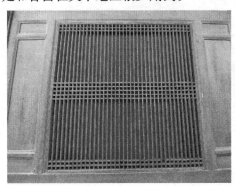 

（a）直棂窗　　　　　　　　　　　（b）镶板与花格并用

图 5-72　甘肃胡家窗户形态列举

（图源：自摄于天水市）

和合窗也是支摘窗的一种，和合窗多安装在建筑的暗间，例如，天水南宅子的桂馥院、临夏民居的东宫馆，其正门旁边的窗则为和合窗，其形态是一间三排、每排三扇，通常上下两扇窗是固定的，中间一排则可以打开用挂钩向外撑起，窗下为砌筑槛墙［图 5-74（a）］。

高窗的形式多样，但所使用的位置与关中地区基本一致，大多用于山

图 5-73　甘肃胡家带风窗的隔扇式槛窗列举

(图源：自摄于天水市)

(a) 和合窗　　　　　　　　　(b) 高窗

图 5-74　甘肃胡家和合窗、高窗列举

(图源：自摄于天水市)

墙的顶端或前檐墙的上部，其目的是便于室内的通风换气和采光［图 5-74 (b)］。

(四) 装饰纹样特征

天水传统民居装饰题材也可以分为太极图形、动植物纹样、博古纹、吉祥纹饰四大类。其中，祥禽瑞兽和太极八卦是天水民居装饰中出现较多的题材。植物纹样主要有萱草、蔓草、团花图案 (有荷花、牡丹、西番莲等样式)、莲花、瓜瓞绵绵等，主要用于斗拱、雀替、门窗、柱、栏杆的装饰。动物纹样有龙 (写意型)、鸱尾、饕餮、螭龙、仙鹤、喜鹊等，主要用于屋脊、屋檐、斗拱、雀替、门窗、柱、栏杆的装饰。文字纹样有福、寿、喜等，主要用于照壁和瓦当的装饰。日月云气、宗教神话传说有八卦、八宝、暗八仙（有葫芦、笛子）等，多用于门窗、斗拱的装饰。博古图案有琴棋书画、喜鹊梅花及四艺，多用于门窗、斗拱的装饰（董智斌，2009）。其中最精彩的还有结构复杂、内容丰富、雕工超群的二道垂花门上的木雕艺术（图 5-75）。

图 5-75　甘肃胡家垂花门木雕工艺列举

（图源：自摄于天水市）

四、与陕南地区的门窗比较

作为中国南北气候分界线的"秦岭"，也是黄河流域和长江流域的分水岭，横穿陕西全境。由于秦岭的阻隔，关中与陕南地区在自然条件、气候条件完全不同。但是，虽同属于陕南地区文化背景下的传统民居，自然环境大致相同，传统民居却受南北文化、各地移民文化以及相邻省区的直接或间接影响，因此，三地的地域文化也呈现出多元化的民居形态，而且每个地区的民居特征个性鲜明。

（一）陕南的建筑风格

汉中、安康和商洛三地的传统民居整体形态较为相似，多顺应山地就势而建，总体较为分散且不规则。而民居相对集中地多出现在沿江、沿河岸边，并构成了城、镇或村落。除了分散在山间或角落里的简易的乡村农舍外，集中在城镇中的临街多为前店后宅式的民居，院落结构多为"四水归堂"式天井院。在布局上，天井是民居院落的中心，是院内居民共享交流的空间。受传统文化的影响，院内的平面布局必须遵循长幼尊卑的伦理观念进行分区。常规采用中轴线对称的形式，中轴线从门房穿过天井中央到达上房，对应的两侧为厢房，并连接门面房和上房而形成围合式天井院。民居中的伦理功能是遵循长幼、主从秩序、上高下底、正高侧低、东高西低的原则。从等级上分，门房为低等区域，上房为高等区域，因此，上房为长辈的卧室，二层上多为绣楼，是女家眷的卧室。两侧的东西厢房为长子的卧室，西厢房为小儿子的卧室及客房等。门房、偏房或侧院等为下人或仆役的住所。

陕南传统民居建筑的共性特征有：大的宅院的建筑形制多为重台重院，建筑多为两层，以穿斗式为主，抬梁式、插梁式或混合使用为辅。因该地区多雨，故出挑都较深，檐下出挑结构形式较多，有单挑、双挑、双挑双步，还有三挑三步加花角撑拱的，用以支撑出挑深的屋檐。屋面为冷摊板瓦或仰合板瓦，多以望瓦形式出现，转角处为勾连搭顶对应斜天沟，屋脊为清水脊和叠瓦脊等，顶下多为砌上露明造。建筑主体墙的基础、勒脚或下碱部分多为毛石、卵石、石条、石板等石质材料砌筑而成，少有用作基础的，砖墙体以单丁空斗式青砖墙、版筑或椽筑夯土墙、土坯（分为小如砖块的土坯和较大尺寸的胡墼）墙为主，墙的顶部设有不同形式的风火墙（图 5-76）。室内的间壁墙有砖墙、土坯墙、板壁墙、镶板墙、竹篾夹泥墙以及编竹墙（或编笆墙）等形式。室外地面铺地，像台阶踏跺、路面或小护坡等均由石条和毛石铺设而成，室内铺地多以青砖和三七灰土为主。院内的排水无论是暗沟还是明沟，尺寸较其他地区宽而深，同样也有使用石质材料进行砌筑或做盖板的。

图 5-76　汪家花屋子风火墙图
（图源：自摄于安康石泉）

在装饰装修方面，陕南传统民居整体给人以简捷、质朴、实用的感受，并充满着浓厚的乡土气息。其所使用的主要材料基本相同，其重点装饰的区域和部位以及装饰手法等也基本相同。但是，装饰程度上与周边关中的、湖北的传统民居相比在建筑体量上、建筑细部结构上、门窗的棂格图案形式与内容表达上、三雕艺术的应用量上、对材料加工的精细程度上以及重点装饰的区域和部位等均有较大的距离。

陕南传统民居建筑类型可以分为前店后宅（或下店上宅）、天井合院、石板（石头）房合院、竹木房及吊脚楼五类。按属性又可分为民居建筑、会馆建筑和教堂建筑。

（二）陕南门窗的特征体现

陕南传统民居也如我国其他地区传统民居一样，对于门窗的制作与门窗的装饰相当重视。特别是陕南天井院内的门窗，其做工就更加精细。陕南受各地传统文化建筑风格的影响，民居的类型多样，使得传统民居的门窗种类也较为繁多。这些类型的门窗不但有其自身的功能，并且设有做工精细、雕刻精湛的木刻配件与纹样。

1. 门的类型

陕南传统民居门的类型由外向内分别是大门、二道门、侧门、房门、后门等。民居院落中的位置各不相同的门，在民居院内起着不同的作用。陕南传统民居的类型各异，因此门有所取舍。如单体民居就只有房屋的大门与侧门，一进式的传统民居院落，则少有二道门和侧门，在进深较多的传统天井院落内则会出现多进的门，而并联的传统天井院落内门的种类就更多了。

（1）排板门：陕南地区因自然与人文环境因素的影响，传统民居聚集的区域，多形成古镇与古街，因此，沿街的传统民居多为前店后宅式或下店上宅，而沿街的店铺多采用木质排板门（图 5-77），此门式就成了陕南城镇沿街民居的一大重要特色。

图 5-77　陕南民居排板门列举

（图源：自摄于蜀河、柞水）

（2）大门：大门多为木板门，用大块木材拼合固定而成，其余的装饰如门簪、门钉、门环、看叶等则在门板的周边设置，与板门共同组成了院落的第一道屏障。说到板门，陕南青木川传统民居中还有这样的板门，当地人称其为撒带门（图 5-78）。门造型有所变化，多设在传统民居的房屋建筑两侧的暗间上，门框的上部做以弧线形的挡板，榫接在门框的上部，此类门呈现出下方上圆的形态，有的还做不同的木雕纹样。这样就使得简捷的板门上多了一些秀美，也就此丰富了传统民居门窗类型。

<table>
<tr><td>（a）陈家院大门</td><td>（b）王范堂故居院门</td></tr>
</table>

图 5-78　陕南民居排板门列举

（图源：自摄于丹凤、石泉）

（3）隔扇门：传统民居院内多呈现隔扇门，厢房多为一明两暗的类型。因此，多为两扇或四扇的隔扇门，厅房与上房也是隔扇门，不过分两类，分别是全开扇或中间开两扇式，而隔扇最多的为八扇，少则六扇或四扇（图 5-79）。而隔扇的高低由民居自身大小而定，民居院落宽敞，并且建筑规模较大的，则隔扇门高度较高，相反则较矮。隔扇门的宽度随民居房屋的开间大小而有所不同，一般多在 40～80 厘米内。隔扇由边梃、槛、大边、仔边、抹头、绦环板、棂子、裙板等组成，个别门前还设有制作较精细的门帘架。棂子当地多称为格心，裙板位于格心之下，其雕饰较多，纹样多样。棂子多采用方格眼或直棂条，其中还用不同的图案进行装饰。纹饰题材种类繁多，有正方形、万字形、金钱眼等花式，使得格心兼功能与艺术于一体。绦环板与裙板分别在隔扇门的中部与下部位置，由抹头将其与格心分隔，常刻有浮雕，以戏曲人物、动物、花卉等为木刻内容，内容精彩、工艺更为精湛。而门帘架对于陕南传统民居而言，其重要程度就相对较弱，不少传统民居隔扇门前都没设有门帘架，设有门帘架的传统民居，制作也较为简捷。

（4）转角门：在汉中地区的天井院中常常会看到门房与两侧厢房以及上房与两侧厢房的檐墙相交处各设有一樘 45°角的转角门，与天沟的檐口

图 5-79　陕南天井院隔扇门列举

（图源：自摄于白河、宁强）

相对应。同时，还采取大量的木结构梁架和较为复杂的木结构的板壁墙。大多不采用彩色油漆，或底层抹色工艺进行上色，而是多采用简易的桐油工艺对木材及其表面进行保护的办法，尽可能地保持木材本质的色彩和纹理，追求材质的自然之美，使得巴蜀风格更加明显（图 5-80）。

图 5-80　最具特色的转角门、板壁墙上的板门

（图源：自摄于宁强）

　　（5）木板壁、木骨架式门框：在安康地区的紫阳县蒿坪镇金石村 52号的曾家大院里的室外和室内的房门在结构上也很有特点，与其他地区一般的门有所不同。例如，外墙门用不小于 6 厘米的木板料先封好门洞框，后完成墙体，然后再安装门框。门板的宽度取于墙的厚度，与墙平齐。门洞框、门墩以及门框是连接在一起的，不能分拆，门墩、门框和门扇的安装位置在墙体的边沿之外，而且门墩的长度要大于墙体厚度的 12 厘米左右，用于设置门轴（寿山、福海或叫连楹、海窝）和安装门扇，门扇为撒带式板门。而室内的门则用不小于 6 厘米×5 厘米的木方料（木龙骨）做成门洞框架，框料的宽度取其墙的厚度。同样，门框、门枕以及门槛是不能分拆的结构，门墩的长度要长出墙体的厚度 12 厘米左右，用于设置连楹、海窝和安装门扇。门墩、门框和门扇的安装位置在墙体的边沿之外（图 5-81）。

图 5-81　曾家外墙门板壁、内墙门木骨架式门框图

（图源：自摄于紫阳）

2. 窗的类型与装饰特征

陕南传统民居的窗户种类齐全，常见的有槛窗、支摘窗、直棂窗、高窗和气窗等。

（1）槛窗：在陕南传统民居较为多见，槛墙以土坯或青砖砌筑。窗扇的形式也很多，像支摘窗、直棂窗或其他的花棂格均有使用，常设置于上房、厅房或厢房的前檐墙之上（图 5-82）。

（a）支摘窗　　　　　　　　（b）平开式槛窗　　　　　　　（c）外嵌式龟背纹窗

图 5-82　陕南窗式列举

（图源：自摄于汉中地区）

（2）高窗：陕南的高窗设置在建筑的两侧山墙的上部，开方形或圆形的小窗，并设有不同的窗棂格，主要用以室内采光和通风换气。由于陕南地区冬季气温不是特别寒冷，因此，高窗的尺寸要比关中地区的高窗大了许多（图 5-83）。这类型的气窗在汉中地区的传统民居中最为多见。

石雕什锦窗、木雕什锦窗：在陕南地区的旬阳蜀河镇的清真寺民居门房两侧的圆形石雕什锦窗并有装饰彩绘。而方形的石雕什锦窗除纹样以外，采用镂空处理方式，并在石雕花窗的内部设木板作为窗扇，可以开启

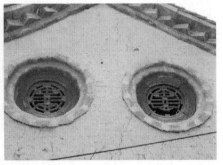

图 5-83　陕南汉中地区高窗列举

（图源：自摄于城固）

或闭合。这样不但满足了审美需求，也满足了民居院内通风采光的需求，也保证了民居的安全性。例如，白河县卡子镇的黄家院墙上镶嵌着精美的"草龙盘松鹿"图案的什锦窗建筑构件，其中小鹿的形象雕刻得栩栩如生，周边的草龙图案活泼可爱、动感十足。张家院墙上镶嵌的"动物与松树图"什锦窗整体呈现出构图讲究、疏密得当、穿插有序、刀工细腻的特征，体现出工匠们对石质材料进行加工的高超技艺和审美水平（图 5-84）。

图 5-84　院墙上的石雕什锦窗

（图源：自摄于白河、旬阳）

　　另外，石雕什锦窗在安康地区较为多见。而木雕什锦窗在汉中地区较为多见，如丹凤陈家进士院的一对"二龙戏珠"圆形木雕窗棂，以及青木川的荣盛昌的木雕什锦窗等（图 5-85）。

　　总体来看，陕南传统民居的门窗种类较多，门窗变化丰富，体量大小上也各不相同，材料也因各地区之间的差异而有所不同。门窗的装饰部位则体现了传统民居门窗的艺术性。而门窗的装饰不单是人们对形势美的追求，很多门窗的装饰更是门窗的重要结构构件，这样就使得这些门窗的构件兼具了

图 5-85　檐墙上的木雕什锦窗

（图源：自摄于宁强、丹凤）

结构作用和装饰的特点。传统民居在陕南地域文化背景影响下，门窗的装饰部位、装饰艺术造型较为统一，局部有变化。而就装饰图案来看，题材与陕南多元文化背景密切相连，多为各种富有吉祥寓意的图案装饰。这些装饰有花草类装饰，有人物类、动物类以及民间传说等多种表现形式的装饰图案。这些门窗装饰手法体现了陕南各地区传统民居重要的审美价值与文化内涵。

五、与陕北地区的门窗比较

陕北位于黄土高原之上，是中国沟壑连绵的黄土高原地貌核心组成部分，海拔为 800～1300 米，北部的榆林地区为风沙区，南部的延安地区为丘陵沟壑区。经过千百年来的风沙侵袭以及沉积，形成了在其表面上覆盖有很厚的黄土层，地貌呈现出塬、沟、峁、梁等形状（图 5-86）。由于位于陕西省的北部，故称为"陕北"。

图 5-86　陕北乌镇地形地貌远眺图

（图源：自摄于佳县）

（一）陕北传统民居的特征体现

陕北地处黄土高原腹地，土质坚硬，沟壑纵横。由于地质地貌所限，所以该地区形式居住以窑洞为主。大多是建在山坡或山崖处的靠崖窑以及接口窑，也有建在相对宽阔地域的下沉式明锢窑，以及榆林地区较为平坦的地面合院建筑，从而形成了陕北地区特殊的居住文化和建筑形式。

（二）陕北门窗的特征体现

坐落于绥德的党氏庄园是一个较为完整的院落，也是陕北民居建筑的综合体，其中，各种建筑形式齐全，门窗丰富多样，从堡门、大门、侧门、房门到窑洞门均有，具有较好的代表性，因此，本内容以党氏庄园为例进行研究（图5-87）。

图5-87　党氏庄园院落局部图
（图源：自摄于绥德）

党氏庄园由于受整体山势地形的影响，因此，院落中的房屋和窑洞均是就坡而建，高低错落，主次难辨，上下左右共由18个院落组成。其建筑为砖石木抬梁式硬山结构，内部构造比较简单。每个院落基本都由门房或独立门楼、厢房或厅房、上房（正窑房）、偏房或耳房组成。

大门楼：党氏庄园保留基本完好的门楼有六座，每座都非常宏伟大气，其上还有大量丰富精美的雕刻艺术，美观精巧，内涵丰富，显示了当地浓厚的传统文化底蕴（图5-88）。这些门楼是根据党氏家族不同的位置和排辈排行来定的。

厢房门窗：在传统观念上，上房的等级要比厢房高，从房屋的整体大小、建筑材料以及装修等方面都比厢房考究，因此，在陕北的厢房上的隔扇门和隔扇槛窗同样在等级和装饰程度上低于上房（图5-89）。另外，传统观念认为以左为尊，所以东厢房要比西厢房要高一些，长子长媳住在东

图 5-88　党氏庄园院门楼

（图源：自摄于绥德）

厢房。因此在建造过程中，有意使东厢房比西厢房高大一些，只是高出的程度非常微小，一般很难用肉眼看出。例如，党氏庄园的东厢房比西厢房高出二寸左右。但是在陕北地区，东厢房受冬季寒冷北风侵袭，夏季又是西晒，因此，并不适合居住，一些富户常常将东厢房用作贮存杂物或粮食之用，也做厨房、马厩等。

图 5-89　党氏庄园院大门额枋厢房隔扇门、隔扇槛窗

（图源：自摄于绥德）

窑洞门窗：党氏庄园的窑洞部分主要是以靠崖窑为主，也有部分独立的明锢石窑。几乎所有窑洞都是作为院落里的上房，还有部分体量较小的石窑用作饲养牲畜。上房部分的窑洞一般为三孔、五孔或者七孔不等，洞口基本约 3.5 米宽，7～9 米深。窑脸大部分用砂岩砌筑而成，或者是用片岩石砌垒而成用草筋泥收面。窑洞上的门窗是标准的门联窗形式（图 5-90）。

图 5-90　党氏庄园院落窑洞门窗

（图源：自摄于绥德）

木雕加彩绘：木雕是建筑构件的重要装饰手法，在罩、窗扇、木隔断、匾额、家具等处均有体现。木雕手法以浮雕技法为主，也有通花透雕、立体通雕。一般都是清水做法，但是，党家的木雕常会设有彩绘的处理手法（图 5-91）。木雕艺术在我国有着非常悠久的发展历史，尤其是明清时期的木雕艺术，在雕刻技艺、内容题材以及数量等方面都可以说达到了顶峰。始建于明清时期的党氏庄园，作为陕北窑洞民居建筑的典型代表作之一，其木雕装饰艺术深受北方丰富传统文化的影响，具有简练奔放、俊巧精致的特征，在建筑装饰上分布也比较广泛，运用多种雕刻技法，将各种题材故事展现得活灵活现，并且层次分明、饱满充实、纹理清晰。

党氏庄园木雕艺术大多集中在雀替、额木、窗棂、门窗等建筑构件上，根据不同的位置也采取了多种多样的雕刻手法，将浅浮雕、深浮雕、透雕、圆雕以及镂空雕等各种雕刻技法穿插结合，极大地丰富了党氏庄园木雕艺术的形式构成，加之多种寓意深刻的雕刻内容，使庄园高雅的文化气息展现得淋漓尽致。

图 5-91　党氏庄园院大门额枋木雕加彩绘列举

（图源：自摄于绥德）

照壁：在庄园内最为出色的还属照壁。照壁坐落在院落内或外的短墙，其除具有遮蔽视线、挡风及屏蔽邪恶势力的作用之外，其间也不乏具有长期形成繁衍后代、驱除鬼神、纳彩庆福，信仰风俗及教化民众等作用，充分体现出人与自然之间的相辅相成的统一和谐关系，也反映出照壁是深受中国古代传统风水观念影响而形成的一种建筑样式。党氏庄园内保存较为完整的照壁有三座，布置形式也不尽相同，其中两座位于主宅区两院的正对面（图5-92），另一座位于门内旁侧，不同的布局方式不但保证了院内的安静和私密性，在风水上也起到了趋吉辟邪的效果。党氏庄园照壁上的雕刻内容与题材运用也比较广泛，在壁顶部分铺有筒瓦，中央有屋脊，正脊两端有脊兽，檐口以下有椽子和斗拱，具有与屋顶一样的结构及其装饰，还有一些如意云纹样和回形纹样，斗拱与斗拱之间通常还雕有"财神""莲生贵子"等人物图案，运用了浮雕、圆雕等雕刻手法。在照壁的主体部分壁心正中的砖体装饰上利用浮雕的方式，雕有"凤戏牡丹"图案或"福""寿"的吉辞，也有壁心以龟背纹为背景，中心雕有"福禄寿"三星，寓意长寿、幸福等，在壁心上下左右四个岔角雕刻有花草吉祥纹样，使整个照壁看起来更加美观大气。

图5-92 党氏庄园照壁墙

（图源：自摄于绥德）

门枕石狮：绥德是陕北乃至全国著名的石雕之乡，由于特定的地理位置和先天的优势，造就了丰富的山石资源和人才资源，加之千百年来的历史文化沉淀，绥德石雕艺术以其雕刻精美、寓意深刻、种类繁多等特点而闻名天下，作为庄园主要雕刻形式之一的石雕艺术，在有着石雕艺术之乡的文化背景下，自然也处处体现了当地优秀传统雕刻的艺术特色。主要以门墩、碾磨具、柱础、照壁、牌坊等构筑物为载体，运用浮雕、透雕、圆雕等各种雕刻手法，表现内容丰富多样，技艺娴熟，展现出当地石匠们的高超技术和丰富的想象力，是中华雕刻艺术中不可多得的艺术瑰宝。

在党氏庄园中，门墩雕刻得最为出色，位于党氏庄园主宅区的三号院和五号院大门两侧的门墩非常典型，同为一整块青石雕刻而成，主要分为上中下三部分，上部分一般雕有俯卧的双狮，造型或憨态可掬，或粗狂威武。中间部分表面雕刻采用深浮雕刻手法，雕有"四季平安""平安如意"图，代表了人们对四季幸福美满、百事如意的美好生活祈福，还有"博古图"和"四艺图"则充满了浓郁的古朴、文雅气息。下部分有"凤穿牡丹""鸳鸯戏荷"等吉祥图案，寓意幸福光明、夫妻和睦、相亲相爱的美好愿望（图 5-93）。

图 5-93　党氏庄园门枕石狮

（图源：自摄于绥德）

第三节　具有地域性文化特色的门窗形态

在传统民居建筑中，门窗的结构、形制、色彩的运用从诸多方面将传统建造技艺及审美习惯传承下去，但每一地域却有着鲜明的地域特征与个性，所谓各不相同，主要原因在于：①主题组合随意，形式自由灵活，无固定的制式约束；②官式（公式）对其影响可忽略不计；③工匠的技艺是师承式的，有的甚至是家族的手艺，只在同一家族内流传，与外界的交流甚少；④因地制宜，各地选材遵循着就近原则，建筑材料在一定程度上受到制约；⑤受当地传统风俗习惯影响等原因，使得传统民居的门窗更显得丰富多彩，更具有区域特征。

一、门窗图案形成因素及形式

（一）宗教文化的影响

宗教文化是人类传统文化的重要组成部分，它影响到人们的思想意识、审美观念和生活习俗等诸多方面，渗透到了民居建筑领域并在窗棂图案上多有体现。与道教有关的"八仙"所持不同之物（即"暗八仙"）代表了不同的寓意，常使用于窗棂、绦环板等处作为装饰图案。与佛教有关的如祥云、如意纹等既具有传统文化思想，又含有佛教教义的纹饰，常用于窗棂中的雕花。还有本不是汉字的"卍"被正式列为汉字，唐慧苑《华严音义》记曰："……本非汉字，周长寿二年，权制此文，音之为万，谓吉祥万德之所集也。"此后的佛经中便将"卍"写作"万"。虽然"卍"被采用为汉字，但它更多的是被当作一个吉祥符号使用（图 5-94）。与伊斯兰教有关的西安市北院门街区主要居住者为回民，其信仰为伊斯兰教，受该教和教义的影响，街区内的传统民居建筑及装饰纹样多以植物为主。

图 5-94　民居中砖雕卍字符、木雕暗八仙列举

（图源：自摄于关中地区）

（二）儒学礼制思想的影响

儒学在道德上追求忠、孝、仁、义，在理想上追求福、禄、寿、喜，这是儒家文化的核心，如在一幅砖雕看墙画中同时有鹿与"禄"、蜂与"封"、猴与"侯"，两只喜鹊的内容，反映出来的是"马上封侯""加官晋爵"和"双喜临门"等内容［图 5-95（a）］。同时在民居建筑中也表现出了严格的等级观念，窗棂的形制与等级是宅第主人身份和地位的标志，这也是儒家礼制思想的具体体现。例如：①普通民居的窗棂大都是直棂、直方格和斜方格纹，显得简洁、朴素和经济。②大户府邸则采用比较讲究的葵纹和灯景纹等，还有精美的雕花，显得高雅、繁荣和华贵。③窗棂的色

彩应用也不例外。用色起于西戎的秦人，在立朝之始，就宣称"始皇推终始五德之传，以为周得火德，秦代周德，从所不胜。方今水德之始，改年始，朝贺皆自十月朔。衣服旄旌节旗，皆上黑"。加之传统"五行说"认为北方属水，色为玄（黑），更使之具有神化了的趋势。

尚黑的风俗至今仍在秦地流传，民居中门窗的油漆多采用黑色来进行装饰。但尚黑并非说其他的颜色都不用，只用黑色，只是黑色作为大面积颜色来进行使用，同时再施以其他色彩以示点缀，增加美感［图 5-95 (b)］。现今关中地区保留的传统民居也多用黑色油漆。随着历史的发展，基于礼制的规定，普通传统民居或是文人学士宅第的窗棂大都是不上漆、不上色的，显露材质的自然美［图 5-95（c）］。而商贾府邸则漆红，其雕花也是依建筑彩绘的方式着色的。

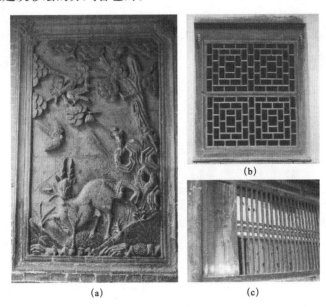

(a)   (b)   (c)

图 5-95　马上封侯和双喜临门、步步锦列举

(图源：自摄于关中)

（三）民俗民风的影响

俗话说："十里不同风，百里不同俗。"每一地域都有着显著的地域特征与个性，有着区域间的风俗习惯。其主要原因在于：窗棂主题组合随意，不受定式制约，形式自由灵活。工匠的技艺是师承式的，与外界交流甚少。受当地建筑原材料的制约和当地传统的风俗习惯影响等原因，使得关中地区民居的窗棂更显得丰富多彩，区域特征鲜明。

建筑装饰又常常是以民俗为背景的民间艺术在建筑上的具体反映。在关中地区传统观念中，吉祥是最基本的追求。在日常生活中，吉祥至关重要且与生活密切相关。建筑装饰中因形象构图的参与，吉祥文化的表现显得更加丰富含蓄、意味深长，其中多运用"寓示"或"寓意"吉祥图案。例如，"步步锦"窗棂以小到大、从内到外逐渐扩大，寓意着家业日益昌盛、锦上添花。又如，蝙蝠的谐音"福"和乌龟的象形"龟背纹"寓意着福临门和长寿之意，在关中地区民间广为流传，成为窗棂装饰的主题。就连在其他建筑构件上也常常会使用，像石雕柱础上的蝙蝠形象［图 5-96（a）］以及看墙之上镶嵌的龟背纹样［图 5-96（b）］均有各自的象征之意，这些都体现了劳动人民的聪明才智、美好的愿望和纯朴的审美情趣。

(a)　　　　　　　　　　　　(b)

图 5-96　民居中石雕蝙蝠、砖雕龟背纹列举

（图源：自摄于旬邑）

（四）地域环境的影响

关中地区属于暖温带，年平均温度为 12～13.6℃，四季分明，冬夏较长，温差较大，春秋气温升降急骤，夏季有伏旱，秋季多有连阴雨。这也使关中地区民居建筑及其门窗在抵御夏季伏旱的同时，也必须能够抵御冬季的寒冷。因此，冬季人们做饭、用餐等起居活动和家务劳作都要在室内进行，所以，室内光线的充足显得尤为重要。关中地区传统民居的窗棂，普遍采用的是素面棂条连接而成的灯笼框、套方锦、卍字纹或海棠纹等较为简单的图案，使用简单的构成法则使得棂条间的透光面积显著增大，让室内尽可能多地接收冬日温暖的阳光，即便附加上雕花，窗棂的整体还是较南方地区显得疏散些，而透光性较差的透雕窗棂在关中地区基本不用。例外的是，在关中西北部的陇县，因冬季较关中其他地区寒冷，风雪大，故窗棂的尺寸较小，且大多采用棂条间距小、棂条较宽及相对密集的简单几何图案，以确保室内的温度不易流失，常会采用直棂和龟背纹等

进行装饰（图 5-97）。

图 5-97　关中东北部与中部地区隔扇门比较
（图源：自摄于党家村、唐家村）

　　由于关中地区的厦房结构属单坡屋面房，三面为实墙体，当进入夏季时，室内热不透风，所以也多采用直棂或方格形式的支摘窗。该窗扇分上下两部分，一般上半部分可向外支起来，以保障室内通风换气，调整室温之需。

二、典型性门窗解析

（一）旬邑唐家门窗特色

　　唐家大院集北方四合院和江浙园林建筑为一体的建筑风格，造型大方、布局严谨、雕饰精美、气势恢宏。其砖雕、石刻、木刻艺术在一定程度上可与北京故宫相媲美，有着皇家风范，如屋脊卧兽飞禽，檐牙高啄，墙壁为水磨砖，镶以砖、木、石雕，造型浑厚，精巧细腻，门栏、窗棂更是玲珑剔透。唐家大院的大门设在门房的明间之中，虽然整体显得庄严朴素，但是制作工艺相当考究。这便迎合了关中地区的"财不外漏"之说。

　　大院厦房不用实体性砌墙来进行空间分割，而是在楹柱间各装四扇隔扇，采用通透的虚体形式分隔空间。每六扇的当中有两扇门用来开启闭合，旁边两扇则均为固定的隔扇，在正中启闭部分的隔扇门之上装有"帘架"（图 5-98）。

　　上房与厦房通过图 5-97 色彩艳丽和刻有棂格花形的槛窗使得建筑外立面更显得协调统一，且采用丰富多样的组合形式和雕刻手法，如有灯笼锦、步步锦及龟背锦等图案，局部设有花卡，分圆形与方形，图案有桃、松、竹、梅等。更为有趣的是在上房的暗间中所使用的是月洞形摘扇花窗［图 5-99（a）］。

　　同样，上房与厦房的槛窗也是以其色彩和棂格花形使得建筑外立面更

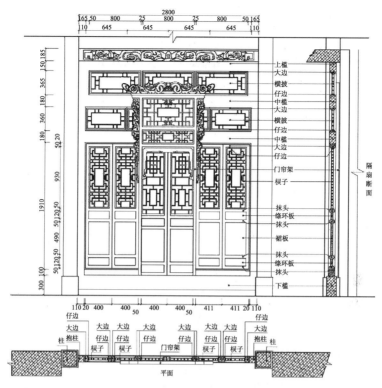

图 5-98　唐家大院厦房隔扇门及门帘架结构图

（图源：笔者自绘）

显协调统一，且组合形式和雕刻手法一致［图 5-99（b）］。

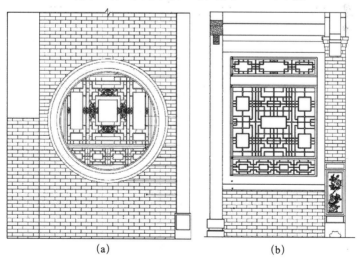

（a）　　　　　　　　　　　（b）

图 5-99　唐家上房窗与厦房槛窗结构列举

（图源：笔者自绘）

（二）三原周家门窗特色

周家大院在建筑特点上采用了南北兼有的建筑风格，原有十七进院落，规模庞大、富丽别致，在陕西其属于独一无二的古民宅，极具特色。周家大院左右对称，总体布局面阔五间，中轴线上分布着二门抱亭、前厅、退厅、后楼，门口有一对门墩——石狮，大门进入一座巨型屏门。进入第二进院，两边廊房门格上雕刻内容丰富多彩，墙壁全部以砖、石雕镶嵌，外檐装饰隔扇门窗，门上带有帘架，整个建筑大房顶，高台阶，结构严谨，建筑精美，木、石、砖雕俱全。较为典型的便是其"十柱抱亭"式的二道门［图5-100（b）］以及整体风格一致、色彩统一、工整严谨的制作工艺，给人以强烈的视觉冲击力和艺术感受（图5-100）。

（a）厅房隔扇门　　　　　　　（b）二道门

图5-100　周家风格与色调高度统一的院落环境列举

（图源：自摄于三原）

（三）扶风温家二道门

温家大院采用四个建筑风格一致的主体建筑层层递进，两边与辅助性的厦房相结合，组成一个别致的建筑组群。在温家大院建筑群中有两个亮点：其一是其上房为二层建筑，二楼为绣楼，空间相比较大，且装饰着精美的雕刻。其二是采用一栋牌楼式的门作为二道门，结构严谨复杂而精美绝伦，其艺术价值之高可圈可点。高5米有余，宽3米左右，整个门楼精雕细琢、古朴大方、气势不凡。牌楼全部采用青石雕刻，高5米左右，宽3米左右。两边雕刻着一副意味深长的对联，上联为"渭北祥云锦泽"，下联是"终南佳气耀中庭"，横批为"福缘善庆"（图5-101）。对联两边刻有人们其乐融融的生活场景，极具生活特色。门楼顶部，一只石雕的凤凰被精雕细刻的花草环绕着。门楼整体雕琢精致、大气古朴，使宅院显出无限的艺术气息。

（四）长安区于氏门窗

在西安市的南部，长安区大兆乡三益村有始建于清末的于氏民居，为三开间的院落，主要建筑均位于中轴线上且均为两层建筑，高度远远高于周边其他的普通民宅，凸显其在当地地位之高。整体宅院为三进三开间，较为典型的便是第一进院的门房与二进院的厦房之间用隔墙隔开，并开设一大两小的墙门洞，第三进院的上房为两层，且在内檐墙的右侧设有木制楼梯通往二层。值得一提的是，入户大门在结构上很规整，在工艺上很讲究，且表面刷黑色油漆，勾有红色装饰边，是一樘标准的关中式撒带式大门（图 5-102）。另外，在于家的上房中收集到了隔扇门格心结构实景照片，可清晰地看到其结构的连接工艺（图 5-103）。

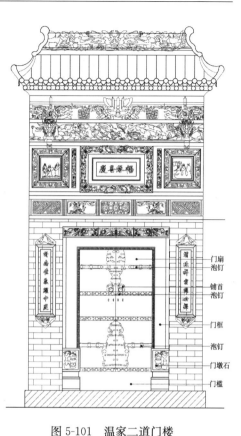

图 5-101　温家二道门楼

（图源：笔者自绘）

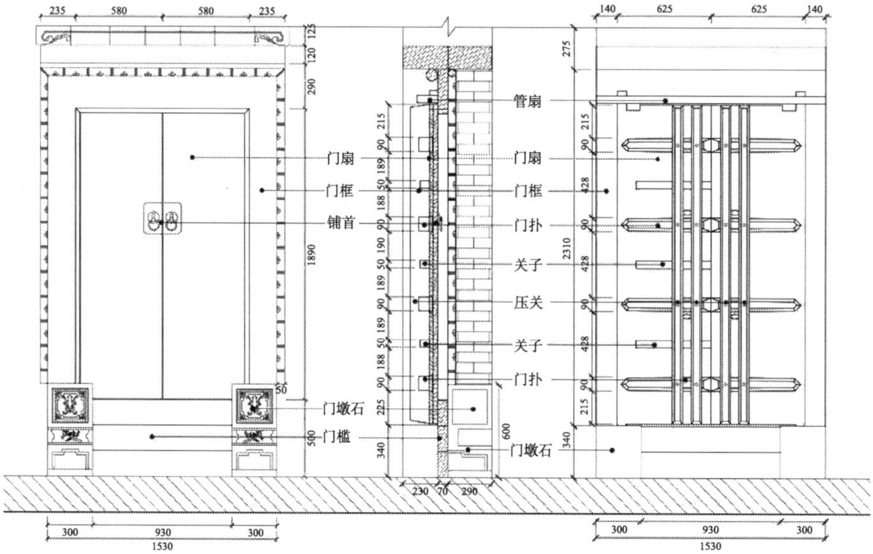

图 5-102　长安于氏大院大门结构图

（图源：笔者自绘）

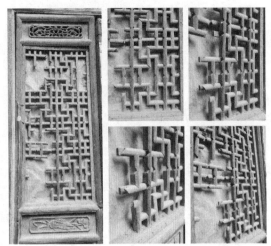

图 5-103　于氏上房隔扇门格心结构图列举

（图源：自摄于长安区大兆乡）

（五）蓝田郑家祠堂门窗

通过对比，郑家祠堂的大门显得比较特殊，主要是因其门洞的周边结构和匾额、对联均由石材雕刻而成，雕工精良，特别的用材使得整体显得庄重、大气，在施工工艺上充分体现了精巧和细腻的特征（图 5-104），并在上房设有八扇结构的隔扇窗，显得极为精致。

另外，还有一对同样显得特殊的带有窗扇的圆形月洞窗，先采用砖箍洞孔，再从内沿和外沿收边，采用精美雕花形式组成的窗心（窗格）。同时，采用复合式双层窗，而且将窗扇的上下连楹设置在窗户的正中央，插关则设置于窗户的左右两侧（图 5-105）。

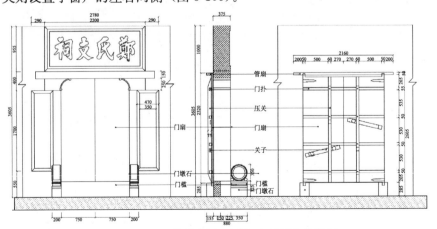

图 5-104　蓝田郑家祠堂石质门套及门扇结构图

（图源：笔者自绘）

（六）普通独立墙门楼

独立墙门楼也称为"大门楼"，这种门类似墙垣，是关中地区传统民居中的一种小型大门，比以上几种门的等级要低得多。门的周边基本为纯砖结构，主要由腿子、门楣框、屋顶和门扉构成。虽然只有简单的门罩，但在门楣上也有施砖雕者，不失小巧玲珑之雅（图 5-106）。

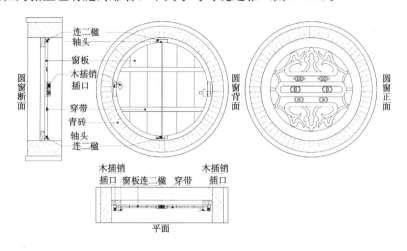

图 5-105　蓝田郑家祠堂"月洞双层窗"结构图

（图源：笔者自绘）

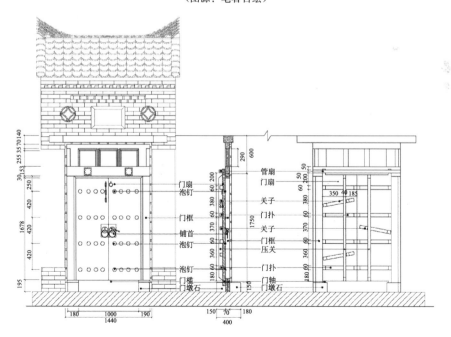

图 5-106　彬县王家大院独立墙门楼大门结构图

（图源：笔者自绘）

　　门楼是中国民居与街道间的入口建筑和过渡空间，它使民居入口不致直接开向街道，减少了外界的干扰。不仅是出入的重要通道，也是门第高低、社会地位的重要标志（唐西娅和尹锷，2008）。门的造型和雕饰反映了不同地区的建筑特点，门楼在关中地区民居建筑中是具有很高艺术性的小建筑形式。它的造型、装修和细部装饰往往是民居建筑特征的综合表现，不论贫富，家家都重点装修自己的门面，门罩是大门上的砖雕装饰，结构较门楼简单（汤兆基，2005）。关中地区民居的垂花门，也是门楼的一种形式，这种门因为屋顶前檐的两根柱子不落地而悬在空中，柱子的顶端雕刻成花状为装饰，因此称为垂花门，多用在建筑群组的二道门（楼西庆，2001）之上，也有个例是用在外墙做大门的。

　　（七）彬县双层靠崖窑及门窗

　　靠崖窑因施工方便简单、挖方数量较少、具有较高的性价比而被广泛使用。靠崖窑根据山崖崖壁的高度和住户的需要来确定洞的数量与形式，也可以建成两层，如咸阳地区彬县炭店乡早饭头村王家的双层窑洞，是少有的上下挖设窑洞的双层式窑洞，并在院子的右侧以土坯建造通往二层的阶梯。由于要遵循主次之分的原则，二层窑孔的进深和窑洞的尺寸一般都小于一层。上下两层窑孔的券顶上部都有防雨的出檐，檐上铺设有瓦或青石板，檐下则采用砖拼花加以装饰。一层窑口上的门窗设置与排序更显得尤为特别，不但有正常的门和窗，还另外设有高窗和气窗，其主要用于窑内的采光和通风换气（图 5-107）。

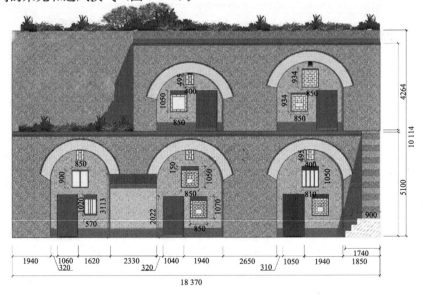

图 5-107　彬县窑洞门、窗、高窗和气窗为一体的双层窑洞

（图源：笔者自绘）

（八）旬邑明锢窑门窗

明锢窑可以说是集靠崖窑和下沉式窑洞的优势于一身，而避免了这两种窑洞的劣势的建筑形式，因此可以说，锢窑式窑洞是这三种窑洞中最高级的一种形式，也是造价最高的一种。由于其采用明锢式的建筑方式，与其他的建筑均可配合使用，所以明锢窑的院落显得灵活多变，空间可大可小，但是在地形上会受到一定的限制。窑口上的门窗设置也是其较为突出的地方，不但有正常的门与窗，还加设有高窗，便于窑内的采光和通风换气（图5-108）。

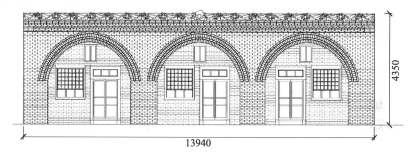

图 5-108　旬邑唐家村明锢窑
（图源：笔者自绘）

（九）乾县"地坑"窑门窗

"地坑窑"也称"下沉式窑洞"，其产生也是由于当地的气候和地形，在没有山崖、沟壁可用的较平坦地带，没有条件做靠崖窑，且处在黄土高原地区，当地植被稀少，风沙较大，为了营造一个舒适的、防风抗寒的生活空间，先民们创造性地建造出了这种地下发展的地下窑洞。就是在平地上挖出一个凹下去的大院子，再在这个院子的四面土墙上挖凿洞穴，这便是"地坑窑"。例如，乾县杨浴镇朱家堡朱德发家就是典型的八孔式地坑窑，当地称之为"八卦爪子"。窑口上的门窗设置也是其较为突出的地方，不但有正常的门与窗，还加设有高窗，便于窑内的采光和通风换气（图5-109）。

图 5-109　乾县朱家堡朱家地坑窑
（图源：笔者自绘）

（十）合阳坊镇灵泉村月洞门

　　在调研过程中，笔者在灵泉村张家发现了一种砖体结构的"月洞门"，能清楚地看见其内在结构和施工工艺。例如，在门洞的收边部位采用了两个台阶状边沿线，其中最外沿有 45°的外沿倒角，研磨程度和砌接合缝堪称精妙，具有很多的经验可供借鉴与传承（图 5-110）。

图 5-110　灵泉村月洞门结构照片列举

（图源：自摄于合阳）

本 章 小 结

　　本章通过对关中地区传统民居建筑及其门窗的形态进行了较为详尽的调查研究，总结出不同门窗形态的形成是与当地特殊的地理环境有着密不可分的关系，从而也导致了区域间的差异性以及劳作习惯和风俗习惯。人们也是在自然环境、人文环境和精神环境等多种环境的影响下，不断总结、改进和完善才最终形成了最适合当地居民居住的建筑形态和门窗形式的。因此，也就形成了最具代表性的关中地区传统门窗形制和工艺技术。以人为本、因地制宜、天人合一等理念和原则在这里充分地得以体现，像先民们用自己的精湛技艺、辛勤汗水和聪明才智创造出来的门帘架、贼关子和复合式双层窗等工艺技术，值得我们后人进行更多的研究和学习。

第六章　陕西关中地区传统民居环境营造与文化活动

自从有了人类便有了人类活动，人类的活动推动了人类历史的发展，在漫长的人类历史进程中也毫不例外地造就了人类各种灿烂的文化。而这些文化又折射出人类进步状态的文明，同时随着人类文明的发展和完善也显现出不同发展阶段的水平和程度。但无论处于哪一个阶段，构成文明的有机系统都包含有专家学者所总结出的物质文明、人本文明、制度文明、精神文明和环境文明五个方面。正是这五种文明要素之间的相互联系、支撑，才构成了色彩斑斓的文明景象。

关中地区有着悠久的文明历史和丰富的民俗文化活动，孕育了仰韶文化、龙山文化、华夏文明及黄河文明，是人类文明和传统民俗文化的发祥地之一。关中地区的自然环境和独特的人文环境酝酿出了绚烂多彩的文明活动，是人类文明最早开放的一支艳丽奇葩，无论是在民居建筑营造文化方面，还是在居住民俗文化方面都是传承当地文化活动的具体体现。

第一节　传统民居中非物质文化现象及其作用

在关中地区民居建筑中无论是物质文化形态，还是非物质文化形态下的精神文化形态和空间形态，以及所反映出的天人合一理念、严格的礼制制度、多元的宗教信仰意识、封闭围合的隐秘空间习惯、因地制宜的建造原则、强烈的安全防御意识、根深蒂固的宗法思想、浓烈的血缘观念等都是传统的文化现象和具体体现，而这些现象的作用和目的的核心都是为人的精神需求服务的。

一、环境营造理念

（一）哲学观念

从古到今，我国以农业生产为主，因此受农耕文化的影响较大，人们的靠天吃饭意识较为严重。所以，人们希望年年岁岁风调雨顺、五谷丰登，人们能通过辛勤耕耘，换来安居乐业的幸福生活。这种祈求和谐的人与自然共生的关系是先民们在生产生活中所追求的一种理想状态——"天人合一"。

"天人合一"是"知性知天，性天统一"观点的提炼概括。这里的"天"是无所不包的自然，是客体，而"人"与天地共生，是主体。"天人合一"是主体融入客体，二者形成根本的统一。中国古代哲学思想中的天人关系就是意指自然与人、天道与人道相通、相类和统一。周易认为，"天人合一"是人生的理想境界。宇宙自然界为一个大天地，人为一个小天地，大自然的天象变化与人体的气化活动有直接的相互感应和共通的规律。天人之间存在着内在联系，借天例人，推天道以明人事，这就是"天人一理"说。《史记·乐书》中记载，天与人相通，就如同是形与影的关系。人们借助天地构成和运动变化的道理来仰观天文、俯察地理，探知其中或幽或明的奥秘，追溯事物的起始，跟踪其发展的轨迹。天、地、人，万事万物生死轮回的规律其根本之点在于天地万物都是一个有机循环和新陈代谢的整体系统。因此，人类一切活动必须遵守"天人合一"的法则。

同时，古代的先民们长期在这片土地上生息，非常敬畏自然，爱惜脚下的土地，形成了一种崇尚自然、喜爱自然的传统思想。例如，《礼记·郊特牲》记有："社，所以神地之道也。地载万物，天垂象，取财于地，取法于天，是以尊天而亲地也。故教民美报焉。"因为看到肥沃无边无际的土地，既可以负载万物，又能让人们维持生计，所以人们依赖土地，对之更加崇敬，抱着感恩的心与之亲近是可想而知的。与此同时，在周易的《乾卦》载有："夫大人者，与天地合共德，与日月合共明，与四时合共序，与鬼神合共吉凶。先天而天弗违，后天而奉天时。"在孟子的《尽心》中有："上下与天地同流"等论说说明了我们的先祖们在很久以前就意识到了"天时、地利、人和"之间紧密的关联性和依存性。

有学者解读"天人合一"是中华先民的独悟与首创，是人文科学与自然科学相融、体质人类学与文化人类学相融、人类社会学与自然生态环境学相融、人类生命学与宇宙生命学相融的综合文明形态，涉及的知识领域极为复杂，历史派别众多……其"天人合一"的理想生存境界是"天人全息养生境界"。也就是遵循宇宙太极螺旋气场效应模式，以此达到天、地、人三个太极气场的合和统一，做到人法地、地法天、天法道、道法自然境界（王大有，2005）。这也是我国先民们的哲学观念和所追求的理想境界。

在人类创造文明的进程中，人类活动不同程度地作用于周围的自然界。受古代哲学思想的影响，人们秉承一种亲和友好的态度处理建筑与自然环境的关系，从而形成了建筑和谐于自然的环境态度。传统民居体现着建筑与自然的对话，形成了一种完整的天地象征。

　　然而，对于中国古代的这一由阴、阳结合而构成天、地、人系统的整体有机观，国外科学界也有不同的看法。例如，英国的李约瑟博士总结说："中国人的科学或原始科学的思想包含着宇宙间两种基本原理或力量，即阴和阳……大多数欧洲观察家都指责它是纯粹的迷信，阻碍了中国人真正科学思维的兴起。不少中国人，特别是现代自然科学家，也倾向于同样的意见。但是……我考察的是，事实上古代和传统的中国思想体系，是否仅只是迷信或者简单地只是一种'原始思想'，还是其中也许包含有产生了那种文明的某些特征性的东西，并对其他文明起过促进作用。"这无疑是肯定并高度评价了中国古代传统文化中的哲学观念。

　　综上所述，不难看出先祖们对天、地、人三者之间有着深刻的认知。人们对大自然事物的崇拜，经过中华几千年的文化积淀，最终形成了本民族特有的文化心理结构。例如，渭南地区的党家村，在选址、营造以及防御体系设计等方面均体现出了以上哲学观念和建造原则（图6-1）。

图 6-1　党家村聚落全景图

（图源：自摄于韩城）

（二）儒学礼制

　　古人类的思维方式中，有一种存在于事物与现象之间的"神秘力量"。人们相信，一切互相关联的事物与现象之间，有着某种互相影响甚至是决定性的因果关系，而且存在对这些现象与神秘力量的解释，如祈雨、攘灾、治病、避祸及人与鬼神的沟通等。人们在祭祀中使用的器物上最早发现了能够反映"原始思维"的痕迹，这种"原始思维"的概念可以适用于整个古代中国思想世界。礼制思想便衍生于祭祀活动，其固有的程序和仪式产生了礼的最初规范，因此，这个"礼"也可称为"礼制""礼仪"。礼制规范一般来说是被严格遵守的，对老百姓们来说它凝聚了同一氏族人们的崇敬与信仰。礼与否，关系到上天和祖先的喜怒，关系到是否能得到神灵的庇护，关系到生者幸福和氏族兴衰的核心问题。所以，"礼"是当时人们思考、观察和信仰的全部内容，在人们的心中形成了一种重要意识。

我国是"礼仪之邦"，礼是中国文化的核心，它不仅铸造了儒学的基本特征，也形成了中国文化的重要特色。自古礼起源于上古的宗教仪式进入阶级社会后便成了一种普遍的民族的文化制度。特别是儒家学派创始人孔子所整理的《诗》《书》《礼》《易》《乐》《春秋》（"六经"），作为贯彻"礼"精神的系列著作和指导准则。

1. 儒学的影响

孔子说："礼之所兴，众之所治也。礼之所废，众之所乱也。"儒学思想强调社会的秩序和等级，认为人群需要有良好的秩序，有了秩序才能组织活动。人群中的人也应该有高低贵贱之分，这便有利于管理。同时还强调"人伦""教化"，以天道建人道、以礼治国，重视人与人之间的秩序和等级关系。在孔子的影响下，儒者更加重视礼仪所表现的思想和观念。像"非礼勿视，非礼勿听，非礼勿言，非礼勿动"是为了培养一种遵循仪节的自觉习惯。像"君君臣臣父父子子"是为了形成整个人类社会井然有序的风俗和礼制规范。像"各位不同，礼亦异数"是为了礼仪对应，因人而异，把握好礼制的尺度。另外，儒学中的礼制思想在理想上追求福、禄、寿、喜，在道德上追求忠、孝、仁、义，以及"家国同构""重本贵生"等思想影响着祖祖辈辈的关中人，这些礼制制度也极大地影响和规范了关中地区民居的发展，并在其中得到了极好的体现。

在《事林广记》的前集中有说："……凡为宫室必辨内外，深宫固门，内外不共井，不共浴室，不共厕。男治外事，女治内事，男子昼无故，不处私室，妇人无故，不窥中门，男子夜行以烛，妇人有故出中门，必拥蔽其面。男仆非有缮修，及有大故，不入中门，入中门，妇人必避之，不可避，亦必以袖遮其面。女仆无故，不出中门，有故出中门，亦必拥蔽其面。铃下苍头但主通内外宫，传致内外之物。"（陈元靓，南宋）另在《礼记·曲礼》中说："……为宫室，辨内外。男子居外，女子居内。深宫固门，阍寺守之。男不入，女不出。"（作者不详，战国至秦汉年间文集）这些反映了儒家所规定的贵族家礼，强调男女隔离与疏远，束缚关系的礼教使得他们只能各自处于被限制的固定建筑空间内，不得逾越。

另有儒家《滕文公上》说："父子有亲，君臣有义，夫妇有别，长幼有序，朋友有信。"（孟子，战国时期）这种人与人之间的关系和应当遵守的行为准则，被这片土地上居住的人民以极大的热情诠释得淋漓尽致。就民居而言，中轴对称的四合院形制被限定在儒学礼制的范围内，包括传统"阴阳学说"也将世界万物分为阴阳两极。还有道家的《道德经》中曾提及："道生一、一生二、二生三、三生万物，万物负阴抱阳，冲气以为和。"（老子，春秋时期）还有《齐物论》中讲道："天地与我并生，万物与我合一。"（庄子，战国后期）老子、庄子这些观念皆为"天人合一"的万物生观念，并认可了"负阴而抱阳"的万物特征。故由此可以看出，万物都可以还原为"一"，关中地区传统民居院落由"间"组成的"区间"沿着某种轴线关系层层递进，由间到院落的形成过程，清楚地映射出老子的"道"的形成，体现了强烈的"合一"思想。此外，《周易·易经·乾卦》记"……九五，飞龙在天，利见大人"，认为数字中的单数为阳、双数为阴，且单数中九为最大、最高，五为中。所以，古时就有把帝王称为"九五之尊"一说，所反映出的仍是大小与高低之分的儒学序列思想。

关中地区传统民居凝固着儒道文化思想，它们以其不同的文化特征影响着建筑的形制和空间组合。例如，在关中民居空间中，常常会把敬天、尊地、拜祖宗作为三条礼制的基本原则纳入院落的建筑之中，设有祭祀天地、祭祀祖宗的礼制建筑祭坛以及祠堂，或在院落的厅房、退堂中，甚至普通民居都会在上房的明间处留有敬天、尊地、拜祖祭祀的专用空间。每到每年的祭祀时候人们以家族或家庭为单位组织祭祀活动，以不同的方式表达对先祖们追思，并以身作则教化其后人。

同时，在建筑的序列中表现为在最后一进院落中的房子为上房，上房处在整个院落空间中最重要的位置。上房中的两侧暗间为家中最年长者居住的卧室，而上房前面两侧的厦房则为晚辈按照左尊右卑的昭穆之制分居两侧。如若在三合院或三合院以下的院落空间形制中，且没有厅房的情况下，整个院落的核心空间则变为上房。上房内一般摆放有祖宗灵位并兼做家庭议事堂。上房两侧暗间仍为家中最年长者居住的卧室，厦房仍为晚辈休息的卧室。民居院落中房屋的功能和位置分配，体现了雕梁绣户内的尊卑长幼之序。

2. 礼制的体现

关于封建礼制制度对民居建筑的规范很早就有，例如："商周时代建筑已达到成型之地步。合院建筑在西周时代已日臻完善，从扶风凤雏遗址来观察，西周的建筑已相当完整了。从这个时代之后，礼制制度为人们所遵循的法则，久而久之成为习惯，凡是建造住宅、宫廷、书院、会馆、陵墓、衙署……必然要贯穿礼制或体现出礼制制度。"（张驭寰，2007）又如："春秋时期，士大夫们的住房更完善了，中轴线上设有门和堂。大门两侧为门塾，门内为庭院，院内有碑，用来测日影以辨时辰。正上方为堂，是会见宾客和举行仪典之处。堂有东、西二阶，供主人和来宾上下；

堂左右为厢，堂后有室，为休息之处。这种布局方式，明显体现了当时社会极为重视的'礼制'思想，即内外、上下、宾主必须次序分明，先后有别。从此，'门'和'堂'分立的制度便成了中国建筑很主要的特色……"（刘天华，2005）

在等级制度上，"基于礼的需要而形成的建筑等级制度，是中国古代建筑的独特现象，它对中国古代建筑体系产生了一系列重大的影响。最突出的有两点：一是导致中国古代建筑类型的形制化。不同类型的建筑，突出的不是它的功能特色，而是它的等级形制。凡是同一等级的建筑，就用同一的形制。……吞噬了建筑功能的特性和建筑性格的个性。二是导致中国古代建筑的高度程式化。严密的等级制度把建筑布局、规模组成、间架、屋顶做法，以至细部装饰都纳入等级的限定，形成固定形制。这种固定形制在封建社会的长期延续，使得建筑单体以至庭院整体越来越趋向固定的程式，整个建筑体系呈现出建筑形式和技术工艺的高度规范化。程式化、规范化保证了建筑体系发展的持续性、独特性，保证了建筑整体的统一性、协调性，保证了建筑普遍达到不低于规范的标准水平。但是，也成为建筑发展的枷锁，严重束缚了建筑设计的创新和技术的革新，加剧了中国建筑体系发展上的迟缓性。"（侯幼彬，1997）

在形制营造上，同样受到礼制思想潜移默化的影响，例如："'门'和'堂'分立的制度在使用上，可使门和堂之间凭借着墙垣或辅助构成一个个庭院，将封闭的露天空间变成为厅堂等室内空间的有机延伸，方便生活起居。周代以后，门堂之制作为礼的一项重要内容被纳入到儒家学说之中，对整个封建社会的建筑艺术产生了不可低估的影响，这也是对称有序的院落式住宅在我国沿用数千年的主要原因。到了汉朝，中国四合院式的住宅已经发展得十分完善了。"（刘天华，2005）在形制上采用了中轴对称、规整严谨的平面布局特征，重视空间秩序。强调风水观念及儒学礼制的"五行方位""尊卑有序"等传统等级思想。

在功能分区上，在宫言"朝"，有"前朝后寝"之说，在居言"堂"，有"前堂后室"之说。这种布局方式基于"礼"的规制，遵循尊卑有序、男女有别的道德观念。例如，《礼记》中有说："……司徒修六礼以节民性，明教七以兴民德，齐八政以防淫，一道德以同俗，养耆老以致孝……"（戴圣，西汉时期）可见，"堂"是举行重大礼仪、家庭祭祀、宾客相见、节庆宴饮的场所，是传统民居建筑中的主体建筑，具有礼制、礼仪性的空间属性。通常会在堂屋的某个区域或上房正中最里面设有神龛和祖先神位，墙壁上常挂中堂画，两侧常挂对联。同时，在民居建筑中的形制、布局、装饰及陈设等方面均强调营造居住与生活氛围。

　　关中地区传统民居建筑规模较大的多进式合院里，每一进的堂屋都是前后贯通的，也可称之为"穿堂"。例如，《释名·释宫室》有："古者为堂，自半以前虚之谓堂，自半以后实质为室。……堂，犹堂堂，高显貌也。"（刘熙，东汉时期）由此可见，民居中的厅房或堂屋有做"六礼"之用，是宅第空间的核心和重点，在建筑空间中具有至高无上的地位。堂屋的形制符合上古时代的礼制文化传统，是封建神权、族权、夫权的集中体现地，是住宅中权力的象征。像"高堂""中堂"等称谓也是体现了传统儒学文化和礼制思想在人们心中的地位。

　　3. 宗法制度的体现

　　传统的"宗法制度"包含上至君臣的"家国同构"，下至家族的"族规家法"伦理观念，是中国传统文化的重要组成部分，也是中国传统建筑渲染的核心主题之一。例如，《左传》中说："……贵贱无序，何以为国。"（左丘，明代）朱元璋说："昔帝王之治天下，必定礼制，以辨贵贱，明等威……贵贱无等，僭礼败度，此元之所以失败也。"（宋濂，明代）

　　一般概念的"宗法"是指一种以血缘关系为纽带，遵从共同祖先以维系亲情，在宗法内部区分尊卑长幼，并规定继承秩序以及宗族成员各自不同的权利和义务的法则。宗法制度源于氏族社会末期的家长制，依血缘关系分为大宗和小宗。古代君主制产生后，宗法制与君主制、官僚制相结合，成为古代的基本体制和法律维护的主体。宗法观念深入每个家庭内部，成为中国传统文化的重要内容，也是中国传统建筑渲染的主题之一。家是构成社会的本体，是人们生活的依靠，个体的角色首先是家族的成员，然后才是社会的组合体。古代的昭穆之制，可以区分父子、长幼及亲疏关系。同样可以看出，古代以左为尊位之称，而在地理方位上以东为左，以东为上。宗法制度在传统民居建筑中表现得也十分明显：房屋的位置、开间、高度等也都严格遵循等级制度呈现不同的序列。现存的关中地区的民居建筑形制，以及韩城党家村的党家祠堂建筑和旬邑唐家墓园均是很鲜明的例证。

　　对于宗法思想对建筑形式的影响，刘天华认为："宗法是以天然血缘关系为基础的，它起源于原始氏族公社的祖先崇拜。汉代许慎的《说文解字》曰：'宗，尊祖，庙也。'从宗字身来看，它首先从'宀'字，也就是与建筑相关。而'示'即是被神化了的祖先。所以，'宗'的基本含义便是踞坐在房屋中的变成神仙的祖先。这一思想观念对建筑的影响是深远的。首先宗族观念离不开家庭赖以生活的基本因素——房子。再者，血族的亲缘关系又要求父子、亲属生活在一起，不得分散，以免削弱宗族的力量。这一思想基础就决定了建筑的基本模式，便是许多居室组合在一起的群体。在历史的发展中，'宗'又和以'忠'、'孝'为内容的儒家伦理观念相结合，家有家长，族有族长，同姓间也推选长者为首。封建政体的最高统治者皇帝就是全国千万家族百姓的至尊至长。反映在建筑上也就有了明显的尊卑等级划分。"（刘天华，2005）

儒学对宗法的思想体现在强调"人伦""教化"。以天道建人道，以礼治国，重视人与人之间的次序和等级关系等。这种观念充分体现在关中地区传统民居的空间秩序上。前院的空间等级最低，越向内、向后空间等级越高，内院或位于主轴线上的最后一进通常为最重要的院落。家庭成员按照辈分、长幼、亲疏关系的远近居住于不同的建筑位置中。关中地区民居院落内部空间这种对称规整的布局形式，沿袭了儒学礼制的思想，具有严格的等级划分。

综上所述，在传统民居建筑中的空间形态分区、使用以及建筑形式中，儒家思想、封建礼制观念、道德观念无处不在，形成了高尚的道德准则和优秀的传统美德，孕育了原始社会乃至封建社会的治国之本——儒学思想和礼制制度的传统哲学观念。这便为人们的活动或国家的治理提供了思想上、道德上、行为上的诸多标准和规范，建立了较为完善的人与人之间的、人与社会之间的、人与建筑之间的关系序列。由此进一步影响了传统建筑的建造规模和建造原则。

（三）风水理论导向

传统的"风水学说"理论体系是我国古代的地理环境学说，又称"堪舆""卜宅""相宅""青乌"以及"山水之术"，是中国术数文化的重要组成部分。在《汉书·艺文志》的《堪舆金匮》中又称作"青囊""地理"等。风水学说涵盖着阴阳、五行、四象、八卦等哲理学说，附会着"龙脉""明堂""生气"及"穴位"等形法术语。审查山川形势、地理脉络、时空经纬，以择定吉利的建筑基址、布局等，成为中国涉及人居环境的一个极为独特的、不可或缺的指导思想。这种地理环境意识是先祖们在漫长的农耕文化中逐步总结出来的包含着"天道""地道""人道"等方方面面的经验，并应用于人类生产、生活的过程之中。

风水学说渊源于人类早期的择地定居。早在旧石器、新石器时代之交，采集狩猎的攫取经济被农耕畜牧的生产经济代替之际，相对稳定的定居生活推动了人们开始注意对居住地环境的选择。据考古工作者的研究发现，我国古时的风水学说发祥地在黄土高原的山丘之上，是窑洞的建造者为寻求理想居住场所而发展起来的民间营造理论。从裴李岗、半坡和姜寨等原始村落，或大地湾的大房子、东山嘴的祭坛等公共建筑可以看出，人们在新石器时代对居住选址方面有了一定程度的探寻痕迹。随着历史的发展演进，选址相宅经验的长期积累，风水学说在先秦发展成为"相地术"。

先秦时期先后出现过的盘庚、公刘、周公等，他们在实际相地中都为中国的风水术做过贡献。到了秦代已有相对成熟的地脉观念，讲究风水地脉的习气，无论是在朝廷之中还是在民间都已开始盛行。汉代时，风水理论已逐步开始成形，出现了《堪舆金匮》和《宫宅地形》这些风水文化理论的奠基之作。在《易经》玄学及董仲舒的"天人感应"等谶纬学说的影响下，相地术开始与阴阳五行、八卦相结合，为其发展奠定了哲学基础，并确立了逻辑演绎方法。相地术后来发展为"风水术"，一定程度上影响着建筑的建造时辰、规划布局和设计施工，在全国各地均有使用，流传广泛，深入人心，影响深远。晋朝的《葬书》是风水文化发展史上的一个里程碑，大大地丰富了风水文化的理论体系。

从人类文化学的角度来看"风水学"，它既是一种文化现象，又是一种民间普遍的习俗；是一种择吉避凶的方法，又是一种有关人对环境的认知过程。从现代的学科来看，风水学说全面结合了地理学、水文学、气象学、建筑学等。"理气"为风水学说的主要宗旨。故在选址前寻求避风向阳、万物生气、山清水秀之地。此外，先人们依据风水说对传统民居建筑的日照、风向、取暖、给水、排水等居住环境必须解决的问题进行了客观的、理性的思考与决策。

例如，《道德经》中的"……万物负阴而抱阳，冲气以为和。"（老子，春秋时期）所谓"和"是指天、人、阴阳之和，和谐、协调；所谓"气"是指万物本源，是构成天体的基础。王大有说："……风水是天脉地脉之气阴阳交感形成的宇宙能量信息。天人全息建筑科学是研究天地宇宙能量信息与人类信息关系协调的道器系学问。"（王大有，2005）又如，《黄帝内经》认为，住宅是与居民的生活息息相关的，居住宅屋的好坏、环境的优与劣都会直接影响到人们的生活质量。因此，风水理论是传统民居人居环境里一个不可或缺的重要部分，对民居的形成和发展起到很大的作用。例如，风水学中将民居称作"阳宅"，是自然界中的载体。在营建时，从房屋的选址、院落朝向、入口的定位、人流的动线、厨灶的位置及家具的摆设等均可以在风水学中找到相应的理论依据和对策，它对建宅的指导作用与使用价值是不可取代的。

在选址上，中国古代聚落选址，历来都重视环境的选择。汉代刘熙在《释名》中说："宅，择也，择吉处而营之也。"所谓"吉处"指的是天、地、人能和谐相处的有利环境。风水学说中对于环境选址的把握是村落整体建设中不可或缺的一步。不仅如此，作为中国古代传统建筑的重要营建理论与指导思想，风水对生态自然环境有着密不可分的保护与尊重，是具有生态的、可持续发展的重要理论依据。古代聚落建设，一方面在尊重自然和顺应环境的基础之上，根据土地资源状况来合理安排生活居住用地。《礼记·王制》中的"凡居民，量地以制宜，度地以居民，地邑民居，必相参与"描述的就是上述道理。除此之外，还表现出对土地和水源的保护态度。荀子在《天论》中记载"得地则生，失地则死"，而《孟子·尽心·上》中记载"食之以时，用之以礼，财不可胜用也"，均说明了保护土地资源和水资源的重要性。只有合理、适度地使用，才能维持整个生态系统的持续发展和长久存在。又如姚延銮说："阳宅须教择地形，背山面水称人心。山有来龙昂秀发，水须围抱作环形，明堂宽大斯为福，水口收藏积万金，关煞二方无障碍，光明正大旺门庭。"（姚延銮，年代不详）"……遵从'地理五诀'中所说的'龙、穴、砂、水、向'五大要素来处理聚落与环境的关系，强调天人合一的理想境界和对自然环境的尊重。"（魏德毓和李华珍，2008）民居的形制与结构，以及门窗安置的方向、部位、大小和方式等都必须遵循这一原则（图6-2）。

图 6-2 风水罗盘图
（图源：引自百度网）

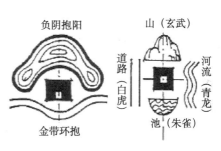

图 6-3 最佳选址示意图
（图源：引自《中国建筑美学》）

关中地区在选址上基本沿袭了传统的风水理论，注重居住地与周围山川河流诸环境要素的关联，注重趋利避害，使人与自然和谐共处，从而达到"天人合一"的完美境界。人们遵循着古老的风水传统，考虑日照、风向、水源、地质和地相等综合要素，力求将基地选在背风向阳、地势较高、无洪水威胁、地质条件稳定的地段。且依山面川、负阴抱阳、金带环绕、方便生活（图6-3）。

在朝向上，一般的四合院受风水堪舆说的影响，外门不开在中轴线上，而开在八卦方位图的"巽"位和"乾"位上，所以，路北住宅的门均开在东南角。进门为一小天井，正对门楼设一块照壁，上面写有"福"

"喜"等吉祥文字……（刘天华，2005）。

　　门及其朝向是住宅的吐、纳气之口，宜开吉方旺方。大门的门向、门口外面的地势与景观，或因特殊地理要素所形成之特别格局，均对住宅风水有决定性的影响。门作为宅房的气口，内宜有照壁，四合院的大门宜在东南方位。一般忌开五门（大门、厅房门、起居室、阳台等）；忌在同一条直线上设置"穿心门"，宜犯口舌，冷风冲射，多病。凡是门、窗均要规整，不透风，不出现贼风、阴风。睡觉时门、窗或全关，或全开，不可留有小缝，不正对着身体；尤忌风口对头、臂、足，否则易得中风、受伤、落枕、风湿、头风等风症。窗户应该多开，多吸纳自然风、自然空气。"……民居朝向一般以纳阳、避风、引气为原则，以坐北朝南的'负阴抱阳'的格局为最佳，在北方几乎成为定格，即便入口不在南面，亦可通过路径转向仍然维持朝南的布局。"（孙大章，2004）。但凡宅相存在不尽如人意的情况时，人们通常会采用某些补救的办法以求得最大的心理安慰。比如，"辟邪文化"中对厌胜物的镇邪处理，可使凶宅化解，起到禳解、镇魅、转移凶气的作用（图6-4）。

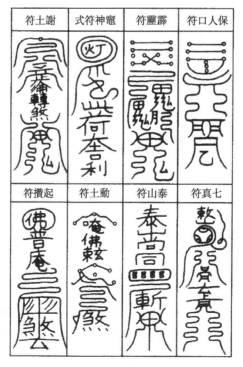

图 6-4　镇符图列举
(图源：引自《风水与建筑》)

　　关中地区的民居建筑按照八卦的方位来排列大门的朝向位置，方位顺序为乾、坎、艮、震、巽、离、坤、兑。坎为北，巽为东南方位，因此，取"坎宅巽门"的方位来确定。该方位为财源茂盛，可耕可读，人才学子，仕宦辈出，是大吉大利之位。其次是坐西向东向，以便通风、采光、取暖，讲究的是"迎气""纳气""聚气""藏气"等。关中地区有许多像"子孙有福，留得朝南屋""东北房，冬暖夏凉；西南房，冻死鬼阎王""有钱不住东南房，冬不暖来夏不凉"等谚语，生动地反映出了关中人对民居择向的理念和习惯，这也符合四灵以及五行方位法则（图6-5）。

图6-5　四灵与五行方位图
（图源：引自《中国建筑美学》）

在开间数上，房屋的开间多取三、五、七的奇数间。因为奇数为阴阳中的"阳"，在功能布局上好安排，在建筑的比例上更符合审美法则。另外，关中地区较为讲究和富裕的人家还会将大门砌成门楼，并在入大门处或院中央设有用砖或土坯砌筑成的照壁，以此防止"脉气"外流。在屋顶上设有砖塑脊兽，作镇妖辟邪之用。还常会在院内忌栽桑树，因为"桑"同"丧"同音而被视为不吉利等讲究和民俗习惯。

风水学体现了人们在营造环节中的环境意识。在我国传统民居中，作为构筑民居的门和窗也反映了一定的伦理色彩。据考证，最早的风水定义记载来源于《葬书》，书中说："藏者，乘生气也。气乘风则散，界水则止。古人聚之使不散，行之使有止，故谓之风水。"（郭璞，晋代）

可以说，风水是传统建筑中择地技术沿用至今、流传地区最为广泛的一种文化现象，应用不分官民和贫富等级。而有所区分的便是有"阳宅"（图6-6）和"阴宅"之分的民俗行为。因此，风水术是与人以及居住环境有着紧密联系的，起着极其重要的作用。同时，在风水理论中又可分为"形势派和理气派之分，前者重在以山川形势论吉凶，后者重在以阴阳、八卦论吉凶。"（钱正坤，2007）后来，随着风水学说的发展，其在民居建筑上的应用有了更为完整和系统的一套体系。例如，《阳宅十书》中详尽地分析和列举了建筑周边的地势、山丘、冈阜、水流、池塘、道路、林木、坟墓等50余种状况，不乏经验的总结和科学道理。这些理论至今还应用于新农村建设以及陕南山区移民搬迁的择地、院落建设之中（图6-7）。另有："……人之居处，宜以大地山河为主，其山脉气势最大，关系人祸福最为切要。……凡宅左有流水谓之青龙；右有长道谓之白虎；前有污池谓之朱雀；后有丘陵谓之玄武，为最贵也。"（王君荣，明代）（图6-8）。

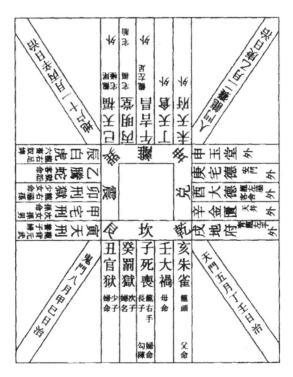

图6-6　黄帝内经阳宅图

（图源：引自《风水与建筑》）

较为典型的像党家村的选址合理，村容如舟，房屋建造符合传统阴阳八卦之说，木、石、砖三雕俱全，有很高的研究鉴赏价值。它选在两片高塬之间的狭长低洼地带，占地约17公顷，坐北向南，避风向阳，为藏风聚气之地。北塬高出村落大概40米，南塬略低于北塬，沿狭长的沟谷排

图 6-7　葛牌镇新农村建设实例

（图源：自摄于蓝田）

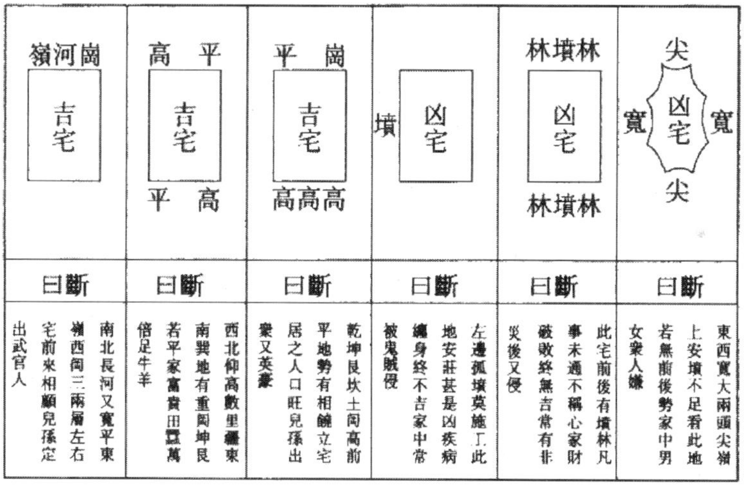

嶺河崗　吉宅　平	高 平　吉宅　平 高	平 崗　吉宅　高 高 高	墳　凶宅	林 墳 林　凶宅　林 墳 林	尖　寬 凶宅 寬　尖
曰斷	曰斷	曰斷	曰斷	曰斷	曰斷
南北長河又寬平東嶺西閭三兩層左右宅前來相顧兒孫定出武官人	西北仰高數里疆東南巽地有重閂坤艮若平家富貴田園萬倍足牛羊	乾坤艮坎土岡高前平地勢有相饒立宅居之人口旺兒孫出襄又英豪	地安莊甚是凶疾病纏身終不吉家中常被鬼賊侵	左邊孤墳莫施工此事未通不稱心家財破敗終無吉常有非災後又侵	東西寬大兩頭尖嶺上安墳不足看此地若無前後勢家中男女眷人嫌

图 6-8　宅院环境吉凶图

（图源：引自《阳宅十书》）

开，整体呈葫芦状，也符合自然宇宙的"S"形曲线，为有情局，形成天然财局，环抱有情，能锁不泄（图 6-1）。除此之外，"瓦屋千宇，不染尘埃"的党家村依据其缜密的选址使得周围植被保护良好，绿树成荫。风吹过其所处的半坡地势，尘土未落下就过去了。西有水库，东临黄河，东南濒临泌水河，村落巷道纵横，是用条石和鹅卵石铺筑而成的，使得巷街既是道路又是排水道，再大的降雨对村落也构不成威胁。

由此可见，党家村是先祖利用宇宙天体运动与地理环境的组合及人对于居住环境的布局，从而产生的最佳结果。先民们尊重自然，在这片土地上过着淡定怡适、知足常乐的劳作生活。村内的二十多条巷道纵横贯通、主次分明，每个巷道的路口条石上都书有"泰山石敢当"，家家都有"狴犴"或门枕"石狮"守卫，在风水上有挡煞、避凶的作用，也作稳固江山、永保平安之意。

二、宗教信仰与神灵文化

自古以来，宗教活动和崇拜活动就是与文化同步产生的、并不断发展的、一直延续至今的信仰活动。在懵懂之初，人们的崇拜意识虽然不知其根源，但是在思想意识之中就已经根深蒂固、难以改变了。久而久之便形成了一种民俗习惯，也成了区域、族人集体信仰与崇拜的标志。也有学者曾说："在任何一种文化中，文化和宗教的影响都会大于人本身的要求。尽管中国的宇宙定位原则有时候是与生活舒适度相关的，可一旦舒适度与宗教原则相抵触，则必须放弃人的舒适感而遵循宗教理念。其影响是非常巨大的，在中国，许多建筑的背后都蕴藏着宇宙定位原则，有些建筑形态也受其影响，根据宇宙定位原则而进行的建筑形态上的探索是最多的。"（亢亮和亢羽，1999）如此看来，通过本观点不难看出宗教文化在我国传统民居建筑中的巨大影响和重要地位。

（一）宗教信仰

民间的宗教信仰是一个笼统的概念，泛指传统宗教文化中那些缺乏系统的宗教教义和宗教典籍、信仰，以及日常生活混合并与神秘物相关的宗教活动。它没有固定而严谨的组织系统，也没有系统的教义和特定的戒律。但广泛地存在于传统社会、家庭、个人的生活之中，与世俗的日常生活深深地融合在一起，成了人们日常生活中的有机组成部分。此处所指的民间宗教信仰系统是流传于民间而被普通民众所共同崇信和奉行的宗教戒律、仪式、境界，以及广泛的、多样的神灵信仰，其崇拜对象大致有天神、地祇、人鬼、物灵四大类，也可定义为自然神灵、人文神灵和宗教神灵。在关中地区的民居环境中与宗教有关的事物处处可见。

1. 自然神崇拜

关中人认为天、地、日、月、山、石、火、雨及风等都有其神灵，而民间信仰对自然神的崇拜和敬畏与当地的生存环境有密切关系。像神龛之位祭拜的多为土地之神，也称为"社神"。在《通俗篇》中有"凡社神皆呼为土地。社者，社稷也。是掌管五谷丰登之神"（翟灏，清代）的释义，

《晦庵先生朱文公文集》有"主张四时都应当祭土地"（朱熹，明代），《白虎通义》有"社稷不可分，从天子到庶民，都要封土为神，以祈福报功"（班固等，清代）。以上所表述的皆是人们最原始、最根本的目的，是人们为了祈求家宅平安、香火兴旺而对土地神充满了尊敬。有学者说："……实际上第一就是敬'土'，土即大地；第二就是社，社者为五谷之属。用俗语来讲即有土地就有粮食。所以古人一直重视土神、社神，'社稷之存亡，也即是国家之存亡'。"（张驭寰，2009）故此，老百姓们敬之以求得庇佑。

关中地区属于干旱少雨区域，因此，自古以来对自然崇拜中的雨神——"龙王"神祈拜得最多。其次便是"土地神"了。过去在关中地区中较大的村寨一般均会在村子的地势较高处或交通要道处建有龙王庙或土地庙（图6-9），以祈求风调雨顺、五谷丰登的好年景，每年各村寨都有祭祀"雨神"或"土地神"的习俗。

图6-9　关中地区土地庙、龙王庙列举
（图源：自摄于铜川陈炉镇、长安区鸣犊镇）

2. 祖先崇拜

祖先崇拜在中国民间宗教信仰及儒学礼制中占有十分重要的地位。人们以各种形式表达对祖先的崇拜和敬仰，其中，祭祖活动是最具有代表性的活动仪式。一般来说，祭祖的时间都是固定的。例如，关中地区每年的大年三十前，晚辈须上祖坟烧纸敬香；正月初一，全家老少集中在祖先牌位之前，行礼供奉，祈求祖先保佑一年平安顺利（图6-10）；三月清明，家家诣坟地，举行坟会，祭祖；十月初一为祭墓的日子，以五色纸裹棉烧之，谓"送寒衣"，以表达思亲之情。又如，每年一度声势浩大的"黄帝陵祭祖"活动，牵系着国家领导人以及众多炎黄子孙前来祭祖。

(a) 党家村祖先牌位　　　　　　(b) 焦西村某祖先牌位

图 6-10　关中地区祖先牌位列举

[图源：(a) 自摄于韩城党家村；(b) 自摄于户县华西村]

3. 佛教、道教与巫术

据史料考证，被列为三大宗教之一的佛教是在西汉末年才传入我国的，佛教的传入对我国的传统文化影响很大，建筑也不例外，为我们留下了大量的佛教建筑与文化遗产，同时也深深地影响到了人们日常的宗教信仰和宗教活动。关中地区佛教的信徒们除了参加正式的寺庙的佛事活动之外，还常常会在自家宅院的厅房或堂房内设置佛堂，以便日常的上香诵经，以寻求心灵安慰，如户县庞光乡庞西村某家庭佛堂（图 6-11）。

图 6-11　一般家庭佛堂

（图源：自摄于户县宋村）

而道教是中国本土文化之一，颇有历史渊源。道教发端于东汉时期，经魏晋南北朝后便形成其体系，涉及广泛。兼容了古代宗教、巫术以及五行、八卦、阴阳气论等思想理念。在传统的道教历史上，总是将风水、八卦内容看作是本家学说的重要组成部分，而风水在很大程度上也反映了道家的思想……其中的"巫术"实际上是一种利用事物的一部分或是事物相关联的物品以求吉、捉鬼、驱邪，祈求神灵保佑、驱鬼治病为目的。在关中地区民间流传的各种巫术就有很多形式，在活动时，一般由巫师主持并进行一系列捉鬼驱邪活动。

总体来说，宗教信仰对关中地区民居建筑的影响甚大，民居对于宗教信仰的承载表现也是十分明显的。因为宗教信仰已然成为老百姓生活的重要内容，上至官宦，下到百姓，入户处的土地堂都有土地神位，无论华丽还是简陋，家家户户无一例外，通过建立神龛来祈神供神，希望能得到神灵的庇佑。

（二）神灵文化

神灵文化属于"民间信仰"范畴，在关中地区的神灵文化及其活动中，最古老、最根本的就是"天地信仰"，其中包括日月星辰、山川河流、风雨雷电、图腾崇拜文化等，这些内容都是人类膜拜的对象。神灵文化最突出的功能就是能起到安慰心理和永宁精神的作用。因此，人们也给各路神仙人物冠以不同的名字，加以不同的任务，以祈求神灵们能带给家人吉祥和各种各样的护佑。

在封建社会，祭祀也是有等级差异的。例如，《礼记·曲礼》记载："天子祭天地，祭四方，祭山川，祭五祀，岁遍。诸侯方祀，祭山川，祭五祀，岁遍。大夫祭五祀，岁遍。士祭其先。"（戴圣，西汉时期）也就是说，礼制中最重要的内容是祭祀天地日月、祖宗神灵。而天子、诸侯、大夫与士祭祀的对象是分等级的，诸侯就没有祭祀天地的资格。如果"……非其所祭而祭之，名曰淫祀"。"祭祀祖宗的庙也是规定的天子七庙，诸侯五庙，大夫三庙，士一庙，而一般庶民百姓只能在自己家里祭祖而不能单独设庙。"（楼庆西，2001）

在关中地区民居中常见的有"灶神"，在厨房中必有他的神像供养，以期他能带来吉祥如意。"财神"是护佑家族发财之神，是人们为了荣华富贵和家族的事业兴旺发达而必须供奉的神灵。"土地神"是掌管一方土地的神仙，希望他能保佑自己"安居乐施、造福满门"。"门神"是看家护院的神，期望他能逐邪驱恶，恩赐全家平安。此后甚至发展到屋里各处只要能有所装饰的地方，必定要请神祇来照顾（图 6-12）。

　　（a）土地神及吉祥语　　　　（b）财神及吉祥语　　　　（c）灶神及吉祥语

图 6-12　神像与吉祥语列举

[图源：（a）、（c）自摄于户县；（b）引自百度网]

　　除此之外，民间还有一系列神为人们所信仰，如福禄寿三星、财神、龙、送子观音、谷神等。可见，一方面神灵信仰是人们精神上的一种寄托，人们有所畏惧，就有所需求，用心中的神来为自己仲裁。另一方面，神灵信仰也是制约人们行为的量尺，平衡人们心理的调和剂。因此，神灵文化具有净化人的心灵、约束人的举止作用，对于安定社会具有一定的积极意义。

　　以财神文化为例：

　　1. 财神的出处

　　财神是中国民间普遍供奉的一种主管财富的神。财神是道教俗神，民间流传着多种不同版本的说法，月财神赵公明被奉为正财神。日春神青帝和月财神赵公明合称为"春福"，日月二神过年时常贴在门上。

　　《三教搜神大全》卷三有说：月财神姓赵名公明，又称赵公元帅、赵玄坛，长安（现西安）周至县赵代村人士。在《真诰》中赵公明为五方诸神之一，即阴间之神。后在道教神话中成为张陵修炼仙丹的守护神，玉皇授以正一玄坛元帅之称，并成为掌赏罚诉讼、保病禳灾之神，买卖求财，使之宜利。故被民间视为财神。其像黑面浓须，头戴铁冠，手执铁鞭，身跨黑虎，故又称黑虎玄坛。而月财神下面又可分为辅佐财帛星君和辅佑范蠡，为正文财神。在民间供奉的是招财进宝之神（陶弘景，南朝）。但唐宋及其以前诸书如干宝《搜神记》《真诰》《太上洞渊神咒经》等，皆以其为五瘟之一。直至元代成书、明代略有增纂的《道藏·搜神记》和《三教搜神大全》始称之为财神。

　　"文财神"财帛星君，又称"增福财神"，增福财神，福善平施公。文财神的绘像经常与"福""禄""寿"三星和喜神列在一起，合起来为福、禄、寿、财、喜。财帛星君脸白发长，手捧一个宝盆，"招财进宝"四字由此而来。财帛星君样子和祥，有求必应，最乐于帮助善男信女。很多求财的人，尊敬他、供奉他，是大众最喜供奉的一位财神。一般人家春节必悬挂财帛星君图于正厅，祈求财运、福运。据《古禾杂识》记载："初四日午后接灶，至夜则接路头，大家小户门前各悬灯二盏，中堂陈设水果、粉团、鱼肉等物，并有路头饭、路头汤，鄙俚之至。"（项朱树、王寿、吴受福，清代）描绘的正是家家户户摆供品为财神祝寿，祈求财神赐福，保佑来年财源广进、五谷丰登、幸福美满的盛况。

　　"武财神"关圣帝君即关云长。传说关云长管过兵马站，长于算数，发明日清薄，而且讲信用、重义气，故为商家所崇祀，一般商家以关公为他们的守护神，同时，关公被视为招财进宝的财神爷。

2. 祭祀财神

财神是民间多阶层普遍信奉的神灵。每到大年的正月初二祭财神，鞭炮声此起彼伏，通宵达旦。无论是南方，还是北方供奉的有关圣大帝、玄坛赵元帅、增福三个财神。供品多为羊肉、雄鸡、活鲤鱼、年糕、馒头等。更有虔诚者去五显财神庙抢着烧头炷香的，并向该庙财神借元宝，寓意借财气，以求得一年好运和发财。

清代顾禄的《清嘉录》记有："正月初五日，为路头神诞辰。金锣爆竹，牲醴毕陈，以争先为利市，必早起迎之，谓之接路头。"又说："今之路头，是五祀中之行神。所谓五路，当是东西南北中耳。"（顾禄，清代）正月初四子夜，备好祭牲、糕果、香烛等物，并鸣锣击鼓焚香礼拜，虔诚恭恭敬敬财神。初五日俗传是财神诞辰，为争利市，故先于初四接之，名曰"抢路头"，又称"接财神"。另外，所谓五祀，即祭户神、灶神、土神、门神、行神，所谓"路头"，即五祀中之得神。凡接财神须供羊头与鲤鱼，供羊头有"吉祥"之意，供鲤鱼是"鱼"与"余"谐音，图个吉利。人们深信只要能够得到财神显灵，便可能发财致富。因此，每到过年人们都在正月初五零时零分打开大门和窗户，燃香放爆竹，点烟花，向财神表示欢迎。

（三）神龛设置

在关中地区的院落空间中神龛位的分布一般有两种情况：一种是将神龛设置于室内，家家户户会在厨房的锅案处设有"灶王爷"神位[图 6-13（d）]，会在适当的位置供奉"财神爷"，也会在厅房或上房、堂屋设置其他神龛位，其中有佛堂（图 6-11）、诸路神仙位[图 6-13（e）]或祖宗灵位[图 6-13（b）]等，比较讲究的人家会在上房的二楼中央位置设祭台，供奉"祖先灵位"及悬挂或存放家谱。另一种是将神龛设置于室外，通常情况下会将土地神龛位多设置于大门的内侧，或者与大门直对的厦房的山墙之上[图 6-13（c）]，也常常会嵌入看墙之中一起制作完成。此外，也常会在水井周围设置并供奉"龙王爷"神位[图 6-13（a）]。

三、营造法则

无论是园林建筑、宫廷、寺庙还是单体民居，在建造时均有一定的法则和标准。关于营造的标准及法则，张驭寰在《中国古建筑散记》中说："先民们自从在地面上开始建造房屋以来，都有一种共同性，各地习以为常的，实质上这就存在一种标准。不论是穴居，还是半穴居，甚至发展到地面上来盖房子，都存在着一定的标准启蒙。后来经过夏、商、周，逐渐

（a）潼关"龙王爷"神位

（d）户县"灶王爷"神位

（b）长安郭氏祖宗灵位

（c）旬邑唐家"土地神位"

（e）唐家"诸路神位"

图 6-13　关中地区神龛列举

（图源：自摄于关中地区）

形成了一种礼制制度，遵循礼制。建立标准，如同不成文的法规，在人们的思想中，实际上流传开来。"（张驭寰，2009）直至颁布的《营造法式》和清工部《工程做法则例》的出现，为建筑的设计、结构、用料、施工标准、用材标准、尺寸比例及基本模数等规范了标准。

（一）历朝民居营造法规

侯幼彬曾说："随着周礼的制定和《仪礼》、《周礼》、《礼记》的成书，建筑制度被纳入'礼'的规范，成为礼的仪度化的重要表现，起着等级名分、社会地位、宗法特权的物态标志作用。华夏文明中心的夏、商、周三代的城市制度和建筑的布局、形制都被赋予'圣王之制'的经典意义，这就从'礼'的角度强调了建筑的正统观念和等级观念。"（侯幼彬，1997）由此也展开了礼制在建筑中的探索和规定。自从在《周礼》《礼仪》等书中明文规定礼仪制度以来，统治者们就越来越重视封建社会的整体秩序，这种统治的欲望延伸到建筑中去，每一朝代均有制度标准出台，以示区别。

例如，《礼记·礼器》有记："天子之堂九尺，诸侯七尺，大夫五尺，士三尺。"（戴圣，西汉时期）又如，"礼有以多、大、高为贵"以及五行学说中的"九"为阳数之极等"数"的衡量标准。还有五行学说的"方位"说，以中轴线的正与偏、左与右、内与外、前与后，以及朝向的东、西、南、北、中来确定上与下、高与低和尊与卑排序的。例如，"以中为尊""室以东向为上""堂以南向为尊"等，是不可逾越的规章制度。

唐代的《唐会要》中对建筑制定了严格详细的规定："又奏准营缮令，王公以下舍屋不得施重栱藻井。三品以上堂舍不得过五间九架，厅厦两头。门屋不得过五间五架。五品以上堂舍不得过五间七架，厅厦两头。门屋不得过三间两架。仍通作乌头大门。勋官各依本品，六品、七品以下堂舍，不得过三间五架，门屋不得过一间两架。非常参官不得造轴心舍，及施悬鱼、对凤、瓦兽、通栿、乳梁、装饰，其祖父舍宅门荫，子孙虽废尽听依旧居住……其士庶公私第宅皆不得造楼阁，临视人家，近者或有不守敕文，因循制造，自今以后，伏请禁断……又庶人所造堂舍，不得过三间四架，门屋一间两架，仍不得辄施装饰。"（王溥，北宋）

宋代的《宋史·舆服志》同样对建筑的建造标准有着详细的规定："天下士庶之家，凡屋宇非邸店楼阁临街市之处，毋得为四铺作斗八，非品官毋得起门屋，非宫室寺观，毋得彩绘栋宇及朱漆梁柱窗牖雕铸柱础。"（注：《稽古定制·宋制》）"私居执政亲王曰府，余官曰宅，庶民曰家，诸道府公门得施戟，若私门则爵位穷显经赐恩者许用之……六品以上宅舍许作乌头门，父祖舍宅有者，子孙许仍用之。凡民庶家，不得施重栱藻井，及五色文采为饰，仍不得四铺飞檐，庶人舍屋许五架。门一间两厦而已。"（刘致平，2000）以及《明会典》规定："……六品至九品，厅堂三间七架……庶民所居房舍不过三间五架，不许用斗栱及彩色妆饰。"（《古今图书集成·考工典·第宅部汇考》）

明代的《明史·舆服志》也是维持封建社会秩序的要策，其规则："明初禁官民房屋，不许雕刻古帝后圣贤人物，及日月、龙凤、狻猊、麒麟、犀、象之形，凡官员任满致仕，与现任同，其父祖有官身殁，子孙许居父祖房舍。"（李国豪，1990）品官房舍门窗户牖不得用丹漆。功臣宅舍之后留空地十丈左右，皆五丈不许挪移，军民居址，更不许于宅前后左右多占地构亭馆开池塘，以资游眺。

洪武二十六年（1393年）定制官员营造房屋不许歇山转角重檐、重栱，绘画藻井，唯楼居重檐不禁，公侯前厅七间两厦，九架，中堂七间九架，后堂七间七架，门屋三间五架，门用金漆及兽面锡环。家庙三间五架，俱用黑板瓦盖，用花样瓦兽，梁栋斗栱檐桶彩绘饰，门窗枋柱用金漆饰，廊庑庖库，从屋不得过五间七架。一品、二品厅堂五间九架，屋脊用瓦兽梁栋斗栱檐桶青碧绘饰，门屋三间五架，门用绿油兽面锡环。三至五品厅堂五间七架，屋脊用瓦兽，梁栋檐桶青碧绘饰，正门三间三架，门黑油锡环。六至九品厅堂三间七架，梁栋饰以土黄，正门一间三架，门黑油铁环（李国豪，1990）。

洪武三十五年（1402 年）申明禁制，一品至三品厅堂各七架，六品至九品厅堂梁栋只用粉青饰之。庶民庐舍洪武二十六年定制不过三间五架，不许用斗栱饰彩色。三十年复申禁饰不许造九五间数，房屋虽至一二十所，随其物力，但不许过三间。正统十二年（1447 年）令稍变通之，庶民房屋架多而间少者，不再禁限。

明代的《鲁班经》载有装修祠堂式："凡做祠堂为之家庙，前三门，次东西走马廊，又次之大厅，厅之后，明楼茶亭，亭之后即寝室……"住宅构造如载有'五架三间''正七架三间堂屋''正九架五间堂屋'，全有图式，不过稍感简陋……"（午荣，明代）另如《园冶》一书中记载许多屋架，如五架过梁式、厅堂前带卷棚的草架式、七架列式……又绘有门窗栏杆漏洞窗及铺地许多纹样……（计成，明代）。

到了清代，基本继承了明代的典章制度和营造技艺，并有一定的发展。例如，雍正十二年（1734 年）官方颁布了清工部《工程做法则例》，共七十卷，为了大兴土木，便于施工及管理，便详细地记载了殿堂、房屋、城楼、仓亭和梁架、斗栱彩画，以及大小木作、砖瓦、石作等做法。同时规定了大式建筑以"斗口"为单位，沿用了宋代《营造法式》用材宽来做单位的标准化做法。并将门钉按等级规定分为九路、七路、五路等级，不得逾越。例如，只有帝王的宫门为九九八十一颗门钉，为"九五至尊"。

在"大清会典"中对门的等级有了更明确的规定，例如，宫殿、门庑皆崇基，上复黄琉璃，门设金钉，纵横各九。亲王、郡王、公侯等府邸使用门钉数量为亲王府制正门五间，门钉纵九横七，世子府制正门五间，钉减亲王七之二，郡王、贝勒、贝子、镇国公、辅国公与世子府同，公门钉纵横皆七，侯以下至男递减至五五，均以铁。

又如，《天咫偶闻》所载北平地区："住宅，内城房式，异于外城，外城式近南方，庭宇湫隘。内城则院落宽阔，屋宇高宏，门或三间，或一间，巍峨华焕，二门以内必有厅事，厅后又有三门，始至上房，厅事上房之巨者至如殿宇。大房东西必有套房，名曰耳房，左右有东西厢，必三间，亦有耳房，名曰盝丁（顶），或有从二门以内，即回廊相接，直至上房。其制全仿府邸为之。内城诸宅多明代勋戚之旧，而本朝世家大族，又相仿效，所以屋宇日华。"（震钧，清代）此记所载宅制如三门（或作垂花门）盝顶等制确是清盛期参照明代大宅第修造的。

由此可见，历朝各代不约而同地制定建筑营造等级，并须严格执行各阶层宅第限制，只是为了巩固封建政权的统治。

（二）民居营造规则与形式

民居建设的营造规则是与居住者的身份地位和经济实力有直接关系的。例如，大户人家建造时均选用较好的材料和技术造诣高的工匠来建造，确保施工的质量和雕刻彩绘的精美品质。其次，除了遵循当代营造法规标准外，还会遵循礼仪制度、风水导向、风俗习惯等。"这不仅是为了个人的享受，而且含有夸富示威的意思。城内住宅多用高大围墙围起以策安全，而且家家密集也不得不尔。"（刘致平，2000）

传统民居的营造遵循"以物为法"的务实精神，在中国古建筑的构筑方式上，保持就地取材、因材致用及因物施巧的理性传统。中国古建筑突出地运用了木构架体系。这种木构架体系不是孤立地运用木材，而是土木共济，组构成土木结合的构筑体系。可以说，木构架建筑体系的生成就是就地取材、因地制宜、因材致用的典型现象。这个古老的建筑体系，能够持续地、绵延不断地走完古代历史的全部过程，能够遍及自然气候、地形环境迥异的中华大地，不仅成为官式建筑统一采用的构筑方式，更是在民间建筑中得到了广泛普及并发扬光大，从而历久不衰地稳居古代建筑的正统地位和主体地位。这里有原始建筑历史的、地域的延承因素，有一系列社会的、礼制的、意识形态的制约因素，也有木构架体系自身在当时历史条件下的优越的技术性能和广泛的适应性能。各地人文环境、生态环境、历史环境的影响又造成不同地区构架形制既有其相同相似之处，又有自身的变化与特色。这方面，不同地域的木构架构筑类型蕴含了十分重要的、极具研究价值的独特之处。

陕西民居的结构体系基本上分为两种：一种是以木构架作为房屋骨架的砖木或土木结构（含抬梁式、插梁式和穿斗式），此种结构形式广泛应用于关中地区、陕南一带。另外一种是利用黄土高原的自然地形和条件挖掘出的窑洞民居，此种结构形式广泛应用于陕北地区和关中北部的部分地区，其中有靠崖窑、明锢窑和地坑窑。这两种民居结构类型最具代表性。

关中地区民居的建筑结构体系基本以木质作为房屋骨架的砖木或土木硬山式的，这种结构体系与明代开始在北方民居中流行的墙体承重式民居最大的区别就是承重方式有所不同。关中地区传统民居中的主要外墙与骨架脱开只承受自重并作为围护结构和分隔空间之用，具有"墙倒屋不塌"

的特点（图 6-14）。这就为平面的划分、室内外空间的分隔、门窗的开设提供了自由灵活的条件。

图 6-14　长安区杜北村荒弃民宅
（图源：自摄于长安区）

1. 营造尺度

尺度是人们丈量土地、营建房屋所特意制造的工具，随着社会的发展和进步，尺度工具也得到了进步的发展和完善。以下列举具有代表性度量尺及其单位。

历史上度的单位有寻、仞、步、丈、尺、寸及分等。

古代以尺为常用基本单位且将尺制总结为三个基本系统：第一个是律尺，是考黄钟律吕而定的，为历朝法定标准尺，其他尺度皆出自律尺。第二个是营造尺，又称"木工尺""鲁班尺"，本源于律尺，用于创造车楫、农具及建筑营造。第三个是帛布尺，又称"裁缝尺"或"裁尺"，本源于律尺，因用途特殊而逐渐演绎成为另一尺度系统。

在《中国度量衡史》中有："营造用尺即凡木工、刻工、石工、量地等所用之尺均属之，通称木尺、工尺、营造尺、鲁班尺等。"（吴承洛，1993）同时，历代以及各地区在尺度均有所不同，如《律学新说》中有："夏尺八寸，均作十寸，即周尺也。夏尺一尺二寸五分，均作十寸，即商尺也。商尺者，即今木匠所用曲尺。盖自鲁班传至于唐，唐人谓之大尺，由唐至今用之，名曰今尺，又名营造尺，古所谓车工尺。"（朱载堉，明朝）

据考证：①夏尺＝唐黍尺，即唐小尺（律尺），为开元通宝平列十枚，开元通宝经＝2.469 厘米；唐小尺＝2.469×10＝24.69 厘米。②商尺＝唐营造尺，即唐大尺，为开元通宝平列十二枚半；唐大尺＝2.469×12.5＝30.8625 厘米，这便是唐代的营造用尺长度（图 6-15）。③以明清营造尺长 32 厘米计算则有：鲁班尺＝1.44 营造尺；鲁班尺＝1.44×32＝46.08

厘米；鲁班寸＝1.8营造寸＝1.8×3.2＝5.76厘米。

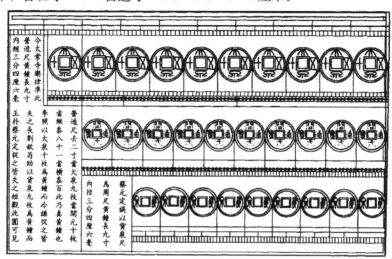

图 6-15　排钱尺列举

（图源：引自《风水与建筑》）

自汉代之后，营造尺均为十寸尺，而唐代之后，其长度绝对值相差无几。宋代的营造尺与清代末期无二样，基本相同。清《律吕正义》规定："纵累百黍为营造尺，横累百黍为律尺；营造尺八寸一分，当律尺十寸；营造尺七寸二分九厘，即律尺九寸，为黄钟之长。"（作者不详，清代）。清末期的营造尺，每尺为市尺的九寸六分，即清营造尺＝9.6×100/3＝32厘米（程建军等，2005）。

2. 空间营造

空间布局可分为"硬空间"和"软空间"。"硬空间"应为"物质"层面的，如"中轴对称"的建筑形态和"前低后高"的构筑形式等；而"软空间"应为"精神"层面的，如"中心为尊"及"前堂后室"等均是传统的五行说、儒学礼制思想和等级观念的具体体现。以上都属于民居建筑营造法则的根本和指导思想。

（1）中轴对称：是中国传统建筑布局的组织核心，也是一项有关民居建筑的营造规则。自古以来，人们为了能做到以中轴线对称，一般在民居建筑中常常会采用三开间或五开间的"奇数"面阔尺度来建造。另外，人们为了能使建筑物更加对称和谐，在院落中轴线上，只要是相对应的建筑物，一般在体量上、形式上、结构上和用色上乃至安装在墙面上的门窗形态均保持其一致性，以适应中轴对称的布局规则等。

（2）前低后高：可以归为民居院落中的地势形态。为了保持院落中的自然排水，通常民居建筑中的门房地势较低，而上房地势较高，同样也制造出了高与低的地差。按照五行说和礼制观念来讲，"高者为上"，因此，供长辈及老人们居住的正房为尊，也被称作"上房"，属于院落中的最靠内、最重要的一个空间序列。

（3）中心为尊：是民居院落的"精神"层面上的核心，是礼制观念的一种表现形式，也是院落中人们日常生活以及大事庆典的活动中心。因此，在一般民居院落中心区的房屋称为"堂屋"，也就有了"前堂后室"之说。这种民居建筑形态最终成了建造皇宫大殿的布局格式，被称之为"前朝后寝"（侯幼彬，1997）。

（4）前堂后室："堂"指的是堂屋，"室"指的是上房。堂屋和上房区域均属于"尊""上"等区域，这种布局是五行说、礼制观念的精神形态和表现形式。

3. 营造观念

（1）天人合一：崇尚自然，喜爱自然自古亘有。这是中国古代哲学强调人与自然的有机联系。天人同构，把自然界看作是一个大天地，而人是一个小天地，大自然的天象变化与人体的气化活动有直接相互感应的共同规律，人的生命是在不断和自然界进行能量、信息交换中维持其运动的。

（2）风水观念：风水术是古人在营造活动中对环境意识的表现。在传统风水观念影响下，人们更注重建筑的空间而非结构。人们最关心的是建筑空间中人的位置："从一开始，人就被设定为空间的中心，被基本方位划分出来的四周空间都要围绕着人的活动展开。这种观念显然不是源于技术的进步或建筑材料的发明，而是源自对人与社会关系的理想化理解……"（斯蒂芬·加德纳，2006）这反映的正是建筑风水观念下的"以人为本"思想。

（3）礼制观念：礼制作为古人的文化规范、行为模式、礼仪模式及其规章制度，其本质是体现一种上下尊卑的伦理秩序，正是这种秩序使得民居的形制具有了明显的等级制度。陆元鼎先生认为："礼教是宗法制度的具体体现和核心内容。"宗法制度制约了包括民居在内的中国古代建筑的方方面面如明确的轴线布局，房屋的面宽、进深与单体建筑开间及单体建筑的等级划分等。因此，传统的宗法及等级观念，也影响了关中地区民居的布局形态、建筑形制和材料的运用等，表现了封建社会完整的伦理秩序，这也是一种礼制和等级观念的综合反映（图6-16）。

（4）因地制宜：关中地区传统民居中三合院与四合院的庭院空间形态由于用地尺度、平面布局及自然气候的影响，表现出深宅、窄院、封闭的空间形态。其窄长、严谨和规整的形式，造就了关中地区独特的民居形

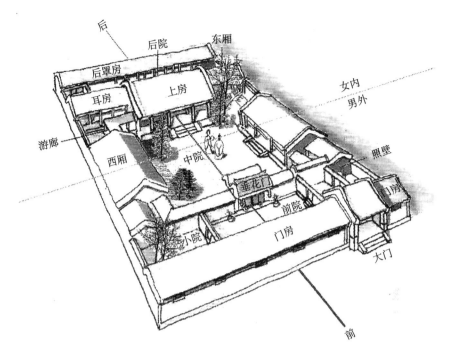

图 6-16　院落礼制与等级序列示意图

（图源：引自《不只中国木建筑》）

态。更具典型性和代表性的当属关中地区的窑洞建筑。

（5）就地取材：关中地区民居建筑的建造，在传统交通运输不方便及运输工具落后的情况下，一般家庭不可能花费大量的人力、物力和财力从遥远的建材产地去购置体量大、分量重的建筑材料。这就使得"就地取材"成为关中地区传统民居营造的一项基本原则。"就地取材"充分体现了关中人的顺天观和减少造价的理念。不以人的意志去刻意地改造周围的自然环境，而是顺应自然去发展。在民居建造过程中，因地制宜，从实际出发，利用大自然的各种现有材料去搭建理想家园，使环境与建筑达到完美的和谐与统一。

（6）材美工巧：《考工记》认为，只有同时具备了"天时""地气""材美""工巧"四个因素，才能做出良好的作品来。天时、地气是自然物象，人不可为。而材美、工巧则是人为因素。材美是指材料自身的美和对材料的选择，工巧是指人为的设计与构思以及精湛的技艺。因此说，传统民居在建造过程中，要想达到材美、工巧、完美统一境界，不但要有上好的材料，而且还需与之匹配的、身怀绝技的名师、大工匠们，只有这样才能制作出流芳百世的好作品。所以，此营造法则有着重要的指导价值。

（三）营造形式与标准

1. 营造形式

（1）大型院落：无论是在城镇或是在乡村，一般在形制上以院落重叠排序组合而成的四合院式，并在院内设有门房、客厅、卧房、书房、祭堂、饭厅、柴房、马坊、储物房、佣人房、车轿房等功能性建筑。空间平面顺序应为大门（含有屏门）、二道门、中门，以及左右厢房、上房、左右耳房的房门和后院的后门、侧院（旁院）的墙门（或洞门，或檐廊门）等（各家情况均有不同）。院内青砖铺地，石条收边，光平整洁。院内常常带有小花园，或摆放一些鱼缸、盆景山石等装饰品。

（2）中型院落：常用三合院式，设有上房、左右厢房、储物房（下房）和马坊（或圈养棚）等功能性建筑。空间平面顺序为大门、左右厢房门、上房门等（各家情况均有不同）。院子的宽度（即左右两厢房的距离）为一至二间面阔。每个房间的具体用途如下：上房一般可分为一明两暗或两明一暗，明间是供奉祖先、饮食起居、会客、上二层储物的楼梯以及通向后院的通道等综合使用的环境，上房中的暗间是主人的卧房，并在左右两侧挨着前床设有案板、储水缸、储粮瓮、灶台和火炕等设施。若上房为一明两暗形制，则左右暗间均为卧房，一般挨着前窗的为上间，供长尊居住。其厨房会设在左右厢房的某一间里。左右厢房基本上为子女的卧房，遵循长尊有序的原则。其次，还有储物房用作储藏农耕工具及杂物。

（3）小型院落：为普通小户人家居住，有一列三间或两间式，也常用一列三间带左右套间，或及左右厢房的三合院土房，并常用矮矮的土墙围绕着。贫苦人家则多用灰泥做平顶，略呈两坡水式样，建筑墙面为土坯墙等。

（4）窑洞院落：其优势在于就地取材，充分利用黄土地带得天独厚的深厚土层，这一层土质颗粒细腻，土质松软，质地均匀，具有良好的整体性和适度的可塑性，非常适合于挖掘窑洞空间；适合本地的气候特征，黄土地带土质半干燥，空气度较小，降雨量小，地下水位较深，毛细蒸发不强，地表能保持较干燥的状态；窑洞的土层具有良好的蓄热、隔热性能，对黄河流域的冬寒夏暑气候特征最为适合；黄土地带的土层易于挖掘、便于施工、技术难度不大、较为经济、环保和少占耕地等优势而被老百姓广泛采用（侯幼彬，1997）。这种居住方式充分体现了土文化的建筑特色，因此，被专家学者们定义为黄河文化，或称"黄土文化"，是典型的农业文化——黄河流域的文化具有"土"文化的特征，长江流域的文化具有"水"文化的特征……（安作璋和王克奇，2006）。

2. 营造标准

（1）营造因子：民居营造影响因子"包括'自然力'和'结构力'两大因子。自然力涉及气候、土质、地形等自然环境因子；结构力涉及建筑材料资源、技术经验、劳动力条件等材料技术因子。它包括'社会力'和'心理力'两大因子，主要涉及社会政治意识、价值观念、哲学思想、伦理道德、审美喜好、生活习俗、文化心理等社会人文因子。如上所述，文明初始期的华夏重大建筑之所以选择了土木相结合的'茅茨土阶'的构筑方式，主要是因袭了原始建筑土木结合的技术传统。这种因袭，意味着与自然环境因子相关的黄土地质要素，黄土地区的半干燥气候要素，与材料技术因子相关的取之不尽的土材资源要素，可就地采伐的乔木资源要素，长期积累的木构技术要素，突破性进展的夯土技术要素，奴隶制带来的大量奴隶集中劳动的因素等，都是综合推力中的重要因素。这样，实质力成了强因子……"（侯幼彬，1997）例如，谚语"上梁不正下梁歪，中梁不正倒下来"就含有两层含义：其一，是指建筑结构上的合理与不合理，规矩与不规矩的问题；其二，是指以此为例解释并升华成"为人处世之道"。

又如，在下房的设计上追求两层设计，这必然导致其高度和体量上在院落建筑中最为突出，且将功能和精神意义所结合，二层的空间提高了建筑的整体高度，因此，下房屋脊为全院最高。既在功能上有使用价值又在精神意义上暗合民间百姓广泛流传的吉利之说——"望子登科，连升三级"或"步步高升"等，用来形容门房、厅房和下房的屋脊每一个建筑都高于前一个建筑，屋脊渐渐高起，其中"脊"取谐音"级"，形象地表达了人们对家庭的美好祝愿。

（2）鲁班尺的运用：在房屋建造过程中，鲁班尺主要用于度量和矫正，在古代不仅是民间建筑安门的标准，也是皇家建筑安门的标准。由于其特殊的功能，在风水文化、建筑文化中表现得最为广泛。比如，在建造房屋和制作家具时，从整体到每一部位的高低、宽窄、长短都要用此丈量一下，以求得能与吉利的刻度吻合，避开与灾凶有关的刻度，以符合百姓心中祈求平安吉祥的心理。从所标文词的内容来看，显然是与旧时的星相学相联系并结合发展而来的。

鲁班尺是以鲁班的名字而命名的。鲁班为春秋时期鲁国人，又称"公输子""公输盘""班输"或"鲁般"。"般"和"班"同音，古时通用，故人们常称他为鲁班。鲁班尺全称为"鲁班营造尺"。《续通考·乐考·度量衡》有记载"商尺"为拐三角形的木质尺，工匠们称"曲尺""拐尺""弯尺"和"角尺"（图 6-17），主要用来校验刨削后的板、枋材以及结构之间是否垂直和边棱成直角及制作供桌、神案、门窗及家具等较为精细而又复杂的木质构件和家具上的木工工具（张驭寰，2009）。不久又融合了丁兰尺的寸和厘米。之后，鲁班尺也被称作"大尺""营造尺"或者"文公尺""门公尺"，尺长为一尺四寸四分（约 4.608 毫米），尺面上不仅有尺寸，还有标明避凶趋吉的文字。鲁班尺除了有丈量房宅吉凶之用外，还用以校验刨削后的板、枋材以及结构之间是否垂直和边棱是否成直角，是古时建造房屋不可或缺的重要木工工具。

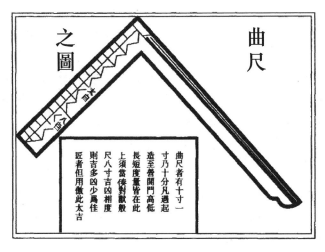

图 6-17　曲尺图

（图源：引自《鲁班营造正式》）

在明清时期，江南广为流传的两部与建筑相关的专著是《鲁班经》和《鲁班营造正式》，可见鲁班的技艺之高深，许多传统工匠也都信奉他为祖师，其建造技艺也得到了广泛流传。就《鲁班秘书》来说有数十版之多，发现有明代万历年版本，改名曰"鲁班经匠家境"以及崇祯年间由午荣等编著的《鲁班经》残本等书。这些书籍世世代代指导着人们建造复杂的宫殿和房舍及精美的家具和器物，也成为房舍建造和风水勘察的必要工具。

（四）地域建造习俗

"一般而言，凡是有人类的地方，就有文化存在，建筑文化作为核心层的文化的组成部分。也就是说建筑文化与人类相随而存，但是，人类生存于不同的地理环境区域，所形成的建筑文化必然有所不同。如果以区域性差别的标准来划分建筑文化总体的话，也就有不同的建筑文化类型。"（陈凯锋，1996）

关中地区流传有"人生三大事，结婚、生子、盖房子"，由此可见，建房在人们心中是一件非常重要的事情。

关中人在盖房期间，根据风俗习惯，一般除了大工匠之外，其他的小工均为亲朋好友和乡党邻里。男人干出力的活，一部分女人当小工，另一部分帮灶做饭，大家一边干着手里的活，一边嬉笑着相互搭讪、闲侃，氛围好不热闹。这种氛围体现出了家族和街坊邻里的一种和谐关系以及对主人的庆贺和祝福之情，也体现出了一种高尚的互帮互助的仁善行为和良好的社会道德风尚，更是传统儒家思想的集中体现。

第二节　区域性传统民居营造习俗

民居营造习俗反映了民居结合和利用地形的经验、适应气候的经验、利用当地材料的经验以及适应环境的经验等，充分发挥劳动人民的最大智慧。由于民居建造者和使用者达成了统一的建造理念，因此民居的实践更富有民族的特征和地方的特色。同时，传统民居建筑的营造习俗和区域文化是分不开的，均试图运用传承先祖的风俗习惯创造并延续一种生活意境和文化氛围。这种意境或文化氛围随着地域和建房者的不同而不同，建房者将自己的情感同建筑联系在一起，或世俗或优雅都充满人情味、生活味，而尽可能地排除人与建筑的对立，以追求人与建筑的和谐同构目的，创造出一个生活气息浓郁的、符合伦理道德标准的、温馨的、富有诗情画意的居住生活环境。

一、选址堪风水

营造房屋首先要选择一块理想的地方，也就是通常所称的"宅基"或"房基"。择基是建房关键的第一步，人们认为，地基选择的好坏，直接影响到居住者本人的生活、命运，更重要的是，在民间信仰中，房基还关系到后代子孙的健康昌盛和家道兴衰。

在关中地区，建房的时候首先要请风水先生对新房选基、周围环境、山脉走势、河流方向等进行勘察，看看是否符合"负阴抱阳""左青龙、右白虎"等标准。关中地区的一些传统民居村落处于偏远山区，故村落的建设对山体的要求也较多，讲究前朝山，后靠山，还要左右都有山等。同时，对于房屋的形态和布局处理，如朝向、位置、出入口及道路等因素使之"合理化"。例如，位于关中彬县的程家川村，其地形被当地人称为"九龙抢珠"，可见它是一处"山水相交，阴阳融凝"的风水宝地。直到今

天，祖祖辈辈的关中人仍然在这里安居乐业，呈现出一片和乐融融的民风
景象。又如，西安市蓝田县葛牌镇的新农村建设项目在选址上同样也遵循
风水学原理（图 6-5）。

二、空间布局

住宅的布局，包括住宅的功能分区、住宅的形态，以及住宅和周边道
路、水渠的关系等情况。民间住宅的安排，仍然是围绕一个"气"字来进
行的。可以说，理气风水是传统住宅风水理论体系中最重要的部分。天地
之气是"万物之生的根本"，属于要明辨宅内外各种气的性质，采取"迎
气""纳气""聚气""藏气"的方法，使住宅能够满足人们心理和生理的
需要。住宅布局要审察各种气，如地气、门气及空缺之气等，从而保持吉
利又顺畅的空间环境。

上述理气风水体系在民居空间中形成了一些常用的建造手法。例如，
民间住宅的布局基本要求有：住宅要北方高、东南低；窗户多设置在南
面，有利于挡寒风纳阳光；地基要西北高、东南低，有利于排水，最好宅
前有池塘或河渠；宅基周围有道路，但不能太多；大路不冲门，又利于交
通，又可避免干扰；宅院周围的流水不能直接冲住宅，要弯曲有形；同
时，宅院内路的走向不能在宅内形成阻碍，要使宅内之气能流畅，使住宅
内部充满生气。透过一个宅第的形格结构，以及外部环境所呈现的特征，
可以作出对该房舍有关风水环境的正确解读。总而言之，要做到住宅的外
部环境吉，内部布局也吉，方能使住在宅内之人吉上加吉，旺上加旺，适
宜居住。

（一）开放的内部空间

民居的庭院是一种人工与自然结合的、独立的私密空间环境，是人与
天、心、性和谐统一的场所。围合的庭院与民居外立面的封闭单调相比，
庭院内部空间显得通透优美，富于变化且内容含量大，两者之间强烈的对
比也体现出了关中地区民居隐忍、不张扬的性格特征。外部除了开设有大
门或带有后门，外墙面极少开设门窗，即使有的建筑需要开设，也是以高
窗居多，整栋建筑物外部由一堵堵高大的围墙和山墙构成，形成封闭的外
界面，提高了安全系数，但也给人一种压抑的感觉。在民居环境中，较多
的门窗设置，可通达院内任意地方，同时门窗均是由木材制成的，且在上
面雕刻着许多丰富多彩的传统图案，通过装饰有各种锦花、图案的窗户和
房门，会使人心情愉悦和放松。人们又可以在内院看到屋内的情况，也可
以从屋内看到院内的活动，从而扩大了庭院空间的感官尺度，弱化了四周

墙面的界面效果，创造出亲切宜人的空间效果（图 6-18）。

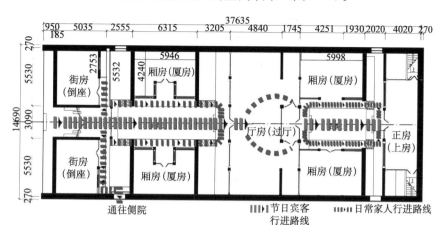

图 6-18　唐家大院人行路线分析

（图源：笔者自绘）

（二）因地制宜的布局

关中地区传统民居作为北方合院式民居的一个类型，在具备了传统北方民居特点的同时，还具有典型的地域性特征。正如张壁田、刘振亚所总结的："……关中地区民居的平面，具有布局严谨、纵轴贯通、层次分明、庭院狭窄、临街封闭、院内通透等特点。"（张壁田和刘振亚，1993）其中，狭长的院落是关中地区民居因地制宜的充分体现。

关中地区传统民居的三合院与四合院的庭院空间形态，由于用地尺度和平面布局以及自然气候的影响，产生了独特的狭长的空间形态。比较北京四合院、山西窄院和关中窄院，可以很明显地发现从东到西院落的宽度在逐步缩小，究其原因，自然气候是影响宽窄的重要因素。从北京到河南再到陕西，海拔高度不断升高，冬季最低气温也在逐步递减，但在夏季，三个地区的气温、日照也在逐渐加强。因此，对于北京来说，冬季的保暖成为需要解决的重要问题，在减小建筑体量的同时，扩大院落面宽，使房间在冬季可以获得较好的日照，从而提高室内温度；但关中地区，冬季平均气温在 0℃以下，而夏季的温度可达 38℃左右，夏季防暑降温成为民居需要解决的主要问题。在这种气候条件下，院落相宜地发生改变：院落面宽变窄，两侧高耸的厢房可以充分遮挡夏季炎热的阳光，将庭院藏在外墙的阴影中，为人们提供一处凉爽的生活场所。在冬季，室外又变得十分寒冷，但随着太阳高度的减小，原先被屋檐和相邻建筑遮挡的阳光可以直射进室内，又为民居采暖提供了有利条件。气候因素对于关中地区民居建筑的空间布局与构筑形式产生了显著的影响。相应地，民居建筑在积极地顺应外界气候后，形成的是更具备生态性和"天人合一"观的居住场所，能够较好地获得自然的采光、采暖与降温防暑。

（三）合中有变的外部与内部环境

针对外部环境，"崇尚天地，尊重自然"，对自然资源既合理地利用，又积极地保护，一直是中国传统建筑营造的主要特征。传统建筑普遍受此影响，营造时注重顺应自然，达到与自然环境的和谐统一。关中地区民居建筑亦是如此，其最显著的特征就是良好的自然生态适用性。例如，韩城的党家村聚落（图 6-1）和彬县的程家川村聚落等，每当将要进入这些村落时，就能感受到民居建筑与周围环境的紧密融合和和谐统一风格，或被周围的山体、植被、河流环抱。村内道路尺度宜人，青灰色的瓦屋面、土黄色的围墙构成关中地区村落特有的外部环境印象。虽然建筑的规制基本相同，但在不同使用者和建造者的设计参与下，整体形象在统一的基础上又形成了不同的特点。像不同的门楼代表着爱好、讲究不同的家庭，每户人家的建筑装饰又有着不同的特色。不同的院落组成创造了有退有进的街道空间，增强了村落的层次感和多样性，有天作之感。

关中地区的村落不论何种形式，都具有和谐统一的整体形态。一幢幢井然有序的三合院、四合院，一片片灰瓦层叠的屋面，等跨结构与非等跨相映成趣，演绎出村落的完整与统一。这些不仅使关中地区传统建筑形态在统一的基础上绽放出异样的光彩，还充分体现出了关中人顺应自然的环境观。关中地区村落人与自然的有机融合也体现出了传统文化中"天人合一"的终极宇宙观。看来，先人们应对人与自然的关系时，首先考虑的是尊重和敬畏自然，确立共栖关系，然后才是合理、适度地开发或利用（图 6-19）。也就是说，人们懂得尊重和利用自然，与自然和谐共处的同时，也合理地改造自然，使之能更好地为人类服务。人们在活动中尊重天地自然，尊重一切生命，与自然和谐相处。这些观念源于早期流传下来的人与自然之间的共栖思想，尊重生命和自然的理念。人处在自然之中，是自然组成的一部分，主观上与自然没有冲突，不把自然当做纯粹的征服对象，亦不把自己当作征服者，而把自然看成是养育自己的摇篮；同时，人们认为自己应该是自然的保护者和崇拜者，因而，自觉不自觉地对自然环境加以保护。基于这种对自然的尊重与崇敬，人们在长期的生产生活中一直与自然保持共生共存、互惠互利的融洽关系。

针对内部环境，在关中地区民居院落中，围合的建筑空间将家庭成员团团围合在一起，寄托了人们对家族凝聚、团结、和睦的向往。关中地区传统民居的宅院一般为"一门房、两厦房、一正房"的序列组合方式。沿

图 6-19　党家村周边环境图
(图源：自摄于韩城)

南北纵轴线对称构筑房屋和院落。所谓"一正房"，指的是上房，为家内长者、尊者所居之处，坐北朝南，位于中轴线上。"两厦房"指沿南北轴线相向对称布置的东西厦房，为家中晚辈的住处，建筑规模与装饰皆在上房之下。在上房的左右，另筑耳房和小院，作为厨房和杂屋使用。上房的平面布局采用"一明两暗"的基本型，即以中间一开间为明间，两侧的两个开间为暗间，明间为家庭生活起居、红白事等活动之用，暗间为卧室。这种布局方式属于关中地区民居的基本布局形式，从空间形态上强调了"尊卑有序"的传统等级思想。

三、建房礼仪

关中地区人们的乡土观念极强，世世代代在此安居乐业。盖房对于一个家庭来说可谓是"百年大计"，是极其重要的一件事，房子也是留给后代最重要的遗产之一。有了积蓄，就意味着可以盖更多的房子，晚辈及村邻之间常常以长辈留下房屋的多少而评价其一生的功劳，房子盖的大小，盖的是否气派，也是这个家庭财富和兴旺的体现，因此，古时人们对建房的每一个环节都非常讲究。

(一)选址

在我国不论是民居建筑，还是其他类型的建筑，建房时都有许多讲究。何时动工、按什么程序施工、对邻居应如何处理、对工匠怎么样款待等在各民族、各地域中均有一定的规矩，有的已经形成了固定的仪式。选址择基也是关中地区传统民居在建造前关键性的第一步。关中人在建房选址的时候，会请一位风水先生用"风水罗盘"定向测位，以及依据主人的生辰八字来帮助其分析选定基地的方位、房屋的朝向等。同时，需要家族的长者以及亲友陪同，并作出最终的抉择。待地基和方向定位后，择吉日便可动土。

（二）动土

动土又称"破土"，是按照吉方选择将所要动土的地方按照八宅风水选择延年位以及所择吉日，用锄头或铁锨在吉方锄下或铲起第一次土的举动。人们想通过这种仪式希望"开工大吉"，开一个好彩头（兆头、预兆），寓意着今后的日子顺顺利利、平平安安地居家生活，因此十分重视。

关中地区在动工之前同样先要选个好日子，所谓好日子也就是人们所说的"黄道吉日"。选择黄道吉日需由风水先生或者是查看"黄历"（农历）后确定的。在动土之前，要面向测定的神祇方向摆香案，上供品，并在院里挂一块红布，上香、洒酒、鸣炮、燃黄表，举行叩头仪式，以敬告土地神。假若动土时间选在"子时"，晚上不能正常施工，只需在子时挖一锄，动一锨土就算动土了。同样需举行动土仪式，以感谢土地神赐地之恩。也就是说，动土时需祭天、祭地的祭祀活动。建房时，还需摆放香案，贡祭品，点蜡上香，祭祀祖先和鲁班，以表感恩之情（图6-20）。

（a）祭祖先　　　　　　（b）祭鲁班

图6-20　建房祭祀习俗列举

（图源：自摄于户县）

（三）上梁

上梁在关中地区也被称作"立木"。上梁是建房最主要的一环，时间应择于"月圆"时辰进行，取合家团圆之意。上梁时如家人生辰时刻与上梁时辰相冲，必须避讳。在上梁时，要事先通知亲友和邻里，大家均会届时到场祝贺，贺喜的客人一般会携带鞭炮、礼金、水果或点心等物品为主人祝福。午时一到，敬起鲁班神位，贴着大红纸的八卦图符（图6-21），以辟邪制煞、镇宅平安，以及写着"上梁大吉""吉星高照"及"鲁班再世"等吉祥语的大梁被缓缓吊上去，安放在脊檩之上并将其连接好。同时，鞭炮齐鸣、震耳欲聋、烟雾缭绕。当这一仪式结束后，主人为客人准备的酒席宴也即刻开始，客人们笑声朗朗、吉语连连、举杯畅饮以示祝贺。

图 6-21　上梁时的八卦红绸符

（图源：自摄于户县）

（四）烘房

在关中地区一带，新建房落成之后有"烘新房"的习俗，也就是人们说的乔迁新居的一种仪式。即在搬迁之前要在新建的房中举行一定的活动，以此来祛除新居中的煞气。主人一般会选择"黄道吉日"，在新房中点一堆火或者放一个火盆，备好酒席邀亲友邻里在屋内彻夜欢聚，或谈天说地，或打牌消遣，聚人气，冲去阴煞之气，驱邪镇魔。同时，用火驱除新房的潮湿和异味。另外，摆供桌、上贡品，点蜡上香的同时，还要鸣放鞭炮，张贴红对联，寓意着今后的日子红红火火、长长久久、和和美美。还要祭土地神、祭祖先、祭鲁班。周期一般为三天。

四、建房程序

（一）选址、择日

关于选址在前文的建房仪式中已经做了简略的介绍，但是作为建房程序也是必不可少的一个环节。在建房的程序中选址和择日几乎是同步进行的，在选好地址的同时，也就定下了动土的日子和时辰。

择日是民居建房活动的启动日，是人们希望得到吉利的心理安慰起始。关中地区的择日也需要请风水先生来选定基地的方位、房屋的朝向，按照主人的生辰八字来确定动土日期，避免相冲，或者由自己家族的长者查看"黄历"来确定。在关中地区最佳的施工时间一般为刚刚过完春节，在这段时间内由于气候会逐渐转暖，雨水较少，加上又属于闲农时间，特别是新的一年的开始，工队人员较好组织。再有后续的内粉、装修以及零散工程可在夏忙后继续进行，待秋尽冬来之时工程已经全部结束，这样会省去很多的麻烦和生活的不便。

（二）打地基

打地基在关中地区称为"锤根子"。在动土之前，也要摆香案、焚香、燃烛、鸣鞭炮、举行开工仪式。按照确定的房屋结构布局放线、定取向，一般以端南正北方向为基准。打地基要先开基槽，关中地区称"出根基""下根子"，一般从地平面向下开挖 3 尺（约 1 米）深，开槽的宽度也是 3 尺（约 1 米）宽，然后再用"三合土"灰土铺垫，每 2 寸（0.06 米）左右锤子夯实一层，就这样层层叠加至适度的位置。假若墙基是砖石类的，之后便可砌垒墙体的放大脚或者基石部分。

（三）起墙、预留门窗洞

在砌墙之前，为了施工方便起见，首先用素土或灰土将室内的空间垫起并夯实。砌墙一般根据家庭财力而定。因此，所用的施工材料和达成的效果也有所不同。经济条件较好的家庭，在砌筑小平口以下（下半部分），采用石条作为墙基石，或用砖砌筑三至十几层的"过河砖"墙裙。经济条件一般且取给石材便利的家庭，则多采用石块、卵石、毛石（图 6-22）、板石（片岩石）来打墙基，利用垫托、咬砌、搭插的工艺和"大砌外，小垫内，外沿平"的施工标准施建，通过这种方式来增强墙体的承重能力和使用寿命。然后，再用青砖、包芯墙（银包金、金包银）、砖面墙等不同施工工艺将墙体砌垒至檐下。有些地区的普通百姓则采用三七灰土，并层层（每"层"称为"步"）夯实，然后，在此基础上采用版筑或椽筑夯土墙，或采用生土砖、胡墼（土坯）砌筑土坯墙。另外，地处秦岭地区的山

图 6-22　毛石墙基

（图源：自摄于蓝田县）

地民居，常会采用"一石到顶"的砌筑工艺。

同时，在砌墙之前要先预留出门的位置和安放门墩，然后待砌到 1 米高左右时，安放窗台榻板、腰枕石和悬枕石。

另外，待建筑整体完工后，除了砖质墙体之外，还需采用"草筋泥"将墙体内外立面进行抹平、压光处理，以求得建筑整洁美观的效果。

（四）安门窗框

一般在砌墙之前，需要用"鲁班尺"测量并定位出门的位置、门框的高低、安置门墩，再用木支架将门框垂直固定好后开始砌墙。每当墙体砌筑到 1 米高左右时，便开始安放窗台石和腰枕石。当墙体砌筑到门窗的上封口时，再在门框上安放悬枕石，之后再安"过木"，这时门窗的安置工作就算完成了，然后便可继续垒墙，直到檐口处。

（五）上梁

上梁是整个建房过程中最重要的程序，也标志着工程已经完成了一半。建房作为人们生产生活的一件大事，其每道程序都包括各种各样的礼仪。建房礼仪实际上属于一种求吉礼仪，上梁仪式更是非常隆重。上梁之日是计算好的"良辰吉日"。在这一天，需要准备烟酒、糕点、红布、八卦图以及脊檩下的"姜太公在此，大吉大利"和立木的时辰等文字。匠人和帮工会早早地到主家，前来庆贺的亲朋好友也会尽快做好上梁的准备工作。上梁一般在巳时到午时进行，先由匠人和帮工把梁摆正位置，系好绳索，待墙上和墙下的人都准备好后，开始焚香祭祀，并喊唱"上梁歌"，墙上和墙下的众人一齐用力，一气把梁吊装到位后，工头将酒洒灌在脊檩之上，称之为"浇梁"。之后随即便是鞭炮齐鸣，庆喜上梁大吉，同时，主人以丰盛的庆贺宴席来答谢众人。

（六）铺椽

铺椽又称"钉椽""贯椽"，是房顶的底层结构，是为屋面铺芦苇箔（栈帘）、盖瓦泥层和面瓦做支撑用的。首先在梁檩架上按等距离摆好椽位，由木匠用钻子钻出钉孔后，再用四棱长钉进行固定，每间铺椽 14～16 根。

（七）盖顶

在铺好望板或芦苇箔或栈帘后，实施盖瓦泥抹顶，不管有几间房，在施工时都需要一气呵成。待第二天半干时，将泥层踩实后再加泥抹灰上瓦即算完成。

（八）挂瓦、压脊

挂瓦也叫做"铺瓦""瓦房"。一般都是从房顶的左下角向上铺设的，在铺设时最少也需要 3 人同时合作，有接瓦的，有擂泥的，有铺瓦的。如果人多时可前后同时进行。在铺瓦时，将板瓦的凹面朝上，大头朝下、小头朝上，两边沿一排压一排，衔接紧密，排列整齐。瓦片的重叠要求"压七露三"，摆正压实即可。

当前后屋面铺瓦到脊枋之上时，就得收口做压脊了。先用瓦反扣着将前后联系起来，并在其上铺设流水砖，之后再摆两层瓦（压边脊），最后再用砖压房脊，形成正脊。两端可做造型"挑脊"或安装吻兽形成翘角。屋顶的两侧可将瓦反扣过来做收边处理形成垂脊（边脊）。

（九）砌院墙

砌院墙俗称"起墙"。关中地区的院墙一般有三种砌筑法：夯土墙（版筑墙、椽筑墙）、石垒墙和砖砌墙。夯土墙是利用夹板模，将黄土填入后，用木杵、石夯等工具夯实，然后，将夹板模拆下往上提一层，每层厚度有 30～40 厘米不定。这也是关中地区民居在营建过程中一道很有代表性的工序。

（十）装修

房屋装修是整个工程中的最后一项任务。其项目内容比较庞杂，如夯铺地面、抹墙面、垒锅台、盘炕、筑烟囱、墙体涂刷，以及门窗安装、油漆等。甚至还有雕梁画栋、雕饰墙面、裱糊顶面及贴挂艺术品等美化环境的工程项目。

第三节　区域性民居审美观念与特色体现

民居建筑系统地、典型地反映出当地居民的建筑风格特征、文化意识、社会风气、审美趋同及风俗习惯等诸多方面，因此，民俗具有地域性特点。俗话说："十里不同风，百里不同俗""一方水土养一方人"等讲的就是地域的文化差异和区域性风俗习惯，地域文化和习俗是划分和区别文化区域的唯一标准，也是构成一个地区特征和特色文化的主要因素。

一般意义上的风俗包含的内容较为庞杂，既包括了各地区人们的生活习惯、婚丧礼仪、迷信淫祀及民歌俗谚等，又包括了区域文化性格（即人的性格、气质、意志、语言和社会意识、社会观念、行为方式、生活习惯等方面），以及风俗习惯的形成、发展和变迁受自然环境、社会环境的影响和制约。可以说，任何地方的风俗习惯都是一定地域内社会历史发展到一定阶段的产物，具有很深的社会根源、历史根源和地理根源，尤其是物质民俗中的民居、饮食、服饰和生活习惯等最能反映民俗与环境的关系。因此，陕西关中作为一个具有深厚历史文化积淀和丰富的民居遗存地区，了解其特色与文化，对于明确不同存在形态的建筑要素与文化的关系，是有着重要的学术价值和历史意义的。

一、审美观念

关中地区民居建筑艺术生动、活泼、内容广泛、内涵丰富，表现出独特的审美理念和美学趣味。在平面规划上，关中地区传统民居建筑的进深与面阔之比，接近黄金分割，凸显比例之美，创造出了"窄院式"四合院民居形式；在建筑结构上，屋檐上的瓦当与滴水，檐下的椽子、梁架上的斗拱排列组合的使用，其构件各有其形，排列有序，形成古民居建筑所特有的结构形式与装饰构成的节奏韵律之美；在整个建筑设计上，利用点与线、直线与曲线、曲面与平面、实与虚、色彩的深浅、冷暖的使用与搭配、色彩面积、形状的对比与调和增加了形式美的效果，最终从形式美达到自然美与环境美，使一切走向协调、平和。

虽然，装修部分在主体工程之外，但依托主体工程而发展，在具备了使用功能的同时，其更大的意义在于对美的追求，达到精湛的艺术装饰效果。例如，门、窗、栏杆、楼梯上的彩绘和雕刻以及地面铺装等，均需要进行精心的设计和细致的加工，才能达到最终的审美效果。

（一）造型之美

1. 用材

（1）用材追求"以物为法"的营造理念和务实精神。做到"五材并用，百堵皆兴"（李诫，北宋），体现出传统建筑对材料使用的认知度和开放程度，以及利用材料的不同质感、不同肌理、不同色相、不同体量、不同制作工艺等所组成的对比、节奏、韵律等美感。同时，对天然材料的加工工艺以及天然材料与人工材料的有机结合，则更突显材质的美感内容。

（2）"以物施巧"的设计手段。例如，木构件，特别是距离地面较近的构件更易变形、易裂、易腐朽、易虫蛀。因此，在构筑建筑物时，首先要避免风吹日晒，可以使用如增高房基、加长房檐出挑等办法来实现，或尽可能地隐藏以来，如硬山墙的柱子在施工时将其封闭于墙内等。再有讲究者，可采用在木构件的表面进行工艺处理后施以油漆保护层来延长建筑物的使用寿命等办法，以求得功能、技术与审美的完善和高度统一。

（3）"顺依材性"的设计原则。例如，柱础、门墩、墙基和地面甬道之类多用一些石材来进行构筑，利用石材的抗压、耐水、防腐蚀等持久性特征来延长建筑的使用寿命。

2. 技艺

李渔的"制体宜坚"主张房屋建造应该以坚固耐用为首要，不能为了追求美观而忽略最基本的安全要素，如能用整根木料，就不用嫁接的木料，宁可在形状上丑一点，也要保证材料浑然一体的自然功效。此外，他还提出"坚而后论工拙"的主张，在民居建筑中，首先要考虑房屋的实用功能，其次考虑建筑空间的功能是否合理方便，最后才是解决建筑的装饰问题。

在《园冶》中针对门洞有"切忌雕镂门空"，针对格心有"疏而减文"，针对栏杆有"简便为雅"（计成，明代末期）等观点，这些均清楚地说明了针对这些装饰构件的处理手法和原则，取得简洁、精细、得宜的整体效果。

3. 色彩

基于五行意识所形成的颜色观念，已成为广大中国人的一种习俗，也已融入于平民百姓的日常生活中。在古代传统的道德、思想、文化中，色彩已成为社会规范的标识，并统领着整个民族的哲学观念、文化内涵和审美意识。例如，凡是在喜庆和热闹的场合，人们都喜欢用红色来渲染气氛。每遇到逢年过节和办喜事，人们喜欢贴红对联、挂红灯笼、点红蜡烛、燃红鞭炮、贴上红喜字和红窗花、送红包和红请柬、戴大红花、穿红衣服等。凡是在不幸的场合和感情悲痛的时刻，人们一般多用白色和黑色来显示安静的气氛。例如，每逢丧事，人们就穿戴着白色的孝服，手臂上戴上黑色的袖套，用黑白布幔摆设和装饰凭吊的灵堂，扎起一朵朵大白花和小白花，所谓天阳气为纯白，地阳气为漆黑。对黑白二色的崇拜在深层意义上有归一返本的意向。所以，人们对颜色所表现出来的习尚已经不再是一种简单的色彩欣赏，而是一种寓含着某种人类情感的寄托，反映出一个民族的信仰观念。

至此，通过对生活中某些色彩的表达和了解，可以更深刻地认识传统民俗文化。例如，"在设计建筑外观的颜色时，就要注意将它与人们对颜色的传统认识观念相谐调，要使人们接受所附于建筑外观上的颜色。随着现代文化的发展，人们对颜色的观念心理需求也有所变化。设计者就要主动地去满足人们对颜色的新需求，以颜色的清新、活力、美感来塑造建筑形象。要求建筑外观、造型、颜色的谐调，也包括着色的谐调，各种颜色搭配谐调等"（王大有，2005）。因此说，民居之美反映在色彩的使用上，从先秦以来以"尚黑"为标准，营造出朴实淡雅、简洁洗练、宁静稳重的视觉效果，使得空间各部分序列组合丰富有序、疏密有致，体现出人们对于美的追求和向往（图6-23）。

图 6-23　尚黑门
（图源：自摄于蓝田）

（二）比例之美

传统古建筑分屋基、屋身、屋顶三段式，
这三部分经过历史的演变和历朝历代的发展，不断地完善，具备了各时期、各地域不同的民居建筑特色并走向成熟。传统民居的各部分之间有着特殊的比例关系与形制规律，且以《考工记》《营造法式》《清式营造则例》等法规固定下来，规范、完善并沿用至今。关中地区的传统民居形制也沿用了这些形制规律和营造标准，并在此基础上有所发展。例如，关中地区的先民们依据当地的自然气候条件因地制宜地创造出了"窄院式"四合院民居，以及厦房、庵间房和厚重的石头墙、胡墼墙（土坯墙）、夯土墙等均符合比例法则和适宜人们居住的建筑空间。

（三）节奏韵律之美

关中地区民居之美，体现在当从宅院的大门步入时，景随步移，不同的时间、不同的空间，既有不同的视觉感受，又有审美共鸣的节奏和韵律感。例如，明与暗、张与弛、曲与直、窄小与宽敞、堵与透、精细与粗犷、内敛与豪放及华丽与朴素等之感。若着眼于屋檐上的瓦当、滴水、檐下的额枋、梁架上的斗拱等各有其形且排列有序的构件时，仿佛在聆听一首优雅、婉转、跌宕起伏的优美旋律。正是这种排列组合构成民居建筑所特有的结构形式与装饰特征，形成一种节奏与韵律。若着眼于一扇格扇门的光与影，那么，可以直观地感受到所产生的节奏和韵律（图6-24）。

图6-24　隔扇门光与影的体现
（图源：自摄于蓝田葛牌镇）

（四）对比与和谐之美

民居环境包括自然环境和人文环境。民居与自然环境的和谐表现在住宅地基的选址上，为了求得和谐吉利的住宅基址，多在枕山襟水之处选择基地。因此，因地制宜、就地取材是民居顺应自然的主要表现方式。关中地区民居在选址、取材及因地制宜上均有突出的表现。例如，在建筑材料的选用上，关中地区普通民居的墙体为黄土、屋顶为黛瓦，二者和黑漆门与周边的黄土地在色彩上相互搭配、相互呼应，屋顶和黑漆门又与黄土地及蓝天白云产生对比，给人带来亲切、朴素、淡雅之感。又如，关中地区的"窑洞民居"更是典范之作，其建筑色彩和形制均与周边环境达到了和谐与融合。

在关中地区民居建筑中大量使用了点与线、直线与曲线、曲面与平面、实与虚、色彩的深浅与冷暖、色彩面积的大小对比与协调来营造和增加形式的美感。例如，在建筑的屋顶上，正脊与鸱吻、垂脊与走兽，形成了点与线、大与小、数量的多与少的对比，正脊与垂脊则形成直线与曲线的对比，屋顶的曲面又将这些对比和谐地统一起来。因此，屋顶的曲面与翘起的翼角既是对立的，又是协调统一的。

（五）装饰之美

民居建筑是需要装饰的，但是不能过量、不能堆砌、不能牵强、不能做作。最好的效果是既做了装饰，又不觉得做了装饰。也就是要因物施巧、繁简适度、重点突出、装饰得当，装饰载体选择合理为原则。例如，在建筑的立面上突出了结构的额枋、斗拱等的同时，也要彰显出门窗之美。立面厚重的墙体、排列整齐的柱阵、坚实的基础形成了线与面、大体块与小体块、虚与实、轻与重、粗与细等一系列对比形态。同时，在隔扇门窗上，以优美的图案花纹、才美工巧的制作工艺和雕刻技术以及色调统一等装饰特征，淋漓尽致地体现出门窗的材质、雕刻、纹样、棂格排列组织及工匠制作技艺等装饰之美。

二、党家村聚落之美

关中地区的党家村是一个完整的人类生活系统的典型案例。该村落的城墙、看家楼、泌阳堡及夹层墙哨门等攻防兼备的防御体系，使得该村能够完整地保存至今。此外，整村居民的向心力和凝聚力也是村落得以保存的另一个重要原因。这份力量源于对儒学礼制和宗法制度的遵从。党家村完整的防御体系为居民提供了保障。而这些保障既包含了物质层面上的防御体系以及建筑聚落组群、院落和单体建筑，又包含了精神层面上的各种功能现象和文化现象。例如，整村的空间序列是依据建筑群落—寨门—街巷—合院层层展开的，周边险峻的崖峭和村口的广场是划分村落领域的疆界，错综迂回的巷道形成建筑的经络延伸到民居的各个院落，最后又集中到村子东南开敞的广场，文星阁为这个广场的标志，也是整个村子的视觉中心。村落中有古老的石砌巷道，形式多样、千姿百态的高大门楼，考究的上马石，庄严的祠堂，挺拔的文星阁，神秘的避尘珠，雕刻精美的节孝牌和布局合理的四合院，还有家家户户、形态各异的门楣、木雕、砖雕与刻雕的家训，营造出了浓厚的人文环境和氛围，使人们在欣赏的同时，也感受到儒家人文思想的教益。

党家村聚落布局定位是一例既迎合了自然规律，又符合了"天人合一"思想的典型村落。在村落之内处处包含并运用着传统的建筑审美理念和浓郁的区域性民俗文化特色，展示着浓厚的人文历史和民风民俗内涵。极具个性的建筑布局与造型具有很高的艺术审美价值，并在建筑细节的处理上具有一套精湛的技术制作工艺。而且，每户为关中地区典型的四合院式建筑，这些四合院不仅是党家村人的安身之所，同时也是党家村人灵魂所依托之所。在聚落中的建筑群不仅物质功能完整、防御设施完善，而且在精神功能的需求上也是较为完善的，体现出了党家村的聚落之美。

（一）村落布局特色

党家村村落的巷道分为主巷、次巷、端巷，巷道是由各户门房沿街背墙围合而成的，巷子的宽窄不等，宽者 3～4 米，窄者 1 米有余。主巷道呈东西走向穿村而过，次巷、端巷适度地与主巷有机地穿插在一起，构成村落的巷道网络。

1. 巷与巷不相对

党家村的每条巷子都是有曲折、坡度、宽窄变化的，给人以丰富的方向感和导向性。巷与巷之间很少有相对的情况，都是呈"丁"字形结构或者错开。为了避免巷道冲着墙面，对着的墙面上设有照壁用来辟邪，或者在墙上镶嵌或在墙角设立"泰山石敢当"，意味着所向无敌，可镇百鬼。

2. 门与门不相对

村落内的各家各户虽然是以街道为轴线面对面排列的，但是各家的大门是相互错开的，没有相对的情况。家家高大的走马门楼形态各异且门与门不相对，做到户户互不干扰，具有一定的私密性。大门所对的墙面，设有砖饰的照壁，并赋以福、禄、寿等题材，有"出门见喜"之意。

3. 大门不冲巷口

大门应该避开喧闹的巷道口，依据风水理论，大门为气口，应该位于本宅的吉方，可以导吉气入宅。假如大门与巷道口相冲，则立照壁或者屏幕墙对冲巷道口，在其两侧开大门，进而达到避凶的目的。

4. 院落墙体共用

为了节省用地、节省建房造价，也为了村落和街巷整齐有序的排列，同时为了院落的安全起见，家家都会有与两边邻里共用"伙墙"（火墙）的做法。一般会采取门房与门房的山墙共用，上房与上房的山墙共用，厦房与厦房的后檐墙共用，这是关中地区民居的典型特点。

（二）特色建筑

在党家村聚落中，每个单体建筑都有其独有的建筑语言和装饰特色，下面以祠堂、文星阁、看家楼和泌阳堡为例说明。

1. 祠堂

党家祠堂与贾家祠堂是两大祠堂，古时的祠堂不仅是一个宗族政治文化活动中心，也是一个祭拜先祖的地方。党、贾祠堂建于清朝康熙年间，距今已有 300 多年的历史。党姓始祖名为党恕轩，由陕西朝邑逃荒搬迁至此，并在这里繁衍生息。贾姓始祖——贾伯通由山西洪洞县迁至党家村，贾家祠堂坐西朝东，意在怀念故居山西。贾家对党家村的经济发展起到了决定性的作用（图 6-25）。

图 6-25　党家祠堂

（图源：自摄于韩城）

2. 文星阁

文星阁是党家村最高的建筑物，高约 35 米，为六角六层塔。塔各层内部供奉牌位，一到四层主要供奉的是孔子和他的几个大弟子，五到六层供奉的是主管文化的神仙。文星阁沐浴在夕阳的余晖之中，挺拔中透着一股坚韧。整座塔身造型简练，各层外观都有砖雕牌匾。总体来说，文星阁是激励后代读书、努力求学的一个象征，反映了人们崇尚文化的习俗，向往美好生活的愿望（图 6-26），同时，借助牌匾内容也能感知到先民将风水寓意融于建筑，表达了更多的人文内涵，寄托着一种"修身治家"的生活理想。

图 6-26　党家村文星阁

（图源：自摄于韩城）

3. 看家楼

看家楼位于村落中心，建于 1918 年，高 14 米，是防御体系的眺望楼。看家楼为砖砌方形三层阁式，三层四面，每面都开着窗户。看家楼雕制精美、建造独特，是党家村的砖雕代表作品。登上看家楼可以眺望全村落，起到看家护院的作用。

4. 泌阳堡

泌阳堡是整个党家村村落的安全防卫体系。站在泌阳堡上眺望四周，有村有寨，村寨合一，咫尺相连，十分壮观。当年的党家村非常富有，党、贾两族修建泌阳堡用于储藏粮食的同时，泌阳堡作为村落中的主要防御建筑，寨子上有高高的城墙，城墙上架设有火炮，以起到防卫功能。

（三）四合院

党家村的四合院大门一般均不开在中轴线上，受八卦方位的影响，坐北向南的院子门均开在东南角。进门为类似小天井，正对门楼的厦房山墙上常会设一块看墙，多刻有"福""喜"等吉祥文字，穿过隔墙门洞才可到轴线上的第一进院落。前院的门房明间一般作为外客厅和杂物间使用。前院与正院多以墙分开，并开设有门，通常会做成华丽的如垂花门等二道门，一般宾客不能入内。当进入二道门后，便为第二进的正院，常规面积较大些，是宅院中最高大、质量最好的房间，供长辈起居之用，有时也会待客和举行仪礼之用。上房一般为三开间，左右对峙的为两厦房，通常做晚辈卧室或做饭厅、书房。东厦房一般做厨房的较多，以及兄长的卧房，旁边设有通向后院的夹道。西厦房一般为兄长之下的弟弟们的卧房。后院是第三进院落，一般沿后街建造满排房间，作为辅助用房，其西北角常开有后门，也有在上房左右设有耳房和小院的，或在上房后另置一排用作存放农耕工具、厕所和杂物间使用的房子。另外，党家村的一进院落多在门房的内檐处设置屏门，起到照壁的作用。

1. 空间聚合功能

四合院功能布局合理、严谨，以明清建筑格局为模式，院内以中轴线左右前后对称、主次分明，院落由厅房、门房，相对应的厦房四面围合而成，大多数为矩形，最长的"旗杆院"纵向排列有八间厦房，主体建筑多为房带楼阁的两层，其结构以砖木结构为主，布局严谨、装饰精美。

2. 气候调节功能

党家村的四合院落较为规整，而且其建筑体量要比其他地区高大，显得庭院的露天空间特别突出、特别明显，这种闭合式的露天空间对院落以及院落中的房间能起到很好的通风换气、调节院内冬季寒冷夏季炎热的小气候恒温功能、减弱不良气候的袭击作用。同时，还具有良好的避阴、纳阳、采光效果。

3. 礼制功能

党家村特有的建筑特色显示着各种珍贵的历史信息。其规整宏伟的院落明显带有礼制和宗族制度印记和色彩。每个庭院的布局不仅与家族聚居的家庭结构相适应，也同封建礼教制约下的思想意识和心理结构相适应。院中厅房高大宽敞，有招待宾客之用，也是供奉祖先牌位的祭堂。门房多数都是二层阁楼，上面为仓库用来储存物品，两侧的厦房是晚辈居住的地方等，均带有明显的尊卑之序。同时家家户户在高大的门楼之上设置有匾额，在匾额的内容中也能体现出该家族的社会地位及生活理念，也能反映出村民们信奉儒家思想、遵从封建礼教的行为准则。

三、关中地区窑洞之美

陕西关中的中北部地区的黄土塬区域被广泛应用，这些地区正是我国黄土分布较为集中的地区，土厚皆为 50~200 米，挖掘地洞的地质条件较好。由于陕西位于北纬 30°~40°，冬冷夏热，气候干燥，季节变化明显，当地的人们利用高原有利的地形，因地制宜，创造了被称为绿色建筑的窑洞民居。窑洞最大的特点就是冬暖夏凉，在调节温度和湿度、控制室内空气方面有着良好的效果，这直接对应了关中地区的地质、地貌和气候特征——夏季干旱少雨、酷暑高温，冬季多风、寒冷。窑洞如同"对症下药"般地为当地居民提供了舒适、温馨的生活生存空间。窑洞构造相对于木构建筑和砖石建筑而言，更具有节省材料、无污染、低成本，既经济又坚固耐用，便于修补等诸多优点。而且使人与自然和睦相处，共生共存，达到了"天人合一"的美好境界。窑洞村落具有"上山不见山，入村不见村"的特点。……在建造过程中不需要大量破坏当地的树木植被，建成后没有触目的外显建筑体量。整个窑洞群或是顺着梁峁沟壑的等高线布置，或是潜隐在大片土塬之下。……充分地保持了自然生态的环境风貌（侯幼彬，1997）。

无论是远观层层叠叠、依山沿沟的靠崖窑群，还是俯视星罗棋布、虚实相间的明锢窑群，都给人一种天然、雄浑、极富韵律感的美。窑洞自身以及土院庭、土围墙、土坡道、土照壁等，地道的黄土质感和色彩，也给人以古朴粗犷、乡土味极浓的美感（侯幼彬，1997）。

窑洞民居集形式之美、结构之美和材质之美于一身，凸显出了生土建筑的特质和优势。在这个基础上，人们为了进一步美化环境，还常常会在窑洞的接口处采用不同的材料或者不同的工艺手法进行装饰。例如，运用砖料在箍窑脸的同时，又运用了砖块的拼接组合，组织成各式各样的凹凸结构、丰富多彩的图案及几何形的女儿墙等［图6-27（a）］。又如，当地的居民利用当地产的青石或者砂岩石对窑洞的接口处进行加固和美化，并采用对比的手法将经过精加工的史料用于看面之上，将粗加工的石料用于看面的下碱和侧面处，营造一种同一材料、不同处理方法的对比手法，给人以一种很微妙的视觉感受［图6-27（b）］。这种做法既提高了窑洞的抗自然灾害能力，又增加了窑洞建筑的装饰性和人文内涵。

（a）门脸侧立面结构　　　　　（b）正立面与侧立面的材料使用比较

图6-27　接口窑窑脸结构与材质列举

（图源：自摄于彬县早饭头村）

第四节　传统民居内环境与地域文化现象

　　传统民居建筑是先民们与自然界斗争且和谐共处的产物，是满足人们日常生产、生活空间的需要。传统民居中的室内环境的营造与陈设历经千百年的发展，融合了人们各种各样的风俗习惯、居住习俗，是传统建筑技术和艺术的完美结合和综合反映。作为传统民居建筑艺术的重要组成部分，有着很高的实用价值和独特的艺术价值。这些存在将居住者自己的情感倾注于其中，或世俗或优雅，虽然爱好和习性不同，但都充满人情味，反映了居住者道德修养的内在化和特殊品化。这种对室内环境的营造削弱了人与建筑的对立，追求人与环境的和谐，创造一个充满诗意的、宜人的居住环境。

一、民居内环境营造

这里所说的民居内环境是指传统民居的院落环境。有人也曾这样说道"中国建筑文化是'院'的文化"，彰显着多重多层级的地域特色和文化内涵。院落作为中国传统建筑空间的最基础的单元形态，在单元形态中涵盖着院落布局、色彩应用、装饰风格，以及院落中主体建筑的结构形式、功能分布、材料应用与工艺、庭院绿化、宗教礼制及风俗习惯诸多方面的内容和特征。

由于在前文中有些相关内容已有所涉及或简略论述过，在此不再赘述。

二、室内陈设特征

民居室内环境的营造主要由室内装饰和室内陈设两大部分组成。室内装饰在古代也被称为"小木作"，一般按木装修所在的位置可以分为外檐装修和内檐装修两方面内容。外檐装修指屋檐下部的各种装饰和实用构件，如有额枋、墙门、门额、隔扇、槛窗及框窗等，其材质、种类、色泽、肌理等多与建筑结构用材相关联，主要注重于建筑的整体和外观的统一。而内檐装修的内容有太师壁、屏风、壁纱橱、博古架、天花、飞罩、落地罩、壁柜、铺地墁砖及室内墙裙处理等，其主要功能是满足人们在生活中的放置、储存等需要，也能起到装饰环境、分隔空间的功效，使室内环境更符合人们的日常事务处理、生活起居、劳作和学习等各方面的要求。

陈设是一种文化，从古至今一直在我们的生活中扮演着重要角色。它的形式、质感、文化特征等无不在空间与人之间传递着某种环境氛围和某种情感。在广义上讲，室内陈设指在室内装修的基础上，对功能用品（祭台、各类灯具、门帘、窗帘等）、实用物品（各类家具及织物罩套等）、生活用品（灶台、案板、水缸、水桶等）、陈设用品（匾额、对联、名人字画、艺术品、观赏鱼缸、盆景绿化等）等进行功能和审美方面的综合设计和布置，并具有可变性及可移动性。可以说，传统的室内需要室内装饰和室内陈设两部分共同完成。特别是家具陈设需要根据室内空间、家具样式、人们的生活方式和习惯以及审美习惯来定。同样需要满足人们的物质功能需求和精神需求。以下内容以家具陈设为核心进行论述。

（一）家具陈设

室内的家具陈设是生活的必需品，各家各户由于其生活习惯和生活品质的不同，家具的数量和质量也不尽相同。在室内陈设中，家具所占的比重比较大，因此，不得不以家具为突破口来进行介绍。从广义上讲，家具是指人类维持正常生活、从事生产实践和开展社会活动必不可少的一类器具，包括的类别较多，如农耕工具、交通工具（图 6-28）、加工工具和衡量器等。狭义家具是指在生活、工作或者社会实践中供人们坐、卧或支撑或储存物品的一类器具，既有家具类物件，又有使用的器物，还有纯观赏的艺术品，同时，还有既是陈设品，又是实用工具的物品，如屏风、床榻、箱柜、几案、桌椅等。关中地区现存的传统家具多分布在一些古村镇和老民居之中，保存较为完整的有西安高家大院、旬邑唐家大院、长安郭家大院、三原周家大院及韩城党家村等。关中地区大多数家具仍然保留了关中本土的风味特征，形式多为庄重、稳健、粗犷、大气而不讲究过多的修饰（周若祁和张光，1999）。在色彩的应用上，受传统秦文化的影响，以"尚黑崇玄"之习的色彩来搭配主色。其中，凝聚着潜在的文化力量，渗透着对传统文化的炽热追求。

(a) 马车　　　　　　　　　(b) 花轿

图 6-28　关中地区交通工具列举

［图源：（a）自摄于礼泉；（b）自摄于长安区］

与其他民居构件或是室内陈设的不同，传统家具不是为了陈设而摆在室内的，更多地是为了满足人们的日常生活及生活空间的需要。不同的地域、不同的时期，其家具的外观、形制和功能也不相同。传统家具的材料为各种不同品种且历史悠久的木材，北魏贾思勰的《齐民要术》中记载有槐、柳、楸、梓、梧和柞木作为家具的原材料，"……凡为家具者，前件木皆所宜种"。在关中地区通过各种途径保留下来的古代家具品种繁多。根据使用功能可以分为床榻类、桌案类、椅凳类、箱柜及灯具类等，以下介绍几种具有关中地区特色的家具。

1. 床榻类

床榻是为人们提供休息的一种卧具。在关中地区的传统民居内常见的床榻类家具有三种：炕、架子床和罗汉床。

（1）炕：又称"土炕""火炕"。1998年9月，黑龙江省文物考古研究所在友谊县凤林古城进行考古发掘，发现三江平原汉魏时期聚落群遗址。在遗址中出乎意料地发现了火炕等生活痕迹。刊文曰："……室内设曲尺形火炕，用黄褐土堆垒压实筑成，炕中间有单股烟道，上铺小石板，炕的一端有灶门、灶膛、灶台，另一端有出烟口，为取暖与炊事合二而一的设施，距今已有2200余年。"（黑龙江文物考古研究所，1999）

炕也是关中地区具有代表性和地方特色的寝息工具。一般是用土坯或用砖砌筑而成的。所谓的"土炕"，便是土坯砌筑而成的。先用土坯砌炕的立面，待立面砌好后，再给炕体内填充黄土，并夯实，接着在夯实的黄土中挖出烟道。所谓的砖砌炕，无非是用砖将炕的外立面层包裹和炕体内的支点用砖来垒砌。然后，再将草筋泥放入模子制成（1米×1米×0.06米左右）的"炕坯"对接成炕面，最后再用草筋泥封口、找平即可。使用土炕时，可以在炕面上面铺席子，再铺上被褥（图6-29）。炕下有孔道和烟囱相通，做饭烧火时热度从孔道传到炕体上，可以取得很好的采暖效果。炕沿一般用木材来做，比炕面略高1厘米。炕边靠墙处还有小柜用来放首饰和针线等物品。关中的农民过去不睡床，家家都睡炕，炕的体积与床相比较大，其长度有3米以上，宽也在2米以上。除了炕门之外，还有一个通风道和灶膛相连，利用做饭烧水的余热，使炕体升温，用来取暖。到冬天，一家人都要挤在一起睡，靠灶门的那边最热，是老人的休息之处，小孩子在中间，第二代很自觉地睡在边上，媳妇则是靠在里墙睡。

（a）北部地区窑洞土炕　　　　　（b）东部地区的土炕

图6-29　关中地区土炕列举

［图源：（a）自摄于长武；（b）自摄于合阳］

（2）架子床：架子床是床身上架置四柱（或四杆）的床。有的在床两端和背面设有三面栏杆，有的迎面安置门罩，更有在前面设踏步并加设床罩等，式样颇多、结构精巧、装饰华美（图6-30）。装饰内容多为历史故事、民间传说、山水花鸟等题材，含有和谐、平安、吉祥、多子多福等美好祝愿。风格或古朴大方，或堂皇富丽。商贾官宦宅邸中的家具更是精美绝伦，内容丰富多样，工艺巧妙绝伦，置身其中，犹如置身于一幅隽永的历史画卷，令人心旷神怡。

图 6-30　关中地区架子床列举
（图源：自摄于关中民俗艺术博物院）

（3）罗汉床：罗汉床是一种较为奢侈的卧具，多出现于经济条件较好的家庭中。其结构为三面围栏，可坐可卧。罗汉床一般是用来午休等小憩的，也可用来待客（图6-31）。罗汉床一直是备受欢迎的实用家具，是为适应国人旧俗而保留的家具品种。

图 6-31　关中地区罗汉床列举
（图源：自摄于关中民俗艺术博物院）

2. 桌案类

桌案类家具的主要功能是在板面上放置器物。可分为方桌、炕桌、条案、茶几、花几等。

（1）桌：常规有方桌，一般是面呈正方形的桌子，规格有大小之分，常见的有八仙桌、四仙桌等，前者约 1.2 米见方，后者约 0.86 米见方。"八仙桌"一般放置在室内比较显眼的位置，方桌后有大条几。四仙桌比八仙桌小，一般用来当餐桌使用，其制作工艺也比八仙桌略显粗糙 [图 6-32（a）]。为了起到装饰美化作用，桌子上有着诸多生动形象的雕刻。雕刻的技法有阴刻、浮雕、透雕、圆雕等。其中以浮雕最为常见。雕刻的题材极为广泛，有吉祥文字图案、花鸟山水纹饰、几何图案、宗教图案等十多类，这些装饰图案大多选择雕刻在家具的牙板、背板等部位。另外，还有圆桌，一般呈现出来的是圆形，配备的凳子也呈圆形。其大小、装饰手法均与方桌相同 [图 6-32（b）]。

（a）四仙桌、条案、圈椅　　　　　　（b）圆形八仙桌、圆凳

图 6-32　关中地区桌案列举

（图源：自摄于关中民俗艺术博物院）

（2）炕桌：炕桌在关中地区使用较为普遍，这与关中人的生活习惯有关。是一种可放在地上、炕上、大榻和床上使用的矮桌子，基本式样可分为无束腰和有束腰两种。有些炕桌造型更矮小而精致，称炕几或炕案（图 6-33）。

（3）条案：也叫"条几"，是一种长方形的承具，与桌子的差别是因脚足位置不同而采用不同的结构方式，故称"案"而一般不称"桌"。条案也是各种长条形几案的总称，如书案、平头案、翘头案等，主要放陈设用品。传统的条案放在中堂对门条案上方的墙上，常常会挂有一幅画和一对对联，或是四尺或是六尺整张的一幅福字，或是四条屏等形式，其尺寸大小不等。条案上往往会放一对掸瓶或梅瓶，中间放一柄如意或者座钟之类的装饰物件，条案的左右两侧是花几，若空间允许，可在条案的前面放一张八仙桌等，这种装饰方法类似于传统的中堂布局形式 [图 6-32（a）]。

图 6-33　关中地区炕桌列举

（图源：自摄于旬邑唐家大院）

　　（4）花几、茶几：茶几一般分方形、矩形两种，高度与扶手椅的扶手相当。传统的茶几较少单独摆设，通常情况下是两把椅子中间放置一个茶几，成套摆设在厅堂两侧（图 6-34），用以放杯盘茶具，故名茶几。而花几又称"花架"或者"花台"，俗称"高花几"，大都较高，高度约为 1.2米。花几在室内陈设中是一种美化环境的家具，除少数体型较矮小外，大都较一般桌案要高，是专门用于陈设花卉盆景的，多陈设在厅堂、书斋或寝室的各个角落，或者正间条案两侧，上置花瓶、盆花和盆景，有的摆放其他物品。花几比茶几出现得晚，到了清代中期以后才开始出现这种细高

图 6-34　关中地区扶手椅、茶几列举

（图源：自摄于西安市北院门）

造型的几架形式。花几的式样较多，形式有方形、圆形、六角形、八角形，而且，根据花盆、盆景的需要，还有各种小花几，有的称为"座子"，其工艺都比较精致，放置室内非常雅趣。

3. 椅凳类

椅和凳都是为人们提供休息的坐具，种类丰富。制作工艺难度较高，与人们的关系密切，最能体现出传统工匠的技术造诣。

（1）椅子：椅子是一种有靠背（有的两侧带有扶手）的坐具。这在设计上符合现在的人体工程学原理。传统座椅的类型可以分为靠背椅、扶手椅、圈椅、太师椅、交椅等，工艺精湛、结构巧妙。

（2）凳子：凳子在民间的称谓叫杌凳，是一种没有靠背、体量较椅子小的一种坐具。原来多放置在床前，需随床形，所以是长方形的，和现代的板凳相似。凳的种类式样比较多，凳子按形状可分为方凳、圆凳等。按用途来说，放在床的两侧作为脚凳。摆在柜子旁，兼有花几的作用，用于摆放花盆、盆景。置于家中高大的顶墙柜旁，用于登高取物。在寺庙中，凳子作为打禅的坐具。因此这里的凳子坐面一般宽又矮，造型则素雅简洁。农家使用的凳子则粗犷、质朴，凳腿一般较粗，看上去质朴坚固。

4. 箱柜类

箱柜类是按箱体底面尺寸做柜面尺寸制成的矮柜，专供放置日常用品的特殊柜具。在传统民居中我们能见到的主要是闷户橱、顶竖柜和亮格柜等，做工精致，既美观又实用。也有按照关中习俗为女子出嫁而配置的"嫁妆"柜一般都是成双成对地置办的，另外，如"面柜"，其形状是落地式的，带有四条腿，柜子常规做法有 1.2 米（高度）×1.6 米（长度）×0.8 米（宽度）等尺寸模数，面柜的形式与尺寸没有统一规定，主要用于储存粮食。

（1）闷户橱：闷户橱的形体与桌案相仿，面下安有抽屉，两屉称连二橱，三屉称连三橱，不管两屉、三屉还是四屉的，都叫做闷户橱。其形式并没有发生变化，只是使用功能上较桌案多了一些［图 6-35（a）］。

（2）柜橱：柜橱是一种柜和橱两种功能兼而有之的家具，形体不大，高度与桌案相当，柜面可做桌子用［图 6-35（b）］。

（3）亮格架：亮格架是书房内常用的家具，通常下部是与低柜配套使用的，常常会存放一些书籍资料，上部做成亮格，也常会摆放一些古玩或工艺品等。可以说，亮格架是格与柜的结合体，下部对开两门，门上装铜饰件。柜门的上面平装抽屉两具，再上为两层架格。一般厅堂或书房都备这种家具。亮格通常有券口牙子和栏杆花板做装饰，是传统家具中一种较

(a) 闷心橱　　　　　　　　　　　　　(b) 柜橱

图 6-35　关中地区箱柜列举

[图源：(a) 自摄于合阳；(b) 自摄于长安区]

典型的式样。另外，有一种只有亮格柜的上半部分，关中人称"架格"，可放置于落地柜之上，作为工艺架来使用 [图 6-36 (a)]。

（4）箱子：在关中地区，箱子一般是嫁姑娘时给陪送的，专门装嫁妆的。大小不等，最大的尺寸为长 1.2 米×宽 0.8 米×高 0.6 米。使用最多的木制箱 [图 6-36 (b)]，另外，还有藤编箱、竹编箱和棕箱。

(a) 亮格架　　　　　　　　　　　　　(b) 木箱子

图 6-36　关中地区箱柜列举

[图源：(a) 自摄于潼关；(b) 自摄于合阳]

（5）顶竖柜：顶竖柜是一种组合式家具，在一个立柜的顶上另放一节小柜，小柜长宽与下面立柜相同 [图 6-37 (a)]。顶竖柜大都成对陈设，所以又称"四件柜"，比较常见，在大厅内可以并排陈设，也可以左右相对陈设。顶竖柜有大有小，可根据殿堂大小摆放相应规格的四件柜。与顶竖柜相对小一些的，也是关中人常用的就是这种带有双开门的大衣柜。由于尺寸较大，内部空间也大，能盛放较多的被褥和衣服，很实用，因此，使用率很高［图 6-37 (b)］。

(a) 顶竖柜　　　　　　　　　　　　(b) 大竖柜

图 6-37　关中地区竖柜列举

［图源：(a) 自摄于韩城；(b) 自摄于长安区］

5. 灯具类

自从人类学会了钻木取火后，就为灯、烛的发展创造了条件。灯具是为人们生活提供照明的用具。灯具的式样题材广泛，富有深刻的文化内涵，装饰性强。灯是何时出现的已无法考证，最早的灯具可能是陶制的，与陶豆的器物有关。例如，《楚辞·招魂》说："……兰膏明烛，华镫错些。"这里的"镫"等同于"登"。《尔雅·释器》说："……木豆谓之豆，竹豆谓之笾，瓦豆谓之登。"灯具发展到战国时期，无论在造型上还是在装饰工艺上均已达到成熟和完善的地步，汉代为灯具发展的鼎盛时期。

在不断的发展过程中，灯具的工艺造型及艺术装饰也随之丰富多彩起来，使用的功能与形式也变得更加灵活多样了：有置于地上的立灯，有放置在桌案几架上的座灯、烛台，有悬挂于厅堂顶棚上的宫灯，有安放在墙面上的壁灯，以及手持的把灯和各类民间灯彩（冯慧，2007）。

民间彩灯既是照明器具，又是中国传统节日必备的装饰元素。在关中地区，灯具形式也很丰富，每逢节日和婚寿庆典之际，均需张灯结彩，以示庆贺（图 6-38）。究其原因：一是装饰美化环境，营造节日氛围；二是顺应当地的风俗习惯，避免不符合礼节的行为。

图 6-38　关中地区灯具列举

（图源：自摄于关中各地）

（二）室内陈设的布局方式

传统民居室内空间中的家具、物品和陈设布置综合构成了室内环境，体现出了先民们的智慧和高超的制造技术，同时，也在传承着传统的文化和风俗习俗。在传统民居中，不同的室内空间有着不同的陈设布局和家具配制。

1. 厅堂

厅堂是传统民居中最重要的室内空间环境之一。厅堂是一个院落和家庭的核心，在某种程度上代表或体现了一个家庭的社会地位。它作为居住民俗中礼仪化和神圣化的空间所在，也是主人精神与行为的统治中心。厅堂一般设在第一进院和第二进院的中间，平面布局严格按照轴对称形式，规整庄重。例如，旬邑唐家大院厅堂的室内陈设布局，由于厅堂内部空间高大开阔，在厅堂的正中央以太师壁为背景，壁的正中央上方悬挂匾额，壁中间挂梅、兰、竹、菊四条屏，两侧的柱面上挂着楹联，楹联上为黑匾金字，大气沉稳。在案的两边摆设有两把花瓶，寓意平平安安。靠案摆八仙桌，两边为两把太师椅，两侧分别配两把扶手椅和茶几。东西两侧墙壁分别挂有字画。厅堂内布局整体庄重、风格浑厚。总之，厅堂内的家具及其陈设布置简练干净、排列有序、主次分明，彰显出高雅和大气的氛围。

2. 居室

民居建筑的主体是以满足人们居住需求为目的的，而居室是传统民居中的核心单元。相比厅房，其布置要简单、朴素得多。从形制特征来看，关中地区民居属于以四合院或三合院为主的住宅形式。卧室一般布置在东西两侧的厦房及上房中的两侧暗间，东西耳房供族人居住。东厦房安排男性晚辈居住，西厦房常设有伙房。古时关中地区的人们也常常睡炕，这种居室环境布局是以炕为中心展开的，炕的位置一般临窗的一侧，炕上靠山墙的一边置有炕柜，上面设置有一对木箱，炕中间放置有炕桌。靠灶台处常设置有低矮的炕墙，将灶台与炕分开，以保证孩童的安全。正对炕的一侧经常会设有顶竖柜等家具。除此以外，还放置有衣架、盆架、镜台等家具。

3. 书房

书房是中国传统文人学士修身养性、求学问道的场所，也是反映士大夫意念和理念的空间环境。一般都是坐北朝南的，书案的一旁常临墙窗。书房中的家具有书案、书桌、画案、承盘、砚匣、笔格、笔屏和烛台，以及提供休息的各类扶手靠背椅和足承等。书房是主人读书会友的地方，因此有比较安静的环境和充足的光线。

4. 厨房

厨房在民居中的地位既能方便全院落中的人就餐，又能使院落中的各个空间不被做饭的烟火所袭扰，还需符合礼制等级和风水的标准，可以说是十分微妙的，厨房是实现"民以食为天"的中介，其重要性不言而喻。传统民居中厨房的主要家具有用来储存食物的陶罐、盛水的缸、案板、风箱、锅、锅台及盛饭的器具等。

（三）其他陈设

中国传统民居室内陈设中，有很多风格不同、形式多样的装饰品。其中金银器、漆器、玉器、刺绣、木雕、牙雕等不胜枚举。有的陈设用品兼具功能性和装饰性，有的仅仅是用来美化环境的。关中地区民居的室内陈设品形式多样、精雕细琢，极具地域特色，体现了关中地区丰富的传统文化和独特的审美观。民居中的建筑构件、陈设品等起到了组织空间、划分空间、柔化空间、形成空间主题元素、营造和体现传统文化内涵等作用。

1. 太平缸（蓄水缸）

在较为讲究的家庭宅院，一般会在院落的不同区域设置有大小不同、形状各异的太平缸，其目的有二：其一，是为了增加院内的可观赏点，可以养些观赏鱼、花之类的，也可以陶冶人的情操，在观赏时会给人以愉悦之感及营造人与动物的亲近感。其二，更重要的是为了院落防止火灾的安全之需。由于传统建筑为木质结构，易遭火灾，所以人们为了防止房屋被火烧毁及尽量降低火灾给家人带来的损失和人身伤害而精心设置的防火专用器具。关中地区的太平缸形式多样，但是所用的材质只有两种：一种是实际石质材料加工而成的（图 6-39）；另一种是用翻砂工艺制作而成的铁质材料。

（a）石质太平缸　　　　　　　　　　（b）铁质太平缸

图 6-39　关中地区太平缸列举

［图源：（a）自摄于长安区；（b）自摄于泾阳安吴村］

2. 题名

文字性装饰是中国传统建筑的一大特色，那么对建筑的命名、题名更是十分考究的。建筑的题名具有引导性、升华性、文学性和审美性，并能起到画龙点睛的作用。侯幼彬将题名分为两种：“一是给建筑物或景点命名，二是给建筑空间点题。”（侯幼彬，1997）而在民居建筑环境中，多以后者的情况出现。在关中地区民居建筑室外环境中，题名常常应用于大门、门洞、二道门之上，比比皆是、不胜枚举（图 4-4）。另外，室内的中堂上也常会悬挂匾额题名等。题名也有其规律性，如大型门题名多以建筑物、功能用途、建筑形式、纪念意义或地点名称等来命名。匾额则多以戒规自勉、忠诚勤政、修身养性等内容来命名（图 4-8、图 5-51）。

3. 字画

室内陈设名人字画是中国传统的习惯，有助于装点和提升居住空间的文化氛围和艺术品位，营造人文环境的内涵，陶冶人们审美情趣等。在室内空间中最常见的字画莫过于在堂屋的太师壁中央悬挂尺寸较大的字画条幅，以及在隔扇、屏风上或适当的室内环境中陈设字画等形式（图 2-57）。

关中地区民居内的传统家具深深地体现了传统文化的精髓和民族特性。不仅散发了中华民族的细腻感情，还蕴含着博大精深的地域文化。迄今为止，可以看到的这些做工精细、造型独特及历史特征鲜明的家具，生动地向人们再现了传统的、自然而舒适的生活方式，同时也展示了家具在传统室内陈设和功能性使用的作用和意义。

三、非物质文化的承载

众所周知，过去的非物质文化活动及对文化产品的加工制作均是在传统民居环境中完成的，这些民居建筑为文化产品的生产提供了所需的空间和场地条件。例如，手工造纸、油坊、醋坊、酒坊、灯笼作坊等这些作坊制作环节多，需要的设备大而多，因此都需要较大的空间和场地才能够完成。又如，磨坊、年画作坊、泥塑作坊、皮影作坊等工作环节较少，需要的设备或工具也没有那么大，因此需要的空间和场地相对也就小一些。再如，剪纸、面花等民间艺术则无需专门场地，在任何一个空间中均可进行。另外，像秦腔戏、皮影戏的演出则需要一个专门的空间进行，秦腔戏的演出一般会在村落的较为宽敞的区域进行。在过去大型或较大型村落一般都会有自建的固定戏台用于演出。同时，遇到大事件时，则会以戏台为中心进行全村人员的召集和事项传达工作。而皮影戏的演出场地可大可小，可在村落的某个空间中或也可在某家院落中进行演出，因时因事而定。至于社火的表演在场地空间无法限定。按照一般常规，每年一度的社火表演首先是从村与村之间的交流、比拼和斗法，之后便上升到了乡镇之间的打斗、比高低，最后优胜者则会代表乡镇或片区参与县级的社火表演。

以下内容将陕西关中地区的特色文化现象和非物质文化遗存做一略述。

（一）木板年画

年画是人们喜闻乐见的一种民间艺术形式，每到新年之际，家家户户在自家的门上、窗上、墙上或灯上贴着不同形式的年画，以祈求辟邪纳福、欢乐吉庆、风调雨顺、五谷丰登、加官晋爵等。就反映的题材内容可分为辟邪纳福、祥瑞吉利、风俗民情、历史故事、神话传说、小说戏文、风景花卉、祥禽瑞兽等。

陕西有名的木板年画有很多，且各地有各地的风俗习惯、审美趋向，因此，各地的木板年画就有各自的艺术表现形式和风格，如有凤翔、神木、汉中、蒲城等代表地，其中关中地区的凤翔和蒲城最有代表力。木板年画是在具有版画的基本特质的基础上，更显得构图饱满、造型夸张、民间色彩浓烈、形式感强、装饰性丰富等的艺术特色。例如，凤翔年画是西北地区流行的民间木板年画，产于陕西省关中地区的凤翔县，据说始于明朝中叶。凤翔年画以城东十里的小里村版样最丰富，清初即有年画作坊雕印出售年画，其中以世兴画店邸家字号较老。设色以橙、绿、桃红三色为主，简洁明快。其艺术特色继承发扬了中国最早的木刻雕版技法，彩印与手绘相结合，想象丰富、取材广阔、以线造型、色彩明丽。其工序有画稿、雕版、印刷、彩绘等，作者都是乡村艺人或是农民，其画面体现了数百年来中国农民的理想、感情和审美情趣（图 6-40）。

（a）印版、印纸　　　　　　　　　（b）成画

图 6-40　关中地区木板年画列举

（图源：自摄于礼泉）

（二）民间剪纸

民间剪纸是劳动人民在劳动和生活的过程中，为了反映自己身边的事物而创造出来的一种民间艺术形式，并以其简单的形式和朴实的内容来再现民间艺术之美。剪纸最早的发源地在陕西省的关中地区。炎帝号神农，生于陕西岐山东渭河支流姜水，主要从事农业生产。据传说记载："炎帝神农氏人身牛首。"在关中地区的民间剪纸中也有这种"人身牛首"手持农业工具的炎帝形象。司马迁撰写的《史记》中有对五帝的记载，而五帝之首为黄帝。有关黄帝形象的剪纸不多，但剪纸题材中有许多代表黄帝的龙、蛇、鱼、龟等动物形象。总之，经过了演变后的民间剪纸，许多祖先神的形象又被附上其他内容，其形象和寓意更为神秘、威严、灵验。流传至今的民间剪纸中的人类祖先形象，实质上就是一种图腾崇拜形式（郑军，2001）。

"陕西剪纸主要有陕北的定边、靖边、吴堡、榆林、宜川、米脂、延安，关中的凤翔、富平、三原、朝邑，陕南的汉中附近等地，多以窗花的形式出现。关中、陕北地区的剪纸风格古拙、淳厚、刚健、豪放，与秦汉时代'深沉雄大'的艺术风格一脉相承。关中平原地区的剪纸，在简练中见精巧，豪放中见秀丽，透出唐代艺术的妩媚特色。"（郑军，2001）

民间剪纸的种类很多，以实用为目的的剪纸可分为喜花、窗花、门筷、墙花、顶棚花、灯花、鞋花、枕花等多种形式。例如，在关中乃至陕西全省的广大农村中，结婚时可以看到红色"喜花"充实着房前屋后以及新房的各个角落。其内容丰富、形式多样，着重围绕着传宗接代的"生命"主题，主要有红双喜、团花、角花、扣碗、蛇盘兔、莲花和万字边等（图6-41）。

图 6-41　关中地区民间剪纸列举

（图源：自摄于西安书院门）

（三）凤翔泥塑

陕西凤翔的泥狮玩具大都是当地民间艺人按自己的观察和欣赏习惯，将传说中的兽中之王与狗猫的具体形象相结合，毫不矫揉造作地将作品人格化，强化其稚气和憨态，夸张头部与尾部，腮部则装饰"贯线"图案纹样，象征着财富。身上绘有牡丹花纹，色彩艳丽、造型雄健（图6-42）。这种玩具大多是给孩子的礼物，特别是刚做了外婆的老人家，送给外孙做满月礼，这是当地流行的风俗。

（a）彩绘挂虎脸　　　　　　　　　（b）素面挂虎脸

图 6-42　关中地区凤翔泥塑列举

（图源：自摄于宝鸡地区）

（四）民间面花

面花俗称"花花馍"，又叫"礼馍"，属面塑艺术，广泛流传在陕西民间，是四时八节、人生礼仪中亲戚往来的必备礼品，是联结亲友关系的纽带，是陕西农村使用最广泛的民俗礼品，也是汉族优秀文化传统中的一种饮食文化。面花承载着各种亲情和祝福，有的装扮繁杂，有的形象简约。飞禽走兽、花鸟鱼虫、历史人物、民间传说等题材均在勤劳的民间艺人手中变成栩栩如生的艺术形象，被人们认为是中国立体艺术的源头。

据考证，早年的面花是伴随着当地民俗活动应运而生的。面花具有浓厚的民俗艺术特色，家家户户的普通百姓都能做得一手美观漂亮的"花花馍"（图6-43）。面花艺术与民俗活动密切联系，具有广泛的群众基础，每到传统节日或婚庆礼仪时，人们都会借此机会制作面花来赠送亲友。例如，华县农村女儿出嫁时，娘家要送集虎头、龙身、鱼尾于一体的"大谷卷"面花；澄城县过春节有蒸双鱼、双鸡的坠灯馍、虎馍、枣山和十二生肖造型的面花习俗；彬县正月十五有"追婿看女"送面花的习俗；西府岐山县二月二有送"花花"的习俗；合阳县洽川清明节娘家有给第一年出嫁的女儿送"娃女"面花的习俗；韩城农村七月七日——乞巧节，有给男孩子蒸"砚台馍"，给女孩蒸"簸兰馍"的习俗；八月十五和九九重阳节，长安和渭北地区有送"九座糕"（九座糕主糕有三四层高，大小同竹筛一样，每层都垫有红枣，意在日子红红火火）。面花的习俗，讲究的是娘家要给出嫁的女儿送面花，一直送到女儿生育。此外，还有一些民间纪念活动的精美面花，例如，大荔县阿寿村为纪念孙思邈而制作的系列面花；农村盖房上梁时，亲戚们要送花贡馍和鸡造型的面花，意在"上梁大吉"；在清明节那天，有祭祖面花，其造型非常大，常常需要两个人抬着。

图6-43　关中地区面花列举

（图源：自摄于澄城）

这些面花贴近生活、内涵丰富，造型千姿百态、粗犷生动、夸张变体。有的富丽堂皇，有的洁白如玉。体量大的有1米多高，要用三四十斤面做成；体量小的则玲珑剔透，只有几厘米大。不管是飞禽走兽、花鸟鱼虫、历史人物或民间传说，均在勤劳的农妇手中变成栩栩如生的艺术品。像合阳以其面花造型生动夸张、色彩鲜艳夺目、民俗气息浓郁、制作精巧细腻等特点被文化部授予"面花之乡"的称号（西安科普网，2009）。

（五）皮影艺术

皮影是一门古老的民间艺术，已有近千年的历史，南宋时期的诸多文献如《东京梦华录》《武林旧事》《梦粱录》等都对皮影戏有着详细的记载。

皮影戏又称"影子戏"或"灯影戏"，是一种以兽皮或纸板做成的人物剪影，在蜡烛或灯光等光源的照射下用隔亮布进行演戏，是中国汉族民间广为流传的傀儡戏之一。皮影戏源于汉代，兴起于唐宋，盛于明清，至今仍在我国民间普遍流行，堪称中国民间艺术一绝。皮影的制作十分精细，选材讲究，用上好的驴皮或牛皮在水中泡软后，经过刮、磨、洗、刻［图 6-44（a）］、着色［图 6-44（b）］等二十四道工序，手工雕刻 3000 余刀而成。皮影的艺术汲取了中国汉代帛画、画像石、画像砖和宋寺院壁画之手法与风格。皮影的人物造型，线条优美生动有力度，有势有韵，在轮廓内部以镂空为主，又适当留实，做到繁简得宜、虚实相生［图 6-44（c）、（d）］。皮影人物、道具、配景的各个部位，常常饰有不同的图案花纹，整体效果繁丽而不拖沓，简练而不空洞。每一个形象不仅局部精细耐看，而且整体配合也非常惊艳，既充实又生动，构成了一个完美的艺术整体，具有极高的观赏和收藏价值。

演出时，用一块白布做屏幕（屏幕大小需要根据场地而定，基本如小电影的银幕大小），操作皮影者站在幕内把皮影贴到屏幕上，灯光从背后打出，观众坐在幕外观看［图 6-44（e）］。关中把表演技术娴熟的人称其为"把式"，可以一手拿两个甚至三个皮影厮杀、对打，套路不凡，令人眼花缭乱。皮影戏以秦腔为主，演唱者和操纵者配合默契，或演唱者就是操纵者。演唱的传统剧目有《游西湖》《哪吒闹海》《古城会》《会阵招亲》等。皮影有着精湛的表演技艺、高亢圆润的唱腔和激荡悠扬的音乐，吸引着观赏者驻足观看。主要演出神话、童话和各种传奇故事，同时可以表现文、武、老、幼、忠、奸、美、丑等各种人物的鲜明形象。

陕西皮影是中国皮影的发源地之一，经历了千锤百炼才形成了包括戏曲音乐、美术、民间文学等丰富多彩的综合艺术形式。以其形象生动的艺术夸张实现逼真的表演效果，深得群众之喜爱。陕西皮影的造型设计质朴、单纯，富有装饰性。制作时以镂空为主，密集处用小米粒大小的眼孔组成图案，舒展处刀拉长线。陕西皮影艺人受汉画像石的启发，设计创作多取最能体现人物面部表情的正侧面，这种用五分侧面表达头面部的造型，称为"五分脸"。五分脸的特点为大额头，弧形的弯眉，卧鱼状的细眼，唇角见棱，人中长。面部肌肉则吸收了雕塑中大力士造型的拧眉、瞪眼、龇牙、咧嘴、卷舌、大耳等特点。脸谱设计规范化，黑为忠、红为烈、花为勇、白为奸、空为正等（郑军，2001）。

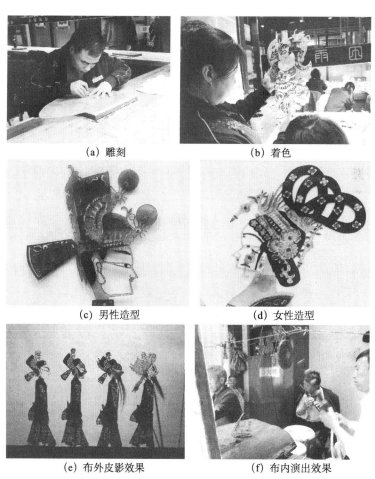

（a）雕刻　　　　　　　　　　　（b）着色

（c）男性造型　　　　　　　　　　（d）女性造型

（e）布外皮影效果　　　　　　　　（f）布内演出效果

图 6-44　关中地区皮影及制作、成型、演出列举

（图源：自摄于西安）

　　陕西的皮影分为东、西、南三路，均在关中地区。影人形制大小和表演唱腔均不一样。东路一派主要在咸阳以东、华县、华阴、渭南、大荔一带，以碗碗腔皮影为代表，其影人形制小巧、精细艳丽，男性角色多为豹头深目，女性角色则妖媚秀丽。西路一派分布在咸阳以西的宝鸡、陇县、岐山、礼泉一带，以弦板腔皮影为代表，其影人形制较大，粗犷有力，面部多刻通天鼻梁。南路一派的皮影，其影人形制介乎东西路之间。

　　陕西省的华县位于关中东部地区，是皮影的发源地。中国皮影的国际正式名称叫"华剧"，即华县皮影戏剧之意。华县皮影有四绝：一是皮影雕刻作品造诣高；二是演唱功力极深；三是表演者功力精湛；四是华县皮影博大精深，综合艺术水平炉火纯青，堪称为戏剧艺术之绝唱。华县皮影作为我国民间工艺美术与戏曲艺术的巧妙结合，于 2006 年 6 月被文化部列入《国家首批非物质文化遗产保护名录》。

　　（六）社火

　　社火在关中地区称"耍社火"，社火是群众十分喜爱的一种群体性民间舞蹈，包括芯子、高跷、狮子、龙灯舞、竹马、旱船等多种形式，多逢春节或喜庆时日演出。每次表演少则几十人，多则数百人，组成一支庞大的队伍，浩浩荡荡，在雄壮有力的锣鼓声中，沿门过街，巡回表演。因此，社火艺术在表演、造型、技巧方面均有强烈的艺术感。社火表演包含了各种高难度动作和严密的构思，演员们扮演成历史人物和现代人物，形成古时组合，并且和秦腔紧密地结合在一起，具有浓郁的地方文化特色。

　　社火来源于古老的黄土地，有着悠久的历史和独特的魅力。每年春节，各乡各村群众自发组织，或抬芯子、跑竹马，或踩高跷、耍狮子，走村串户，好不热闹（如图 6-45）。

　（a）耍龙　　　　　　（b）太极鼓　　　　　　（c）高芯子

图 6-45　关中地区社火

（图源：自摄于户县 2010 年正月十五）

　　社火这种喜庆活动颇具古风，几十面三角形狼牙边的大旗，上书各个乡村之名。敲上威风锣鼓，锣鼓手少则数十，多则上百。打锣鼓有一定套数，分老曲、新曲、紧三火等。老曲雄壮浑厚，新曲悠长明朗，紧三火紧张热烈。旌旗猎猎，铳炮轰隆。若在街上和其他村的社火队相逢时，讲究礼让。先到者闪到一边，后来者先走，这明是礼让，暗含挑战和较量。鼓声一时大震，都想以气势压倒对方。各家的社火扮演者，也以动作、语言、换花样等，使出浑身的解数，吸引观众，虽然带有竞赛性质，却从不评名次好坏，标准自在观众心里。

（七）秦腔艺术

秦腔也称"乱弹"，是流行于我国西北地区的主要地方戏曲。它的发源和发展虽然无十分可靠的材料考证，但大体上可以肯定，它是以陕西关中地区为中心发展起来的。这一地区就是周代的"秦"，直到现在，人们还都习惯称它为"秦"，"秦腔"也就以此而得名。

秦腔唱腔音色高亢激昂，保持了原始豪放的特色，演绎的角色包括了老旦、正旦、小旦、花旦、武旦、媒旦、老生、须生、小生、大净、毛净、丑角等十几种，是我国最古老的剧种之一，经秦、汉、隋、唐、宋、元、明历代发展日趋成熟，明末清初盛行于南北各地，对许多剧种都有很大的影响。其特点是慷慨激昂、宽音大嗓。表演者在演绎时十分投入，因此，能传达出非常浓郁、强烈的表演效果。秦腔主要流行于西北各地，其唱腔、道白、板路、脸谱、身段、角色门类自成体系，所保留的剧目达700多个，为各剧种之首。

秦腔是在古时陕、甘、宁一带民间歌舞的基础上逐渐发展起来的，是我国现存最古老的剧种。秦腔产生于民间，能够生动地反映出人民的愿望、爱憎、痛苦和欢乐，反映他们的生活和斗争，有着深厚的根基。秦腔的表演朴实、粗犷、细腻、深刻，以情动人，富有夸张性。由于各路秦腔受各地方言和民间音乐影响，因而在语音、唱腔、音乐等方面都有一定的差别。

相传唐玄宗李隆基曾经专门设立了培养演唱子弟的梨园，既演唱宫廷乐曲也演唱民间歌曲。梨园的乐师李龟年正是陕西民间艺人，其所做的《秦王破阵乐》称为秦王腔，简称"秦腔"。这大概就是最早的秦腔乐曲。之后的秦腔受到宋词的影响，从内容到形式上日臻完美。明朝嘉靖年间，甘、陕一带的秦腔逐渐演变成为梆子戏。清乾隆年间，秦腔名角魏长生独自入京，以动人的腔调、通俗的词句、精湛的演技轰动京城，他的唱法对各地梆子腔的形成也有影响，如今京剧的西皮流水唱段就来自秦腔。

秦腔可分为东西两路，西路入川称为梆子；东路在山西为晋剧，在河南为豫剧，在河北称为河北梆子，所以说，秦腔可以算是京剧、豫剧、晋剧、河北梆子这些剧目的鼻祖。

另外，在关中地区还有几种小戏曲种类，如碗碗腔、眉户及同州梆子等，形式多样。在秦腔的盛期，在关中地区有诸多班社，演出频繁，非常活跃。秦腔在长期的发展道路上，保持着其特有的艺术素质，反映着劳动人民的勤劳和英勇的斗争气魄。至今，秦腔依然是西北地区人民最喜爱的主要剧种之一。

第五节　居住环境中非物质文化活动列举

可以说，任何一种非物质文化活动与其产生和发展的特定的物质空间环境密切相关，这种物质空间环境包括建筑结构、室内空间及周边的外部环境。民俗活动的产生与发展是和孕育它的当地人们的物质生活环境分不开的，传统建筑环境为非物质文化遗产提供了生存土壤，又为非物质文化提供了生存和展示空间。人类的生存离不开居住环境和日常活动，同时，人类的居住环境与活动也滋养、酿就成了人类文化，正所谓"一方水土养一方人"。而人们的任何活动，如大事庆典、传统节日等均以民居建筑与环境为基础展开，建筑与环境给人们提供了可进行这些活动的场所和空间，保障了传统的民间文化活动能够顺利、圆满地完成。

一、传统礼仪

我国是历史悠久的文明古国，被世人称为"文明古国""礼仪之邦"，几千年来创造了灿烂辉煌的文化，形成了高尚的道德标准、完整的礼仪规范。而礼仪文明作为中国传统文化的一个重要组成部分，对中国历史的发展起到了广泛而深远的影响，其内容包罗万象、十分丰富，几乎渗透于古代社会的各个方面。古代的"礼"和"仪"，是两个不同的概念。具体来讲，"礼"是制度、规则和一种社会意识观念，而"仪"则是"礼"的具体表现形式，它是依据"礼"的规定和内容形成的一套系统而完整的程序。

例如，人的一生要经历诞生—成年—婚嫁—寿庆—死亡几个阶段，而这些阶段的完成过程均是在建筑环境中进行的。正是围绕着这些人生节点，才形成了一系列人与民居建筑息息相关的人生礼仪。这些礼节活动显示了人们相互扶助的群体精神和社会团结的气象。以下列举关中地区一些常见的传统礼仪。

（一）丧葬礼

丧葬的"葬礼"是所有民间礼仪中最隆重、最繁杂、进行时间最长的一种礼仪，必须通过一套程序来完成整个仪式。特别是长辈的丧葬礼仪，是后代子孙对长辈尽孝的最后一种方式。

在关中地区，民间把丧事称为"白事"，大部分地区办丧事都是办得越热闹越好。在各地遇到丧事时都有哭丧的习俗，关中人的哭腔像唱腔一样，女孝一般是哭丧的主角，死者的妻子、女儿及儿媳起核心作用，一般哭的时间最长。哭腔有长有短，有轻有重，一边哭一边说，节奏分明。到了举丧及接灵时数十名女孝齐哭，各种哭腔一齐登场，场面更为壮观。男孝哭丧和女孝不同，他们只在高潮的时候干号一两声便会戛然而止。因此，哭丧是关中地区很有特色的一种习俗（惠焕章，1999）。

关中人世世代代在渭河平原这片肥沃的土地上生活、繁衍生息、辛勤耕耘，死后也必须长眠于这片土地之中，这叫"落叶归根"。

其丧葬的过程基本上在院落及室内进行。如一般情况下，会在堂屋或上房的明间中设灵堂（图 6-46）、列棺，也是亲朋好友吊唁、上香、化纸以示祭奠的地方。同时，院内搭建有临时炉灶，供亲朋好友们餐饮等。

图 6-46　故人灵堂
（图源：自摄于户县）

关中地区丧葬礼仪主要有以下程序：

（1）入殓：也叫作"入棺"。在关中地区，棺材板用松柏为材料。入殓时，首先必须为死者理发、刮脸，清洗干净，穿戴整齐。同时，家人亲友要帮着更换寿衣。入棺时，先将死者的脚放进去，然后平放棺内。其次在棺材内放置一些生活用品和死者生前的心爱之物及镇物。

（2）报丧：入殓之后，将白纸剪成纸条状，束之长杆立于门前，向世人报丧。然后分送亲族白孝布，子孙身穿孝服，披麻戴孝。遇人下跪叩头，意为"替老人免罪"。

（3）夜送：三日入夜，死者亲属须至大门以外焚纸哭祭，祈求亡灵早升西天。

（4）出殡：出殡是整个丧葬程序的高潮部分，须在黄道吉日里举行（图 6-47）。出殡前，举行"三献礼"即孝子向亡者献祭礼，侄儿向亡者献祭礼，孝孙、女婿、外甥、亲朋向亡者最后献祭礼。阴阳先生手摇铜铃，口念咒符，手拿桃条打老公鸡，鸡怪叫扔过棺材，称"起殃"。此时，号炮齐鸣，孝子嚎哭，出殡起程，叫"出灵"或"起灵"。长子或长孙扛着引魂杆或遗像走在最前面，吹鼓手奏哀乐，迎着亡人的牌位、棺材。孝男孝女拿着哭丧棒举着花圈、纸火等随着棺材慢慢前行。当走到村外的第一个十字路口时，长子或长孙把瓦盆摔在十字路的中心。顶盆习俗主要有两层寓意：一是代表婴儿脱离母体分娩后，在盆中清洗，如今亲人过世，儿子顶礼葬送满盆资财，以报分娩之苦，养育之恩；二是顶盆寓意顶门立户，继承父母遗产的权利（张建忠，2000）。而在咸阳的礼泉地区有顶纸盆送葬的习俗。在下葬之前，还须举行下葬礼。

图 6-47　出殡仪式
（图源：自摄于户县甘亭镇）

（5）复三：出殡三日之后，全家赴新坟哭奠，俗称"复三"。以阴阳先生开出"七单"为准，每七日为一祭。"头七"为小祭，"五七"为中祭，"七七"为终祭，至百日再上坟祭奠，称"过百儿"即"过百日"。此后每年亡者逝世日为周年祭。

（二）祭祀日

关中地区的传统节日较多，但随着社会的发展和进步，有些节日已经随着时代的发展而被摒弃，但还是有许多的节日具有重要的现实意义和保留价值，这些祭日既是中华传统美德的体现，又是中华文脉的延续。

目前，在一年中有几个非常重要的祭祀之日一直在延续着，如清明节、中元节、寒食节、冬至等，这些节日因各地的习俗不同而祭祀的形式也会有所不同。

1. 清明节

清明节又叫"踏青节"，是冬至后的第 108 天，是中国传统节日中最重要的祭祀节之一，也是祭祖和扫墓的日子。人们还会在祖坟前烧香纸、阴票和纸衣，并用黄白纸剪成成串的纸钱插在墓冢上。同时将小方块白纸压在坟头和坟四周，希望后世子孙多子多福。因"祭"同"记"，所以既包括"祭奠"的内容，又体现了"记"（让祭扫坟墓的晚辈能够记住祖坟茔之所在）的含义。有时还会在这一天内在墓冢上培土修坟，并在坟墓的周围植树，以加固祖茔。有的因来不及祭坟或坟墓过远的，不能前往者可在城隍庙大殿之前的铁炉中焚化纸裱，也可在就近的路边朝着墓地的方向，在地上画个圆圈之后在圈内焚烧纸裱等，以寄哀思。

清明节是传统的二十四气节之一，能较适宜地反映出气温、农作物、降雨等方面的变化，对人们依时安排农耕、蚕桑等活动有不可或缺的指导意义。可以说，清明节与农事耕作息息相关，故有"清明前后，种瓜种豆"和"清明谷雨紧相连，春播下种莫延迟"等农耕谚语。所以，清明节对于古代农业生产而言是一个重要的节气。在关中一带，清明节还有吃凉食（清凉粉、凉面皮）、荡秋千的习俗。荡秋千这一活动究竟起源于何时，众说纷纭。一说为古代北方民族的一项习武活动，一说起源于汉武帝时代。《荆楚岁时记》中记载："春时悬长绳于高木，士女衣彩服坐于其上而推引立，名曰打秋千。"唐代宫女多以此为戏，市民争相效仿，遂成习俗。清朝有寒食禁火之风俗，为防止寒食伤身，盛行荡秋千，以强身健体。可见，在唐代荡秋千已经成为一项娱乐休闲活动，这项寓锻炼与娱乐于一体的活动，一直流传至今。

古时清明节那天人们还会在祭奠完亲人之后插柳、折柳，随着社会的发展，这种习惯早已渐渐消逝了。只是家里必定有供奉祖宗牌位的地方，以提醒家族的后人不要忘记祖先的辛勤劳苦和养育之恩。

在渭南的白水县洛河以北的百十个村子，成立有专门的庙会组织，称为十大社。清明节的时候十大社的会长会到仓颉庙烧香膜拜、祭扫仓圣之墓。继而开会商量本年度庙会事宜，包括确定商号、戏剧团、乐户、剧团、乐队等各项事宜。确定好之后就可以隆重地举办仓颉庙会了。

2. 中元节

中元节也称为"鬼节"，是专门给家中已经去世的人们来过的，关中地区多为逢节烧纸祭拜祖先。据资料记载：正月十五称"上元节"，以庆元宵；七月十五称"中元节"，以祭祀祖宗先辈，同时人们有放河灯（荷花灯）的习俗，佛家还会举行"盂兰盆会"，而道家会举行"中元普渡"活动等；十月十五称"下元节"，是纪念贤达志士的习俗。

3. 寒食节

寒食节亦称"禁烟节""冷节""百五节"，是冬至后的第105天。寒食节因当天普天下严禁烟火，人们只吃冷食而得名，也被视为民间第一大祭日。关中一带民风淳朴敦厚，一年之中，四时八节，不忘祭祖，因此，有过十月一之习俗。农历十月天气渐冷，当天刚刚亮人们就开始给祖先焚化纸钱，送冥衣。焚烧前先用白灰或者黄土在地上洒一个圈，于圈内焚烧，家家不能相干。寒衣需留数件，已备贴于卧室两门背后，有顺贴，有倒贴，用意皆为祈福避祸。烧寒衣还体现了秦地自古传承的"视死如生"的观念，逝去的人所得到的待遇与生人相同。这种观念源自秦始皇时期遍及大江南北并沿袭至今。

4. 冬至

冬至又称"冬节""长至节""亚岁"等，也是一个重要的气节。到了冬至天寒地冻，人们又想到了阴曹地府的列祖列宗们衣着单薄，难抵严寒，于是在此日祭拜祖先、送棉衣棉被。关于冬至时节，至今还流传着一句谚语："年半夜，冬黄昏，十一月一的鸡叫唤。"这说明烧化纸钱的时间不同。关中一带古俗，冬至日早起，家家请出祖先影像或神主，天不明就同族人相聚，磕头礼拜，向祖宗请安。早、午饭时献上酒菜佳肴，黄昏时去坟茔给祖先烧钱送衣，以表孝心和思念之情。除此之外，冬至这天人们也会食用不同的节日饭，形成了独特的节令食文化。关中地区的习俗是吃饺子。

二、传统节日

中国的传统节日非常多，这些节庆之日主要是依据气节时令来制定的，一年之中大大小小的节日都有不同的习俗和讲究，形成了博大精深的节庆文化。中国的传统节日寄托着人民的美好愿望和期盼。在关中地区，基本沿袭了传统的节日来进行庆祝。古礼中有许多的小节日是老百姓所喜闻乐见的，如腊月二十三过小年，迎送灶神等活动。传统民居建筑中也有对应的空间和场所来庆祝和举行以下传统节日。

（一）春节

"春节"对所有中国人来说都是一年中最大、最隆重的节日，已有四五千年的历史。春节这段时间，一家人团团圆圆、和和美美地一起迎接新一年的到来，因为这是旧年收尾、新年伊始的大日子。

在关中地区过年的时候，人们往往从腊月就开始准备年货，到了腊月二十三——"小年"，灶君升天日，民间于此夜祭灶，这也是春节年关的序幕。家家灶房中将灶君的画像作为祭祀的对象。而且，祭灶必须由女人来做，这是因为关中地区自古就流传有"男不祭灶，女不拜日"之说。

腊月二十五以后开始走亲访友。一般是娘舅家带上蒸馍、包子或糕点之类的去女儿、外甥家，图的是合家欢乐、吉祥如意的好寓意，名曰"送年节"。

除夕是农历年的最后一天，正月初一是新年的第一天。关中一带有"一夜连双岁，五更为两年"之说。因此，两天连在一起过就是"过年"。除夕的前几天，家家户户都忙着准备年饭——蒸包子、擀面条、切菜肴……除夕中午时分，过年所需要的食品基本上都已准备齐全。在大年三十的晚上和初一早上及过年期间都讲究吃饺子，寓意团团圆圆。与此同时，男人则筹措祭祖拜神的诸多事宜，挂祖像、摆神主、点蜡烛、设献饭、香表、化纸钱、贴门神和春联等，之后就可以鸣放鞭炮了，表示"砸门"（意为外人不得进出）。同时，长辈带领晚辈们到祖坟前焚化纸钱，依次作揖、叩头，表示对逝去祖先们的怀念。晚上，全家欢聚一堂吃年饭，吃饺子带酒菜。饭后晚辈向长辈行礼，长辈为晚辈设压岁钱（护身钱），并给小孩子戴上红布项圈，吃饱喝足，便开始守岁。长者向全家叙说家史，追忆往昔，激励未来，总结过去一年的得失成败，展示来年的宏伟蓝图。

从大年初一开始的几天有不同的拜访习俗：

初一拜年。大年初一的早晨，全家都要早起，祭拜祖先的同时，按辈分和年龄逐次为本家和全村的长辈磕头，乞求免罪并送出新一年的祝福，致以良好的祝愿。

初二为走访亲戚的日子。仅限于女婿登门拜访岳父家、外甥拜访舅舅家，特别是前一年刚结婚的新女婿一定得前往岳父家认门，在岳父家留住的时间比较宽裕，但最迟在初七以前返回本家。

初五又称"五穷"。清早向灶君上香烧表，鸣放鞭炮，以驱赶穷气，下午吃"搅团"，以凝结穷气，使它不得扩散。商号也多于此日开张，称为"破五"。

初七又称"人七日"，意为人的降生之日，要早启大门，等候灵魂归来。早餐通常是长宽面条，名曰"拉魂面"，并禁用刀切一天，以免灵魂受伤。

从初五至十五日，街头巷尾卖花灯者甚多。因人们在正月十五准备闹元宵，花灯是必不可少的。"闹"字意为将年味闹出来，求得热闹的氛围。元宵节这天，白天有"社火"沿街游行表演，晚上人们则手拿花灯出游，道路两旁布满各式各样的漂亮彩灯，有的人为求雅意在彩灯上题写字谜供赏灯人解谜求趣，这种场景既热闹又壮观。

例如，合阳县也有自己的地方特色，从正月十四到十五东雷村村东有个三官庙，当地船夫为求神保佑航运平安，商贾求神保佑生意兴隆，都会在此举行庙会，唱戏酬神、闹社火、上锣鼓好不热闹。时至今日此风依旧流行（张建忠，2000）。

（二）元宵节

正月十五为"元宵节"，又称"灯火节""灯笼节"，古称"上元节"，上元夜又称"元夜"，亦称"元宵"。汉文帝时下令将正月十五定为元宵节。原为祭祀太一天神之日，相沿至今。吃元宵、赏花灯、猜灯谜是该日重要的民间习俗活动。关中一带有"小初一，大十五"的习俗。在元宵节期间，民间把节庆的娱乐活动推向了高潮，其中有以下三方面活动：

（1）携灯笼与放焰火：当天除了饮食、祭祀活动与过年相同外，人们还会在晚上携灯笼，摆灯山，并在灶君面前、土地堂前、祖坟以及全家各处如大小门户、粮食、磨盘、井台乃至牛羊圈里都要上香、烧表和燃点灯火，整个院子的角角落落，灯火辉煌、明亮如昼。有的挑起点燃的灯笼后，聚在村子中心的场地放焰火，即"放花"。刹那间，鞭炮轰鸣，火光冲天，五光十色，美不胜收。全村的男女老幼欢呼雀跃，无比欢快。放完焰火后，大家回到各自家中，恭迎灶君回宫，并将前一年腊月二十三日所供奉的灶君图像化为灰烬，用净纸包裹，抛置在房顶或农场中，取意为"灶君降临，图像归天"。

（2）耍社火：社火是传统乡土社会节日庆典当中的民间文艺表演活动。"社"即是土地神，"火"是火神，在以农耕生产为核心的古代，土地是人们的立足之本。社火即是在古老的土地崇拜与火崇拜的影响下产生的祭祀仪式。社火在不同地区有不同的名称，如还被称为"社伙""射虎""社户"等。

而正月十五灯节期间的社火表演最为隆重，声势也最为浩大。每当此时，数百人乃至上千人集体出动，炮声震天，彩旗招展，锣鼓开道，浩荡的队伍有舞长龙、耍狮子、撑旱船、扮假面、踩高跷、舞竹马、扭秧歌等闹社火场景，一会儿行进，一会儿就地布阵，轮流表演。

在农村的社火队一早就浩浩荡荡地走村串巷，锣鼓欢天，热闹非凡。之后的第一件事便是祭拜村里的关帝爷。社火队围着关帝庙转三圈，然后放起鞭炮，表达对关帝爷的尊敬，之后才是进行日场、夜场的社火表演。日场只从大街小巷走过，让村民一睹风采，领受故事情节。晚场需进入民宅大院，按所表演的故事内容与人物性格，配以相应的动作情态和轻盈的舞姿，并就地转圈表演，体现故事的丰富内容和含义。社火表演在娱乐的同时，也增进了村与村、人与人之间的亲近感，同时增强了人们的集体意识。

　　关中地区的社火种类繁多，特色各异。最有代表性的有"山社火""车社火""马社火""高芯社火""高跷""地社火""血社火"及"黑社火"等形式。名声最大的社火表演要数长安"留八堡"的最为有名。"留八堡"是人们对长安滦村乡东西留堡、红庙、上下滦村、徐家巷、翁家寨等8个联合耍社火的村庄的统称。他们耍社火历史悠久、技艺高超，深受当地群众的喜爱。一般是从正月十三四开始，十五是高潮。有时甚至要耍到农历二月初二。到了约定耍社火的日子，按照传统的习惯年年都担任"社火头"的红庙村在本村挑选一块百余亩大的平坦麦田作为场地，各村的社火都集中在此表演，当地称之为"下场子"，8个村子3000多人的社火队伍在人数达10多万的群众围成的场子里有条不紊地表演，成为"留八堡"数十年耍社火的良好习俗（张建忠，2000）。

　　（3）追十五：正月十五前后，一般亲戚互相走访，像娘舅家十五日以前给外甥送灯笼。十六日，刚出嫁的女儿的娘家会同女儿的舅家、姨母家、姑母家、姐姐和娘家的亲戚带上礼品（一般各带面花、馍子和其他用油炸过的食品共一百件，同时还带新衣服一身）看望女儿。婆家殷勤招待，表示已结成亲戚，以后便可以长期往来。同时，在正月十六关中地区还有"碰灯会"的习俗。一般是指在八点以后，在街头或者村外打谷场上举行，家家户户的儿童聚集在一起，或各自为战或各自对打，相互之间碰灯玩耍，碰灯时也有很多通俗有趣的歌谣，例如，"灯笼碰，灯笼碰，灯笼碰了不生病"，"灯笼灰，灯笼灰，灯灰地上多打麦"，到蜡烛快燃尽时便有"灯笼会，灯笼汇，灯笼灭了回家睡"等，这些景象都表达了人们对美好生活的行为表达和愿望。

　　此外，在过年期间关中地区还有一些独特的讲究。比较典型的就是"四色礼"，也称"四样礼"。这是关中地区的晚辈对长辈行的一种礼。表示一年内自始至终完美幸福，是晚辈对长辈的祝福。又如，男女定亲后，男方第一次到女方家，必带四种礼品，如烟、酒、肉、罐头或水果及其他物品，女方家也要凑成四样礼品回送，如鞋、袜、笔、本子等让男方捎回去。以后每逢重要节日，男方去女方家也照常备四样礼，但女方家就不必回送了。若女方家到男方家，则通常则不拘泥于四样礼。

　　还有，关中地的凤翔县每年到了元宵节的时候，丈母娘一家会宴请女儿、女婿，称之为"吃十五"，并送灯、送油，称之为"添油"。在户县有舅舅给外甥、外甥女送灯笼、拧麻花的风俗，称之为"拧灯"。传统的元宵节体现的是一种追逐热闹、狂欢的精神，而现今传统元宵节所承载的节日习俗已被人们的日常生活所消解，人们逐渐失去了共同的精神兴趣，复杂讲究的节日习俗已经简化成"吃元宵"的食俗了。

（三）龙抬头

农历二月初二是龙抬头，又称"青龙节"，也是万物复苏的日子。关中地区称其为"龙抬头""龙头节"。"二月二龙抬头，家家男人剃光头。"二月初二是个吉祥的日子，因此，在这一天人们讲究剃头理发以去掉昔日的秽气，迎接来年的兴旺。农村在二月二这天会给男人改善伙食，吃饺子、干面、麻花、煎饼等。清末的《燕京岁时记》中说："二月二日，今人呼为龙抬头。是食饼者谓之龙鳞饼，食面者谓之龙须面。闺中停止针线，恐伤龙目也。"这时不仅吃饼吃面条，妇女还不能做针线活，以免伤害了龙的眼睛。如此可见青龙节的重要性。

在铜川的药王山，每到二月二四方群众聚会，纪念古代伟大的医药学家孙思邈。自唐宋朝至今药王山古会，约定成俗，盛况经久不衰。二月二这一天，由孙思邈的舅家——孝义坊雷氏家庭派代表上山，鼓乐鸣炮，设祭施礼，打开一天门，宣布庙会开始，10 天会期热闹非凡。人们有的是敬表焚香，祈福驱灾，有的是畅游圣山喜得灵气，都求"药王"保佑万事如意。二月十日称为正会，这天龙灯社火热闹非凡，是庙会的最高潮（张建忠，2000）。

（四）端午节

端午节的"端"字有"初始"之意，"端五"就是"初五"，而按照历法五月正是"午"月，因此"端五"也就渐渐地演变成了现在的"端午"了。《燕京岁时记》有载"初五为五月单五，盖端字之转音也"的记述。

据说，屈原投汨罗江后，当地百姓闻讯马上划船捞救，一直行至洞庭湖也未见屈原的尸体。这时湖面上下起了雨，人们汇集在岸边的亭子旁避雨。当大家得知是为了打捞贤臣屈大夫时，再次集体冒雨出动寻找……到后来百姓们为了纪念屈原，寄托哀思，逐渐发展成今天的"龙舟赛"。百姓们又怕江河里的鱼吃掉他的身体，就纷纷回家拿来米团投入江中，后来也逐渐地演变成了"吃粽子"的习俗。

关中人过端午时，家家门前插艾叶，佩香包，驱五毒，喝雄黄酒，吃油糕和粽子。民间流传有"五月五日午，天师骑艾虎；蒲剑斩百邪，鬼魅入虎口"的歌谣。

其中的香包更是讲究，香包的造型、色彩、内容多种多样，其佩戴也颇有讲究。老年人为了防病健身，一般喜欢戴葫芦头、鸡腰子等药多、香味浓郁的香包。成年人喜欢带荷花、梅花、菊花、桃子、苹果、娃娃骑鱼、娃娃抱公鸡、双莲并蒂等形状的，象征着鸟语花香、万事如意、夫妻恩爱、家庭和睦。小孩多喜欢的是飞禽走兽类的，如虎、豹子、猴子上竿、斗鸡赶兔等。香包的图样寄托了人们对于美好幸福生活的追求。热恋中的情侣最为讲究，是女方精心地制作好香包，赶在节前送给自己的情郎。一般要用五色丝线缠成或用碎布缝成包体，内装香料（白芷、川芎、芩草、排草、山柰、甘松等），再用红线穿引而成。香包色彩鲜艳、形象逼真、香气扑鼻，且能消除病灾，深得百姓喜爱。

像在兴平的人们以绫帛缝制小角黍，下面再缝上一个小人偶，称为"耍娃娃"。另外，在潼关过端午时，有以蒲艾、纸牛贴门，称为"镇病"等不同的习俗。

（五）七夕节

每年农历七月初七是七夕节，这是我国汉族的传统节日。七夕乞巧，这个节日源于汉代，东晋葛洪的《西京杂记》有"汉彩女常以七月七日穿七孔针于开襟楼，人俱习之"的记载，这便是我们于古代文献中所见到的最早的关于乞巧的记载。后来的唐宋诗词中，妇女乞巧也被屡屡提及，唐朝王建有诗说"阑珊星斗缀珠光，七夕宫娥乞巧忙"。据《开元天宝遗事》记载，唐太宗与妃子每逢七夕在清宫夜宴，宫女们各自乞巧，这一习俗在民间也经久不衰，代代延续。

因为，此日活动的主要参与者为少女，而节日活动又是以乞巧为主，故而人们称这天为"乞巧节"或"少女节""女儿节"。七夕节是我国传统节日中最具浪漫色彩的一个节日，也是过去姑娘们最为重视的日子。在这一天晚上，妇女们穿针乞巧，祈祷福禄寿活动，礼拜七姐，仪式虔诚而隆重，陈列花果、女红，各式家具、用具精美小巧、惹人喜爱。2006 年 5 月 20 日，七夕节被国务院列入第一批国家非物质文化遗产名录，现在又被认为是最正统的"中国情人节"。

乞巧这一习俗在陕西各地均很流行，各地大同小异。咸阳的七夕乞巧活动自有一番情趣，七月初七黄昏，由一位姑娘带头将柳枝扎成人形，用木勺做头，脸上画谱，披上衣裙，扮成织女，置于村头空地或树荫下，叫作"巧娘娘"。"巧娘娘"面前放一香桌，上面供奉鲜花、水果，还有用面做成的小型刀、剪、尺子，随后开始唱乞巧歌，唱完开始赛巧，只见姑娘们一个个微闭双目，做出各种动作，表示擀面、切菜、织布、绣花。到入夜，姑娘们也借着月光"占影测巧"（张建忠，2000）。长安区的七夕节是妇女们社交游乐的节日，迄今为止，在斗门镇牛郎织女庙每年都举行一年一度的"牛郎织女会"，演绎着美丽的千古流传的爱情故事。

（六）重阳节

农历九月九日为重阳节，又称为"踏秋"。重阳节约形成于战国时期，《易经》将"九"定为阳数，两九相逢故称"重九"。"九九"与"久久"谐音，取福寿长久之意。后来人们效仿桓景一家佩茱萸登高避灾，形成了佩茱萸登高避灾的活动。

关中一带的文人多于重九登高，大家会于此日，三五成群，携酒盛肴，赏景赋诗，或呼朋唤友，饮酒菊园，吟诗取乐，如王维那首脍炙人口的："独在异乡为异客，每逢佳节倍思亲。遥知兄弟登高处，遍插茱萸少一人。"此时也是红枣成熟的季节，所以家家蒸枣糕过节。"枣糕"与"早高"谐音，据传枣糕含有早期登高避灾之意，因而重阳佳节吃枣糕的风气依然盛行。枣糕的制作工艺复杂细致，底层是用软面缠上枣子，夹在两个面盖之间，形成楼房样式，盖上用和好的面做成的各种动植物模型，如"鱼儿闹莲""凤凰戏牡丹"等，然后饰以各种色彩，给人们以美的享受。

在关中地区一直流传着一个关于"登高避灾"的传说。说是很早以前，有个庄户人家住在骊山下，全家人都很勤快，日子过得也不错。有一天，这家主人从地里回来，半路上碰上个算卦先生，因为天快黑了，这先生还没找到歇处。由于主人家里很窄，只有个草棚子房，于是就在灶房里打了个草铺，让妻子儿女都在草铺上睡，自己陪着算卦先生睡在炕上，凑合着过。第二天天刚亮，算卦先生要走，庄户人叫醒妻子给先生做了一顿好饭，又给先生装了一袋白蒸馍。算卦先生出了门，看了看庄户人住的地方，叮咛他说："到九月九，全家高处走。"庄户人想，自己平日没做啥怪事，又不想升官，上高处走啥呢。但又一想，人常说算命先生会看风水、精通天文，说不定自己住的地方会出啥麻瘩。到了九月九，就到高处走一走吧，全当让全家人看看风景。到了九月九，庄户人就带着妻子儿女背上花糕香酒，登上骊山高峰去游玩。等他们上山后，半山腰突然冒出一股泉水直冲他家，把他家的草棚子一下子就冲垮了。不大工夫，整个一条山沟都被淹没了。庄户人这才明白算卦先生为什么让他全家九月九登高。这事传开后，人们就每逢农历九月九，扶老携幼去登高，相沿成俗，一直流传到今。

（七）冬至

冬至俗称"交九"或"数九"，是两个季节的交替点，是一年中最冷时节的开始，一共九九八十一天。"九"满后，天气变暖，农事便开始了。

这个节气意在提醒人们换季添衣，开始换穿棉服。在关中地区，冬至当天有吃水饺的习俗，民间流行"冬至须吃饺子，天冷不会冻耳朵""吃水饺要吃双数"的说法。

（八）中秋节

中秋节是在农历八月十五，又称月夕、仲秋节、八月会、追月节、拜月节、女儿节和团圆节等。中秋节流行于包括中国在内的东亚等国，始于唐朝初年，盛行于宋朝延续至今，已被列入国家法定节假日和国家级非物质文化遗产名录。

关中地区传统的中秋节有"祀月"的习俗，先在院中置一条案，月亮升起来后，在案上陈设水果、红枣、柿子饼、月饼、花花子、麻叶、团圆等表示丰收之年、家庭和睦和家人团圆的喜庆情怀。中秋之夜明月高照时，家人就在院中对着月亮焚香礼拜，共同品尝丰收果实。书香人家往往围坐在一起，赋诗饮酒赏月，或听长者讲述有关月亮的故事，乞求美满团圆的生活如月之永恒。如果此时家中有人在遥远的异地，在分月饼时会为他留上一份，表示"千里共婵娟"，乞求灵感相通。

（九）腊八节

腊八节又称"王侯腊""腊日祭""腊八祭"等，每年的农历将岁末之月称为"腊"，将腊月初八称为"腊日"。其"腊"之含义有三：一是"腊者，接也"，寓有新旧交替之意；二是"腊者同猎"，指猎获之物可用祭祀，同时"腊"从"肉"旁，可以肉"冬祭"；三是"腊者，逐疫迎春"，含有驱魔防疫并迎接春季到来。腊八节还称为"法宝节""佛成道节"或"成道会"，也是佛祖释迦牟尼成道之日。同时，腊八又是民间用来祭祀祖先和各路神灵（门神、户神、宅神、灶神、井神）的祭祀之日，以祈求来年五谷丰收和家丁吉祥，是我国民间重要的传统节日之一。

关中及其附近地区都十分重视腊八节。到了这一天，家家户户都要用黄玉米、白玉米或加八种豆子一起焖煮一夜，第二天专门另烩一锅菜。待食用时，将焖煮的腊八粥和烩菜按照一定比例混煮在一起即可成"腊八粥"供人们食用。第一锅不仅供全家人吃，就连家中喂养的牲畜及猫狗也要吃，同时，还会给门上、地上、树上抹些，以求"普天同庆、六合同春、天下太平"。

在关中各县、各村的腊八节又有各自不同的讲究，如富平的农家在这一天喜欢酿酒，叫做"腊脚"。长安这一天的古风俗是煮肉糜，抛洒在花木上，叫做"不歇枝"。乾县、礼泉一带讲究腊八节要给老人送粥喝，女儿家要请新女婿吃粥。凤翔则是用黄米和八种豆子，加上盐做一顿腊八焖饭。铜川的农村在这天还流传着给幼男幼女剃头理发的习惯。

三、大事庆典

关中地区民间除了传统礼仪、传统节日外，还有许多关于民居建造和区域风俗习惯而沿用的庆典仪式，如乔迁新居、结婚典礼、做寿辰及做满月等。另外，还有自古流传关中地区的一句谚语："人生三大事，结婚、生子、盖房子。"由此可见，这三件事对关中人来说是多么重要。同样，这些传统礼仪习俗是以民居建筑环境为载体而实施的。

（一）乔迁

迁入新居，对一家人来说都是一件大事。在关中地区，新居落成后在搬迁之前，还要在新居中举行一定的活动或者仪式，祛除新居中的煞气，称之为"烘新房""烘庄子"。主人一般选择"黄道吉日"，在新屋点一堆火或者放一个火盆，备好酒席邀亲友邻里在屋内彻夜欢聚，或谈天说地，或打牌消遣，聚人气，冲去阴煞之气，驱邪镇魔，同时，用火驱除新房的潮湿和异味。另外，摆供桌上贡品，点蜡上香的同时，还要鸣放鞭炮，张贴红对联，寓意着日子红红火火、长长久久。祭土地，祭祖先，祭鲁班，周期一般为三天。

搬迁入宅的时间一般多选在早晨。在鞭炮声中，主人一家及亲朋好友前来帮忙，大家抬着家具，拿着家什，搬入新宅。其中椅子表示生活有依靠，梯子寓意步步高升，火钳象征吉祥如意等。亲朋好友们纷纷前来贺喜，赠送对联等各种礼品。同时，新房内奉有祖宗神位、土地神位，同时，新房的门上贴有喜联，如横批有"高朋满座""茅舍生辉"等，对联有"欣逢盛世千般盛，喜进新居万象新"等。中午和晚上，主人会准备酒席宴请前来祝贺、帮忙的客人，也有图喜庆、驱邪气、聚阳气的寓意。

在关中地区，还有一种叫做"踩院子"的仪式，是迁入新家的居住者为了祈求平安吉祥而进行的一种仪式。之后还有安灶仪式，这个仪式一般是在踩院子后的第五天举行，再后才可搬入新房居住。还有的人家会邀请邻居、亲朋好友和他们的孩子们到新宅里面蹦跳玩耍，叫做"踏房"。还有的人家会请"社火"到自己的新居中玩耍，同时伴随着鞭炮声，以求驱逐邪气，祈求吉祥。

（二）婚俗

婚姻是人类社会重要的组成关系，是伴随着人类社会的产生而出现的一种普遍的社会现象。它是在一定社会制度下形成的婚姻礼仪、制度及婚姻观念，构成了社会生活下的一种婚姻风俗。自古以来，关中地区的婚俗礼仪与其他地区的基本相同，但还是较多地保留了一些较为原始、具有地域特征的婚姻观念和婚俗习惯，如在院内搭棚安排席位（图6-48）、安排新房、布置堂屋、挂红灯笼、贴喜联、贴喜画等一系列活动。

图6-48　结婚迎客棚

（图源：自摄于户县）

关中地区的婚娶过程一般分为提亲、定亲、彩礼、催妆、嫁娶和回门和圆饭等程序。

（1）提亲：在关中地区，相亲之后的风俗是探亲，指的是双方父母安排适当的人选到对方家周围相互打听对方家的情况，包括家庭经济状况、人品、住房等。接下来由男方家寻找合适的人选担任"媒人"角色与女方家进行沟通。之后媒人将女方的基本情况和态度通报给男方。假若双方均无异议，媒人会去女方家正式撮合婚事，即为"提亲"。

（2）定亲：古称"问名"，现今叫"订婚"。过去定亲先请阴阳先生掐算生辰八字。若命相合适则由媒人撮合，互送庚帖并赠送女方"彩礼"（即给女方家的过财礼，也称"纳彩"），如果女方家同意，双方就此结亲。近几年，在关中地区兴起了女方到男方家看屋的规矩，一般是女方的主要亲属陪同，男方要设宴款待，而且要给女方东西的习惯。

（3）彩礼：亦称作"纳礼""纳彩"，即给女方家过财礼。定亲之后，男方备好金、银、珠宝首饰等信物，择吉日良辰遣媒人送往女方家中。一般送彩礼过后就可以约定婚期了，俗称"问话放拜礼"。在渭南地区，男女定亲仪式吃的第一顿饭必须是长面条，寓"吃长面，拉不断"的天长地久之意，然后才能吃酒席。在关中的中部地区男子到女方家相亲时，必须由丈母娘亲自做一碗荷包蛋，在渭南北部地区男子到女方家相亲时，必须吃一顿馄饨，其寓踏踏实实、圆圆满满之意。

（4）催妆：催妆是指迎娶前，男方须提前将新妆衣物送至女方家中。女方家也会把备置的嫁妆及亲朋好友所赠送的衣物、家具等物件送往男方家中，称为"过橱柜"，即催嫁之意。也有些地方是在结婚的当天，用嫁妆车送达新家的，一路上还可展示其档次和件数，同时也告诉观者其娘家的富有。

（5）嫁娶：嫁娶是婚姻的中心环节，也是最主要的环节。历代相传的嫁娶礼仪繁多，但祭祖的程序尤为重要（图6-49），一般为期三天。第一天，远亲近邻带着礼物和美好的祝愿而来，晚上有鼓乐吹奏；第二天，由七人组成的迎亲队伍前往新娘家（七人当中有一名为迎亲妇女，或婶娘，或嫂子），俗称"迎亲人"。女方家中设宴招待，搬嫁妆，组织送人队伍一般有八人以上或者数十人组成，其中有两名妇女陪送。待送亲队伍进入男方家门时，鞭炮齐鸣，新娘在"迎亲人"的搀扶下踩着席子"过门槛""过火盆"，之后进入堂屋进行拜天地、拜高堂、夫妻对拜（图6-50）仪式，然后再送入洞房。接着，新娘上炕，将席下四角压放的物品（有针线、核桃、红枣、钱币等）收存起来，谓之"踩四角"，处理完毕后便可静坐炕前。随后，便可以吃早了（也称"下汤"，即臊子面）。

图 6-49　祖先牌位

（图源：自摄于户县）

到了闹洞房的时候，关中地区更为独特有趣，由于婚前很多新人对彼此都不是非常熟悉，闹洞房无疑就是通过公众游戏让新人消除隔阂和距离。闹洞房一般是新娘、新郎的朋友和一些同龄人为主，还有一些爱凑热闹的男女老少，一开始会询问新郎新娘一些问题，之后会问一些问题让新郎新娘很尴尬且无法回答，接着多人就会动手动脚地闹起来，因此，在关中地区有"闹起洞房胡乱来，男的女的都得挨"的说法。

图 6-50　唐家"拜堂"模拟场景图

（图源：自摄于旬邑）

　　在渭南地区结婚日期一定得逢三、六、九，讲究"三、六、九，向上走"。女儿出嫁上车，必须换一双新鞋，暗示连娘家一点土都不带走，手中提一面镜子，预示一生道路平坦。到达婆家，新娘下车，婆家把事先准备的红线穿山辣子缝系在新娘身上，寓意"拉住"。新娘进入洞房开始，室内电灯直到第二天清早天明，说是点长明灯（长命灯），暗示新婚夫妻长命百岁。女儿出嫁当天，父母必须有一人在家，整个白天四门大开，意思是不把女儿关在门外，盼望女儿随时回家（张建忠，2000）。

　　（6）回门、圆饭：新娘在婆家住了八九天之后，女方家便可邀请新郎一家人到娘家居住相同天数的日子，俗称"回门"或"坐八天"（取"八对八两家发"或者"九对九两家有"之意）。

　　较为特别的是，关中地区的长安婚俗更有地方特色，讲究"十亲"之说，这"十亲"分别是说亲、相亲、定亲、会亲、求亲、成亲、迎亲、接亲、送亲和认亲。这大概是与长安地区地处十三朝古都腹地有关。

　　（三）生日

　　有了生日对一个家族或家庭来说就是意味着有了新的继承人，延续了家族的香火。对于一个自然人来说则是非常重要的纪念日，每过一次生日，就意味着年龄增加一岁。

　　在关中地区，旧时人们对生日的庆祝对象一般是年龄在 12 岁以下的小孩子和年龄超过五旬的老人。为小孩过生日一般由父母来操办，通常会举行一个较为简单的仪式，给孩子做顿喜欢吃的可口饭菜，再加上荷包蛋，并祝福他能顺顺利利地茁壮成长，最终能成人成才。同时，还会给孩子封个红包。若是给老人过生日，那可就相对讲究了，也隆重多了（详见"寿诞"部分内容）。

（四）满月

关中一带的农村把妇女怀孕叫作"有喜"，把生子叫作"添口"或"添丁"，把产妇叫"月婆子"，把刚出生的婴儿叫"月娃子"或"月月娃"。婴儿出生满一个月后，皆有"做满月"的习俗。做满月时，亲朋好友都来赴喜宴，并且送给小孩衣帽、玩具等礼物。产妇娘家人会送给产妇一身棉衣、一身单衣，送婴儿一身衣裤。特别是在关中的东部地区，还会蒸一个大"面花馍"送给婴儿，面花的形状如同项圈，直径约一尺二寸（约40厘米），主体如龙状，龙身上贴满了鱼、虾、螃蟹等水生物。渭南一带娘家会送虎形馍，宝鸡一带娘家送曲连馍（即大小不一、中间空的圆形馍），意为拴住小孩，盼其茁壮成长。同时，主人还会招待前来祝福送礼的来宾，举办各种助兴活动，如唱自乐班、看皮影戏等。

在华阴、潼关等地区有"转场"的说法。这是祝贺新生儿满月的一项庆贺活动，是在婴儿满月后次日，其祖父母首先抱往卖场转一圈，再去学校转一圈，之后再回家，意为带其孙儿见世面、长见识，以祈求长大后能懂生意、有学识、明事理，干出光宗耀祖的大事业来。在千阳地区还有"拜干大"（即拜干爹）的习俗，是在孩子满月的那一天，等客人到齐，给孩子穿戴一新，怀中揣个大蒸馍，由一位有声望的老年妇女抱出大门去拜干大，在街道上撞到的第一个男人时，妇女会把孩子手中的馍给他，并请他入席吃饭，那人就是孩子的"干大"了，那撞上的男人还要给娃见面礼，这礼一般是钱，这钱被称作"长命富贵钱"，就此拜干大的大事告成。此后两家人就会像亲戚般常常往来，孩子成长的好坏也与干大有着直接关系和责任。

（五）赎身

赎身是关中一带民间的成人礼。据说小孩12岁以前，在家里魂魄由灶爷拴着，等到12岁时算长大成人，此时的魂魄也不再需要灶神看管了，因此，需要还愿赎身。赎身的日子一般为腊月二十三祭灶的日子，当到了这一天时家里人会宰杀牲口，祭天酬神，把孩子的魂魄赎回来。在宰杀牲口之前，家长把孩子带到灶前磕头上香，焚裱敬神，并祷告："灶爷灶爸神威大，十二年拴娃没麻达（方言：没有问题）。今日杀生还愿来，你开金锁放娃娃。"祷告结束，鸣炮杀猪，献于灶前。

（六）寿诞

在关中地区民俗中，给儿童过生日叫"过生日"，给青年人过生日叫"过岁"，给老年人过寿辰叫"过好日子"或"祝寿"。为老人祝寿是传统的敬老爱老习俗，十分重要，故此，其程序也非常复杂、隆重。过寿有严格的讲究，在家族中只有辈分最高、年岁最长的人才有过寿的资格，其他人即便已入古稀之年，如有长辈健在也不能过寿。且过寿的人必须儿娶女嫁，家中没有任何负担，三代以上同堂，否则会被乡党们视为"老烧包"。寿诞有严格的仪式，寿日当天要先设寿堂、摆寿烛、挂寿幛、张灯结彩，布置一新。儿女、亲友们带着蛋糕、酒肉、茶叶及礼品前来为老人贺寿。祝寿时有丰盛的酒宴，寿堂正中设寿翁、寿婆之位，老人穿戴一新居于首座，司仪赞唱，全家以及亲友一一上前祝贺敬酒（图 6-51）。辈分不同，礼数有别。祝拜时平辈只是一揖，子侄则为四拜。此外，过寿之人在当天需吃"长寿面"和"荷包蛋"，寓意长命百岁，圆圆满满。

图 6-51　三原"祝寿"模拟现场
（图源：自摄于咸阳）

第六节　衣食住行、劳作工具

人的一生离不开衣食住行及劳作，人类的繁衍生息、文化的创造与传承、历史文明的演进和科学技术的发展进步也同样离不开这些环节。可以说，衣食住行和劳作就是人类的一切，伴随着人类的繁衍和社会的发展。

一、衣食住行

（一）衣

服装同民居建筑一样，是一个民族发展的历史缩影和文明标志，也是民族的物质文化与精神文化发展轨迹的物质体现。它能反映出人们生活的方方面面，体现一个民族或一个地区特定时期的文化风俗现象，同时，也是政治、经济、文化、心理、宗教信仰和生活习俗等诸多因素的综合体现。

服装的发展到了周代才有自己的基本定式，"……被纳入'礼治'范围，帝王、百姓的服饰有了一定的区别。根据《周礼》记载，凡有祭祀之礼，帝王百官皆穿礼服。礼服由冕冠、玄衣及纁裳等组成。冕冠是帝王祭祀时戴的最贵重的礼冠。商周服饰的主要形式是'上衣下裳'制，上衣袖小、衣的长度大多在膝盖处，衣领、衣袖、衣褶等处多绘有精美图案。衣用正色（青、赤、黄、白、黑等）、裳用间色（正色相调配而成的多次色）"（郑军，2001）。

《礼记·礼器第十》中记有："礼有以文为贵者。天子龙衮，诸侯黼，大夫黻，士玄衣纁裳。天子之冕，朱绿藻，十有二旒；诸侯九，上大夫七，下大夫五，士三。"由此可见，传统服装在周代就有了明确的样式、等级和用途，同时也界定了上衣为"衣"，下衣为"裳"的概念。且传统服装的制作和衣褶特征有特殊的讲究。

1. 布料制作

过去人们用的被褥面料均属自己用织布机（图 6-52）纺织的布匹面料，也称作"土布"或"粗布"。这些布料一般分为坯布（原色布）、色布（单色布）和花布（色织格子布）［图 6-52（a）］，也有通过印染加工而成的"蓝印花布""蜡染布"及"扎染布"。

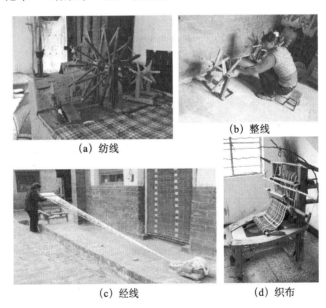

(a) 纺线

(b) 整线

(c) 经线

(d) 织布

图 6-52　关中地区织布程序列举

(图源：自摄于渭南地区)

2. 服装特征

关中地区的百姓衣褶特征和穿衣习惯与当地的气候和从业有着直接的联系。由于关中地区一年四季分明、气温各异，特别是冬夏两季温差较大，所以人们为了适应气候的不同变化，在不同的季节里穿不同的衣物，例如，男人夏季穿汗衫和短裤，春秋穿褂子和裤子，冬季穿棉袄和棉裤，颜色以黑、白、蓝色为主，女人的衣服款式及颜色和男人相比丰富得多。

（二）食

关中地区主产大麦和玉米，故此，饮食以面条（图 6-53）、馒头和稀饭为主，其饮食文化基本上可以说是面食文化，所以一般家庭中都有吃水井［图 6-54（a）］、大风箱、大锅、大案板和擀面杖等工具。在建筑空间中必有一定的空间来安置这些工具（图 6-54）。

但是，进入夏季时，为了降暑，人们的饮食又以凉皮、凉面、绿豆稀饭、绿豆汤为主。

图 6-53　biang biang 面的古写字
（图源：百度网）

（a）吃水井与辘轳

（b）大锅台与风箱

（c）蓄水缸与储粮瓮

（d）大案板与灶台

图 6-54　关中地区与饮食相关的器物列举
（图源：自摄于关中各地）

（三）住

1. 火炕与灶台

关中地区家家都有火炕和灶台，特别是在农村地区火炕是主要的卧榻工具（图 6-29）。火炕常常与灶台相通，当炉灶生火做饭时，产生的热量通过通道进入炕体，使得炕体在遇热后升温，从而让人们在冬季夜晚睡觉时能够取暖御寒，可谓"一举两得"的美事。

图 6-55　关中地区架子床列举

（图源：自摄于西安）

2. 架子床与被褥

在关中地区，人们每到晚春、夏和初秋季节，一般都睡床以避酷暑（图 6-30、图 6-55），而不睡炕。被褥在民间被老百姓们称作"铺盖"。一般在深秋和冬季使用，褥子用于铺床或铺炕，被子则是用来盖在身体上方的。因关中地区冬夏两季温差较大，故以此办法度过低温时段，且被褥用薄厚不等的天然棉花做保暖层，使用时可自行根据自然气候而选用不同厚度的被褥。

（四）行

在过去的年代，不论是关中地区，还是其他地区的人，一般在出行时都会借用一种交通工具——轿子，或者步行。当女人出行时，一般会乘坐轿子前往［图 6-56（a）］；假若家族集体出行时，一般会使用马、骡或驴子为动力的马车［图 6-56（b）、（c）、（d）］等。运输重物的工具有马车、驴车、架子车、手推车（独轮车）和驮框等工具。

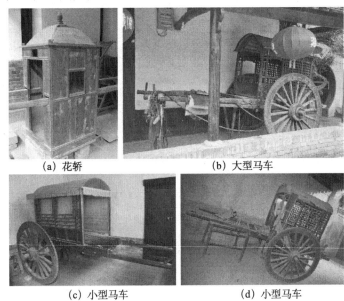

（a）花轿　　　　　　　　（b）大型马车

（c）小型马车　　　　　　（d）小型马车

图 6-56　关中地区出行工具列举

［图源：（a）自摄于三原；（b）自摄于芙蓉山庄；（c）自摄于旬邑；（d）自摄于长安］

二、关中八大怪

由于受到气候、经济、文化等多方面原因的影响，关中地区的人们在衣食住行等方面积淀了丰厚的历史文化，沿袭着古老的历史民俗民风，形成了一些独特的、生动的、有趣的生活方式。"关中八大怪"就是地域民风民俗的具体体现，其内容包括了衣食住行的方方面面，充分地体现了关中地区鲜明的地域特征和带有浓厚的生活气息的社会生活场景及区域文化现象。

其内容有：一怪"凳子不坐蹲起来"、二怪"老碗小盆难分开"、三怪"面条像裤带"、四怪"姑娘不对外"、五怪"秦腔吼起来"、六怪"帕帕头上戴"、七怪"锅盔像锅盖"、八怪"辣子一道菜"（图 6-57）。另外，还有"关中十大怪"之说，即九怪"泡馍大碗卖"和十怪"房子半边盖"。

一怪：凳子不坐蹲起来　　二怪：老碗小盆难分开　　三怪：面条像裤带　　四怪：姑娘不对外

五怪：秦腔吼起来　　六怪：帕帕头上戴　　七怪：锅盔像锅盖　　八怪：辣子一道菜

图 6-57　关中八大怪

（图源：引自苗萍：西安美术学院 2007 级硕士毕业设计）

三、非物质文化遗产物态化劳作工具列举

当人们在考证艺术的起源时，发现"艺术的起源与工具的起源同步"（孙建君，2006）。事实也是如此，当先祖们在发明、创造和实用工具的同时，便创造出了艺术作品以及艺术的审美法则和标准。例如，常用的对称、均衡、对比、节奏、韵律以及内圆外方等法则均以实用性、适用性和效率性为前提，具有相对较高的使用和生产价值，具有一定的先进性和科学性。下面列举一些关中地区百姓在生产生活中常用的劳作工具。

（一）加工工具

1. 建房工具

建房工具可分为木作（锯、抱、刨、斧、凿、距、规、尺、角尺、墨斗等）（图3-9）、石作（锤、錾、扁、剁斧、梅花锤、钢条仔、刀、哈子、墨斗、尺、线坠、画签等）（图3-19、图3-22）、胡墼作［图6-58（a）］、夯土作［图6-58（b）］、砖瓦作（泥铲、截泥弓、泥刀、推弓和泥转盘、瓦筒、端板和木磨刷）等。

（a）胡墼锤子、模子　　　　　　　　（b）石夯

图6-58　关中地区夯土工具列举

（图源：自摄于长安区大兆乡）

2. 饮食加工工具

饮食加工工具有风车［图6-59（a）］、杵臼、油坊［图6-59（c）］、水磨［图6-59（d）］、石磨盘［图6-59（b）］、手推磨、灶台［图6-54（b）］、风箱［图6-54（b）］、案板［图6-54（d）］、辘轳［图6-54（a）］、水桶、缸［图6-54（c）］、瓮、锅［图6-54（d）］、勺、笊篱等。

3. 纺织工具

纺织工具有轧车、纺车、浆纱车、经线机、织布机、染色及花布新使用的印染缸等（图6-52）。

（二）农耕工具

1. 耕种工具

耕种工具有犁、耱［图6-60（e）］、耢［图6-60（b）］、砺、铁锹、木锨［图6-60（c）］、锄头［图6-60（a）］、镢头、叉子［图6-60（c）］、耧（播种器）［图6-60（d）］等。

2. 灌溉工具

灌溉工具有水车（图6-61）、筒车、辘轳［图6-54（a）］、铁桶等。

(a) 风车　　　　(b) 磨盘　　　　(c) 油坊

(d) 水磨　　　　(e) 小磨盘　　　(f) 灶台、水缸

(g) 食物储藏缸罐

图 6-59　关中地区饮食加工工具列举

（图源：自摄于关中各地）

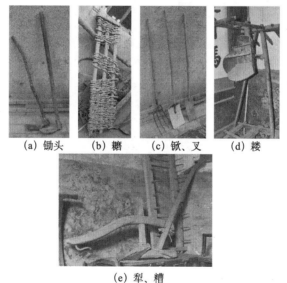

(a) 锄头　　(b) 耱　　(c) 锨、叉　　(d) 耧

(e) 犁、耱

图 6-60　关中地区农耕工具列举

（图源：自摄于关中各地）

3. 收获工具

收获工具有镰刀 ［图 6-62 （a）］、风车 ［图 6-59 （a）］、碌碡、石碾子 ［图 6-62 （c）］、簸箕 ［图 6-62 （b）］、筛子 ［图 6-62 （b）］、铡刀

图 6-61　关中地区翻斗水车

（图源：自摄于长安）

［图 6-62（d）］、莆篮、储仓等。

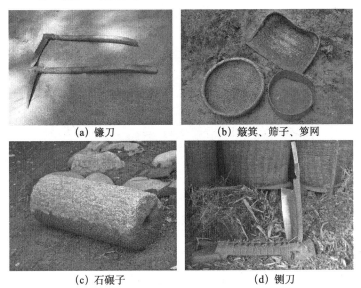

（a）镰刀　　　　　　　　（b）簸箕、筛子、笋网

（c）石碾子　　　　　　　　（d）铡刀

图 6-62　关中地区收获工具列举

（图源：自摄于关中各地）

4. 衡量具　在收获之后，常会用到衡量器具有秤、斗升等（图 6-63）。

（三）交通运输工具

1. 交通工具

交通工具有马车［图 6-56（b）、（c）、（d）］、木船、花轿［图 6-56（a）］等。

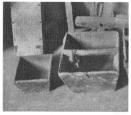

(a) 斗　　　　　　　(b) 升、斗　　　　　　(c) 秤

图 6-63　关中地区衡量具列举

[图源：(a) 自摄于户县；(b) 自摄于韩城；(c) 自摄于礼泉]

2. 运输工具

运输工具有马车、驴车 [图 6-64 (a)]、架子车 [图 6-64 (b)]、手推车 [图 6-64 (c)]、扁担、背篓、担篓 (挎篓) 等。

(b) 架子车

(a) 驴车

(c) 手推车

图 6-64　关中地区交通运输工具列举

(图源：自摄于关中各地)

(四) 其他工具

其他工具如图 6-65 所示。

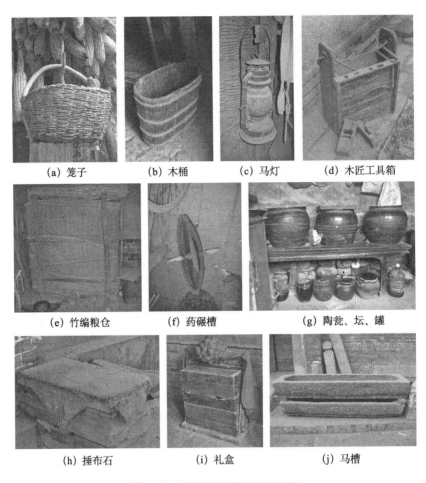

(a) 笼子　　　(b) 木桶　　　(c) 马灯　　　(d) 木匠工具箱

(e) 竹编粮仓　　　(f) 药碾槽　　　(g) 陶瓷、坛、罐

(h) 捶布石　　　(i) 礼盒　　　(j) 马槽

图 6-65　关中地区其他工具列举

（图源：自摄于关中各地）

本 章 小 结

　　"建筑为人类提供了各类形态的生存空间、社会交往空间，一方面按照政治、经济、宗教、信仰、法律、社会习俗和道德伦理来决定建筑的'意义'、内涵与形象、空间与环境；另一方面，建筑也在不断地凝聚其丰富的历史文化传统内涵的基础上不断升华并改变着人类的环境。'生存式样'包括不断为人类创造出丰富和舒适的场所和空间。这种物质与精神之间的谐调关系，充分显示了'文化'的意义。"（顾孟潮等，1989）

　　同时，传统民居的非物质文化以其丰富的内容来折射或反映整个人类

社会的发展历程，以及某个区域的社会、经济、文化、民风民俗等方面的印迹和人们精神素质、精神追求的综合体。同时，民居民俗文化也体现了人们"尊天地、重人本、讲亲和"的唯物主义的哲学思想和理念。民居的建筑风格、建筑形制及功能布局均包含着政治现象、经济条件、人文环境、社会风俗及审美习惯等丰富而又深刻的内含。因此，也可以说有了民居便有了居住的生活环境和条件，有了居住环境和条件便有了围绕居住而产生的一系列居住文化现象。假若没有了民居，那么，居住文化将无从谈起。所以，民居与居住民俗文化是物质的，也是非物质的，既是相互依存、相互支持、共同发展且不可分割的，又是相互制约的共同体。

传统的礼仪、传统的节日及大事庆典均以建筑环境和建筑空间作为依托完成的，也可以说，一切民间民俗文化活动的规律均是依赖于建筑环境和建筑空间来进行的。同时列举了一些具有典型关中地方特点的加工工具、农耕工具和交通运输工具等，都是人们的日常生活息息相关的，也是与人们从事非物质文化活动有着直接或间接关系的，并通过这些物态化的劳作工具以展示先民们的技艺水平和聪明才智。

在陕西关中地区民居环境营造过程中，需遵循一定的营造习俗、法则及理念，同时更需遵循等级标准的礼制制度和宗法制度来进行建设。并且说明了传统礼仪、大事庆典和传统节日的由来及其意义所在，人们的一切非物质文化活动的最终目的不外乎祈求五谷丰登、祈福纳祥、平安康宁等。

第七章　陕西关中地区传统民居院落空间与门窗形态关系的实例列举

在人类文明发展进程中，民居建筑是与人们的生活息息相关的，文明程度越高，也就意味着民居建筑的技术越成熟，建筑的文化内涵也就越多。同时，也会出现地域间民居建筑的相同性和差异性，无论是相同性，还是差异性最终组成了传统民居建筑的大体系。在差异性中往往包括有气候、地质地貌和物产等自然环境，以及传统民族文化、地域性民俗文化、地域性审美习惯和对物产与材料的认识应用等多种原因。而且不同时期的建筑文化，其建筑文化区域的呈现也是不同的。加之我国地域辽阔、民族众多，而形成的庞大、复杂的民居建筑体系和个性张扬的民居院落，形成各自的特色。

在民居体系中，北方建筑的四合院形式是最突出、最典型的居住特征，也是我国建筑史上在西周时期就已经成型的且应用最普遍的建筑形式之一。这种形式既有大围合，又有小围合，既相对独立，又互为关照。这种形式的成熟和应用的广泛性原因在于：其一是安全防御能力最强，并具有极好的隐秘性。其二是院落空间利用率最高，且造型美观大方。其三是冬暖夏凉，高大的院墙与环绕的建筑在冬天时可聚集暖气，阻挡院外的寒风和冷空气。在夏天时可蔽日纳凉。其四是可将雨水进行收集，达到四水归堂的效果。其五是由传统的家庭等级制度和传统的社会生活方式所决定的。家庭的社会生活方式是无论三代、四代人共同居住在一个院落之中生活，父子、兄弟、妻子都居住在一起。家庭的等级制度是按等级排序入住的，按东南西北朝向分上下区域，尊卑秩序非常严格，长幼有别，男女有别。

关中地区的四合院及其院落布局的历史价值正如白庚胜所说的："四合院最早的建筑形态，正是这周原四合院遗址。"可见，北方的四合院落形式是源于宝鸡岐山县凤雏村的周原遗址。

而今存留的关中地区的深宅大院做工正统、布局严谨、材料精选、装修精美，且地域特征鲜明。例如，关中地区传统民居的"窄院式"庭院，其建筑结构为抬梁式硬山架构，土木、砖土木、石木瓦房组织。"房子偏偏盖"的单坡屋顶型厦房为关中地区民居最突出的特点。最常见的四种民居形式：一是四合院式，即矩形基础门房、两排厦房和上房组成的庭院。二是三合院类型，即在矩形基础门楼、两排厦房和上房形组成的庭院，没有门房。三是二合院式，也就是说，矩形基础的门楼和两排厦房组成的庭院，无门房和上房；四是单排院式，即矩形基础门楼、单排门房与院墙。其地势多为后高前低，方便排水。

另外，还有窑洞民居（含靠崖窑、地坑窑和明锢窑）以及山地民居。

第一节　大型院落空间与门窗形制

古代文献记载，天子"五门三朝""前朝后寝"等制度，这一串的门、朝、寝都沿着宫的纵深轴线布置，其实关中地区民居的布局特征，也是遵循此原则而构筑的。从传统民居建筑的平面、空间、结构、人与自然之间和人与建筑之间的关系等分析并总结关中地区传统民居建筑的特点，这虽并不全是传统建筑的特点，但它参与了传统建筑的布局、结构、装饰装修、居住文化及其他方面。可以说，从宏观到微观、从物质到精神均明确地渗透出中国传统建筑的个性，这就是中国传统建筑的特点，也充分体现出了中国传统建筑的魅力。同时也以其极大的吸引力，无时无刻地影响着中国民居建筑的发展。

一、三进两跨式院落

（一）三进五开间、两跨院

三进两跨式的院落形式多数为官级较高的官式宅院所应用，如宝鸡凤翔县的周家大院（凤翔县通文巷 16 号）就是一个典型的三进两跨式院落。其院始建立于明朝末年，清初面积才迅速扩大，至民国末期总面积已达到 2 万多平方米，房间数以百计。周家祖先世世代代均为官员，清朝初期周氏祖先已经位居一品。周家大院的封建地位等级相对较高，因此，关中地区传统民居的形体构造上不仅地位极其特殊，并且极具典型性（图 7-1）。

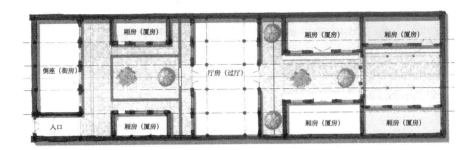

图 7-1　凤翔周家大院现状平面图

（图源：笔者自绘）

　　现存的周家大院整个院落坐北朝南，院落正门入口开设在东南角，大院整体进深 47 米，面长 14 米。正院在东、西侧为偏院，其正院和偏院以墙门相隔。正院中线上为五开间建筑，两侧为厦房，且每个院落中的厦房进深各不相同。进深最窄只有 3 米的是第一进院的厦房，第二进院的厦房进深为 4 米，第一二庭院之间是进深为 7.6 米的厅房，第二三进院进深为 4.7 米的厦房之间以垂花门连接，而第四庭院现如今为上房，同时也是祭祀祖先的祭堂［图 7-2（a）］。

　　周家原始大院的偏院作为正院的辅助性院落，与正院之间以墙门连通，侧院为三间三进式院落。中轴线上的建筑均低于正院中轴线上的建筑，为家中晚辈和奴仆杂役等居所［图 7-2（a）］。

（a）凤翔周家三进五开间两跨大院　　　　　　（b）扶风温家三进三开间

图 7-2　关中地区不同形制的院落

（图源：自摄于凤翔、扶风）

　　另外，始建于 1839 年的扶风县城北街扶风温家大院也是关中地区大宅院的典型例子之一，当时大院的主人在扶风县可是赫赫有名的"四大瘟神"之一。鼎盛时期，院内有大房和厦房各 15 间和一幢漂亮的绣楼。屋顶上兽脊的优美造型在经历了百余年的风雨之后依然栩栩如生，足以体现它生命力的强大。温家大院作为典型的关中地区古典民居，其空间结构必然属于中国传统四合院式的民居布局模式，以中线为主的建筑由前往后依次为门房、庭院和厅房。二门是以青石雕刻的精美绣楼，穿过二门到达家庭成员起居的二进院，两侧为厦房［图 7-2（b）］，之后是上房，最后是两侧设有厦房的一进后院。庭院两侧的两栋单坡顶厦房是由 4 个建筑风格一致的多进式院落结为一体，成为建筑组群的四合院。在院中不管是门窗还是墙壁上到处可以看到精美的雕刻，不仅有龙、凤、狮子、鹿、龟、鹤等动物图案，还有梅、兰、菊、竹、松、柏等植物图案，以雕刻的形式将这些象征着吉祥、长寿的精美图案巧妙地融入到民居的各个角落。同时，温家大院的中院有一座高 5 米多、宽 3 米左右的抱厦，整个正立面用青石雕刻、精雕细琢、建筑优美、古朴大方［图 2-24、图 7-2（b）］。

（二）三进三开间院落

于家宅院为三进三开间的典型例子（图 7-3），坐落于西安市长安区大兆乡三益村，宅院大门开设于门房的正中间，经过细腻的做工和考究的用料显得其端庄典雅、朴素大方。宅院中线上的主要为两层建筑，远远高于周围其他的普通民居（图 7-4）。门房后的第一二进院的厦房之间由高墙隔开，并在上檐处开设带有文字的两小一大的拱形墙门洞，中间门洞有"树德务滋"字样，左右两侧分别有"传家""耕读"字样［图 2-32（a）］。东、西厦房和厅房构成了第二进院，厅房三开间的正立面设有三组四扇隔扇门，足显辉煌大气。厅房，东、西厦房和上房构成了第三庭院，上房双层的高度同样高于一般民居的高度，并在内檐墙的右侧设有通往二层的木质楼梯（图 7-5）。

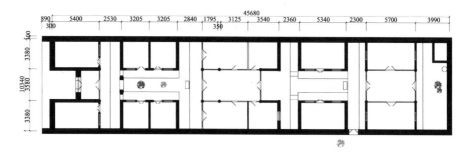

图 7-3 于家大院平面图

（图源：笔者自绘）

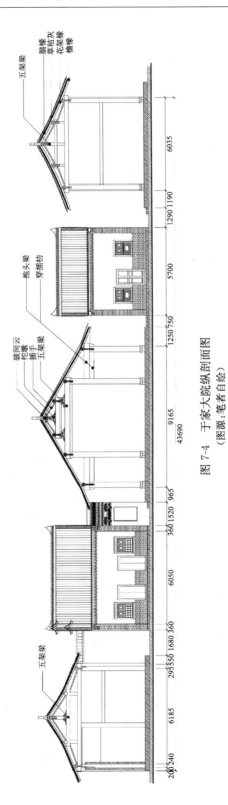

图 7-4 于家大院纵剖面图
（图源：笔者自绘）

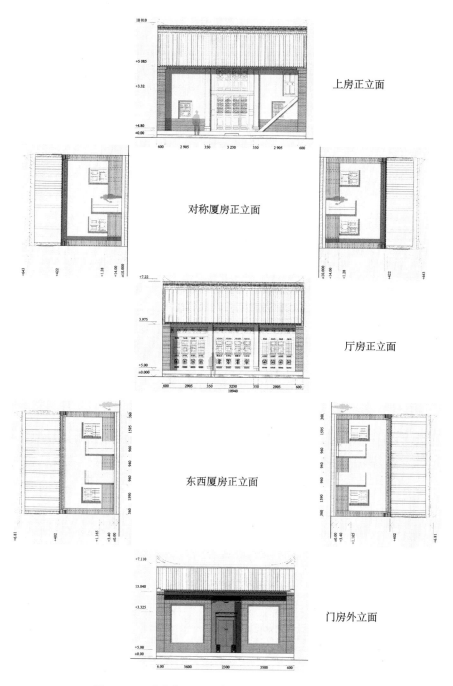

图 7-5　于氏院落空间、建筑与门窗比例尺度关系图

（图源：笔者自绘）

二、两进两跨式院落

笔者在调研中发现，关中地区的大宅院比较多的是两进的院落，但是一般又设一至两个偏院，其主要组成单元为两进的两个跨院，其中中央院落是老院子，也是院落中等级最高的区域，常规为三开间，也有五开间。最典型的例子就要属保存较好的唐家大院了（图7-6）。

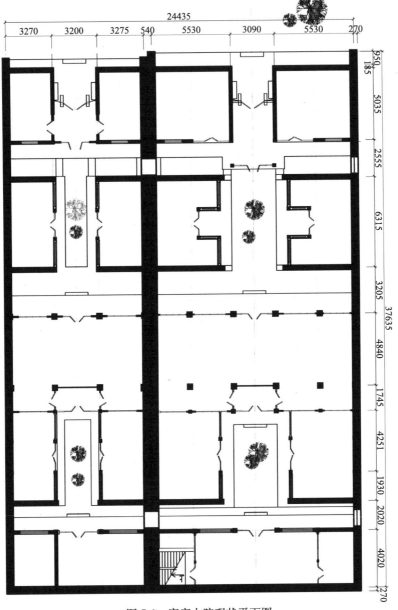

图 7-6　唐家大院现状平面图

（图源：笔者自绘）

唐家大院位于旬邑县城东北约 7 公里的唐家村。在鼎盛时期约有 87 个院落，2700 多间房屋，而如今仅有三个两进院完全修复并可供参观。其中，以同一高度的前两个院落形成两进（五开间）两跨（三开间）式院落，分别为一正一辅，并构成了当地官宦人家、富商大贾宅邸中典型的院落组合形式（图 7-6、图 7-7）。

唐家现在的正院面宽最宽约 16.5 米，总进深 37 米，主要用于居住，也是家中婚丧嫁娶以及祭祀祖先的场所。唐家世代为宦官，其住宅与关中地区其他传统民宅"开间不过三"的特点不同，是五开间的大式宅院，且级别较高，因此，在民国之前保存比较完整。在院落的厅房中还有模仿过去的场景制成的人物蜡像，惟妙惟肖。这是经过对唐家大院当时的历史背景、建筑特征以及功能性的实地考察将场景还原的，能展现唐家大院的等级特征和房间的使用功能。

唐家院落建造是完全按照当时礼制制度进行布局的，注重对称的平面布局，具有强烈的"尚中"意识，集中体现在对中轴线的强化和运用，在房屋空间位序上，严格按照人伦秩序设置，轴对称排列，构成了明确区分内外院和前后院的内在网络关系，阴阳互补、虚实相间的形态，形成了一种从上至下、主高从低、长为先幼为次的层次秩序，包含了极强的宗法礼制意识（图 7-7）。其正院内部空间划分成纵向二进式形成一个完整序列。从门房进入穿过前院进入厅房，然后经过后院到达上房。整个庭院从纵

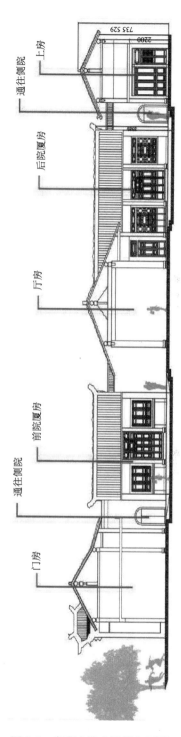

图 7-7　唐家大院主院侧立面图
（图源：笔者自绘）

向来看有明显的轴线意味，横向来看左右大体对称。院内主要均按中轴线设置的建筑有入口的门房、用于婚嫁和宴请的厅房、长辈所居住的上房，账房、管家房、厦房、厨房、储物间则分列次轴。轴线上的建筑通常分布的原则是前下后上、前公后私、正高侧低，也就是前院的设置及级别必须低于后院，上房的建筑也相对高于侧房，家丁和佣人居住于前院，而后院为直系亲属和长辈的居所。

1. 正院

入口大门位于建筑的正中间，门房设二层，以此来突显主人的官宦世家出身和地位。主体建筑为五开间建筑，两侧对称四开间均为2.7米，中部入口开间3.2米，东侧的两间是账房，西侧的两间为管家房。作为临街的门脸整个院落中第二高建筑，高度达7米（图7-8）。门房的二层做出挑朝向院内为一层形成廊道二层为望台，前院入口设有一道屏门，通常处于关闭状态，仅用两侧通道供人通行。通常家族内部成员入门后分流，沿门房的廊道的"灰空间"通过厦房和门房中间台基的青石路到达厦房出檐下的台基，再经过中间连接处的青石条路面进入厅房的挑檐空间，保证了下雨天人们在院内的正常活动，不被日晒雨淋，这样布局规划既保证了两侧厦房外部范围的私密性，又能够保证院内通道的合理性。在家族中有婚丧嫁娶或宴请贵宾等重大事件时，中间的屏门才会打开，方便多人同时通行，请贵宾走中央门以表对他人宾客的尊重。

门房后部对称的两座厦房与厅房和上房之间的厦房开间距离均为6米，都采用关中地区常见的向院内倾斜的单坡屋顶。由于这两栋厦房的主要功能为待客，相对于上房和厅房之间的厦房略低。两座厦房房门内嵌形成门斗，虽缩小了部分厅室的使用空间，但拉伸了院落的空间感和立体感。

厅房等级最高，是家族议事、处理日常事务、祭祀祖先的特殊用房。房内视野开阔、空间高大，四壁悬挂着写有不同内容的匾额。中央设有太师壁以及名人字画和名贵家具，给人以宏伟而又严肃之感。

上房是院落中地位最高的空间，是长辈们的卧室，从平面上将中间三个开间划分出中厅（明间），是供家庭成员集中活动的场所。两侧暗间的卧房面积相对较小，供长辈居住，且在房间一侧有通往二楼闺房的楼梯间（图7-8）。

后院更为私密，厅房与上房之间无缓冲的角院，且两厦房、厅房和上房的出檐更深并相连，随着"灰空间"的面积增大，使得后院的整个空间显得更加紧凑，因而更适合家族内部成员聚合或居住。

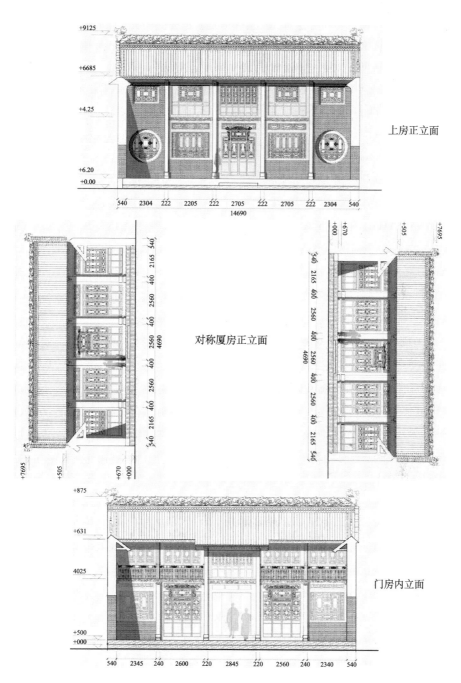

图 7-8　唐家院落空间、建筑与门窗比例尺度关系图
（图源：笔者自绘）

　　与正院相连的还有两处以墙门相隔的辅院，是供晚辈、下人居住和生活的区域，通往这两个院落的通道和大门设在上房和厦房之间（图7-9）。

图 7-9　唐家大院偏院

（图源：自摄于旬邑）

2. 偏院

正院东侧的偏院面宽约 10 米，在位于轴线上的主要建筑均是三开间，建筑高度和进深基本与正院相同（图 7-9）。

第二节　中小型院落空间与门窗形制

一、四合院式院落

中小型四合院落是常见的布局，门房、两边对称的厦房和院墙外加上房围合成一个完整的院落，院中厦房的开间数量不等，有多有少，开间数的多少直接影响到整个院落的比例关系及进深长度。这种四合院落从古至今都是民居的常用形制之一，也同样是其他连排院和大型院落的基本单元。

关中地区的普通四合院落通常情况进深为 21 米左右不等，面阔 6.6～9.9 米或 16.5 米左右。而厦房的开间数量一般根据各家情况不同而各有差异。例如，西安市长安区的张雷村民家宅院和咸阳地区彬县程家川村等都是关中地区十分典型的四合院形制，其厦房只有两开间也是常见的形制（图 7-10）。

在关中地区大宅院组成的四合院是重要的基本单元，是突出庭院功能性需求的窄院民居形式，这是由当地独特的区位地理环境所形成的。这样就形成了对于院外环境相对独立的庭院空间。例如，西安市长安区典型两

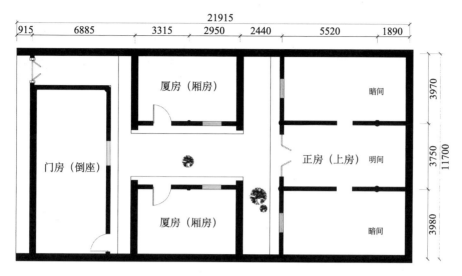

图 7-10　程家川村田家四合院平面图

（图源：笔者自绘）

组四合院形成的窄长院——于氏宅院，两组院落前、后两院均是由门房、厦房和厅房组成的，以及厅房、厦房和上房组合而成的四合院，大门设于门房的明间中央（图 7-3）。又如，咸阳地区彬县程家川村和长安区的张雷村民宅等就是比较典型的关中地区四合院形制，并将大门设于门房的两侧，且将入户走廊宽度留的很窄。不同的是，程家将门房的入户走廊留在右侧（图 7-10），而张家将门房的入户走廊留在左侧（图 7-11）。

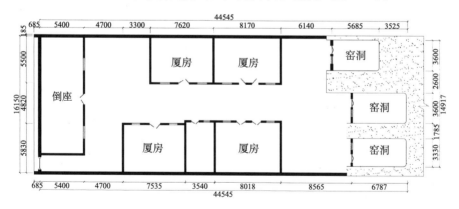

图 7-11　长安区张雷村四合院

（图源：笔者自绘）

二、三合院式院落

关中地区三合院的布局形式使用较为广泛。此类合院由门房和两侧对应的厦房以及后院墙围合组成，一般会将大门设置于明间中央［图 7-12（a）］。也有两侧厦房山墙面向街道，硬山至顶，单坡向院内，并在中央设有入户大门，还常有在墙山的花部分设置有不同风格的通风口气窗。一般会将入户的大门修建成独立的带屋顶门楼，通常高于院墙，并以木雕为主做成垂花门形式［图 7-12（b）］。

　　另外，在关中地区有一种三合院空间，是在纵向多进式院落布局中不设厅房，只用院墙与墙门分隔前后两进院形式。这种做法虽使内进院住户缺少了一定的私密性，但却增加了整个院落的通畅性。还有，由于家庭人口不多，三合院空间基本可满足，或想建造四合院，但在经济条件上暂时无法达到，故而有时会对门房或一侧的厦房进行暂时的取舍或缓建［图 7-12（c）］。

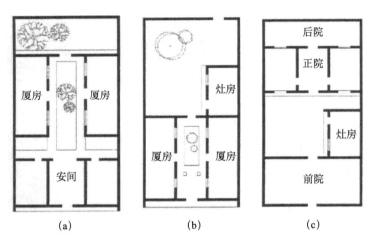

图 7-12　关中地区三合院、二合院的平面图列举

（图源：引自《陕西民居》）

　　三合院形制常被关中地区的人们所使用，一般家庭会以上房为核心，常规会将上房的暗间作为起居室，明间则作为会客和祭祀之用，并通常还会设有通往后院的通道（图 7-13）。

　　同样，三合院的厦房开间通常不固定，主要由家庭成员数量决定，有的将储物间或厨房设在一侧厦房，更有将畜圈设置在厦房当中，这样可以更好地照顾牲畜，如咸阳市泾阳县周边村落通常采用无门房的合院。这种院落入口一般开在院墙中部，院墙与两侧厦房直接衔接，特点鲜明、独具特色。

三、二合院式院落

　　上文中提到部分三合院只采用院墙围合和只设主要建筑组成的合院，

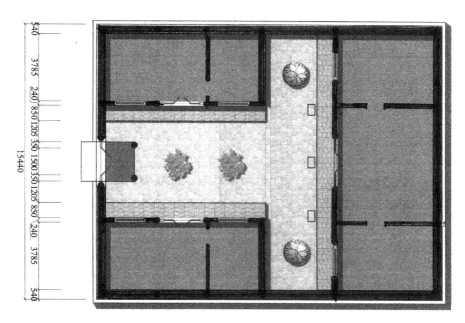

图 7-13　大荔牛家三合院平面图

（图源：笔者自绘）

一般只设上房和单排厦房，或只有门房及单排厦房，或在围合的院墙中只设立对称厦房等形式的院落。这种二合院形式一般是经济条件较差的家庭经常使用的形式，也称为小院子（图 7-14）。

图 7-14　安吴村二合院图

（图源：自摄于泾阳）

在关中地区还有一种常见的二合院，其利用原有的靠崖窑或明锢窑围合院墙并增设单排厦房作为厨房使用，或以厦房供晚辈居住或储物使用。

此类院式的院墙和厦房是多因家庭人口增长而加建的房屋。常见到的一般为2～3开间不等，且建筑体量较小，基本无装饰。

多进院中也同样有二合院的身影，这种院落利用设置在厅房后部的院墙上或二道门将前院的厦房分隔成一个独立的区域，让整体空间更为丰富。明清时期由于家境贫寒和流动性较强，并且家中人口较少，许多佃户和长工没有钱财置办像样的院落和房屋，所以只能共同居住在由上房和门房组成的房间之中，或者由单侧厦房和上房组成，入口处由简单围墙或矮墙加上入户门组成的院落之中。

四、单排房式院落

单排房形式同样是由于经济情况或家庭居住人数原因所致。普通小户人家也只有2～3开间房子，然后围绕房子用围墙围合，并在房子正对的院墙上开设入院墙门。当然，这种院落在关中地区并不少见。

还有一种在关中地区的山区常见到的"山地院落"形式。一般普通小户人家由于地势所限，同时也受经济和家庭人口等原因所限，常常会设2～3开间的上房，并在上房的左侧或右侧建有耳房，或简易柴房，或牲畜棚等（图7-15）。

图7-15　蓝田山地单排带耳房的民宅列举
（图源：自摄于蓝田）

综上所述，关中地区的前辈们在院落空间建造和空间利用方面都有其独具特色的表现。由于家庭的经济实力、人口的多少、宅基地的差异以及社会地位的差异等因素，在一定程度上影响着关中地区小型院落的形式与发展，同时也营造出了形态各异的民居结构和形制，以满足人们日常生活的需求。

第三节　窑洞型院落空间与门窗形制

英国学者在《人类的居所》的概论中说：人类洞穴这个自然"子宫"的存在，大约是在 11 000 年或更早些时候……（斯蒂芬·加得纳，2006）而中华民族在黄河流域的"穴居"历史少说也已有近万年了（孙建君，2006）。

在远古时期，北方的先祖们使用的居住方式是竖穴形式，但因不易防雨和出入不便，所以，后来发展成为横穴居住方式，这也是今天靠崖式窑洞的雏形。窑洞在陕西关中地区的中、北部和陕北地区的黄土塬区域被广泛应用，这是由于这些地区是我国黄土分布较为集中的地区，土层的厚度均为 50～200 米，挖掘建造窑洞的地质条件最适宜。陕西关中地处暖温带半湿润的季风气候区，位于东经 107°～111°、北纬 34°～36°，四季变化分明，冬季寒冷、夏季炎热，气候相对干燥。因此，当地居民利用当地独特地形开凿窑洞，修建院落，创造出绿色环保的、独特的乡土居住模式——窑洞。这种能自行调节温度、湿度，并控制室内空气循环的特殊建筑形式为当地人民提供了温馨、舒适的生活空间，改善了生存环境。同时，针对建筑材料资源缺乏的关中地区而言，窑洞建筑的构造有着更为节省建筑材料的优势，且有便于修建修补等诸多优点，形成了人与自然和谐共处、共生共存的状态，达到了因地制宜、天人合一的美好境界（图 7-16）。

图 7-16　文明塬靠崖窑聚落

（图源：自摄于铜川黄堡镇）

窑洞有着因地制宜、合理利用建造区域的土地及周边资源的特性。由于关中地区从南至北地势不断抬升，土层也不断增厚，故而窑洞的形式和布局也有着明显变化，产生了很多不同形制特征。依照不同形制特征可分为明锢窑、地坑窑和靠崖窑三种基本的窑洞院落形式，以及前房后窑（单排房、双排夏）和前明锢后靠崖等院落形式。

关中地区中部及北部的山坎、崖壁上，当地人在这些地势上开凿、挖掘水平向内的拱形洞体，利用槛墙和槛窗，以及木质、土培或砖石材料将门洞封闭，这类当地特殊建筑称为靠崖窑。一般此类窑洞会以主窑（相当于厅房、堂房）为中心，再向洞内三面洞壁挖掘出卧室、储物空间、牲畜圈、伙房或地窖等功能性空间。假若在窑前有足够的空间，人们也会在院落的中央盖起坡屋面顶的房子，并与围墙围合，形成了前房后窑式的院落，可称为"靠崖窑院"。假若在窑前有适当空间，人们常会搭建牲畜棚、厕所或杂物间等设施，再用围墙围合或不围合，形成自然院落。

当然，靠崖窑不光出现在人们一般概念中熟知的陕北地区，其实在关中地区也十分普遍，在"八百里秦川"腹地就普遍存在，无论西安、咸阳、宝鸡、渭南和铜川等地区，同时这些地区的延伸区域也同样存在，只要有沟壑崖坎的地方就会有靠崖窑的身影。以西安市为例，如浐河沿岸河坎（大兆乡杜家岩村等）、青龙寺周边（西影路）、兴国寺（西安美术学院原址）、常宁宫（蒋介石行宫）、兴教寺周边等均有大量的靠崖窑。

明锢窑使用石、砖以及土坯作为结构材料发券，做成拱形的窑洞房屋框架，再将券顶铺附黄土形成平顶房。这种使用石材和砖材砌筑成的拱形窑洞整体独立，四面临空，布局灵活多变，有些还在窑上建窑上窑或窑上房的。所以，此类窑也称为独立式窑洞。由于屋顶平整，非常适合晾晒谷物和衣物，人们通常搭建楼梯或直接使用梯子将屋顶充分利用起来。明锢窑洞口门窗布置与靠崖窑的基本相似，但绝大多数使用砖材或石材来砌筑女儿墙、挑檐及窑脸部分，以此来增加窑洞结构的稳定性和院落空间的安全性。明锢窑相对于其他几种窑洞造价高，也是几种窑洞中最高级的，当然也是最安全的一种建筑形式。同时建造的形式和布局可随意搭配其他所需建筑，对选址要求较少，院落空间可大可小。因此，也就形成了其建筑形式的多变性（图7-17）。

作为地坑窑来讲，在造价上虽然没有明锢窑那么高，但是相对于靠崖窑在人力的投入较大，需要开挖大量的土方。这种窑洞形式最大的缺点就是抗自然灾害能力较弱。

在院落布局方面，靠崖窑和明锢窑与地坑窑的院落布局差别明显。地坑窑的布局成长方形或方形环绕，内部各窑孔隐藏于地下。而靠崖窑和明锢窑有一定的排列顺序，有设置院墙和不设置院墙的，设院墙围合的根据围墙规格和朝向开设大门，而不设院墙的则呈现出一种较为自然的院落

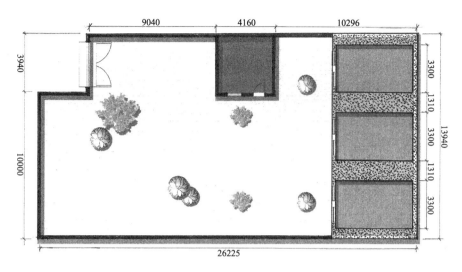

图 7-17　张家明锏窑院落平面图

（图源：笔者自绘）

关系。

一、靠崖窑院落

靠崖窑当地人称土窑、坎窑、坡上窑。通常选址在背北朝南的山坎沟壑的两岸，再在岸壁基础上水平开凿的。靠崖窑的聚落一般随等高线分布，每口或每组窑洞是以折线或曲线依次排列，朝南向的和便于交通的区域是靠崖窑的聚集地。此类窑选址通常在较为平整的崖或坡前，利于施工的同时也方便增建屋舍，同时也方便人们的生产和生活起居。除了联排的窑洞院之外，还常会看到形似一把靠背椅式的院落。由于挖掘工艺简单、工程量较小、造价低廉而被广泛应用。

1. 两层窑

靠崖窑也有两层的（图 7-18），根据崖体的高度和住户的需求，在原有窑体上方继续挖设窑孔，院内一侧用石材或土培砌成通往二层的踏跺。二层窑孔的进深和体量一般小于一层，在满足居住需求和安全要求的同时，主次关系也得到体现。上下窑孔之间的券顶部做防雨铺瓦的出檐，檐下做装饰砖花，并在窑脸的立面结构上可看出窑洞门和窗、高窗及气窗之间的空间关系。

2. 接口窑

在铜川地区由于土质的密度和土层的厚度问题而使得该地区的靠崖窑在结构上发生了一定的变化。人们为了保证窑洞的安全而经常在窑洞前增

图 7-18　王家双层窑洞院落

（图源：自摄于彬县）

加一段用砖或石材料箍着的"接口窑"形式（图 7-19）。

图 7-19　文明塬靠崖式接口窑院落

（图源：自摄于铜川王益区）

图 7-20　前房后窑院落

（图源：自摄于旬邑唐家村）

3. 前房后窑（单排房、双排厦）

此类窑院整体平面布局是关中地区独特传统民居韵味形式。这种院落将窑洞作为上房，院内配以单排或对称的厦房，有些配设门房将整个院落围合而形成了这种关中地区特殊的建筑组合方式（图 7-11、图 7-20）。

此种院落综合各类关中地区院落优势于一身。例如，窑洞内部冬暖夏凉，比较适合老年人居住；厦房有利于排水、挡风和防晒等功能；合理地利用地形，并合理利用平整的院落空间和土地，根据窑前空地面进深长度和家庭人口决定厦房开间数；院落背山而建，利于防御。

二、地坑窑院落

地坑窑又称下沉窑、天井窑、平地窑、暗窑，乾县人称"地窨院"或"八爪窑"，铜川人称"土窑"或"地坑窑"。此类窑多出现在地势平坦且土层深厚的地带，由于没有山崖、沟壁等建造载体，而产生了从较为平坦的地面向下开挖的窑洞形式。下沉窑是指建在地平面以下的窑洞院。其建造过程是首先向下挖掘一个方形或长方形的空间，再从四壁向四周开挖窑洞而形成窑体。这种下沉式窑洞独特的建造方式有利于抵御黄土高原的风沙，保持室内空气的清洁和适度的温度，也兼备靠崖窑的各项优点。地坑窑是人们适应环境、改造环境并与环境相融合的最佳居住形式，也是先民们聪明才智的具体体现（图 7-21）。

（a）铜川耀州区小丘镇下沉窑院落　　　　（b）永寿等驾坡村下沉窑院落

图 7-21　关中地区地坑窑列举

［图源：（a）引自《陕西民居木雕集》；（b）引自《陕北窑洞民居》］

就关中地区分布来看，地坑窑以北塬与黄土高原缓冲带之上居多。咸阳地区的永寿县、彬县、三原县、淳化县、长武县和旬邑县，以及铜川地区的耀州区和渭南地区的蒲城县、富平县、澄城县都是下沉窑的集中区域。

关中地区的地坑窑根据家庭经济状况和人口数量一般分为 9 米×9 米和 9 米×7 米，形式分别为八孔窑洞和六孔窑洞等［图 7-22（a）］。主入口同样位于地平面以下，由于低于周边道路，所以均为坡道或者踏步形式，其中部分以石材或砖材砌成［图 7-22（b）］。乾县杨裕镇朱家堡村的朱家和吴家堡就是下沉式八孔窑洞的典型实例，这种形式当地也俗称为"八卦爪子"（图 7-22）。从图中可以感受到下沉窑整体布局空间中窑与整个院落的布局关系，以及窑脸中门、窗、气孔之间的空间关系。

(a) 地坑院全景　　　　　　　　(b) 入口踏步

图 7-22　张家地坑窑院落

（图源：自摄于三原张家窑村）

　　地坑窑从现有的分析数据来看，其优点远远多于缺点。例如，节约耕地面积、工程造价低、施工简单方便、砖瓦和木料用量少、院内空气质量好、室内温度冬暖夏凉以及较好的安全防御功能等优点而应用较为广泛，也是平民百姓首选的居住形式之一（图 7-23）。其缺点是室内通风较差、交通出入略显不便及抗洪涝性能差。

图 7-23　地坑窑院剖立面图

（图源：笔者自绘）

三、明锢窑院落

　　明锢窑又称箍窑、独立窑洞等，一般修建于较为平坦开阔的山上、沟壑的平顶之上、沟坎中有较大面积平坦区域的地面之上。明镅窑主要以砖、石、土坯发券砌筑成拱形洞，再填入黄土，四面临空，屋顶为平顶的黄土夯实层，边沿四周处砌有女儿墙。关中地区的明镅窑常以不同材质而有土窑、石窑和砖窑分称（图 7-24），人们为增加其稳定性和美观性，也常会将明镅窑的洞口及门窗周边以砖或毛石砌筑，并在屋顶的女儿墙、出挑及檐口用砖拼成各种造型，以此增加其实用性和装饰性（图 7-17）。也有在一层窑的基础上修筑窑上窑或窑上房的。

（a）用夯土与土坯构筑的土窑

（b）用砖构筑的砖窑

（c）用砖构筑的砖窑

（d）用石块构筑的石窑

图 7-24　立地坡村不同材质构筑的明镅窑列举
（图源：自摄于铜川陈炉镇）

　　明镅窑院落空间灵活多变，受限制的因素也较少，是集各类窑洞民居的优势于一身的建筑形式。因此，深受广大民众的喜爱，但凡有适当的建房空间和经济承受能力，肯定首选的便是明镅窑了。

本 章 小 结

　　关中地区传统民居院落的形制与空间，无论是何种建筑，无论是何种建筑院落形态，本身都体现一种地域的文化现象，并在这种文化现象的背后，隐藏着丰富的文化内涵和浓烈的地域文化色彩。因此，有必要对关中地区传统民居院落的形制与空间做进一步的归纳和总结。

　　从平面关系与空间结构上看，关中地区传统民居院落的形制与空间形态是属于中国传统四合院式的民居模式，院落空间较为封闭，墙体高大厚实，外观朴素无华，轮廓清晰而又丰富。虽然整体形象呈现出内敛、低调、私密性强的特征。但更注重区域性特色的张扬以及儒家文化思想的彰显，在强调实用性和舒适性的同时，更强调其精神性和审美性的传递。

　　其实关中地区的大宅院民居建筑早已超越了一般意义的范畴，可以说，随着中国封建社会等级制度和意识形态的日趋完善，关中地区的大宅院嫣然成了历史进程中可视可读的"上层建筑"，也是区域文化、民俗风情、民居建筑个性、居住文化，以及社会文明和经济水平的综合反映。

第八章　陕西关中地区传统民居遗存现状调查及传承保护的价值意义

　　关中地区的传统民居遗存作为一种文化现象，记录和展示着建筑文化的方方面面，正如学者所说的："人类的历史文化遗产有两类，一类是以文字记载的文献典籍所传承的书写系统，民俗心态伦理道德系统，这是精神文化遗产，这些比较为人所直接接纳。另有一类是人类知识、科技、理念、信仰等文化总合（整合）而又凝定为物化的建筑形式，作为人们衣食住行生长繁衍于其间的第二类生态环境。这类生态环境是作为当时人们理想的最佳生存环境，作为一个模拟宇宙设计营造的，代表了当时的最高文化成就和受纳的历史文化的丰厚积淀，具有承前启后的作用。……文化张力，是历史文化遗产的价值。不认识这些价值，就不认识历史文化是一个连续体，就会割断历史，就会漠视前辈经验，就会自造文化沙漠，就会营造垃圾而不自知……"（王大有，2005）

　　关中地区传统民居的历史悠久，并在中国建筑史上占据着重要的地位。因此，传统民居自落位选址、空间布局、形制结构及构件装饰诸多方面无不体现出"因地制宜、相地构屋、就地取材"的营建理念。其中也蕴含着关中地区工匠们的高超技艺、智慧和价值观念，是关中文化的集合体。因此，可以说关中地区的传统民居及门窗作为传统文化和区域性民俗民风的核心载体，兼有历史、文化、审美、经济等多种价值。目前，在关中地区留存着无数个具有典型性的，并在中国建筑历史上起着不可替代作用的、有着鲜明的地域特色的传统民居。其每深宅大院布局的严谨、正统的做工、精美的装修、精选的材料无不让人叹为观止。但是，随着岁月的流逝、时代的变迁，保留下来的民居大院大部分是清末或民国时期的，明代遗存的甚少。这无疑是为爱好传统文化的人们、学者、专业研究者出了一道难解的课题。

第一节　传统民居文化遗存现状调查

关中地区素有"金城千里""天府之国""四塞之国"之称,其以优越的地理位置、资源禀赋和人文历史在中华民族发展史上多次书写了浓墨重彩的一笔,做出了许多开创性的贡献,是中华文明的重要发源地之一,也曾是中国经济、政治、文化发展的中心区域,具有深厚的文化积淀。基于历史的原因,在关中地区遗存着大量的文化古迹和传统非物质文化,这些文化遗存是历史的佐证,是先民们的血汗和智慧的结晶,是古人留给后代的宝贵遗产。但是,在本次调研考察的过程中,大量传统民居因无人看管、无人修缮而自然地损毁了,更严重的莫过于人为地拆除和破坏了。

一、关中地区传统民居现状

关中地区的传统村落选址及大户人家的传统民居建筑常常以宏伟大气、用料考究、技艺精干、装饰精美及雕梁画栋展示于世人面前。较为典型的如旬邑唐家大院,从仅有的建筑来看,虽历经 200 余年的风雨剥蚀,今仍坚固如初。其现存的两院三厅两院房,内设有全堂执事、客房、绣楼及卧房等功能性房间,还陈设有实用家具、花车、神龛、祖先牌位及模拟拜堂现场等。院内处处可见精美雕花的墙壁、屏风及门窗等,其中的人物故事更是造型逼真、栩栩如生、形态各异。整个建筑浑然一体、气宇轩昂,充分体现出关中地区传统民居大气磅礴、恢弘雄壮及独特的艺术风格,是我国传统民居建筑中不可多得的一朵绚丽奇葩。同时,还有仍然保留并在使用着的大量窑洞民居。

据调研统计资料显示,在关中地区除了前文所提及的实例以外,还拥有大量的传统民居建筑遗存,还有许多民居也很有代表性。但是,现状参差不齐,依据关中地区传统民居的遗存现状可分为以下层次。

（一）保存较完整的代表

目前,保护比较完整的有韩城老城区组群,以及张家大院和苏家大院、党家村聚落、合阳灵泉村聚落、三原周家大院、旬邑唐家大院、泾阳吴家大院、凤翔周家大院、扶风温家大院、蒲城王家大院、西安高家大院、长安区郭氏庄园、潼关水坡巷等。这些存留比较完整的关中地区传统民居,一方面由于当地政府的高度重视,采取了切实有效的保护措施;另一方面由于专家学者在进行深入的研究、挖掘的过程中极力推介,引起了当地政府的重视和社会的高度关注，有些已被列入国家文化遗产保护名录中。另外，传统民居的保护与宣传也推动了当地民间文化旅游业的发展，经济的改善有力地促进了对传统民居的进一步保护，形成了良性循环。

1. 韩城

韩城党家村民居四合院是民居较为典型的代表。党家村选址合理，村貌如舟，村址、房屋建造符合传统阴阳八卦之说，且设有塔楼、祠堂和牌坊等。木、石、砖三雕俱全，有很高的研究鉴赏价值，而现存的古代题字及生活用品完整地展现了当时的生活场景和文化氛围，宅院形制完整，布局紧凑，当中不乏大量的建筑装饰图案，特别是建筑构件、墙面、门楼、柱、梁、栋、门窗、屋脊、墀头部分和上马石、拴马桩、家具等。在材质和造型方法上更是包含了如石雕、砖雕、木雕、砖瓦石拼嵌以及圆雕、浮雕、透雕、阴刻等雕刻方式，图案题材更是以典型的明清时期发展起来的吉祥纹样组合为代表。就建筑而言，从无到有，从简到繁，从土窑到青砖黛瓦的高大四合院。就建筑装饰图案而言，从附着到融入、从粗拙到精致、从内涵浅显到深博隐喻，无一不显示出高超的艺术造诣和精干的制作技艺。

另外，韩城市古城区街区的格局古朴典雅，大多建于明清时期，历史风貌保存完好。街区内具有地方特色的四合院民居星罗棋布，其中多为名人故居。清乾隆状元、宰相王杰府邸，府中砖砌的三层阁式高楼尚在，明万历年间薛同术、薛之屏父子均为知州，古时郡太守美称"五马"，其家门楣题书"十马高轩"。明崇祯监察御史卫桢固、清康熙左副都御史卫执蒲，其家拱门直书"父子御史"，厅房尚存大手笔康熙宰相张玉书题写的"表率百僚"横匾。例如，位于韩城市金城区（古城区内）箔子巷东段，门楣题书"诵清芬"的宅院，是清同治山东泰安府按察使吉灿升的故居；门额题书"司马第"的是清嘉庆解元高步月的故居。此外，还有知州程仲昭、宰相薛国观的故居。2003 年列为韩城市第三批陕西省文物保护单位，被命名为韩城古城区古民居建筑群和韩城古城区门房建筑群。其中吉灿升故居、苏家民居、高家祠堂、解家民居、古街房 10 号以及郭家民居等于2008 年被列为第五批陕西省文物保护单位。

党家村集古代传统文化、建筑技术之大成，是人类文明的宝贵遗产。李瑞环同志在考察党家村时欣然题词称之为"民居瑰宝"，也被外国的专家学者誉为民居建筑的"活化石"。

2. 周家大院

周家大院位于咸阳地区三原县城北约 4 公里的鲁桥填孟店村，建于清乾隆末年至嘉庆初年（1787～1797 年），是清廷朝仪大夫刑部员外郎周梅村的府第，1992 年被列为陕西省重点文物保护单位。周家整个建筑大房顶、高台阶、结构严谨、建筑精美，木、石、砖雕俱全，从建筑形式上典型地反映了以血缘为纽带的家族秩序和以儒学礼制标准分高低、定尊卑的社会原则，是不可多得的民居建筑精品。

3. 唐家大院

唐家大院位于咸阳地区旬邑县城东北 7 公里处的太村镇唐家村。始建于道光五年（1825 年），属明末清初建筑。这座古民居距今有 190 年的历史了，现今仅存留有两进三院，是清代名噪一时的巨贾、三品盐运使唐廷铨的遗宅。1992 年 4 月被列入省级重点文物保护单位。该建筑气势恢弘、布局严谨、造型大方，在国内实为罕见，对于研究清代建筑、雕刻艺术及民风民俗，都有着极高的历史价值和艺术价值。

（二）迫切需要抢救的代表

面临被破坏的像合阳坊镇的灵泉村、陇县城区的南街村和黄花峪村以及西安市长安区等地的传统民居，由于保护意识方面的缺失与保护资金欠缺，逐渐被现代民居所代替。目前，关中地区的传统民居遗存，在无保护、无修缮的情况下，自然损毁和人为拆除，破坏非常严重，大有刹那间消失之势。例如，有 400 年以上历史的合阳灵泉村分城内城外两部分，城门一共有三座，东西南各一座。除城门外，城墙为夯土墙，周长约为三公里。城内街道以东西为主，一共有两条南北街，四条东西巷道。城内建筑多为清末建筑风格，房屋高大、气宇轩昂。但是，现状却令人担忧……（图 8-1）

图 8-1　灵泉村部分宅院现状列举

（图源：自摄于合阳）

1. 渭南地区合阳县坊镇灵泉村

灵泉村现在还有不少清代民居建筑，民居主要为四合院式，户与户之间山墙共用，组成了紧密的聚落形式，是珍贵的人文历史和建筑艺术及区域民俗文化的实物资料。村内房屋体量高大宏伟，大门外有上马石，有被称为"庄户人家的华表"的石雕拴马桩。许多家的大门两侧看墙上刻有家训或处世格言。家家都有精细而图案各异的门墩或是蹲狮，或是狮头衔环，工艺精美。大门又厚又重并包着各种铁皮图案看叶。迎门山墙上的照壁均是精美的砖雕，内容有"松鹤延年""马上封（蜂）侯（猴）""六（鹿）合（鹤）同春"等，但是很多已经破损。小巧玲珑的土地神龛或嵌在照壁中间，或嵌在大门内的其他墙上。照壁的下方常常会放置一尊石狮，用于辟邪镇宅，是家中的保护神。上房多为隔扇门（俗称"糊门"），上面是"金链锁梅花"一类花格子，下半部浮雕戏曲故事或"兰桂齐芳""花开富贵""四季平安"等图案，有的隔扇门则使用等级高、制作工艺难度大的"三交碗花"图案，显示了工匠们高超的技艺。笔者共调查了支家巷民俗馆 08 号，后巷 06 号、08 号、13 号、16 号、17 号、18 号、20 号、21 号、24 号、26 号、33 号、34 号、36 号、39 号、40 号、41 号，前巷06 号、08 号、13 号、14 号、16 号、17 号、19 号、29 号、30 号、39 号，除了民俗馆保存较好以外，其他的都不容乐观。有的被烧毁，有的属于贫困性破坏，还有的正在拆除中。实地现场让人触目惊心（图 8-2）。

图 8-2　灵泉村部分宅院现状列举

（图源：自摄于合阳）

　　灵泉村的保护迫在眉睫，当地政府及有关主管部门应尽快出台相应的保护措施和政策，以拯救这笔宝贵的人文财富，使灵泉村能够像党家村一样，发展成为一个被保护和重视的古民居村落的教育与观摩基地。

　　2. 宝鸡陇县儒林巷

　　位于宝鸡地区陇县县城儒林巷的秦家大院伫立在一片正在修建的新式建筑中，上百年的历史虽使其略显残旧，却丝毫掩饰不住其与众不同的精致和典雅。斗拱门楼、雕花门窗棂、青砖地面、青瓦屋顶，都展示着这栋老宅曾经的辉煌。秦家大院是陕西提学使秦金鑑的宅院，秦金鑑在陇县共修建了五座宅院，如今却只留下了儒林巷这一处。而这处传统民居保存得也并不完整，仅剩下二道门楼和两侧东西厢房了。儒林巷其他传统民居处境也很窘迫。还有县城南街的古民居因道路拓宽改造，大门已荡然无存，只剩下雕刻精美的二道门和相对比较完整的上房。这种开发性、建设性破坏随处可见。革故鼎新、拆旧建新，由此可见对传统民居的保护已刻不容缓（图 8-3）。

图 8-3　儒林巷整体被拆除门房宅院现状列举
（图源：自摄于陇县）

　　例如，陇县南街 59-3 号、59-5 号、46 号、8-2 号、22 号、63 号、64-2 号、64-3 号、23-2 号、18-3 号、18-5 号、21-2 号、67-2 号、67-3 号等传统民居在笔者所调查的过程中发现没有一处是完整的，有的部分雕刻装饰还留有残迹，有的门窗保护还算完好，但院落的完整形制已经不复存在，有的是被新的建筑侵蚀或包围，有的因周边新建建筑的地基升高无法排水而成了危房，很多有价值的古民居文物建筑及其构件遭到了破坏……（图 8-4）

图 8-4　儒林巷部分宅院现状列举

（图源：自摄于陇县）

因此，陇县传统民居迫切需要拯救，不要让这些精美的传统文化遗存在风雨中飘摇逝去，不要让几百年历史积淀遗留下来的民居建筑文明一转眼化为灰烬。假若再不采取保护措施，这历史文化的断代罪名就落在我们的头上了。

3. 西安市长安区

在人杰地灵、文化繁荣、经济发达的长安区，自明清以前的 1000 多个古村落，现今名称保存着，而传统民居已被现代民居所代替，或传统民居的影子已荡然无存。其他地区多有类似长安区的情况，传统民居已呈零星状态存留着，且破败不堪。

（三）异地保护的代表

在传统民居急速消失的过程中，陕西省政府针对传统民居的传承与保护现状已采取了许多办法和措施，特别是民间有识之士，对传统民居等进行了抢救性的工作。其中有全国人大代表，企业家王勇超先生为了弘扬、传承和保护关中地区传统的物质与非物质文化遗产采取了异地保护的形式，在西安市长安区南五台山脚下，投资几亿元重点建起了一个展示陕西关中地区博大精深的民间文化和民俗艺术的关中民俗艺术博物院（图 8-5）。这座占地 500 亩的博物院里，收集了从秦、汉、唐、宋、元、明、清至民国时期的各种关中民间艺术珍品 33 600 件（套），原样搬迁关中明清民居 20 处，构成了关中民居、民间艺术、民俗风情、名人字画 4 大系列，9 个类别的藏品，从不同侧面集中地再现了不同历史时期关中地区人们生活的历史风貌和建筑风格（图 8-6）。

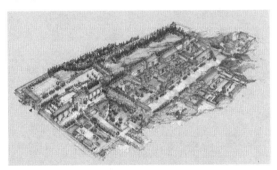

图 8-5　关中民俗艺术博物院全景鸟瞰图

（图源：自摄于关中民俗艺术博物院）

图 8-6　关中民俗艺术博物院内部街景

（图源：自摄于关中民俗艺术博物院）

二、造成传统民居损毁的因素

（一）自然原因

关中地区传统民居有些修建年代较早，因木质结构，受气候、环境、社会等自然以及人为诸多因素的影响，损坏现象不时发生。仅现存的传统民居也有濒临塌毁的危险。

（二）历史原因

例如，三原周家大院，清乾隆末年至嘉庆初年（1787～1797年），时任清廷朝仪大夫刑部员外郎的周梅村，花了十年的工夫，在其家乡孟店村建造了总计三万多平方米，有十七进院落的规模庞大、富丽别致的私人宅邸，落成后即名震三秦。清同治十年（1871年），由于农民军起义，其中十六进院落毁于大火。

在"文化大革命"期间，许多具有很高艺术价值的砖雕、木刻、石雕被当作"四旧"砸毁。而在那个年代里有一定见识的人士在"文化大革命"期间采取了一定的保护措施，如把一些精美的砖雕石雕纹样用泥糊上一层保护层等做法，才使一些具有较高艺术价值的构件和精美图案逃过一劫。还有一些有较高素质的村民以及大户的主人意识到传统民居的价值而自发性地主动保护老宅子的，也有一些由经济原因无法翻建传统住宅而被动地将其保留了下来的，而大多数传统民居由于不同的原因被拆毁或改建。特别是一部分私宅被收为公用的传统民居更是长期得不到保护和维修，更有甚者，遇到好看的，好玩的物件便折取下来拿回自己家当作玩物。

（三）产权及土地使用权的变更

有的传统宅院由祖上传下来，时至今日，产权历经变迁，仍由原住户的子孙继承着，有的则由一个大家庭分为若干个小家庭，却仍同住在一起，保留单户产权，有的产权也随之分开。有的由于种种原因，原住家的房产被全部或部分没收、变卖、出租或占用，一家一院的格局被打破，宅院内一个大家庭或单一家族居住的状况被多种姓氏家庭合居一院所代替，产权也变为公有或公、私并存。有的传统民宅在历史发展过程中，其使用功能也随着产权的改变而发生了变化（龚蓉，2008）。这样一来，产权及土地使用权就变得复杂了。例如，亲缘兄弟，因关系处理不当而产生分家，拆除属于自己部分的房子现象也很多，此时，完整的院落就难以保全了。

（四）传统民居与现代生活的矛盾

据调查，目前的普遍现状是传统观念与生活方式的改变，使得生活在现代的人们迁新弃旧，传统民居被遗弃。在关中地区同样较为普遍的是一些居民迁走或搬入新区新房居住，使一些老宅子人去宅空，加剧了老宅毁败的速度。例如，长安区杜曲镇杜北村，有些由祖上传下来仍为原姓子孙居住的宅院内，原居住十几口人甚至几十口人的大家庭，现在家庭人员减少，宅院内人口密度降低，许多住房闲置。有的宅院十几年来一直上锁，无人居住，便无人看管和修缮了。

由于现代生活对原建筑形态提出了新的标准和要求，传统宅院内的某些传统功能被削弱，宅院内空间的功能与分配也发生了质的变化。院落中原来的客厅、起居室、卧室、厨房及库房等都进行了重新分配。也有一些沿用老民居仅改造了老宅院的门、窗，或仅以玻璃更换了老的窗纸，使门窗的封闭性能更好，可起到冬季保温和防鼠的作用。包括一些旧有家具及构件，如火炕、土灶等，由于不再具有原使用功能或使用不便而大部分被拆除，换为现代家具及生活设施。还有一些因居住人数减少的宅院出现了部分闲置用房，而更多的传统宅院则是由于家庭人口的增多，对房间的数量要求急剧的增加。由于大多数宅院人口与家庭数量的增加，居住生活空间的缺乏也就必然导致扩大空间、分隔空间的自建行为。先是在户外屋檐下堆放杂物，然后，发展为各种各样的临建棚子，传统住宅庭院空间被侵占，加建而导致院落杂乱无序。有些传统四合院已完全变成了大杂院，彻底改变了原来院落形制的优势特征。

（五）没有相关的法规和与之匹配的管理机构

笔者在调研中发现，由于缺乏相关的法规及管理机制，不知道什么是应该保护的对象，要怎样保护，建设性的破坏、错误的保护，甚至拆掉了也没有人来管。即便是一些非常优秀、具有较高保存价值的传统民居已得到了有关人士与有关部门的重视，并拟定要保留，但由于没有"法"来保障，其中相当一部分仍没能逃脱被拆除的厄运。

（六）资金短缺是保护的客观障碍

关中地区传统民居年久失修，多数房屋破旧，基础设施不全，环境亟待改善。居民有迫切要求，政府自然感到压力。在没有专项资金或资金不足的情况下，许多地区采取了开发的办法引进资金，其结果就可想而知了。另外，据调查的对象，有70%的房主说，若有政府的资金支持，他们愿意出工来进行修缮；若政府不出资金的话，他们宁可自己新建房，也不愿意进行修缮了。因此说，缺乏维修经费是传统民居保护的最大障碍。

（七）经济大潮下的城镇建设

现今大规模的、快速的经济建设成为对物质和非物质文化遗产保护工作的最大冲击。房地产开发商追求短期经济效益也是对保护工作最大的威胁。例如，西安古城区位于城市中心部位，土地的有偿使用使地价寸土寸金，在这里改变用地功能或增加建筑密度可以获得更大的经济利益。这种前提下的旧城改造自然是追求高密度、高容积率和高利润而很难兼顾保护的要求，传统民居自然也难以存留。城镇建设中的道路拓宽、拆迁、改造也使部分传统民居的保护成为一句空话，其结果则荡然无存。最突出的例子就是陇县县城的城镇建设规划使得南街村、儒林巷的传统民居组群变得一片狼藉。

（八）保护意识的薄弱

相当多的人或当地的村民对传统民居及所蕴含的非物质文化遗产的历史的、文化的、技术的及审美的价值和意义认识不清。特别是在改革开放以来，我国的社会、经济及科学技术发展迅猛，人们经济富裕、生活多彩、物资丰富，家家都过上了幸福的生活。但是，在传统文化的教育和精神需求上却偏离了方向，认识不到传统文化包括传统民居建筑保护的重要性和价值。更有甚者，在社会上掀起收藏热的浪潮下，人们为了一丝小利，其后人或他人，自己拆卸或偷取建筑上最精美的砖雕、木雕、石雕及隔扇门窗等物件作为艺术品出售或收藏，使得全国各地大量的传统古民居遭到了严重的破坏。这些现象的出现，就是对其保护价值和意义认识不足、保护意识薄弱所导致的。同时，也缺乏对村民们进行民居保护的正确引导，因此使其难以参与其中。这也是对传统民居物质与非物质遗产保护重要的不利因素之一。

（九）安全隐患的缺失

以火灾为例来说明，由于村民生活用火仍然以柴薪为主，对于木结构建筑来说，稍有不慎便会引起火灾，如合阳坊镇灵泉村一民居就毁于火灾。此类现象频频发生、屡见不鲜。因此，要加强人们的防火意识，加大防火教育力度，防患于未然。

第二节　民居文化遗存保护与传承的探索措施

一、保护与传承的必要性

关中地区传统民居文化遗存，不仅是陕西悠久历史的凝聚，也是中国文化的灿烂瑰宝，古老的传统民居历经时间的洗练饱经风霜，变得残缺不堪，保存完好的民居更是屈指可数，大都遭到了不同程度的破坏。尤其在历史发展的某些特殊时期，关中地区传统民居建筑更是屡遭重创。

从整个大范围外部环境来看，传统民居在面对全球化的冲击时，地域特色易渐趋衰微，"千城一面"的复制致使建筑环境趋同，建筑表皮粗糙，建筑文化的多样性易遭到扼杀。从种种原因来看，传统民居正成为当前经济发展最直接的牺牲品，面临着巨大的改变和难以抗拒的破坏。

优秀的传统民居，不但具有历史、文化价值，更具有技术、艺术价值，并对今天的建设和旅游具有借鉴和实用价值。民居的产生和演变伴随着人类文明的发展更迭，不论从纵向的辉煌历史还是横向的地域融合来看，关中地区传统民居建筑艺术的辉煌成就是中国传统民居中重要的历史资源，是华夏文明的基础和缩影，既能够间接反映出古都建筑的规模气势，又能表现出关中地区传统文明的丰富内容。因此，关中传统民居的保护、传承和利用发展刻不容缓。

为了避免不应有的旧民居被拆毁的情况，作为民居研究工作者，在力所能及的范围内要尽力抢救民居遗产，加快保护工作的步伐，避免短时间内被现代化发展蚕食殆尽。所有历史建筑都是当地文化和生活方式的表现，是文化传承的重要标志，不容忽视。当前要及时、迅速、全面地对传统民居进行测绘普查，保存资料，针对民居保护存在的问题和欠缺提出相应的措施，在客观分析历史及现状的基础上提出合理有效的保护方式，在这里呼吁全民和各个政府部分予以重视和关注。

二、保护定位和保护内容

关中地区传统民居文化遗存的分布范围广泛，笔者走访了包含渭南市、潼关县、大荔县、合阳县、韩城市、蒲城县、富平县、三原县、泾阳县、彬县、旬邑县、乾县、陇县、凤翔县、岐山县、扶风县、西安市、长安县、户县、临潼区等多个地段，实地调研和现场情况分析是为之后将要进行的关中地区民居保护规划做基础的探索性工作，同时也是对关中地区历史文化名城保护规划的具体化研究，关中地区传统民居或单独成院地保留下来，或密度较大地聚集在一起依旧保持历史街巷、传统村落的形态。因此，关中地区传统民居文化遗存的保护应该按照传统民居和历史街区的保护要求和标准进行。

关中地区传统民居遗存了大量以居住功能为主的历史建筑，并在一定程度上保留了传统的文化生活和社会结构。其保护规划包含了保护地段内的传统建筑、传统院落、传统街巷及其空间结构等实体要素，对民居所处的环境内各个要素一同加以保护，继承地段传统文化与传统生活，使它们得以保留、展现并延续最原真性的历史脉络。在维持原有居住空间结构和传统生活方式的基础上，进行保护性修缮，让新老民居和谐共存并延续历史文脉，提升居住用户的生活质量，促成较和谐、稳定的社会结构。

对于古民居保护来说，保护的本质是让历史信息得以延续，而保护的内容并非只保留在客观历史遗存的层面上，空间结构、比例尺度、界面控制和生活脉络的延续也是保护工作中的重点。关中地区的传统民居和文物古迹比较集中，然而除了传统民居，也涵盖了能较完整地体现出历史风貌和地方特色的其他历史建筑、传统街区、建筑群、古城镇、文物和文化遗产等。这些传统民居代表着城市文脉的发展，反映出地域的传统特色，它们在千百年的历史长河中不断新陈代谢、继承发展，具有很强的生命力，是城市历史鲜活的见证。

保护传统民居是一个需要考虑全局的综合性系统，涉及生活的各个领域，延伸到传统民居所处的自然环境和人文环境。传统民居的保护肩负着记载历史和承载生活的重要使命，使之能够忠实与最佳地反映出历史与过去的同时保持生机与活力地发展下去。因此，笔者从时间和空间两个维度探索关中地区传统民居的保护问题。在时间维度上，关中地区民居是历史演变的活档案，因而保护关中地区传统民居就是保护关中地区民居的物质形态和文化形态。在空间维度上，整理、修缮和复原关中地区传统民居建筑的平面形制、建筑结构、装饰细节、历史文物、空间文脉、构筑材料和建筑肌理等构成传统民居风貌体系的各个要素都是保护的重要内容。对历史建筑的保护，应首先尊重其本身的历史面貌，保护以保留和修缮为主，保护的重点放在外部形态、材料、比例尺度、技术工艺等方面，尽可能恢复原有的风貌特色。对于依附于有形的建筑环境而产生的非物质文化遗产，也要保护居民延续下来的传统风俗习惯、生活状态、邻里相处方式等无形的宝贵财富。

三、保护与传承原则

关中地区传统民居作为华夏文化遗产的一个重要方面，保护与复原就是为了真实、全面地保存传统民居蕴含的历史信息及全部价值。保护与修复涉及了多个方面的内容，包括修缮调整、控制改造、设施更新、原真传承、资源利用等，折射了在保护过程中不同的需求和手段，所以，必须针对不同的需求实施有效、透彻的具体措施，最终实现保护与传承的目的，使之更有生命力地生存下去。

1. 尊重历史文脉，有序开发（先保护后开发）

关中地区传统民居是历史遗留下来的文化遗产，具有不可再生性。在保护与恢复的基础上必须科学规划、合理开发，正确处理好保护与发展的关系，避免过度开发，以保护和传承更多的历史信息。为了保护好关中地区传统民居的历史文化遗产，加大对传统民居的保护与开发力度，并逐步完善满足旅游条件的环境和配套设施建设，以保护带动发展，以发展促进保护，既要使民居文化遗产得以保护，又要促进地区的发展，形成保护与发展的良性循环。

2. 保持民居建筑体系的整体性（整体性保护）

关中地区传统民居的保护要从整体发展层面来做好保护工作，包括建筑、环境及空间格局等元素，所有组成元素之间都存在着一定意义上的联系，所以在保护中不能将彼此割裂开来，应从整体上考虑它们之间的联系。关中地区传统民居作为我国传统民居的一朵绚丽奇葩，在保护研究时必然要完整地考虑一个整体环境的观念，做到建筑、自然环境、历史文化的多元统一，注重其综合性的特质。

3. 原址、原状、原物保护，尽可能地保存原始信息（原真性保护）

对于传统民居的保护应该遵循原真性原则，在维修保护时尽可能保存原址、原状、原物。使建筑保持原状，尽力减少干预，只有这样才能最大限度地保存其全部价值。不支持形式的伪造，修复和重建一定要有完整、翔实的资料，对于建筑结构、建筑材料及工艺流程等方面不能有主观臆测的成分。从信息的观点看，关中地区传统民居包含着大量历史的信息，值得后人不断地研究，在今后乃至很长一段时间内，人们对于建筑所反映出来的信息认知会更加深刻和全面。建筑文化遗产价值特色的根本是建筑的原真性，在对历史建筑进行修缮和更新时，必须防止不合理的改造和材料的使用而对民居造成的损害。我国《文物保护法》明确规定："文物保护单位在进行修缮、保护、迁移的时候，必须尊重不改变文物原状的原则。"真实有效地保留历史遗存，是保护价值的具体体现也是营造历史文化氛围的时空依据。

在民居的保护与开发中，对古建筑进行不恰当的改建现象时有发生，虽然建筑整体面貌得到了提升，但其建筑形式、建筑布局等多方面受到了严重的影响，虽使古建筑旧貌换新颜，但其承载的历史信息已经偏离了原有特色。因此，古民居在改建或者重建时必须在体量、形制、材料、色彩、工艺等各个方面要原汁原味，尽量与老建筑相协调，突出特有的古朴原真韵味。

4. 保护传统民居的历史环境

《文物保护法》规定，要在文物的保护范围之外再划定一个"建设控制地带"，通过城市规划对这个地带的建设加以控制，包括新的建筑功能、建筑高度、体量、形式、色彩等。只有保存了历史的环境，人们才能够更好地理解传统民居建筑在当时的功能和作用、设计意图及艺术成就，才能更好地体现它的历史、科学、艺术价值。

5. 敬畏历史，尊重文化遗产

传统古民居的核心吸引力在于其独特的文化内涵。文化是人类活动的直接产物，其形成、传播和变迁都与人的活动密切相关，而传统民居的文化内涵不仅存留在建筑当中，也体现在当地居民的语言、民风民俗和日常生活当中（罗爱红和朱珠，2008）。但是，由于时代的变迁和现代社会发展进程加快的影响，传统民居建筑的生存也受到了越来越大的挑战，乱搭乱建的现象时有发生，纵横交错的电线严重影响着建筑的整体历史风貌，滞后的排水设施导致巷道内污水随意排放，居民的生活质量明显较低，因此，复兴传统民居的历史风貌，在修缮民居建筑的同时还需要从宏观的角度出发，在逐渐完善基础设施的同时改善居民的居住生活条件。充分听取原住居民的意见，调动原住居民的积极性，使之在各个方面参与到保护和建设中来，推进居民的保护意识，鼓励改住经商，保留传统生活方式和风俗。如此，才能得到居民的支持，并有效地保护历史信息（王任炜和陈伯超，2010）。随着城乡经济的发展及城市化进程引发人们的乡村社会意识、居住观念和生活方式等方面的转变，人们对居住条件有了新的认识，传统的合院建筑模式已经不适应人们对新的生活方式的需求，笔者在调研中发现，巷内居民有强烈的改善居住条件的愿望。还有部分居民对古巷怀有深厚的感情，不愿离开，并且期待经过保护后可以享有更好的环境。所以，必须加强对居民居住条件的关心程度，在恢复传统民居建筑与传统街巷原貌的同时，也要保证居民的居住条件不受到任何影响。不论用什么方式展开传统民居的保护工作，都要为居民的生活服务，遵守保护居民利益的准则。

6. 分类保护原则

根据历史建筑的不同历史、艺术价值、区位特征和完好程度采取分类保护的方法，制定相应的保护规定和整治措施。参考国内外历史地区划分保护范围的做法，并结合关中地区传统民居目前的发展现状，将其保护范围划为三个层次：核心保护区、风貌协调区和建设控制区。再结合关中地区不同地域的实际情况，提出不同的保护策略。

传统民居建筑的保护、整治和改造是考虑到建筑实体的受损程度，分为好、中、差三个等级。把保护较为完整、传统风貌较好的民居建筑和文物古迹划入核心保护区，保证传统民居的原真性和历史性。核心保护区内传统民居建筑的分布较为集中。建设控制区指处于保护范围以内、核心保护区以外的区域。建设控制区是核心保护区域的背景区域和延伸区域，既能对核心保护区域起到衬托作用，又能在核心保护区和风貌协调区之间起到缓和的作用。延续历史居住区整体的风貌，使建筑风貌和周围环境特色有较和谐的过渡。为了保持历史居住区风貌环境的完整和协调，建设控制区内的建筑、设施、风格等也要与核心区相协调，严格控制建设与施工标准。建设控制区内对于历史风貌较好、保存质量一般的建筑进行修缮，恢复破损和残缺的部分，包括建筑外立面、结构、屋顶、门窗和墙体的维修等。原建筑破损比较严重的进行重建，针对破坏历史风貌的新建筑予以拆除，新建建筑要与老建筑相协调，要在建筑高度、色彩、形式、体量等方面加以控制和引导。单体建筑的保护尽量恢复建筑外立面的原貌，保持地域性建筑特色。风貌协调区是保护范围之外的环境协调区，是历史风貌的外沿部分，本着"整体和谐，浑然一体"的原则，保证历史居住区与周围生态环境的景观连续。诸如保护各类农业生产用地、河道自然生态、各种植被景观等，适度退耕还林，加大植树造林力度，改善生态环境。同时对于区内的历史建筑也要加强保护管理（蒲茂林，2012）。

　　7. 经济适用原则

　　在建筑的修缮、改建、新建和巷道改造的过程中，要充分发掘当地可用材料及可以再利用的材料，在树种的选择上需选择乡土植物作为基调树种，做到因地制宜，创造高性价比的空间环境。

　　8. 社会生活结构的延续

　　传统民居是村民们生存发展的载体。在关中地区的部分传统村落里，仍有村民们生活其间，不能够仅仅遵循静态保护的手法。在修复已损民居的前提下，要保留地方特色文化民俗活动，以完善历史的整体环境和历史文化的感染力。只有做到居住性传统物质环境空间与社会网络空间协调发展，才能真正延续历史居住区的活力与魅力。即便历史居住区具有传统的形式外表，但缺少社会生活，传统的生活方式、民风民俗得不到展现，那么它的历史文化价值将被定性为历史的空壳。因此，在保护的同时改善人居环境，延续居住活力，也是关中地区传统民居保护的重要内容。

　　9. 可读性原则

　　每一处遗存的历史建筑都如同一部载满历史的书籍，观赏传统民居如同阅读一部历史的书籍，能够读出不同时代留下的痕迹，看出各个时代的叠加物，关中地区民居在漫长的人类文明进程中，凝聚了厚重的文化积淀、皇都的大气磅礴及精干的建造技艺，同时也叠加了许多信息的历史遗存，要承认多种文化背景，尊重多种价值取向（胡超文，2011）。

10. 可识别原则

传统民居修复中的任何添加物都要与整体和谐，保留有原来的工艺和技术，但又要和原来的部分有可识别性，即保留当代的真实感，而不是完全刻意地模仿甚至混淆新老构件。与此同时，修复工作尽量减少现代技术的介入，防止建筑形式被现代手段大幅度改动而失去原有味道。

11. 可逆性原则

经过科学的分析和选择后，即可对传统民居的现状进行适当的修缮和改造，要认识到今天的修复和加固未必是最正确的、最好的，要相信后人会有更好的处置手段和方法，这就要求我们的修复做法是可逆的，后人改变它时不必伤及文物原件。比如，尽量不要使用水泥等。因此要求所有的补添措施以及相关的构件和技术手法，不仅是非破坏性的，而且应使人一目了然，便于识别又易于原状复原，为以后的进一步保护留有余地。

四、民居文化遗存保护措施

虽然在国家层面上有大的法规，如 2002 年通过的《文物保护法》就为全国性文物保护工作奠定了一个好的基础。其中许多条文、细则如：第四条中的"文物工作贯彻保护为主、抢救第一、合理利用、加强管理的方针"；第十四条"保护文物特别丰富，并且具有重大历史价值或者革命纪念意义的城镇、街道、村庄，由各省、自治区、直辖市人民政府核定公布为历史文化街区、村镇，并报国务院备案"；以及"历史文化名城和历史文化街区，村镇所在地县级以上地方人民政府应当组织编制专门的历史文化名和历史文化街区，村镇保护规划，并纳入城市总体规划"。又如，1988 年 6 月 30 日通过的《陕西省文物保护条例》的第二章不可移动文物中的第二节关于"古遗址、古墓葬、古建筑、石窟寺"等规定均对民居的保护具有重要的制约作用。但是，真正能实施细化规定范围的、能实施行政管理权的也只能是当地政府和有关职能部门了。

关中地区研究范围内，遗存着高密度的传统民居建筑，呈点、线、面等方式分布于宝鸡、咸阳、渭南和西安地区，这里的点、线、面分别指单个民居宅院、沿巷布局的民居建筑群和传统古镇村落式建筑群组整体区域。研究范围内的民居建筑可分为重点保护建筑院落和一般保护建筑院落等。其次，传统民居的保存现状也是参差不齐的，不适合笼统地将这些传统民居全部划入同等级保护范围内，一味强调原状保护。因此，在进行传统民居的保护工作时，首要任务便是科学合理地划定保护范围，根据实况确定传统民居建筑的保护类型。建议在确定民居的保护类型时，应当进行更为综合、灵活的考虑。

将传统民居划定为文物建筑不仅要对建筑的历史文化价值进行评估，还要对民居修缮、利用适宜采取的方式进行综合考虑。比如，有些文物建筑得到了一定程度的保护，是否还有更适合的保护措施；有些荒废的传统民居因资金得不到保障，呈现消失殆尽的趋势；有些遗存的传统建筑因产权不明出现分家分户的情况，并且仍然有人居住、使用，此类情况又需要综合考量。此外，还有大量的就其价值而言不能划为文物建筑和历史建筑的传统民居，这部分建筑的保护与开发应当按照传统风貌建筑的相关要求进行。分析传统民居的价值特色，明确其需要保护的内容之后，再确定如何保护和修复。

（一）民居的普查和保护分类

笔者在调研中将传统民居分为重点保护建筑院落和一般保护建筑院落，且根据实际情况延伸三类不同等级。具体情况如下：

1. 重点保护建筑院落

Ⅰ级保护建筑：院落空间布局、传统建筑保存完好，保存量大于2/3。

Ⅱ级保护建筑：院落空间布局、传统建筑保存完好，保存量大于1/3。

Ⅲ级保护建筑：院落空间布局保存较好、保留少量传统建筑（或建筑构件），保存量为1/3左右。

2. 一般保护建筑院落

Ⅳ级保护建筑：传统院落边界清晰，院落格局保存较完整，尚有传统建筑元素（部分单体、墙体或者构件）遗存，但不足以整体保护。

Ⅴ级保护建筑：传统院落边界清晰，院落格局保存较完整，部分传统建筑损毁，新建建筑和墙体质量参差不齐。

Ⅵ级保护建筑：传统院落边界较为清晰，院落格局保存不完整，部分传统建筑损毁，呈荒废状态。

针对于不同等级的保护院落，都有相应的不同要求的保护措施，用以指导和规范之后的保护修复工作（毕岳菁，2007）。

（二）保护对策

传统民居是重要的地域历史文化遗产表达，特别是对于居民区较为密集的关中地区，传统民居院落和各种历史古迹建筑及古镇建筑群占据了绝大部分，其保护目的是将传统居住风貌保留与延续下去，包括对传统民居的修缮、复原与改造，也包括对民居空间内建筑结构、环境、设施的保护与更新，以保留优良的传统生活形态（包括已形成的社会组织关系、生活空间形态、公共生活方式等）。其保护对策具体分为保护保留、修缮调整、控制改造、整治更新四类。保护修复工作是一个循序渐进的过程，包含了以保留为目的的修缮、整治、改造和更新，是一项丰富又复杂的综合性行为。保护对策如下：

1. 保护保留

对建筑综合评估中的重点保护建筑和一般保护建筑进行保护保留，对建筑进行定时检测，包括对各个结构构件的定时检测与修复，形成一套完整的修复程序。

2. 修缮调整

对建筑综合评估中的重点保护建筑和一般保护建筑进行修缮，对结构构件进行修复并加固，尤其是对装饰构件的修复，使其具有完整的历史风貌。

控制改造：对建筑综合评估中的一般保护建筑进行保留与控制，整体把握建筑尺度、色彩、结构等的统一，尽力做到保持传统建筑的原真性，对于有冲突的部分进行整治改造，使其与整体建筑和谐统一。

3. 整治更新

对建筑综合评估中的重点保护建筑和一般保护建筑进行更新，主要分两部分：第一部分是对已经破损的无人居住的或废弃的传统院子进行拆除，可重建或拆除后用于其他功能；第二部分是对建筑中不合适的部分进行整治更新，如传统民居中后建的墙体和棚子，以及水泥铺地等。减少对传统民居建筑有破坏性的材料与现代施工技术的使用（蒲茂林，2012）。

（三）保护要求与措施

1. 重点保护建筑院落

Ⅰ级保护建筑：登记挂牌，控制周围 10 米范围内建筑高度为 6 米，新建建筑要与保护院落相协调，不能影响保护院落且满足防火和抗震需求。院落内传统建筑应按照保护技术与要求进行修复，保持原有建筑空间格局，不能改变建筑立面和装饰构件等。

Ⅱ级保护建筑：登记挂牌，控制周围 10 米范围内建筑高度为 6 米，新建建筑要与保护院落相协调，不能影响保护院落且满足防火和抗震需求。院落内应保持原有格局，传统建筑保护维修，不协调的部分予以拆除或者调整。

Ⅲ级保护建筑：登记在案，控制周围 5 米范围内建筑高度为 6 米，新建建筑要与保护院落相协调，不能影响保护院落且满足防火和抗震需求。补修时必须与原有院落保持一致的空间格局、尺度，使用适宜的建筑材料进行修缮。

2. 一般保护建筑院落

Ⅳ级保护建筑：保持传统院落空间格局，保护维修好现存的传统建筑元素，建筑形式已经改变的部分视具体条件整治或改造更新，协调建筑整体风貌，完善内部设施，提高居民生活质量。

Ⅴ级保护建筑：保持传统院落空间格局，在现有建筑的基础上，通过更换建筑构件，改造更新质量差的部分，在传统尺度上进行更新，协调建筑整体风貌，完善内部设施，提高居民生活质量。

Ⅵ级保护建筑：修复复原传统院落边界和空间格局，补修时必须与原有院落保持一致的空间格局、尺度，使用适宜的建筑材料进行修缮。力求保持原有建筑的外观和结构，要注意维修材料的使用（毕岳菁，2007）。

（四）保护与修复技术标准

在漫长的人类文明进程中，关中地区建造奢华的宫殿、宗庙、寺院和陵园比比皆是，在"帝王都"的影响下，关中地区民居凝聚了厚重的文化积淀、皇都的大气磅礴以及精干的建造技艺。就建筑构件材料方面而言，由于建造者的人力、财力、技术等多方面的原因，一直呈现着就地取材、实效多样的特点。故在修复过程中也离不开对乡土材料修复技术、建筑结构修复技术、雕刻技术等方面的研究和探讨。如有：

1. 砖石瓦的修复

地基部分的砖石加固修复须根据《既有建筑地基基础加固技术规范》进行，首先进行现场勘查检测，看是否有基础下沉情况，下沉程度如何，确定施工时基础标高是否需要提升，提升多少，如果地基属于承重部分，是否需要再次进行基础加固。因此，需根据地质勘探和基础质量检测的报告结果来确定修复加固的方案和技术。常用的砖石加固技术手法有基础补强注浆加固法、扩大基础底面积法、基础加深法、锚杆静压桩法、树根桩法、坑式静压桩法、石灰桩法、注浆加固法等。

砖作墙体在修复前也需要进行检查鉴定，墙体是否出现倾斜、空鼓、酥碱、鼓胀、裂缝等状况。根据损坏的程度可以将维修项目分为择砌、拆安归位、零星添配、局部拆砌、剔凿挖补、局部抹灰、打点刷浆、局部整修等。由于不同墙体的用料情况，且可能包含了其他因素的干扰，所以墙体损坏的检查鉴定也是没有固定标准的。如果完整的墙体出现裂缝或倾斜，要考虑是否因为基础下沉造成的，若属于此类情况，此时墙体一定要拆除重砌，并应对基础采取相应的加固措施。若属于砖块破损修复，则需要对单砖的局部缺损、剥落、碎片进行修补，应尽量采用传统修复手法和修复材料进行。对局部破损的砖石，应用品种、质感、色泽与原件相同的材料来修补。修补区域不得有裂缝、残边等缺陷，其质感、色泽宜与原构件相似或相近，但应能识别其差异。粘接接缝时应该使用不损伤砖面的胶粘剂，粘接不得有缺胶或者脱胶等现象，缺损构件表面应清理干净，不得留有胶粘污痕。如果无法找出成功的修补措施，也无法预防以后所产生的损坏，宜暂时保持原状，避免不合适的改动和修复；当砖块的损坏面积大到无法以局部修复的方式来处理时，需要进行抽换，修补砖材在组成、质感、尺寸上应按照传统形制配制，且采用传统的工艺进行操作，原有灰缝的形式及尺寸应当予以保留。操作中可能的话尽量采用原建筑其他部分或类似建筑修缮过程中替换下来的二手砖、废砖，或者采用原砖再用的方式来修补。

在修复过程中，砌体的粘接材料更新也应受到重视。灰泥的配制应优先使用传统材料配比和工艺进行操作，如缺乏相关工艺信息无法按原样配置或原材料的相关技术性能无法实现时，则应配制与原材料配合度较为相近的灰泥材料，以便与原有灰泥进行契合。新灰泥的配置需要测试与原灰泥的配合度，即将新灰泥样本与传统民居建筑的灰泥表面进行测试比较，以找出较合适的新灰泥材料。其压缩强度和硬度应该比原材料小，一般来说应避免采用水泥砂浆重填接缝，水泥砂浆的渗透性和蒸发性较大，强度和硬度均低于原砖料及原灰泥的要求，且水泥砂浆中也常含有盐分，易产生其他化学现象。除此之外，也要慎重选择灰泥的配置材料。尽量采用清洁、不含碱或其他溶解性有机材料的纯水，在砂的选择上也应尽量采用原形或天然砂，因为它们具有较好的流动性及可塑性，并且能与剩余的古迹灰泥及相接的砖面有良好的对接。

此外，在修缮传统民居的屋面时，要充分考虑到其原有结构和功能，屋面修缮中对建筑外观有直接影响的部分应按照原样或当地同类型建筑的做法予以修缮，对兼有功能部分的屋面要按照传统做法恢复其原有功能。

2. 木作的修缮

关中地区传统民居建筑主要以砖木结构和土木结构两种类型为主，是建筑中长期、广泛使用的主流建筑类型。木构建筑具有取材方便、便于加工、适应性强、抗震性能好、施工速度快、便于修缮和搬迁的特点，但也容易腐朽因而发生承重的变化。修复时应保持对传统建筑最小扰动的理念，针对传统木构建筑部分构件腐朽、劈裂、倾斜、歪闪、滚动等具体问题可采用打牮拨正、局部支撑以及拆除、修补或更换残损构件等技术，以保存传统建筑的历史信息与价值。

　　木作修复包括柱、梁、檩、枋构件的保护修复技术，遗存的传统民居的木构件常常出现如下情况：构件基本完好，但构架整体倾斜、歪闪，构件滚动或脱榫者，多采用打牮拨正技术。当损坏程度较为严重时，则采用落架拆除的办法，然后对原构件编号记录并妥善保存，留作样板，缺损时以便补配。拆除有斗栱等装饰构件的建筑时，要完整拆除，尽量不要拆散，然后单独修缮。

　　对于木柱出现损毁的构件，仍然先进行检测，查明受损原因。若属于受力不当出现了裂缝，不仅需要对木柱本身进行补强，还要对裂缝处进行粘接并用铁箍加固等。还要在民居整体构架修缮中对木柱的受力情况进行调整。若木柱因质量缺陷造成的裂缝可以更换更高强度的木柱，调整其受力情况，以免影响建筑或者整体构建的结构和寿命。

　　3. 门窗、彩绘、砖石木雕的修复

　　在调研中，门窗损毁主要表现为扭闪变形、残缺等，扭闪变形需要对窗扇进行归正，如可以使用 L 形或 T 形薄铁板加固，再使用螺丝钉或铁丝拧牢固定。若局部缺损，则需要将补替部分安装测试，查看接口是否平整、吻合，确认无误后再进行加固。

　　民居建筑中的彩绘油漆构件在更换修复时应严格按照原貌和传统的工艺流程来重新处理。基层处理之后进行图案起谱，刷色时一定要一遍一遍地来，使各处的色彩均匀一致。画完之后详细检查，将遗漏、滴洒脏处用原色补齐，使整体效果干净整齐，最后再进行刷漆工艺。

　　对于工艺精湛、具有重要价值的且破损不是特别严重的砖木石雕，建议在原有位置上直接保护，已经损毁严重且无法辨认的雕刻构件可以在不影响结构、安全的前提下依照同类型建筑的相关构件进行仿制，但须与其他构件予以区别并标明仿制年代，对于结构构件上的雕饰，如因构件损毁需要替换的，其构件应连同雕刻送交相关部门进行保存起来。

　　4. 生土建筑墙面的修复

　　墙体是生土建筑的主体部分，土墙具有良好的保温隔热性能，但强度不高，易吸水软化，故防水防潮是生土建筑的关键技术。民居建筑墙体中常用的生土材料强度和耐久性较弱，因而使用年限也有所限制。

　　因自然灾害、年久失修引起的生土建筑墙体开裂，需在墙体周围预留足够的墙基底用土范围，划定一个保护范围，注意基础高宽比及支撑模具的稳固。

　　由于受力不当引起的墙体开裂也是另一种常见的损坏方式，在保护时需要增加挑檐或者挡雨棚,避免墙体再次受到雨水冲刷,房屋四周应做水渠等及时排除雨水,防止雨水造成墙体侵蚀。大梁、檩条下的墙体上要设置足够大的梁垫,分解集中作用力,防止墙体结构局部压力过大而出现裂缝。此外,还可以在墙体外抹一层草泥作为保护层,防止裸露受风吹日晒而造成破坏。整个施工修复过程必须按照对传统构件无损害的技术来执行,确保修复行为是可逆的,遵守施工工序(石涛,2011)。

(五)保护引导

政府部门或者文物管理部门须加大对居民的宣传,普及人们对传统民居的保护意识,鼓励居民积极参与。合理地引导能够使保护民居变为一种自发性的行为,方便及时地对传统民居做好普查和登记公布,能更有效地对关中地区传统民居进行保护。这就要求政府部门要制定专门的保护规划,加大保护与监管力度,确定保护对象,并要用法律、行政、经济等多种手段保证规划的实施。居民作为传统民居的使用者,自然关心自己的宅基地及其周围环境的未来命运,以这种想法为出发点,要在保护规划的过程中多多吸收当地居民的建议,让居民参与其中。例如,保护考察时增加调研的切入点,在当地召开老人座谈会,双向交流;积极吸收当地村民代表和志愿者的建筑遗产评估,将他们的想法及时汇报于文物管理部门,使居民们的想法也能够及时反映,融洽沟通,且能够影响到评估的结果;保护勘测时可以积极邀请当地村民代表、志愿者及当地村镇干部共同勘查地形以便全面商讨确定。

(六)注意问题

(1)保护工作是地区经济社会发展政策和各层次计划的组成部分,需要各部门各方面共同努力配合,以达到最佳的全面保护和发展。

(2)当前关中地区民居遭到破坏的情况是比较普遍的,且有十分严重的现象,城市在发展的过程中,许多有价值的传统民居还没有及时被列入文物保护单位的范畴以内,在争议中传统民居渐渐消逝,有些被划入保护范围内的民居,得到的只是静态保护,其结果反而是在自然力的作用下因缺乏需要的预防维修而损坏。因此,在保护的后续管理工作中,还需要加强日常的维修保养,出现重大病害时要及时上报。

(3)关中地区的文物保护单位大都位于城市发展的中心地带,西安地区更是如此,文物保护单位周围的地价寸土寸金,高密度、高容积率地开发很难兼顾到传统民居的保护。在保护与发展过程中,这也是一个具有争议性的问题。

(4)传统民居较为聚集的地区,由于大部分民居年久失修、基础设施陈旧，而导致居民对改变现有生活状态有着强烈的要求，政府自然感到压力。在资金不足的情况下，只好采取开发的方式，那么传统民居建筑的命运就可想而知了。

（5）保护保留并不是仿古重建，为了带动经济而建造的仿古建筑是不成熟的决议，没有经过充分全面的考虑，这种思想必然导致适得其反。

第三节　民居文化遗存的合理开发利用建议

一、开发与保护的关系

历史名城的保护与开发问题一直是古民居研究的一个重要课题。由于关中地区传统民居坐落于不同的历史名城、传统村落及古镇，因而也面临着不一样的发展环境。传统村落里传统民居的损毁以及发展环境同历史名城有所不同，并不是高频度地建设或房地产开发，一些传统民居由于地理位置较为偏僻、地形地貌较为复杂，反而是受到自然灾害乃至潮湿气候的影响使得居民不得已放弃原有宅院，另迁新址。不论是哪种环境，传统民居的保护都不应该被设定为静态的、孤立的，尤其是对于遗存密度较大的区域，更要进行整体性的保护。同时，只要有居民还在使用居住，就要做到合理的保护与发展，单方面地保护与单方面地发展都是不合理的。

对于历史名城、传统村落及古镇来讲，这里的发展更多包含着开发利用、更新等意思。传统居住区的开发可以依靠当地的文化优势、资源优势、区位优势等，且保护是开发利用的基础条件，要以保护保留为主要目的，对文物保护单位进行修缮、恢复、整治、调试，其次才是保护性的开发，在不破坏区域传统特色的前提下更好地进行保护，同时促进区域特色的整体发展，达到一个循序渐进的累积过程。

二、历史居住区开发利用的优良条件

（1）深厚的历史文化底蕴是开发的重要基础。陕西关中地区历史悠久，拥有厚重的历史文化遗产，尤其是丰富的帝王宫殿、陵墓遗产资源，其中，涵盖以西安大明宫、未央宫、兵马俑、汉长安城遗址等，宝鸡炎帝陵、九成宫、西周遗址、雍州城遗址和秦公大墓遗址，咸阳汉阳陵、唐乾陵、茂陵、昭陵等，铜川唐玉华宫遗址等丰富灿烂的历史资源，具有强烈吸引力的文化氛围是保护与开发计划的生命力所在。

（2）得天独厚的生态环境。关中地区号称"八百里秦川"，经渭河及其支流泾河、洛河等冲积而成，且有"八水绕长安"的说法，沃野千里，蓄积多饶。

（3）古朴的传统民居建筑群是开发、利用的重要支撑点。关中地区是年代久远、特色鲜明的古民居建筑的集中地段，它承载着丰富的历史文化信息，保持着明清时期的特色，具有相当高的历史价值和艺术价值。

（4）独具魅力的民俗风情。纯朴的民俗民风是展现关中地区历史居住区的魅力的重要手段。关中地区传统民居建筑群和历史居住区具有开发的价值和条件，合理适度地开发可以有效地促进社会效益、经济效益和环境效益的健康发展。

三、开发利用建议

1. 保护规划先行

根据不同的历史居住区地段编制详尽的保护规划，因为规划的制定、深化、完善以及后来的实施是保护历史遗产的重要保障。要特别注意的是，在规划指导具体实践的过程中，一定要坚持"保护性的开发"思想，并严格按照规划制定的内容执行。应该以现实长远的眼光为基本立足点，以认真积极的态度和科学的办法保护传统居住区，达到可持续发展的目标。

在保护的前提下谈发展，避免因为简单追求经济利益带来的盲目开发。同时，使保护本身成为促进经济发展、地区发展的有利因素，进一步促进保护与开发的良性循环。

2. 打造统一风貌特色，有机延续传统生活文化和特色

对关中地区遗存的单体民居建筑和传统民居建筑群街巷或古镇古村落实现恢复历史遗存风貌的计划。尽可能展现传统建筑的历史风貌，保障传统民居建筑的原真性，再现传统居住文化。传统建筑、传统院落、传统街巷、传统生活和传统文化的有机结合为地段提供了有利条件和开发潜力，根据文物古迹、历史建筑、自然景观及民俗民风进行分析整理，确定开发资源类型，适当拓展历史居住区的经济模式，合理适度引导经济开发。

传统村落或是古镇的开发可以依靠恢复当地的传统商业项目，充分展示地域的特色，提供给游客近距离观察地域生活和传统居住文化的活动，使游客能够与当地居民交流、互动，使地段传统生活本身成为具有参与性的开发项目，结合当地的资源优势和地理优势，打造特色体验式项目。

3. 经营文化产业

文化是一个城市的魅力所在，关中文化有着辉煌灿烂的历史，而帝都文化更是把关中文化推向了整体文化的前列。长安古都文化、祭祖文化、司马迁史记文化、华山文化、黄河文化等耳熟能详的文化品牌，以及民俗文化、红色文化等也在推动着关中文化品牌的建设。关中地区传统民居建筑群街巷或古镇古村在开发文化产业模式上，可以以突出区域文化特色为原则，准确进行市场定位，整合文化品牌，重新打造独一无二的地域文化品牌，以彰显地域特色和人文个性。对于特色文化产业要大力宣传、扩大影响，文化产业的传播和推广起着至为关键的作用。再带动区域文化产业链发展，实现开发产业的规模效应和互动效应。

4. 走可持续发展道路

对于传统民居高密度分布的老城区域，在保护的同时必须限制开发力度，即实行分期开发计划。比如，五年内是一个开发计划，不能超出开发力度，五年后又是一个新的开发计划，必定要着眼于未来，不追求短期效应，实现循序渐进的发展。

5. 制定保护与开发的相关政策法规

加强和完善历史居住区开发利用的法规建设，制定出来的相关政策法规必须是对民居保护有益的，同时也能提高居民的生活质量。在此过程中要鼓励公众参与其中，积极提出可行的建议，发挥社会各界的监督作用，使开发计划符合相关产业政策和长远需求。同时，开发行业也需要政府的引导、资金及技术支持。单纯依靠市场规律的作用可能无法达到预期效果，这就需要政府出台相应政策、法规，为开发提供各方面的保障。研究表明，开发利用时对历史文化遗存会带来积极影响也会带来消极影响，积极的方面包括：促使当地产业结构转型和带动发展，提供就业岗位，提高居民生活质量，为民居保护提供更多资金支持，使地域特色得到弘扬和延续；相反，可能会带来过度商业化发展的消费，乃至生态环境的消极影响。这种情况，就需要在发展的过程中合理利用历史文化资源，适度开发，适度消费，积极排除消极影响，使开发利用控制在一个合理的环境容量内，不要忽视资源的不可再生性。

四、传统民居文化遗存的传承方向

地区的发展与历史居住区息息相关，关中地区传统民居更承载了深刻的人类文明进程，是历史沿袭下来的思想、道德、风俗、艺术的载体，亦是华夏文明取之不尽的源泉。正如文化具有继承性一样，孕育文化发展的传统民居也需要继承与延续，只有这样才能让地域的特色和历史鲜活地存在下去。

各种传承方式在现代已屡见不鲜，通过对传统民居的布局、色彩、形体、尺度特征、民俗等非物质文化遗产的把握，将原有传统民居建筑的细部进行简化、抽象、提取等处理，加之以现代居住空间的结构和功能，便有了全新的建筑传承面貌。传统民居更多的是反映精神价值，反映民族的个性和审美，以及朴实的内心观念。在认知到民居建筑内在的精神价值、审美意趣和空间特色后，才能以"神似"的效果做到对地域历史与文化的再现与保留。

正确认识和继承关中地区传统民居的特有建筑文化，不应只是对形式、风格和原型的简单拼贴和借用。对于民居当中无法直观用眼睛看到的精神、文化和思想等，应予以更多的方式表现在传承创作当中。正确捕捉、理解传统民居建筑中的文化特质以及核心思想。把民居建筑中设计原则的精华部分，所表现的哲学和思想等，加以发展，运用到创作中来。或者把关中地区建筑文化中最有特色的部分提取出来，加以弘扬和继承。

在关中地区，有着诸多传统民居的传承案例，展示着民居特色和民俗文化，如西安芙蓉山庄和园林式的国泰温泉度假山庄，以及长安区上王村等，都为关中地区传统民居的传承做出了不同模式的探索和尝试。

位于西安市浐河生态区西岸的芙蓉山庄楼阁台榭，古色古香，为人们休闲娱乐的一处佳所。山庄内的建筑具有陕西关中特色，属于青砖白墙式的四合院。庄内的亭台楼阁颇具历史，环境优美、别具雅致。整个庄园内笼罩着吉祥美好的氛围，且显示了生态怡人的生气。山庄内的庭院里放置了许多传统生活用具，都是遗存下来的传统农具再继承，更能令人深切地体会到关中地区的传统风貌（图 8-7）。

西安国泰温泉度假山庄位于西万公路行至沣峪口向西一公里处的环山公路处，是在唐代著名寺院智炬寺的原址上依山而建的仿古建筑群。把智炬寺包围其中，古香古色的建筑群是以古代公馆为模式，汇集了唐、宋、明、清等建筑风格，随处可见用玉石砌成的护栏和地面，以及清澈甘甜的泉水。山庄的大门在经风水选址后朝着东方开门。进门的庭院非常特殊，一块石头刻有苍劲的"黑龙潭"。进入山庄后，既有类似于钟楼的古建筑，又有成排聚集的关中大院，乡土气息浓厚。此外，园内奇花异草遍地种植，尤其是石榴、国槐、银杏、水杉等，蕴含着吉祥美好的人文情怀，为庄园增色许多（图 8-8）。

关中地区传统民居整体上是很符合中国传统建筑布局特点的，西安的

图 8-7　西安芙蓉山庄"关中风情院"
（图源：自摄于西安东郊）

图 8-8　国泰温泉度假山庄传统民居传承列举
（图源：自摄于长安区）

民居尤具有代表性，具有平面布局紧凑、用地经济、选材与建造质量严格、室内外空间处理灵活、装饰艺术水平高等特点。布局上，房屋都呈对称布置，中轴明确，以厅堂串起来的层层院落，形成狭长的两进或者三进的院子。同时，又具有更独特的地域性特征。关中地区夏季炎热，防晒就成了居住建筑的首要需求。许多民居两邻共用一个墙，各盖半边，厦房向院内收缩，而两厦檐端距离也非常小，夏季院内就会形成大片的阴影区，避暑效果好。此外，关中地区历来地少人多，所以这里的传统民居宅院布置密集，院落非常狭窄。所有的四合院外墙上都没有窗户，门窗朝向院内。这样院落变得更加内向且封闭，符合封建社会的礼教，也满足了人们享受家庭生活的心理需求。这些老民居大多是富商或官宦的宅邸，大部分都有精美的雕饰，艺术价值很高。从细部结构上就能了解关中地区民居独具的巨大传承价值。

第四节　民居文化遗产传承与保护的价值意义

　　针对关中地区传统民居建筑及门窗的传承与保护价值问题应站在文化人类学的物质遗产与非物质遗产的高度进行理论。物质文化遗产是非物质文化遗产的载体与生存土壤，二者息息相关，共生共荣。大量的非物质文化遗产存留于民居环境及社会群体之中，并与人们的日常习俗密切相关，脱离了这些物质与人文环境，不可能孤立存活。关中地区传统民居的历史悠久，并在中国建筑史上占据着重要地位。因此，传统民居在落位选址、空间布局、形制结构及构件装饰诸多方面无不体现出因地制宜、相地构屋、就地取材的营建理念。其中蕴含着关中地区工匠们的高超技艺、智慧和价值观念，是关中文化的集合体。因此，可以说关中地区的传统民居及门窗作为传统文化和区域性民俗民风的核心载体，兼有历史、文化、审美、经济等多种价值。

　　在关中地区留存着无数个具有典型性的，并在中国建筑历史上起着不可替代作用的、有着鲜明的地域特色的传统民居。其每深宅大院布局的严谨、正统的做工、精美的装修、精选的材料无不让人叹为观止。但是，随着岁月的流逝、时代的变迁，保留下来的民居大院，大部分是清末或民国初年的，明代的已较少。这些无疑是为珍爱传统的人们、学者、研究者及后人出了一道难解的课题。

一、传承与保护价值

　　一般意义上的民居是指人们对传统的民间居住建筑的总称谓。中国传统民居以其类型多样、形态各异、特色鲜明、内涵丰富在世界上独树一帜，是中华建筑文明宝贵遗产的重要组成部分，也是东方居住文化的典型代表。中国传统民居深深扎根于民间，与百姓的生活息息相关。民居文化是中国建筑文化中最具人民性的艺术瑰宝，是人民智慧的结晶。由此可见，对传统民居建筑保护的价值所在。

传统民居及门窗是一个地区传统文化同地域环境特色相结合的产物，承载着一个地区的历史信息，具有不可替代的历史价值；民居建筑和门窗细部的构造，如门廊、雕刻及装饰色彩的运用无不显示着中国传统艺术的魅力。不同的地域文化孕育出风格迥异的民居特色。陕西作为一个具有深厚历史文化积淀的地区，其民居特色与价值值得深入探讨。

（一）基本价值

1. 历史价值

无论任何地方、何种文化遗产，均有其产生与发展的特定历史条件和区域背景，且带有特定的历史特点和地域特征。人们可通过这些文化现象来解读特定历史时期的社会、经济、文化、生产力发展水平、生活方式和民俗民风等内涵。同样，关中地区传统民居及门窗也是本地区的社会、经济、文化、生产力发展水平和丰富的民间民俗文化的历史财富和佐证，可从中活态化的认识和了解关中地区的历史与文化。针对关中地区传统民居及门窗的居住民俗文化的保护与研究，有利于发现和挖掘关中地区的历史及其风土人情和民俗习惯，保持其特有的风貌格局、历史信息、民风民俗及所蕴涵的传统文化。

再有作为人类创造出来的历史发展的佐证物，关中地区传统民居建筑及门窗是关中地区每一个时期社会和生活的集中的、具体的体现，它包括了自然、政治、经济、文化、民俗等方面的综合因素及其影响。正因如此，可以说关中地区传统民居及门窗的物质与非物质文化等均是历史的"活化石"，其意义和价值就可想而知了，应使其尽可能完整地保存下来，并流传下去。

2. 文化价值

文化人类学认为："人与动物的真正区别首先就在于人类是唯一在地球上创造和发展了文化系统的动物，因此人类是文化的动物，人类所创造的一切则是文化的产物。从这个观点来讲，建筑与蜂巢的本质区别主要就在于前者是一种文化形态，而后者仅仅是一种物态而已。人们所常说的'建筑是人类文化的结晶'，实际上就自觉或不自觉地表述了这一观点。"（顾孟潮等，1989）

陕西关中地区的传统民居及其门窗作为中国传统民居建筑中的一个重要组成部分，也是泾渭文化、黄河文化、西北文化乃至华夏文化的物质载体和重要的文化遗产。关中地区传统民居及门窗不仅集中表现了关中地区的建筑、雕刻、绘画、书法、文化艺术，而且反映了西北地域文化与关中文化在建筑、装饰等各方面的交融，映射出关中地区多层次的、全方位的地域文化性征。对其研究就是为了更好地保护、继承和发扬传统民居中的门窗文化，并丰富和充实中国民居门窗文化宝库的内容。通过研究关中地区传统民居门窗及其抢救性措施，明确"具有历史文化价值的和富有传统特色的民居属于保护内容"，传统民居和门窗不仅要作为必要的风貌区加以保护，更重要的是作为独立的具有社会文化价值和符合人们居住心理要求的历史遗产加以继承和发扬。为今后进一步的文物保护及适度的旅游开发，提供了重要的学术支持；也为研究中国传统民居提供重要的证据，对于地域文化的传承、保护，促进和谐社会建设都具有重要的参考价值和借鉴意义。同时，保护关中地区传统民居及门窗的非物质文化遗产是建设和谐社会的需要，因为文化将越来越成为一个民族凝聚力和创造力的重要源泉，丰富的民族传统文化正是中华民族生生不息、团结奋进的不竭动力。所以，社会的发展、稳定、和谐离不开以区域"认同感"为平台的区域传统文化。

3. 精神价值

关中地区传统民居及门窗不但生动地传递着丰富的历史文化信息，同时也展示出中华民族的精神依托。这种依托不仅关系到民族文化的繁荣与复兴、民族文化整体可持续发展的"文化基因"和"精神特质"，形成了本民族特有的文化传承方式，而且还关系到传承民族精神和民族气节的重要作用。因此，作为一种保留了本民族文化的、富有地域特色的活态文化遗存中既包含着物质层面上的价值，又包含着极其重要的精神层面上的价值，并以非物质文化形式就能传承与弘扬本民族文化和民族精神。同时，在关中地区传统民居门窗中的非物质文化遗产可以增强在关中地区生活的人们的认同感，可以更好地维系当地人们之间的感情，唤起记忆，增强地区凝聚力和历史责任感。

4. 科学价值

王大有曾说中华古典建筑文化对人类的贡献是：中国传统建筑科学已提出的基础理论和技术理论，以及系统工程理论等，即"中国人创造的地质地形结构以及时空场宇宙能与人的生命信息场相统一的传统建筑学，蕴含着极深刻的科学规律。气的理论从无极太极出发，从道器关系着手，从体悟实践落实，总结了一系列象理经验……从深层上探讨了建筑与人的心意协调，是一个多层次、全方位的天文地质地理人类关系学，它追求的是天地人信息统一场。这些是现代地质学、现代地理学、现代建筑学、现代环境保护学所忽视或不具备的。现代地质学、地理学、建筑学、环境保护学，主要是从人物分立的基点，或人天分立的基点，或天地人分立的基点，在外在联系上下工夫，很少考虑到宇宙能、地磁、生命信息与地质地理的结构、形状、空间分割和时间变迁中物、质、能、量、气的盛衰消长等之间的综合效应，对人类种系和个体生命状态的影响。因此，中国古典建筑科学提出的问题，是现代地理学建筑学（西方的，或从西方引进的）还没有涉及的问题，或根本不认识的问题"（王大有，2005）。"天人合一"中的生态伦理思想主张取物要合理地满足人类生存发展的需要，不能损害动植物的生长繁殖，更不能因人类对动植物生态资源的掠夺而造成动植物的灭绝。否则，毫无节制地索取将危及人类自身的生存而导致人类走向末路。"网开三面"和"里革断罟"两则历史典故就告诉了人们这样的道理。

　　在关中地区传统民居门窗中许多物质的、非物质的文化遗产本身就包含着不同程度的科学因素，因此，具有很高的技术参考和科学研究价值。这些技术、科学因素为进一步科学、准确地研究关中地区的物质与非物质文化提供了有力的支持。但是相比较物质文化遗产，非物质文化遗产则体现出更多的、更鲜明的跨学科、跨领域的知识属性和文化特征。由于非物质文化遗产作为历史的产物，是对历史不同时期的生产力现状、科学技术程度和认识水平诸多方面原生态的存留和反映。另外，非物质文化遗产本身是在实践经验中总结和提炼出来的最佳技术或规律性的内容，有较多的科学成分和因素，如房屋结构、门窗构件榫卯和搭接形式、民俗及其民间禁忌等。

　　5. 审美价值

　　在关中地区传统民居建筑中，丰富多彩的民居形式及其门窗文化遗产充分地展示了关中地区先民的居住和生活风貌等区域性民俗特色，以及建造技艺、审美趣味和艺术创造力，是不同时代、不同民族劳动人民的智慧结晶的具体体现。民居建筑与民俗文化虽然属众多艺术门类的一小支，但却与人们的日常生活息息相关，折射出人们日常的衣食住行劳的方方面面。因此，人们对居住空间的美化装饰更为重视，使得民居建筑中的门窗结构及其门窗雕刻艺术等均具有很高的技术含量和观赏性审美价值。

　　由此可见，传统民居的装饰重点应集中体现在民居的门与窗之上，因此，民居的美学价值及装饰意义不言而喻地以门窗为例了，体现在以下四个方面。①关节点。传统民居中大门的各种关节点，如门扇上的门钹、看叶、门钉，以及中槛上点缀的门簪，下槛门枕上隆起的门墩，均为构造做法或构件链接的装饰化处理；②自由端。木构件的自由端美化形成众多有趣的"头"，如最具代表性的是垂花门中的垂花头。③棂格网。关中地区传统民居门窗中的锦棂图案内容多以喜庆、吉祥等寓意与观念为主，如传统的吉祥几何图案步步锦、灯笼锦、龟背锦、卍字符等直观地表达了人们的乐生思想。④饰面层。传统民居中饰面层多采用民居装饰惯用的一些有效方式，如在党家村的门窗中，尤其是隔扇门窗的上部隔扇多为艾叶、万字、方胜等吉祥图案连续组成；中部腰束板多雕饰有龙纹、戟磬、鱼等意向图纹；下部裙板部分多雕刻有四瓶，内插梅、兰、竹、菊或戏文故事；最下端的绦环板多雕刻有蔓草、瑞云等图案；最上端的绦环板多以镂空式雕刻工艺为主，具有室内与室外的通风换气功能。

（二）现实价值

1. 教育价值

关中地区传统民居门窗中的非物质文化遗产内容本身涵盖着大量的知识和传统文化内容。故此，可以说传统民居文化遗存无论是针对非专业人群、国内外游客群体进行传统文化的教育、传承和弘扬，还是针对专业人士以及相关专业的学生群体，均能体现出其重要的教育基地的价值。例如，围绕关中地区传统民居建筑门窗中的木雕、砖雕、石雕艺术表现形式极其丰富而又博大的文化内涵，不仅堪称民居建筑文化中的艺术精华，而且，其内容有着深厚的传统文化的具体反映，也是关中人对建筑及其门窗审美的价值追求。故此，从古至今民居中的三雕艺术一直充当着宣传伦理道德、教化人们心灵的重要角色，具有很高的教育意义。另外，在实现传统民居文化遗产的教育功能的同时，也促进了对关中地区传统民居及其门窗物质文化遗产的保护与传承工作。

2. 经济价值

关中地区传统民居及其门窗的物质与非物质文化遗产本身就具有双重性价值。首先，是民居遗存价值的体现，即要确保传统民居能够存活而不消亡，才能在此基础之上被研究、传承、开发、利用。其次，是民居遗存的经济价值体现，经济价值只有在民居遗存的条件下才能使经济价值成为可能。这里的经济价值包括直接从文化遗产所带来的各种经济收入，如有本体自身的价值，有可将关中地区留存的传统民居有机组织起来，定性为技术考察和观光旅游，以实现其经济的价值。故此，需要系统地规划和保护好这些民居建筑遗存，只有遗产保留的越多，遗存价值的升值就越大，潜在的经济价值越大，对推动关中一带的旅游业是大有益处的。相信，非物质文化遗产中丰富的传统文化资源能转化为文化生产力，也会带来可观的经济效益，同时，在经济条件改善了之后，又可进一步投入资金，修缮或完善对传统民居与门窗的保护与传承，从而形成一个良性的循环机制。

我们应对目前关中地区传统民居和门窗保护过程中存在的问题进行深入分析，并提出相应的保护思路和方法，以促进古民居和门窗有效合理的保护使其健康发展。通过合理的旅游开发，协调好市场经济条件下传统民居保护、城市发展及古城旅游经济开发的关系。将文物古迹保护与风景旅游相结合，既有利于遗址的整修、利用和展示，又丰富了旅游内容，还可以通过发展旅游业，推动关中地区第三产业的全面发展，从而给城镇发展带来生机和活力。

二、传承与保护的现实意义

将传统的物质与非物质文化遗产保护在一种自然状态下展示、传播、传承、开发，进行并完成其传承功能，来带动对关中地区传统民居建筑、传统建造技艺、建筑环境的共生性保护均有着极其重要的文化价值和深远的历史意义。

1. 教育意义

关中地区传统民居及其门窗的教育意义体现在涵盖着诸多方面的文化和建造技艺所构成的一种特殊的、重要的内容和形式而成为教育的重要途径之一。其意义体现在门窗中的物质与非物质文化承载层面之上，其内容涵盖着大量的传统文化、民俗风情、技艺展示、审美标准等诸多人文、经济、技术及材料的相关信息，由此可见，关中地区传统民居中门窗文化具有重要的、不可替代的教育意义。

2. 研究意义

对关中地区传统民居及其门窗的艺术进行全方位的研究，不仅对于关中地区传统建筑门窗文化遗产的保护与利用，具有史实资料收藏与学术研究价值，而且对于深刻认识关中地区的自然地理环境、社会历史背景、装饰特色、民俗文化底蕴、传统技艺等提供客观、翔实的资料。从某种意义上来讲，剖析和挖掘关中地区古民居建筑门窗的艺术特征，对于丰富和发展西北建筑门窗历史也具有一定的补充意义。

3. 应用价值

传统民居建筑及其门窗的装饰艺术由于能给人以愉悦的美感和亲和力，所以在现代建筑设计和室内装饰设计中的应用较为广泛，依据现状，对传统民居建筑及其门窗的借鉴、传承和发展体现为以下两点：

（1）直接运用：在特定的条件下或特定环境中建造仿古民居时，既要求从建筑的外观造型及结构上，又要求从门与窗等细部装饰上均需尊重其传统意义上的真实性。有时为强化设计中的区域性特征的体现和较好的装饰效果，也可在建筑局部直接采用传统门与窗的结构、工艺、色彩等装饰细部，给人以传统的古典美的感受。

（2）提炼创新：提炼创新即是在传统民居建筑及其门窗的原有的风格形式的基础之上，运用其某些形式符号和美学元素进行创新，加以提炼、概括、简化和重组，以求得神似和形似的效果，进行精神传递。这种建筑设计手法在国内的现代建筑设计中成功应用的案例也为数不少。总之，重点需要突破以现代的新型材料表现古代的元素，或将古代的元素加以简化和提炼创新来融入设计当中。

第五节　具有典型性的传承案例

一、礼泉袁家村聚落

袁家村是由 60 户住户，268 人口组成的小型乡村聚落，位于陕西关中平原腹地的咸阳市礼泉县烟霞镇，距九嵕山唐太宗昭陵约 10 公里，距离陕西省会西安市约 60 公里。周边文物古迹 26 处，旅游景点 5 处。"袁家村"村名是华国锋同志提就的，自 20 世纪 80 年代以来，已成为陕西省的经济发展楷模，具有一定的村落品牌效益优势。2007 年开始开发关中印象体验地，现已成为国家 3A 级景区、陕西乡村旅游示范村。

为了进一步开发，在规划定位上根据其所处的地理区位优势，确定了以昭陵旅游景点为辐射圈，以关中地区民俗休闲体验为楔入点的设计思想。以非物质文化演示与传承为核心，以西安市、咸阳市、渭南市关注民俗文化人群为主要目标人群，其中包括国内、外旅游团体、家庭和学生群体等为市场目标人群设计定位，确立了以关中地区民俗聚落生活民俗文化特色为主题的乡村旅游的"关中印象体验地"（图 8-9）。

袁家村在项目上延展了关中地区生产生活方式的作坊参与性活动而兴建了豆腐坊、油坊、织布坊、醋坊、酒坊、水印木刻坊等，这些场馆的建设是为了复原明清时期的传统民间作坊和贸易文化的原始街市。在建筑形态上，大部分民居建筑都是收购了关中地区自明清时期遗留保存下来的古民居，利用古民居的建筑原材料和建筑构件重新复原修造，整合关中地区民居聚落形制，营造关中地区民居聚落氛围及民俗文化氛围（图 8-10）。

图 8-9　袁家村导游示意图

（图源：自摄于礼泉）

同时，能为游客提供参观、饮食、住宿服务。更值得一提的是，将关中地区特色饮食文化活动像烙面、辣子锅盔、臊子面、豆腐脑、糍粑等现做现品尝。同时，以当地盛产的苹果为主而展现田园风光的果园采摘。另外，还增加了烧烤、垂钓园、游乐场。一直延伸到了浪漫情调的欧式田园居和现代酒吧等机构，形成了典型的复合型发展态势。现在的袁家村是集非物质文化遗产展示与体验、休闲、住宿、饮食为一体的、较为纯正的、较为成功的关中地区传统民居的院落"农家乐"之一。

图 8-10　袁家村商业街开发及其传统民居传承列举

（图源：自摄于礼泉）

二、临潼秦俑村聚落

秦俑村位于西安临潼区，紧邻秦始皇兵马俑博物馆的东侧，由于秦俑坑的开发而使得原有的村落不复存在了。现在的秦俑村始建于2003年，是秦俑馆馆前改造工程中整体搬迁改造的旅游休闲的新村。秦俑村因其与秦始皇兵马俑的毗邻关系，主要以服务景区为设计思路。以参观秦始皇兵马俑的海内外、全国各地的游客为主要目标人群，为其提供餐饮、住宿和民俗观览，是景区伴生型村落，是向世人展示关中地区传统村落人文魅力的窗口（图8-11）。

图 8-11　秦俑村传统民居院落传承应用案例
（图源：自摄于临潼区）

秦俑村的民居建筑景观是其聚落形态的重要部分，以两层的关中地区传统的宅院形式为主，而商用建筑相对而言较少，仅在沿临公路和村内广场两侧有所设置，其建筑以三层关中地区单体建筑形式为主。民居建筑以关中地区传统的独立式院落形式——前庭后院为主。前庭部分起到起居室与街道的缓冲功能，同时满足住户的空间使用，形成较为私密的居住空间。后院的设置用来满足住户的自主意愿，可种植花草亦可放置一些生活所需的杂物。将此独立式院落沿东西向街道以阵列的形式呈现，便形成了现在具有特色的村落民居建筑群。在此建筑群之上，开展休闲产业，为前来参观秦始皇兵马俑博物馆的游客提供餐饮、休闲度假、住宿等休闲服务，同时，兼具着弘扬关中地区传统村落村容村貌，传承关中地区传统建筑的文化使命。在建筑形式上，模仿和借鉴了关中地区传统的庭院建筑形态；在造型上，参考了关中地区传统民居的营造手法，厦房和厅房在顶面的处理上均采用了先院内倾斜的坡屋顶形式；在建筑装饰上，也采用了屋脊吻兽等传统建筑装饰手法；在建筑材料和建造方式上，又与现代技术和材料相结合，从而形成了简洁大方的传统文化意蕴的建筑形态（图8-12）。

图 8-12　秦俑村传统民居院落传承应用案例

（图源：自摄于临潼区）

三、关麟征将军故居重建方案设计

关麟征（1905～1980），原名志道，字雨东，汉族，陕西户县振华威村人，1945 年 5 月国民党第六次全国代表大会上关麟征当选为中央执行委员会委员。1949 年 8 月 25 日，任陆军总司令兼任中央陆军军官学校校长之职。关麟征用兵以稳、准、狠著称，是长于急袭的千里驹师的首任师长，生性傲岸，有"陕西冷娃"之称，部将杜聿明、郑洞国、刘玉章、覃异之、张耀明皆一时之名将。

笔者应户县苍游乡乡政府及振华威村村委会的邀请，参加对关麟征将军故居重建的设计工作。

关麟征故居重建方案设计说明：

关麟征故居的总体要求是按照关中地区的传统民居周边环境和建筑风格形式进行设计和定位。项目建成后的主要功能为纪念性的展览空间，以关麟征将军的文字资料、图片资料和实物陈列为核心，同时还可陈列一些有关关中地区传统的物质与非物质文化方面的实物展品或图片资料等来展示和宣传关中地区的民俗文化。

经上级主管部门批准的宅基地位于户县苍游乡振华威村的中西区域，依据现场实际情况，选定桩基位置、朝向，依据传统的建筑模式进行画线后，确定故居占地面积为 924 平方米，为三进五开间式院落（图 8-13）。

同时，依据关中地区传统的文化元素对民居形制设计进行定位［图 8-14（a）］，设计有门房［图 8-14（b）］、二道门、东西前厦房［图 8-14（a）］、厅房［图 8-14（a）］、后东西厦房、上房和后院墙围合而成。在门窗的形式与使用上同样也是沿用了关中地区传统民居门窗的形式和结构特点。大门采用撒带式板门和高窗形式，开设的门洞方位为东南方向。二道门采用垂花门形式［图 8-15（a）］，厦房门采用轻型的板门和码三箭式直

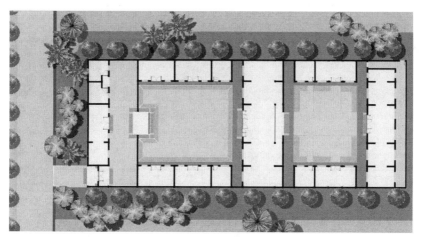

图 8-13　关麟征故居重建平面布局图

（图源：笔者设计）

楞窗及锦花支扇窗形式，厅房采用隔扇门和隔扇窗形式，上房采用隔扇门和步步锦支扇窗形式。门窗表面油漆使用深红色，而整个建筑沿用了青砖黛瓦及白墙为主体色调，使得院落及其建筑的关中地区传统民居特征更加突出和鲜明。

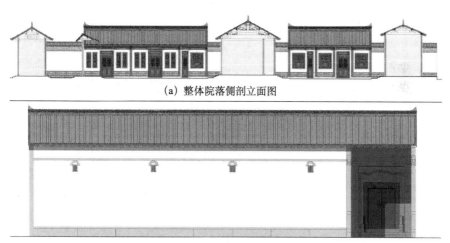

（a）整体院落侧剖立面图

（b）门房正立面图

图 8-14　关麟征将军故居重建立面图

（图源：笔者设计）

另外，在房间之内依据展览的内容及有关民俗文化方面的实物等展示设计和功能分区、排列等在此就不一一赘述了。

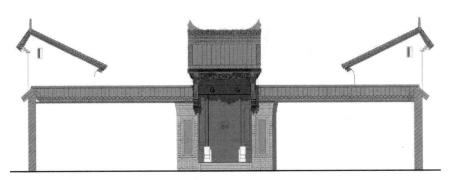

(a) 二道门立面、厦房侧立面图

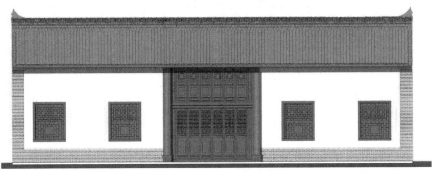

(b) 上房正立面图

图 8-15　关麟征将军故居重建立面图

（图源：笔者设计）

四、其他应用案例列举

在关中地区，也不乏热爱传统建筑形式和传统文化的爱好者。他们尽可能以传统的建筑风格、建筑形态和建筑语言来再造地地道道的关中地区传统民居院落。在长安区沣峪口内，就有一个较为典型的案例，他的新建院落，依山傍水、风景秀丽，是一块风水之地，院落为五开间，设有独立式大门，进院后两侧为三开间的厦房，直对大门的便是两层上房。院落空间简洁明快，建筑色调以青砖黛瓦并饰以白色墙面。建筑主体为硬山式砖木结构，顶面为筒子灰瓦，设有正脊、吻兽和垂脊，上房的一层和二层均设有檐廊（图 8-16）。在盛夏时节为了避暑，笔者来到他家做客，围坐在小院中，那种湿润的空气、凉爽的山风、适宜的温度，同时，品尝着清新的清茶感受，使人如入仙境，流连忘返，好不惬意。

其实，传统民居门窗保留着建筑装饰木雕的独特风格，是传统民居建筑中艺术精华之所在，对其的传承与应用是对传统民居建筑历史的尊重，

图 8-16　关中地区传统民居院落传承应用列举

（图源：自摄于长安区）

是对传统文化和对先民高超的制作技艺的尊重。传统民居建筑门窗与现代的材料、工艺技术和艺术流派的巧妙结合，会给人们以新的、美的享受，也在很大程度上弥补了现代建筑的不足之处，尤其对模式化建筑区域性特色的张扬和文化品位的提升具有重要的现实意义。同时，也符合"艺术生活化、生活艺术化"的理念（图 8-17）。

图 8-17　传统门窗棂格在城市公共空间中的应用列举

（图源：自摄于上海）

　　目前，国内对于传统民居门窗构件应用于现代生活空间，仍有着相当看好的前景，传统门窗转变为装饰元素用于现代设计之中，并以其独特的魅力受到了现代人的青睐，融入了都市人的生活（图 8-18）。例如，具有鲜明的传统门式、木雕窗棂等被应用于各种经营场所而成为现代人寻求返璞归真的一种时尚，如在茶馆里古色古香的木雕窗棂、门楣等装饰其间，以天然质朴的特质与茶文化水乳交融、相映成趣，人们三五成群，以茶会友，其乐融融。同时，在大量的家装市场中，也不乏青睐传统风格和传统文化者。对传统民居风格传承和借鉴运用，除了传统的家具之外，主要是以传统的门与窗应用元素为核心，以追求生活个性化、文化品位化的目的。

　　人们对传统建筑上的木构件及装饰件的喜爱，导致了传统门窗及附

图 8-18　传统门窗及其棂格在现代商业空间中的应用列举

（图源：自摄于西安）

属的挂落、雀替、门楣、屏风等再生品、装饰品的市场前景看好。其结构形式、制作工艺、油漆工艺等均延续了传统风格。就连院墙什锦窗也得到了广泛的应用（图 8-19）。这便大大地充实和丰富了人们的生活环境，在提高了人们的生活质量的同时，也传承和发扬了传统民居文化（图 8-20）。

图 8-19　传统什锦窗在现代建筑环境中

的应用列举

（图源：自摄于西安）

图 8-20　关中地区传统门窗棂格
及图案应用列举
（图源：自摄于西安）

本 章 小 结

目前，在关中地区的各城镇中还保留了不少明清时期的民居建筑，其中具有代表性的有如西安、三原、旬邑、合阳和韩城等地。这些民居遗存被世人所瞩目、所重视，都是中国民居建筑宝贵的遗产。但是，介于目前现状，仍迫切需要进行系统的保护和抢救性的实物测绘、资料收集等方面的研究、归纳和总结工作，并有针对性地指出保护与传承传统民居建筑及其门窗的价值及其意义所在。同时列举了一则由笔者设计的传承与应用案例，以示对传统民居建筑艺术的热爱和对传统文化传承与保护的态度。

笔者对关中地区的传统民居建筑的遗存现状进行了较为详尽的调研和总结，并提出了自己的观点和看法。希望通过自己的努力能够唤醒或提高政府和人们对传统民居建筑遗存的保护意识，积极地行动起来，采取措施，一起参与对传统民居建筑物质文化与非物质文化遗产的拯救、保护和传承工作。

第九章 成果与展望

本书以传统民居"物质性与非物质文化遗产保护及传承"为研究视角，以纵向轴（即发展历史）与横向轴（及关中地区各区域间）为研究框架，且以关中地区明、清及民国时期传统民居中的门窗为研究对象；采用了归约学和文化人类学等不同研究方法，采取了文献研究、实地考察、实证分析和观察比较法等综合研究手段，为关中地区传统民居及其门窗的资料收集和整理积累下丰富多彩的论证依据。同时，在理论上，本书总结了关中地区传统民居及其门窗的发展沿革、类型定位、区域性特征等理论性依据，论证了在建筑发展史上，关中地区民居所占有重要的、不可替代的地位和作用；在技术上，以门窗的实际案例进行分析，展示并整理出先辈的能工巧匠们对材料的科学运用及高超的门窗制作技艺技巧；在功能上，分析并总结出关中地区传统民居门窗不同形制主要受直接因素和间接因素的影响，从而营造出了最适宜本土使用的、最为科学的门窗类型和实用功能，并揭示了院落大门的特殊精神功能需求；在形态上，针对关中不同地域、不同时期、不同民族，以及周边邻省、相邻地区的民居门窗形式进行多层面比较，寻找出相同点与不同点，总结出其各区域的具有代表性的区域特征，以及导致各地区门窗形态不同的原因；在艺术特征上，关中地区门窗在艺术造型、装饰风格、装饰部位、装饰手段和装饰内容的选择上各地区均有差异，且呈现出一定的规律性。

另外，依据关中地区传统民居遗存现状有针对性地提出保护与传承的具体措施和合理化建议。同时，通过本书的研究成果希望能在关中地区今后的新农村建设与发展过程中对传统民居中门窗及其文化内涵起到应有的传承作用和借鉴价值。

（一）研究结论及价值

1. 研究结论

（1）在建筑历史方面：关中地区以西安半坡、宝鸡北首岭、临潼姜寨及客省庄遗址为核心，证明了远古人类从穴居—半地面式—地面建筑的形成过程，并形成聚落的初始阶段。作为最早且最为完整的两进式"四合院"民居建筑当属关中岐山凤雏村的周宫遗址了，院落中轴对称，有照壁、门房、前堂、过廊和后室，左右设有厦房形成天井，院内檐廊环绕，门窗对称规整。同时，又经过历史的演进，形成了西周都城镐京、秦都城咸阳、西汉都城长安和隋唐都城长安等早期的著名城市，是中国历史上"六大古都"中建都最多、时间最长的都城之地，并与开罗、雅典、罗马誉为世界"四大文明古都"。因此说，关中地区的传统民居在中国建筑史上具有里程碑式的作用和意义。

（2）在理论方面：①通过史料研究得出"窗（指牖、墙窗）是门的衍生品"。②总结出关中地区民居门窗的物质形态与文化形态，以及实用功能与精神功能的比较，并以门窗的外在形式和技艺等方面探求所承载的非物质文化的内在思想和精神追求，得出中、大型民居院落中大门、二道门及厅房的门均呈现出"精神功能大于实用功能"的特征，且等级、地位越高，大门的精神功能尺度就越大的规律。③据史料考证和田野调研得知，门环有"铺首"和"门铍"的等级区别。一般用于等级较高的宫殿、坛庙及城垣门上的称为"铺首"，而用于民宅门上的只能称为"门铍"，关中地区称"门环"。④在三原、韩城党家村及合阳灵泉村的几户宅院中有使用较为简易的风门、风窗现象。换句话说，在关中地区的民居中普遍"不使用风门、风窗"。⑤在调研中发现关中地区较少使用支摘窗，而普遍使用支扇窗或摘扇窗。

（3）在技术方面：①发现有7种不同带有防盗功能的"贼关子"（即暗机关门、明机关门），设置和使用"贼关子"的大门一般门扇之间的合缝结构为无裁口形式；同时，通过梳理和总结发现关中地区无论门的体量大小，所使用的门插子只有"档头式"和"平头剔槽式"两种形式；另外，关中地区的大门、房门的板门类制作工艺均为"撒带门"形式。②调研中曾测试过几扇工艺考究的大门结构，当需要拆装门扇时发现，必须将门扇开至与门框成90°角处方可拆装门扇的结构技术点。③关中地区大门的下槛拆装结构有"垂直于门扇的门槛结构"和"垂直于门框的门槛结构"两种形式。④关中地区的门槛（指下槛）有"活坎"和"死坎"（固定槛）之分。门墩若为石质的门槛为"活坎"，可以随时拆装，而门墩若为木质的门坎多为"死坎"，常与门框结构为一体，不能拆装。⑤关中地区的门墩有"石质"和"木质"两种材质。石质的门墩因在体量上差异较大，可分为大型、中型和小型三种形式。而木质的门墩在体量上则差异较小，故分为中型、小型及单连楹（或卧兔）三种形式，且在分布上有一定的规律性。另有可以上下同时向外支起的"双支扇窗"。

（4）在功能方面：①关中地区的大中型宅院的厅房、上房、厦房门上多使用美观实用的"门帘架"，冬季时可更换为棉帘，夏季时可更换为竹帘；以及在上房、厦房或窑洞房的窗户上普遍使用"复合式双层窗"。这些措施的运用只是求得在炎热的夏季能具有良好的通风换气和在寒冷的冬季能保持室内温度的作用。②在关中渭南地区的党家村和南蔡村等地有一物三用功能的"坎凳"。③关中地区"气窗"的形式与尺度可体现出鲜明的地区特色和差异，并呈现出由南至北在数量和体量上逐步减少和减小的规律。④逾制巧施"四门簪"，以彰显家族的社会地位和经济实力。⑤关中地区"门上祈福物"的形式丰富多彩，内容寓意深远，极大地满足了人们的精神需求。⑥门上附加物的"猫儿洞"和"燕子窝"均体现出关中地区的人们热爱自然并与大自然和谐共处的一种思想境界、一种观念和生活态度。

（5）在形态特征方面：经过实地考察，并对不同地域和不同时期以及不同民族乃至周边邻省、相邻地区的民居门窗进行比较和总结，客观、辩证地论证了门窗不同形态形成的直接因素：是与区域的自然环境、社会环境、地域民俗文化及区域审美习惯有关。间接因素是与家族的地位、文化背景、经济条件及工匠的制作技艺有关。并论证了传统民居建筑门窗形态与传统居住民俗文化以及地域文化、区域审美习惯之间相互支撑、相互制约、共生共存的内在的必然联系，并得出门窗棂花的繁简程度、门窗尺寸的大小、色彩的运用均与地域的民俗文化和审美习惯、与家族的身份地位、与家族的文化素质和经济条件、与自然环境和地理位置有着直接关系的结论。

（6）在艺术特征方面：关中地区门窗在艺术造型上，大门多有门簪、铺首、看叶、门钉等为装饰元素。隔扇门窗常采用不同的棂格图案、木雕裙板和绦环板图案进行装饰和美化。在门窗的周边常常会配以石雕、砖雕以增加门窗环境的观赏性，如有垂花柱、斗拱、门额刻字、挂落、雀替、楹联、木雕或砖雕额枋、石门凳、门帘架、拴马桩及上马石等。关中地区虽然大致如此，但是，各地区均有一定差异并有一定的规律。另外，还有时令性装饰，如在收获季节，常常会将丰收的果实悬挂于门窗周边，这是一种不是为了装饰而装饰的艺术效果。又如，每到节庆时间或遇到红白喜事时，人们也常常会对门窗进行装饰，像贴春联、门神、门笺、窗花等，以此来营造院落的氛围。在色彩运用方面，多为黑色，少者为红色，不着色者也不在少数。

（7）在精神文化方面：在大中型民居院落中大门、二道门及厅房的门均呈现出"精神功能大于实用功能"特征之外，常常以"门狮""门符子""石敢当"等代表区域性特征的堪舆与辟邪文化等以实现人们的精神需求。

（8）在措施方面：依据现状有针对性地提出保护与传承的具体措施：本书针对关中地区传统民居及其门窗遗存现状进行了详尽的调研和总结，列举出保护较好的、迫切需要抢救的和异地保护的三种不同典型代表案例。同时，归纳出保护与传承的作用、价值和意义，总结出造成传统民居损毁的九大原因，并有的放矢地提出自己的观点和相应的保护措施。

（9）新命名：如有"坎凳""复合式双层窗""贼关子""支扇窗""双支扇窗"和"摘扇窗"等。

2. 研究价值

本书的研究价值及学术价值均以传统民居的保护与传承为核心，也为今后进一步地将传统民居建筑利用及适度的旅游开发，实现教育与观赏功能提供了重要的学术支持；也为研究中国传统民居资料搜集、存积提供了重要的实物证据；同时，对区域性非物质文化遗存的收集、整理和撰写也将具有深远的史料价值。另外，对传统民居的保护和传承，也将会在促进和谐社会健康发展以及对新农村建设都具有重要的参考价值和借鉴作用。

由于关中地区传统民居门窗作为民居建筑与居住民俗文化现象是这个地区传统文化同地域环境相结合的产物，其丰富的形态和内容承载着本地区的社会、经济、文化、民风民俗及人们的精神信仰等综合文化信息，具有不可替代的历史价值和文化意义。所以，对关中地区传统民居建筑及门窗的研究是具有很高的学术价值和深远的历史意义的。同时，通过本书的研究能对关中地区传统民居乃至中国传统民居建筑及门窗的研究与保护工作具有一定的促进作用，也希望本书的研究成果能为传统民居建筑及其居住民俗文化研究者和爱好者提供一些有益的借鉴作用和参考价值。

（二）本书不足与后期计划

虽然书对关中地区传统民居门窗从"物质与非物文化"角度进行了较为系统的论证和撰写，但是，还有部分细节内容撰写的不够深入。例如有：①针对所调研对象中隔扇门窗的框、格心部分的不同用料截面尺寸未曾系统地进行统计、分析和比较。②针对每一个院落中不同形式的门窗所使用的树种及其在使用期间所呈现出的优、劣势未曾记录和撰写。因此，在后续的调研工作中将会进行补充和完善此类内容。

基于本书研究期间在关中地区调研所获得的大量图片资料、手绘图、测量数据和访谈记录等珍贵的一手资料以及现有的研究成果之上,通过进一步的学习、总结和研究,计划后续完成对"陕南"和"陕北"地区民居建筑及其门窗方面的研究工作,以此举体现出笔者为弘扬、传承和保护陕西传统民居建筑物质与非物质文化遗产而不懈努力的工作态度和决心。

(三)本书建议

由于陕西关中地区传统民居门窗和附加装饰艺术与制作技艺及其内在的文化意蕴等均是有形与无形、智慧与技巧、物质性与非物质相结合的产物。因此,不应仅仅只挖掘关中地区民居传统门窗的文化价值、技术价值及艺术价值,更应为关中地区民居传统门窗的制作技艺寻找到新的传承方式,对于蕴含在关中地区传统民居门窗中的非物质文化遗产及物质性文化遗产进行保护并更好地加以利用,真正使关中地区传统民居门窗的制作技艺等能够进一步得到传承和发展。但是,在社会经济飞速发展的今天,传统物质性与非物质文化遗产的生存环境也呈现出不尽如人意的势头。例如,对传统建筑环境的保护经常只是保护了建筑的实体部分,而忽略了建筑空间环境中人的参与性,体现不出原本人的活动轨迹和文化现象,使建筑成了一个没有文化内涵、没有灵魂的躯壳。另外,一些优秀的传统建筑营造、制作技能及民间非物质文化遗产后继无人,传承无保障现象也较为严重,一些独特的传统习俗也逐步地走向消亡或变异,因此,给传统文化的保护与传承造成了极大的影响。所以,通过本书建议如下:①敦促政府尽快制定出合理的"民居保护方案"或"民居保护条例"等法规依据,使传统的物质与非物质文化遗产保护在一种自然、自觉状态下展示和传播,完成其传承功能,并以此模式来推动陕西传统民居建筑、传统民间技艺、传统建筑环境的共生性保护研究工作。②建立专业的研究队伍,进行实地考察、丈量记录、实景拍摄及艺人访谈等工作内容,尽快地形成研究梯队,抢救性地著书立说,进行资料收录汇编。同时,可利用现代先进的科学技术手段,将现有的民居遗存以数字化形式永久地保存下来,以备后续研究和后续从业者、爱好者能够长时间的及无数次的学习、观摩和欣赏。③技艺传承的有效办法,最好是由政府或企业家倡导和经费支持,开办专门专职学校进行系统性学习,并聘请专家和专门型艺人进行技艺的传授等方式。④利用计算机网络、多媒体展示等形式交流最新成果,建立文化信息资源的网络传播通道,开辟一个覆盖面宽、不受地域时空限制的、方便快捷的、可提供个性化服务的文化传播渠道等。

参 考 文 献

安作璋，王克奇．黄河文化与中华文明［J］．文史哲，1992，4（4）：3-13.

白庚胜，戴华刚．民居建筑［M］．北京：中国文联出版社，2008.

班固．白虎通德论［M］．北京：商务印书馆，1926.

毕岳菁．西安安居巷地段的保护［D］．西安建筑科技大学硕士学位论文，2007.

陈凯峰．建筑文化学［M］．上海：同济大学出版社，1996.

陈元靓．南宋 事林广记［M］．

程建军，孙尚扑．风水与建筑［M］．南昌：江西科学技术出版社，2005.

程翔．三原周家大院［EB/OL］．http：//www.hexieshanxi.com/news/lsxh.2009.

褚良才．易经·风水·建筑［M］．上海：学林出版社，2004.

辞源编纂组．辞源（下册）［Z］．上海：商务印书馆，1915.

董智斌．甘肃传统民居建筑装饰艺术研究［D］．西北师范大学硕士学位论文，2009.

冯慧．中国"古灯"艺术文化探考［J］．美术大观，2007（1）：126.

傅熹年．中国古代建筑十论［M］．上海：复旦大学出版社，2004.

龚蓉．历史街区中非物质文化遗产保护方法初探［D］．长安大学硕士学位论
文，2008.

顾蓓蓓．清代苏州地区传统民居"门"与"窗"的研究［D］．同济大学博士学位论
文，2007.

顾馥保，汪霞．门的文化与"门式"建筑［J］．华中建筑，2000，18（2）：48-50.

顾孟潮，王明贤，李雄飞．当代建筑文化与美学［M］．天津：天津科学技术出版社，
1989：7-55.

何晓昕．风水探源［M］．南京：东南大学出版社，1990.

黑龙江省文物考古研究所．黑龙江友谊县凤林城址二号房址发掘报告［J］．考古，
2000（11）：35-41.

侯幼彬．中国建筑美学［M］．哈尔滨：黑龙江科学技术出版社，1997.

胡超文．近十年我国历史地段保护研究综述［J］．惠州学院学报，2011，31（6）：73-78.

胡晓舟．关中民居建筑特色的继承与发展［D］．西安建筑科技大学硕士学位论
文，2009.

惠焕章．关中百怪［M］．西安：陕西旅游出版社，1999：27.

计成. 明代末期. 园冶 [M].

金磊. 华夏民居瑰宝——陕西韩城党家村 [J]. 建筑, 2004 (4)：84-85.

鞠志国. 中国传统民俗财神节探源. http：//www.daozsms.org/artide [2015 - 10 - 8].

亢亮, 亢羽. 风水与建筑 [M]. 天津：百花文艺出版社, 1999.

乐嘉藻. 中国建筑史 [M]. 北京：团结出版社, 2005.

雷发达. 工程做法则例. 四十一卷 [M]. 清工部刊, 1734.

李福蔚. 西府民俗 [M]. 西安：陕西旅游出版社, 2000.

李国豪. 建苑拾英 [M]. 上海：同济大学出版社, 1990.

李诫. 北宋. 营造法式 [M], 1992.

李琰君, 王文佳, 杨豪中. 关中传统窗棂解析 [J]. 西安建筑科技大学学报, 2010, 29 (3)：60-64.

李琰君, 王文佳. 关中传统民居中"窗"艺术研究 [J]. 中国社会科学学报, 2007, 46 (8)：1-4.

李琰君, 阎娜, 许岩. 关中传统民居的石刻艺术 [J]. 美术大观, 2009, 264 (12)：74.

李琰君. 陕西关中传统民居建筑与居住民俗文化 [M]. 北京：科学出版社, 2011：6.

李琰君. 陕西关中地区考察调研笔记 [Z], 2007~2000.

李永轮. 解析传统民居建筑装饰图案的内涵——以陕西韩城党家村为例 [J]. 艺术与设计, 2008 (8)：88-90.

李渔. 清代. 闲情偶寄 (居室部) [M].

李允鉌. 华夏意匠 (再版) [M]. 香港：广角镜出版社, 1984.

李允鉌. 华夏意匠：中国古典建筑设计原理分析 [M]. 天津：天津大学出版社, 2005.

李允鉌. 华夏意匠 [M]. 北京：中国建筑工业出版社, 1985.

李浈. 中国传统建筑形制与工艺 [M]. 上海：同济大学出版社, 2006.

梁思成. 清式营造则例 [M]. 北京：清华大学出版社, 2006.

林徽因. 林徽因讲建筑 [M]. 北京：九州出版社, 2005.

刘敦桢. 刘敦桢文集 [M]. 北京：中国建筑工业出版社, 1982.

刘敦桢. 中国古代建筑史 [M]. 第二版. 北京：中国建筑工业出版社, 1984.

刘枫. 门当户对：中国建筑·门窗 [M]. 沈阳：辽宁人民出版社, 2006.

刘森林. 中华陈设传统民居室内设计 [M]. 上海：上海大学出版社, 2006.

刘森林. 中华装饰：传统民居装饰意匠 [M]. 上海：上海大学出版社, 2004.

刘天华. 凝固的旋律——中西建筑艺术比较 [M]. 上海：上海古籍出版社, 2005.

刘熙. 东汉时期. 释名·释宫室 [M]. 卷五.

刘瑛, 李军环. 关中传统四合院民居院落空间的再认识 [C]. 第十五届中国民居学术会议论文集, 2007 (7)：210.

刘致平 . 中国建筑类型及结构［M］. 第三版 . 北京：中国建筑工业出版社，2000.

楼庆西 . 户牖之美［M］. 北京：生活 • 读书 • 知识 三联书店，2004.

楼庆西 . 千门万户［M］. 北京：生活 • 读书 • 知识三联书店，2006.

楼庆西 . 乡土建筑装饰艺术［M］. 北京：中国建筑工业出版社，2006.

楼庆西 . 中国建筑的门文化［M］. 郑州：河南科学技术出版社，2001.

路玉章 . 古建筑木门窗棂艺术与制作技艺［M］. 北京：中国建筑工业出版社，2008.

罗爱红，朱珠 . 古民居保护和开发的策略——以镇江西津渡古民居为例［J］. 镇江高
　　专学报，2008（4）：11-14.

马炳坚 . 中国古代建筑木作营造技术［M］. 第十一版 . 北京：科学出版社，2010.

马宏智，杨照林 . 关中风情［M］. 西安：西北大学出版社，2009.

马未都 . 中国古代门窗［M］. 北京：中国建筑工业出版社，2002.

马欣 . 窗的小史［J］. 华中建筑，2003，21（2）：96-98，105-106.

宁小卓 . 闽南蔡氏古民居建筑装饰意义的研究［D］. 西安建筑科技大学硕士学位论
　　文，2005.

潘谷西，何建中 . 营造法式解读［M］. 南京：东南大学出版社，2005.

潘谷西 . 中国建筑史［M］. 第五版 . 北京：中国建筑工业出版社，2004.

蒲茂林 . 阿勒屯历史文化名村保护与发展规划研究［D］. 西安建筑科技大学硕士学
　　位论文，2012.

钱正坤 . 中国建筑艺术史［M］. 长沙：湖南大学出版社，2007.

容庚，张维持 . 殷周青铜器通论［M］. 北京：科学出版社，1958.

尚洁 . 中国砖雕［M］. 天津：百花文艺出版社，2008.

石涛 . 传统民居建筑保护与利用技术研究初探［D］. 山东建筑大学硕士学位论
　　文，2011.

数字建筑博物馆 . 中国传统民居［EB/OL］，2006.

斯蒂芬 • 加得纳 . 人类的居所——房屋的起源和演变［M］. 王瑞，王秋萌，任慧译.
　　北京：北京大学出版社，2006.

宋濂 . 明朝 . 洪武圣政记［M］.

孙大章 . 中国民居研究［M］. 北京：中国建筑工业出版社，2004.

孙建君 . 中国民间美术［M］. 上海：上海画报出版社，2006.

汤移平，陈洋，万人选 . 桃园风光，民居瑰宝——陕西韩城党家村初探［J］. 华中建
　　筑，2005（3）：126-129.

汤兆基 . 中国传统工艺全集：雕塑［M］. 郑州：大象出版社，2005.

唐西娅，尹锷 . 浅析中国古代建筑装饰中的雕刻艺术［J］. 南华大学学报（自然科学
　　版），2008，22（1）：48-52.

童敏 . 西安传统民居装饰、色彩与西安传统民间文化的关系研究［D］. 西安建筑科
　　技大学硕士学位论文，2006.

王大有 . 人类理想家园［M］. 北京：中国时代经济出版社，2005.

王建华 . 三晋古建筑 [M] . 上海：上海文艺出版社，2005.

王军 . 西安古城区传统民居形态研究 [D] . 西安建筑科技大学硕士学位论文，2006.

王军 . 西北民居 [M] . 北京：中国建筑工业出版社，2009.

王蕾 . 陕西民居裙板木雕纹样研究 [D] . 西安建筑科技大学硕士学位论文，2008.

王其均，谢燕 . 风格古建 [M] . 北京：中国水利水电出版社，2005.

王其均 . 中国古建筑语言 [M] . 北京：机械工业出版社，2007.

王其均 . 中国建筑图解词典 [M] . 北京：机械工业出版社，2008.

王其均 . 中国民居三十讲 [M] . 北京：中国建筑工业出版社，2005.

王其钧 . 图解中国民居建筑 [M] . 北京：中国电力出版社，2008.

王其钧 . 纤巧神韵古民居——民居建筑 [M] . 北京：中国建筑工业出版社，2007.

王任炜，陈伯超 . 传统巷井文化价值浅析 [J] . 沈阳建筑大学学报，2010，12（4）：
　　414-418.

王山水，张月贤 . 陕西民居木雕集 [M] . 西安：三秦出版社，2008.

王天锡 . 贝聿铭 [M] . 北京：中国建筑工业出版社，1990.

王炜 . 陕西合阳灵泉村村落形态结构演变初探 [D] . 西安建筑科技大学硕士学位论
　　文，2006.

王先谦 . 释名疏证补 [M] . 上海：上海古籍出版社，1984.

王向波，武云霞 . 在继承中发展——关中传统民居的现代化尝试 [J] . 华中建筑，
　　2007，25（5）：108-109.

王谢燕 . 中国建筑装饰精品读解 [M] . 北京：机械工业出版社，2008.

王绚，黄为隽，侯鑫 . 陕西地区的传统堡寨聚落 [J] . 西北工业大学学报（社会科学
　　版），2005，25（3）：31-35.

魏德毓，李华珍 . 廉村传统聚落的空间形态与文化意象初探 [J] . 河北工程大学学
　　报，2008，26（4）：109-112.

吴承洛 . 中国度量衡史 . 北京：商务印书馆，1993.

西安百科全书编辑部 . 西安百科全书 [Z] . 西安：陕西人民教育出版社，1993.

西安科普网 . 陕西面花、社火、剪纸、秦腔 [EB/OL]，http：//www. xakpw. com，2009.

席明波 . 伊斯兰建筑文化对西安地区回民民居的影响 [D] . 西安建筑科技大学硕士
　　学位论文，2003.

箫默 . 建筑意 [M] . 北京：中国人民大学出版社，2003.

新华词典编纂组 . 新华词典 [Z] . 北京：商务印书馆出版，1980.

阎娜，李琰君 . 砖雕艺术在关中传统民居中的应用研究 [J] . 艺术探索，2010，
　　28（1）：113-114.

杨飞 . 中国建筑 [M] . 北京：中国文史出版社，光明日报出版社 . 2004：13.

杨衒之撰，周祖谟校 . 北魏时期 . 洛阳伽蓝记 [M] . 卷一 .

姚延銮 . 年代不详 . 阳宅集成·基形 [M] . 卷一 .

亿夫长 . 关麟征 [EB/OL] . 百度联盟网 . http：//www. baidu. com，2010.

喻国维．建筑史话［M］．北京：科学出版社，1987.

袁牧．清代．小仓山房文集（卷二十九）峡江寺飞泉亭记［M］．

张壁田，刘振亚．陕西民居［M］．中国建筑工业出版社，1993.

张岱．明末清初．西湖梦寻（卷五）火德祠［M］．

张建忠．陕西风俗采风［M］．西安：西安地图出版社，2000.

张万夫．汉画选［M］．天津：天津人民美术出版社，1982.

张驭寰．中国古代建筑文化［M］．北京：机械工业出版社，2007.

张驭寰．中国古建筑散记［M］．北京：人民邮电出版社，2009.

赵广超．不只中国木建筑［M］．上海：上海科学技术出版社，2001.

赵霞．云南民居门窗技艺体系的构成及其特征［D］．昆明理工大学硕士学位论文，2004.

郑军．中国装饰艺术［M］．北京：中国建筑工业出版社，2001.

中国建筑史编写组．中国建筑史［M］．北京：中国建筑工业出版社，1993.

中国科学院自然科学史研究所．中国古代建筑技术史［M］．北京：科学出版社，1985.

周若祁，张光．韩城村寨与党家村民居［M］．西安：陕西科学技术出版社，1999.

朱广宇．建筑设计中门窗的文化涵义［J］．温州职业技术学院学报，2005，3（3）：53.

朱广宇．中国传统建筑门窗、隔扇装饰艺术［M］．北京：机械工业出版社，2008.

宗鸣安．西安旧事［M］．西安：西安出版社，2009.

左丘明．约公元前450年．左传［M］．

作者不详．年代不详．古今图书集成·考工典（第宅部汇考）．

作者不详．年代不详．礼记［M］．

作者不详．年代不详．阳宅十书．［M］．

作者不详．约北魏时期．古今乐录［M］．

附录

附录Ⅰ　本书实地调研对象分布与建筑形态一览表

地区	序号	民居名称	所在地点	建造年代	基本布局与类型	备注
宝鸡地区	1	周家大院	凤翔县文昌巷16号	明末清初	该院落尚存15座房屋，为三进两跨式院落，正院为五开间，大门设置于门房的正中央。现仍有完整的大门、二道门，前庭院较一般民宅宽敞，上房五檩飞檐，且高大宽阔	该院于1985年被列为县级文物保护单位。于1992年被列为省级重点文物保护单位
	2	温家大院	扶风县城北大街第004号	1938年	该院落为仿明清风格建筑，面阔为三开间，布局沿中轴线由前向后依次为门房、正厅、退厅和上房（已毁）4个建筑风格一致的多进式院落所组成的建筑组群，中院和后院的两侧设有对应的两栋厢房	该院于2004年被列为县级重点文物保护单位。2008年晋升为陕西省文物保护单位
	3	北城巷古民居	宝鸡市区北城巷114号	清末	该院落从大门可直入大院，传统的关中照壁遮挡其中，走过前庭便可迈入二道门，紧接二道门的是接待厅，然后是上房，两旁为排列整齐的厢房，该院较为完整	该院先后翻修过3次
	4	秦家宅院	陇县城区	光绪元年	该院落为两进式院落，如今门房已拆掉，现存有两侧厢房，两进院落之间的墙门和后面的上房，在上房后另设有后院。整体院落的排水与众不同，是向后院排放的	
	5	张家宅院	陇县东风镇梨林川村	道光元年	该院落为两进院落，门房较高，为临街商铺式两层建筑，内有楼层格板，两侧厢房仅用作厨房和杂物房。第二进院的上房由于年久失修现已基本不使用	
	6	陇县民居聚落群	陇县县城（南街村59-3号、59-5号、46号、8-2号、22号、63号、64-2号、64-3号、23-2号、18-3号、18-5号、21-2号、67-2号、67-3号）	明、清	该聚落群因市政建设，道路拓宽而将大部门门房拆除。尚存的仅有二进院的左右厢房及上房。有些只保存有原始的院墙、上房和分隔两进院落的侧院墙	

地区	序号	民居名称	所在地点	建造年代	基本布局与类型	备注
咸阳地区	7	唐家大院	旬邑县太村镇唐家村	清	该院落仅存有两进两跨式横向联排院落，正院为五开间，从门房穿过前院的厦房入厅房，再经过后院的厦房至上房形成完整的空间序列。前后两座建筑均为两层，中间厅房为一层。两侧的厦房为三开间，面阔较小。偏院的单体建筑设置与正院相同，只是三开间。偏院的紧邻还设有一个奴仆杂役居住的辅助性院落	该院于1992年被列为省级重点文物保护单位
	8	唐家村窑洞民居	旬邑县太村镇唐家村	民国	该院落为三开间，属于前房后窑式院落布局，主体的窑洞有明锢窑也有靠崖窑。两边的厦房起辅助作用，一般不住人，常作为厨房或储物间等使用	
	9	周家大院	三原县鲁桥镇孟店村	清乾隆末年至嘉庆初年	该院落坐南向北，仅存的大院正院面阔为五开间，大门设置于门房的正中央。门房为两层式，一层中间开间设为院落大门，进入大门沿中轴线依次为屏风门、二门（十柱式抱亭）、前厅、退厅和上房的后楼	该院为省级重点文物保护单位
	10	吴氏庄园	泾阳县蒋路乡安吴堡村	明、清	该院落正院为五开间，大门设置于门房的正中央。三进院落，庄园坐北朝南。建筑面积1012平方米。现存三进院落，依南北中轴线排列。中轴线上的门房、正厅和退厅，进深五架。前院和后院厦房面阔均是三开间，进深三架	该院于1988年被列为县级文物保护单位
	11	李靖故居	三原县鲁桥镇东里堡	始建于唐贞观年间	该院落建筑多为宋及明清建筑，后经多次修复。园内设有读书堂、观稼楼、妙香亭、挂云楼、望月楼，还有假山、鱼池、石舫、关中八景缩影等建筑，仿《红楼梦》大观园之布局，取苏杭园林艺术之奇巧	该院于1992年被列为省级重点文物保护单位
	12	祝家堡下沉窑洞（地坑窑）	乾县杨裕镇祝家堡下沉窑（"八卦爪子"）	1940年	乾县地区的窑洞民居大部分为下沉窑洞，多为八孔或六孔的地坑窑洞。下沉窑的主入口在窑洞所在的地平线以下，低于周围道路标高，使用一定坡度向下延伸直至窑体的入口，条件较好的则砌筑石条或砖质阶	

地区	序号	民居名称	所在地点	建造年代	基本布局与类型	备注
咸阳地区					梯以便出入通行。窑孔洞的数量和院落布置是与家庭人口和经济条件的不同而产生差异	
	13	冯家村靠崖窑	彬县香庙乡冯家村的 140 号、139 号、129 号、128 号院	明、清	该村的窑院民居多为靠崖式窑洞。窑面多用石料砌筑。一般为 2 口左右并水平排列，以节省用地和石料。院落的两侧建设有厦房，多为 1~2 个开间	
	14	程家川村民居聚落群	彬县香庙乡程家川村 74 号、85 号、90 号、91 号院	明、清	该聚落群的民居特征为：基本为三开间，大门多设置于门房的右侧或左侧开间内，结构严谨、布局方正，一般呈封闭结构，有高大围墙隔离，以四合院为单元，沿中轴线布局，是标准的关中四合院形制，有一进院或二进院不等，两侧的厦房开间数多为 1~2 个开间	
	15	王家双层靠崖窑	彬县炭店乡早饭头村二组	清末	该院落为前房后院式，也是一处仅有的"两层靠崖窑"。在一层窑洞的右侧设有上二层的土质踏步，在上下两层的窑孔间留有足够承重的黄土层间距，为了减少黄土层的承重负担，二层窑洞的体量、进深均小于一层	
西安地区	16	高家大院	西安市北院门 144 号	明、清	该院落门房共九间，分三院，中间为正门，门上有"榜眼及第"的匾额，进深依序为分门房、前堂、中堂、上房。门房为主人待客之地，二堂为贵宾之地，中堂为主人办公之地，上房为内宅住地，后有花园相配。南配院为账房管事及仆人卧房，北配院为宗祠及乐人礼宾的居所	该院于 2001 年被列为第二批市级重点文物保护单位
	17	高培支旧居	西安市柏树林街兴隆巷 42 号	清末	该院落坐北朝南，为三开间三进院落，院内两侧的厦房都是"房子半边盖"的典型陕西民居特色，厅房为硬山明柱出檐式，且前后、东西相向对称，二道门为三开门，即正门带两个偏门，上房为硬山明柱出檐二层楼房	该院为省市两级文物保护单位

地区	序号	民居名称	所在地点	建造年代	基本布局与类型	备注
西安地区	18	于氏民居	西安市长安区三益村	清	该院落为三开间，入户大门开于门房的正中间，中轴线上的主要建筑均为两层建筑，高度远高于周边其他的普通民宅。整体宅院为三进三开间，第一进的门房与二进院的厦房之间用隔墙隔开，并开设一大两小的墙门洞，第三进院的正房为两层，且在内檐墙的右侧设有木制楼梯通往二层	
	19	长安郭氏民宅	西安市长安区王曲镇堡子村	清康熙年间	郭家大院属于横向联排结合多进院落。正院和偏院之间以墙门连通，大门设置在9间门房的左侧第三间上。现存院落只剩下两组半，即"祭堂"所在的西院和相邻的东院。西院曾经是郭家人公共活动的场所，而东院则用来居住。共有房舍24间。坐北朝南，自东向西一字排开，为两进一组的院落。两并排院落的上房已经烧毁，现正在复原中	
	20	肖家坡民居组群	西安市蓝田县史家寨乡肖家坡北村	清代晚期	该组群的院落一般为三开间，属于传统民居的四合院形式建筑布局，由门房、左右厦房、上房组成	
	21	肖家坡民居组群	西安市蓝田县史家寨乡肖家坡南村	清代晚期	该组群的民居建筑主要是以临街商铺式民宅为主，多数为单排房或前店后房的形式出现。建筑的木构架形式有穿斗式、抬梁式。临街的门房开有较大的门洞，门扇为可拆卸的门板，门房多为三开间，两侧的暗间上搭设木质层板，层板上是作为储物的阁楼	
	22	郑氏民居	西安市蓝田县葛牌镇阳坡村	清末、民国	该院落坐南朝北，仅存的房子为主院的部分建筑，有上房、厅房、厦房、下房各1栋。厅房和上房均为两层抬梁式建筑，开间为五开间	
	23	郑氏祠堂	西安市蓝田县葛牌镇阳坡村	清末、民国	该祠堂院落坐北朝南，由前、后房两栋建筑组成一个二进院。大门的门框是用石料雕刻而成的，圆形窗户的格栅也较	

地区	序号	民居名称	所在地点	建造年代	基本布局与类型	备注
西安地区					有特色，且设有可关启的窗扇。祠堂内雕梁画栋，且有精美的壁画	
	24	葛牌镇商铺群	西安市蓝田县葛牌镇	清中晚期、民国	葛牌镇的商铺群现存清代中晚期及民国时期商铺 11 处，分布于葛牌街的东西两侧。均为硬山顶，穿斗梁架大多保存完整，格子窗，铺板门，石砌墙，一般面阔三开间，进深五架。均有院落，由门房、左右厦房、上房等组成，现多仅存门房的商铺，院落已改建	
渭南地区	25	党家村民居聚落	渭南地区韩城市党家村	清	该聚落整体形状是一个平面呈纵长方形，也就是南北方向院落长而东西方向较窄的院落。党家村的空间序列是建筑群落的街巷、合院、层层展开的，险峻的崖峭和村口的广场是划分村落领域的疆界，错综迂回的巷道，形成建筑的经络并延伸到民居的各个院落。其中有城墙、看家楼、泌阳堡及夹层墙哨门等攻防兼备的聚落防御体系。四合院是关中民居的典型代表，其布局紧凑、做工精细、风貌古朴典雅	该聚落于 2001 年被列入国家重点文物保护单位。2003 年入选中国历史文化名村（第一批）名单。入选世界遗产预备名单
	26	吉灿升故居	渭南地区韩城市古城区箔子巷 69 号	明、清	该院落为横向联排式布局，分主院和侧院。主院为三进五开间，中轴线上的门房两层，配一间厦房用作厨房。一进院与二进院的厦房之间以隔墙区分，隔墙设有二门。二进院厦房为罕有的两层厦房，厅房是单层建筑，其顶部为关中地区较少出现的硬山卷棚顶，厅房并不设直通后院的房门，而是由两侧甬道连通。后院的厦房结构较二进院的厦房来说相对简单。侧院为两进三开间式院落	该院于 2003 年被列为第三批市级重点文物保护单位
	27	苏家民居	渭南地区韩城古城区天官巷第 6 号	明、清	该院落现今已分为几家，主院现存有门房是一家，相对的两层厦房一家，均为退檐形成檐廊结构，以及后院为一家。从	

续表

地区	序号	民居名称	所在地点	建造年代	基本布局与类型	备注
渭南地区					苏家宅院厦房的两层大体量的双坡厦房即可看到苏家当年在韩城的富有程度	该院于 2003 年被列为第三批市级重点文物保护单位
	28	灵泉村民居	渭南地区合阳县坊镇灵泉村	清	该村落整体聚居，布局为堡寨式，村落以城墙围合，设堡门，村中宅院多为两进三开间或两进五开间院落，大门多设置于门房的右侧，且家家砖、石、木雕齐全，图案精美、工艺考究	
	29	沈氏民宅	渭南地区潼关县秦东镇水坡巷 7 号	清	该院落为两进三开间布局，不设厅房，两进厦房间以墙门隔开	
	30	潼关民居	渭南地区潼关县秦东镇西厫村 43 号	清	该院落为二合院式布局，只有上房与一侧厦房，上房一侧设甬道通至后院	
	31	潼关民居	渭南地区潼关县文明寨南城子村 91 号	清	该院落为三合院式布局，现存有完整的大门，开于院落临街院墙的东南角。院内尚存一侧的厦房和三开间上房。上房开间均较大，使得整体院落较宽敞	
	32	潼关民居	渭南地区潼关县文明寨南城子村 94 号	清	该院落现只存有两层的上房，院落入口同样设置在东南角。上房的二层楼梯建于外部，一层退入金柱，形成二层的檐廊	
	33	王振东宅院	蒲城县城关镇东槐院巷 9 号	清	该院落属三进五开间院落，厅房与里院间设窄院。第三进院有独立大门	该院于 1997 年被列为县级文物保护单位
	34	杨虎城旧居	蒲城县城关镇东槐院巷 29 号	民国（1934 年秋）	该院落为两个跨院，一正一偏。正院两进五开间院落，入口在院落街房的东南角，占了一个开间。偏院为两进三开间。两院之间设墙门	该院于 1997 年被列为县级文物保护单位。2006 年被列为省级文物保护单位
	35	大寨村聚落	大荔县朝邑镇大寨村	清	该聚落多为二进式院落，门房多为两层三开间，大门设置于门房的正中央，面向院内一侧设置矮窗通风。一进厦房只保	

地区	序号	民居名称	所在地点	建造年代	基本布局与类型	备注
渭南地区					存了一侧开间较多，多为5开间，上房大多损毁，上房后多有后院	
	36	冯志明故居	富平县老城王家巷5号	清	该院落为三进院，砖木结构，长约35米，宽约11米，大门设置于门房的正中央，大小厦房十几间	
	37	澄城窑洞民居组群（接口窑）	澄城县冯原镇水莲古村窑洞	清	该窑洞组群为接口窑形式，接口窑是在土窑洞口再从底到顶用一层石块或砖箍窑面的窑洞。大多为砖拱窑，做法大致相差不大，规格也差不多，窑洞多为n字形，窑洞的立面造型主要由窑券决定，根据窑洞的不同剖面，窑券有抛物线形，有半圆形、有尖券形，还有方圆结合形	
	38	李家宅院	铜川市耀州区东街	清乾隆年间	该院落的形制为关中地区传统民居的典型四合院。整院墙体一砖到顶，门房与上房体量高大，布局紧凑、做工精细。其突出的特点莫过于隔扇门上的木雕了	
	39	陈炉古民居（窑洞聚落）	铜川市印台区陈炉镇	清末民初	该聚落是窑洞聚落，皆依"盆帮"而建，上边一家的院落是下边一家的窑顶。群居成片，远看层层叠叠密如蜂房	
	40	肖家堡民居	铜川市印台区肖家堡	清末民初	该院落的形制四合院是关中民居的典型代表，其布局紧凑，做工精细，风貌古朴典雅	
	41	文明塬瓦房接口窑四合院	铜川市王益区黄堡镇文明塬	清末民初	该院落的瓦房接口窑四合院，其特点主要体现在主窑的窑口处再加盖1～2米的单坡椽瓦房，以防止窑壁风化崩塌对人的伤害。该窑洞的洞孔高约4米，宽约5米，一院多为3孔	
	42	小丘镇地窨院民居	铜川市耀州区小丘镇民居地窨院	民国末期	渭北高原地区属于黄土高原向关中平原的延伸段，在这一区域由于原阔岭平，黄土丰厚，因此民居的形式大多采用下沉式的八孔或六孔的地坑窑。一	

地区	序号	民居名称	所在地点	建造年代	基本布局与类型	备注
渭南地区					般窑壁高约 9 米，长宽 9～20 米不等。窑院内生活设施齐全，有厨房、储藏窑、牲畜圈、茅厕及渗井等	
关中民俗博物院	43	闫敬铭宅院	西安市长安区关中民俗博物院	清咸丰年间	该宅院现仅为两进院落，门头小巧，内院宏大。从南至北依次为门房、二进门楼、东西厦房、东西偏院和上房。房屋素墙黛瓦，飞檐挑角，鳞次栉比的兽脊，砖雕、石雕、木雕内容丰富	该院于 2005～2007 年迁建入院
	44	崔家槐宅院	西安市长安区关中民俗博物院	清乾隆年间	该宅院为三进院落。从前至后设有门房、东西厦房、腰房和上房。院落高墙围护，狭长幽深，高低错落有致	该院于 2005～2007 年迁建入院
	45	孙丕扬宅院	西安市长安区关中民俗博物院	明	该宅院为两进院落，其中有前房、两间门房、偏院、拱门、厦房、上房、后偏院和北房，且院内有一棵千年古槐。整个宅院建筑独特，高大雄伟，砖、石、木雕应尽有，内容丰富，栩栩如生	该院于 2005～2007 年迁建入院
	46	耿家宅院	西安市长安区关中民俗博物院	清光绪年间	该宅院为一进院落。前后分布有门房（两层）、照壁、东西厦房和窑洞式上房。建筑风格独特且规模宏大，廊厅结构考究，砖、石、木雕处处可见，精彩夺目，并在正壁上有董其昌的"朝元山房"匾额题字	该院于 2005～2007 年迁建入院
	47	梨园	西安市长安区关中民俗博物院	清	该宅院有精美的砖石雕门房、一座高大的古戏楼和看戏楼，看戏楼为上下两层，且设有美人靠。院落中建筑宏伟壮观，霸气十足	该院于 2005～2007 年迁建入院
	48	毛班香故居	西安市长安区关中民俗博物院	清	该宅院为一进式院落，当时仅存一道门、三间厦房和鱼池	该院于 2005～2007 年迁建入院
	49	樊家宅院	西安市长安区关中民俗博物院	清乾隆年间	该宅院为樊继准合阳的宅院，为两进院式。有五开间的门房、东西厦房及上房。院落布局对称严谨，大门设在前房偏西侧。院内石雕等装饰内容丰富，颇具特色	该院于 2005～2007 年迁建入院

续表

地区	序号	民居名称	所在地点	建造年代	基本布局与类型	备注
关中民俗博物院	50	雷家宅院	西安市长安区关中民俗博物院	清雍正年间	该宅院为三开间两进院，有门房、二进门楼、东西厢房、三间腰房。整体布局严谨，工艺讲究，各具特色	该院于2005年迁建入院
	51	孙家宅院	西安市长安区关中民俗博物院	清乾隆年间	该院落为两进院，且分正院和东西偏院。正院为五开间及两偏院门房均为二层（为一整体），院内有腰房，上下各九间，院东侧有窑洞六孔，是渭北澄城地区较为典型的前房后窑式院落。该宅年久失修，且面临拆旧建新	该院于2006～2008年迁建入院

资料来源：笔者编制

附录 Ⅱ　本书实地调研传统民居门窗现状一览表（门部分）

地区	地点名称	大门	二道门	厦房门	厅房门	上房门
关中东部地区	闫敬铭宅院（关中民俗艺术博物院）				无	
	樊继准宅院（关中民俗艺术博物院）				无	
	雷致福宅院（关中民俗艺术博物院）					

续表

地区	地点名称	大门	二道门	厦房门	厅房门	上房门
关中东部地区	韩城古城区箔子巷吉灿升故居					
	韩城古城区天官巷6号苏家民居		已损毁		已损毁	
	韩城古城区21号民居		无		无	

续表

地区	地点名称	大门	二道门	厦房门	厅房门	上房门
关中东部地区	潼关县秦东镇水坡巷7号沈氏民宅				无	
	潼关文明寨南城子村91号民宅		无			
	潼关文明寨南城子村94号民宅		无			

续表

地区	地点名称	大门	二道门	厦房门	厅房门	上房门
关中东部地区	大荔朝邑镇大寨村59号民居		无			
	大荔朝邑镇大寨村66号民居					
	合阳坊镇灵泉村前巷39号民居		无			

续表

地区	地点名称	大门	二道门	厦房门	厅房门	上房门
关中东部地区	蒲城城关镇东槐院巷9号王振东家宅		无			
	合阳坊镇灵泉村民居		无		无	
	蒲城城关镇东槐院巷29号杨虎城旧居纪念馆		无			

续表

地区	地点名称	大门	二道门	厦房门	厅房门	上房门
关中南部地区	蓝田葛牌镇葛牌街二组黎家民居		已损毁	已损毁	已损毁	
	蓝田葛牌镇阳坡村郑氏民居		已损毁	已损毁		
	蓝田葛牌镇阳坡村郑氏支祠		已损毁	已损毁	已损毁	已损毁

续表

地区	地点名称	大门	二道门	厦房门	厅房门	上房门
关中西部地区	凤翔通文巷16号周家大院					
	陇县高家大院					
	扶风北街温家大院					

地区	地点名称	大门	二道门	厦房门	厅房门	上房门
关中北部地区	旬邑唐家大院					
	铜川耀州区李家大院		无		无	
	彬县香庙乡程家川民居		无		已损毁	

续表

续表

地区	地点名称	大门	二道门	厦房门	厅房门	上房门
关中中部地区	西安北院门144号高岳崧宅院		已损毁			
	西安庙后街182号民居			已损毁		已损毁
	长安区王曲镇堡子村郭氏大院		无			

续表

地区	地点名称	大门	二道门	厦房门	厅房门	上房门
关中中部地区	长安区大兆乡三益村于氏大院					
	泾阳蒋路乡安吴堡村吴氏庄园		已损毁			
	三原鲁桥镇孟店村周家大院					

资料来源：笔者自制

本书实地调研传统民居门窗现状一览表（窗部分）

地区	地点名称	门房窗	厦房窗	厅房窗	上房窗
关中东部地区	闫敬铭宅院（关中民俗艺术博物院）			无	
	樊继准宅院（关中民俗艺术博物院）			无	
	雷致福宅院（关中民俗艺术博物院）				

续表

地区	地点名称	门房窗	厦房窗	厅房窗	上房窗
关中东部地区	韩城古城区箔子巷吉灿升故居				
	韩城古城区天官巷6号苏家民居	已损毁		已损毁	
	潼关秦东镇水坡巷7号沈民宅	已损毁		无	

续表

地区	地点名称	门房窗	厦房窗	厅房窗	上房窗
关中东部地区	潼关文明寨南城子村 91 号民居			无	
	蒲城东槐院巷 29 号杨虎城故居		无		
	大荔朝邑镇大寨村 59 号民居			无	

续表

地区	地点名称	门房窗	厦房窗	厅房窗	上房窗
关中东部地区	合阳坊镇灵泉村前巷 39 号民居			无	
	潼关文明寨南城子村 94 号民居	已损毁		无	
	合阳坊镇灵泉村民居			已损毁	

续表

地区	地点名称	门房窗	厦房窗	厅房窗	上房窗
关中东部地区	蒲城关关镇东槐院巷 9 号王振东家宅				
关中南部地区	蓝田葛牌镇黎家民居			无	
	蓝田葛牌镇阳坡村郑氏民居				

续表

地区	地点名称	门房窗	厦房窗	厅房窗	上房窗
关中南部地区	蓝田葛牌镇阳坡村郑氏支祠		已损毁	已损毁	已损毁
关中西部地区	凤翔通文巷16号周家大院	已损毁			
	扶风北街温家大院				

续表

地区	地点名称	门房窗	厦房窗	厅房窗	上房窗
关中北部地区	旬邑唐家大院				
	彬县香庙乡程家川民居			无	
	陇县高家民居				

续表

地区	地点名称	门房窗	厦房窗	厅房窗	上房窗
关中中部地区	西安北院门 144 号高岳崧宅院				
	长安区王曲镇堡子村郭氏民宅				
	长安区大兆乡三益村于氏民居				

续表

地区	地点名称	门房窗	厦房窗	厅房窗	上房窗
关中中部地区	长安区鸣犊镇张雷村雷氏民居	已损毁		已损毁	
	泾阳蒋路乡吴家堡村吴氏庄园	已损毁			
	三原鲁桥镇孟店村周家大院				

资料来源：笔者编制